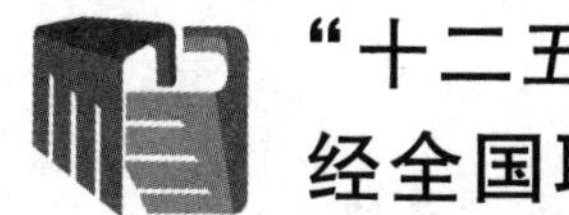

"十二五"职业教育国家规划教材
经全国职业教育教材审定委员会审定

煤矿钻探工艺与安全

（第2版）

主　编　姚向荣　朱云辉
副主编　孙泽宏　肖家平　周　波

北　京
冶金工业出版社
2023

内容提要

本书以国内煤矿企业广泛使用的新型煤矿用液压钻机为知识主线，在介绍了钻机的组成结构、液压系统原理、维护保养和安全操作等内容的基础上，从工程应用出发，详细介绍了常用硬质合金钻进和金刚石切削钻进等钻探方法、回转钻进工艺、复杂岩层钻孔成孔工艺、钻孔定向施工和坑道钻探安全技术等知识，突出了瓦斯地质钻探工艺新技术的推广与应用。为了便于学习，还介绍了岩石的性质与可钻性等基础知识，且各章均配有适量的复习与思考题。

本书可作为高职高专院校煤矿地质与勘探、矿井通风与安全、矿山安全技术与监察、矿山救援等矿山相关专业的教材，也可供煤炭技师学院、煤矿高级技工学校、矿山工程技术人员培训使用。

图书在版编目(CIP)数据

煤矿钻探工艺与安全/姚向荣，朱云辉主编．—2版．—北京：冶金工业出版社，2018.11（2023.11重印）
"十二五"职业教育国家规划教材
经全国职业教育教材审定委员会审定
ISBN 978-7-5024-6624-4

Ⅰ.①煤…　Ⅱ.①姚…　②朱…　Ⅲ.①煤矿—钻探—生产工艺—职业教育—教材　②煤矿—钻探—安全生产—职业教育—教材
Ⅳ.①P634.5

中国版本图书馆CIP数据核字(2018)第167589号

煤矿钻探工艺与安全（第2版）

出版发行　冶金工业出版社　　**电　话**　(010)64027926
地　址　北京市东城区嵩祝院北巷39号　　**邮　编**　100009
网　址　www.mip1953.com　　**电子信箱**　service@mip1953.com

责任编辑　马文欢　张耀辉　高　娜　美术编辑　彭子赫
版式设计　葛新霞　责任校对　卿文春　责任印制　禹　蕊
三河市双峰印刷装订有限公司印刷
2012年1月第1版，2018年11月第2版，2023年11月第4次印刷
787mm×1092mm　1/16；19.75印张；479千字；303页
定价50.00元

投稿电话　(010)64027932　投稿信箱　tougao@cnmip.com.cn
营销中心电话　(010)64044283
冶金工业出版社天猫旗舰店　yjgycbs.tmall.com
（本书如有印装质量问题，本社营销中心负责退换）

第2版前言

高等职业教育以培养生产、建设、管理、服务第一线的高素质技能型专门人才为根本任务，在建设人力资源强国和高等教育强国的伟大进程中发挥了重要的作用。为贯彻落实《国家中长期教育改革和发展规划纲要（2010~2020年）》和《国家中长期人才发展规划纲要（2010~2020年）》精神，贯彻执行国家“十二五”煤炭高职高专采掘、通风安全、地质等专业培养计划，进一步提高煤炭行业井下钻探职工队伍的技术能力和文化素质，加快煤炭行业钻探高技能人才队伍建设步伐，实现煤炭行业职业技能鉴定工作的标准化、规范化，促进其健康发展，安徽省淮南职业技术学院组织编写了《煤矿钻探工艺与安全》等教材。

本书第1版自出版以来，被相关高职院校选为教材，受到了使用师生的好评，也收到了不少好的改进建议和意见。为了更好地满足广大读者的需要，淮南职业技术学院教材编写组决定对原书进行修订再版。教材修订小组在认真研究原教材课程教学大纲的基础上，结合企业实践及行业内专家建议，按照岗位需求制订了教材修订计划。修订范围涉及多个章节，包括对原第2章~第5章、第7章的内容进行了不同程度的改写完善，删去了原第1章、原第7章部分实用性不高或煤矿钻探工艺技术落后的内容，删除了原第9章。修订后的书稿突出了煤矿现场实际和近年来涌现的新理论、新技术、新工艺、新设备等知识。

本书修订人员既有多年的专业教学经验，也有较强的煤矿现场科研能力，修订工作充分体现了培养高素质技能型人才的要求和高等职业技术教育的特点，同时也兼顾到煤矿技师、高级技师教育和煤炭企业职工安全培训、岗前培训及各种短期培训班的实际需要，力求做到教材的先进性、科学性和系统性。

本书由淮南职业技术学院的姚向荣、朱云辉担任主编，姚向荣负责编写前言、第2章、附录，朱云辉负责编写绪论、第5章、第9章。淮南职业技术学院孙泽宏、肖家平、周波担任副主编，孙泽宏负责编写第1章和第7章，肖家平负责编写第4章和第6章，周波负责编写第3章和第8章。淮南职业技术学院史长胜老师完成书稿的制图与校核工作。全书由姚向荣、朱云辉负责统稿。

安徽理工大学能源与安全学院的涂敏教授给予了理论和试验指导，淮南矿业集团（公司）勘探处的英胜丰、安徽理工大学的华心祝教授、石必明教授审阅了书稿，并提出了宝贵的修改建议。本书还得到了煤矿瓦斯治理国家工程研究中心淮南矿业集团开采总院教授级高工廖斌琛主任的关心。在此，一并表示感谢！

在修订过程中除了参考新规程、新规范和新标准以外，还吸取了现有的各大、中专相关教材的优点，参考了兄弟院校过去编写的相关教材，引用了煤炭科学研究总院西安分院有关地质勘探专家的钻探工艺最新成果。此书得到了同行业内专家的大力支持和肯定。为此，特向各位作者和专家表示感谢！

由于编者水平所限，书中不妥之处，恳请读者批评指正。

作　者

2018年10月

第1版前言

为贯彻落实《国家中长期教育改革和发展规划纲要（2010～2020年）》和《国家中长期人才发展规划纲要（2010～2020年）》精神，贯彻执行国家“十二五”煤炭高职高专采掘、通风安全、地质等专业培养计划，进一步提高煤炭行业钻探职工队伍素质，加快煤炭行业高技能人才队伍建设步伐，实现煤炭行业职业技能鉴定工作的标准化、规范化，促进其健康发展，安徽省淮南职业技术学院编写了《煤矿钻探工艺与安全》等教材。

编者在认真研究各校现行课程教学大纲的基础上，结合企业实践及专家共同研讨结果，按照岗位需求制订了教材编写计划。教材内容包括岩石的性质与可钻性、硬质合金钻进、金刚石钻进、钻孔定向施工及应用、坑道钻探安全技术、钻孔定向施工及应用、复杂岩层钻孔成孔工艺、ZDY系列钻机的结构组成及工作原理，钻机操作及注意事项、常见故障判断处理，钻场定向钻孔的设计、施工与安全技术措施，防坍塌安全技术措施以及钻探工技能与考核方案等。

“煤矿钻探工艺与安全”是一门应用技术课程，是采掘、通风、地质勘探等专业的主干课程。通过本课程的学习，要求学生较熟练地掌握岩石物理力学性质、岩石可钻性及岩石的破碎机理，金刚石和硬质合金钻进工艺，钻孔质量指标、钻孔弯曲与测量方法、定向钻进工艺以及常用仪器、仪表、钻具工作原理等知识。在讲授本课程时，必须做到理论与实验、实习相结合，并加强实践性教学环节，以提高学生实际操作能力和独立工作的能力。在课程讲授前，应先安排学生进行钻探过程的教学认识实习，使学生在实习过程中了解钻探的工艺过程，了解钻探设备的钻具、钻头的结构等相关知识。尤其重要的是，在本课程讲授后应安排学生进行钻探生产实习，以理解消化所学理论。

本书充分体现了培养高素质技能型人才的要求和高等职业技术教育特点，同时也兼顾技师、高级技师、中等职业教育和煤炭企业职工安全培训、岗前培训及各种短期培训班的需要。编写人员在该领域既有多年的教学经验，同时也有较强的煤矿现场科研能力，在编写过程中能充分结合煤矿现场实际和近年来涌现的新理论、新技术、新工艺、新设备，努力做到编写内容的先进性、科学性和系统性。

本书由淮南职业技术学院的姚向荣、朱云辉担任主编，姚向荣负责编写绪论、第2章、第4章和第6章～第9章，朱云辉负责编写第1章、第10章，淮南职业技术学院通风与安全系的孙泽宏编写了第3章，肖家平编写了第5章，全书由姚向荣负责统稿。安徽理工大学的史长胜、周波博士和金登刚硕士完成了本书的制图与校核工作。

安徽理工大学能源与安全学院的涂敏教授给予了理论和试验指导，淮南矿业集团（公司）勘探处的荚正风审阅了书稿，并提出了宝贵的建议。本书还得到国家瓦斯治理中心淮南矿业集团开采总院教授级高工廖斌琛主任的关心。安徽理工大学能源与安全学院的华新祝教授、石必明教授审阅了书稿，并提出了宝贵的修改意见。在此，编者一并表示感谢。

本书在编写过程中除了参考新规程、新规范、新标准以外，还吸取了现有的各大、中专相关教材的优点，参考了兄弟院校过去编写的相关教材，引用了近年来有关煤矿坑道钻探工艺、安全等方面的新成果，得到了行业内专家的大力支持。为此，特向各位作者表示感谢！

由于编者水平所限，书中的错误和不妥之处在所难免，恳请读者批评指正。

编　者

2011年11月

目　　录

0 绪　　论

目标要求： 了解《煤矿钻探工艺与安全》的学习任务及学习内容；掌握学习本课程的基本方法；掌握钻探技术的应用范围；掌握钻探的常用工艺方法；了解钻探技术的应用与发展过程。

重点/难点： 钻探的常用方法。

0.1 钻探技术的发展概况

中国是世界上最早开始进行岩土钻掘工作的国家，钻探技术是我国古代科学技术发明之一。我们的祖先为了寻找饮用水而挖凿水井，故从钻探技术的演变过程来说，“凿井”可算作我国钻探历史的开端，其可追溯到春秋战国时代和西周，甚至更早，它起源于我国劳动人民钻凿盐井。

最迟在公元前 1 世纪，我们的祖先已开始有组织地钻掘这种井来采盐水，同时提取地层深处的天然气用于燃烧和照明。大约在公元前 3 世纪，汉人便开始在四川南部开挖取盐水的深井，当时这些盐井中不时喷出天然气，从而以“火井”而闻名。按照生产技术发展水平，井盐钻探大体经历了三个阶段：

（1）大口浅井阶段（公元前 3 ~ 11 世纪）。口径大到二三十丈（古长度单位），井身浅，每挖一井投入几百人，凿挖工具都是铲锄等农用工具。自秦汉至南北朝，凿挖的都是上土下石的裸眼井；南北朝至五代，始用木制井筒护壁。

（2）钻探形成阶段（1041 ~ 1368 年）。这一阶段亦称卓筒井阶段。口径小，一般如碗大（5 ~ 9 寸），深度自几十丈到百余丈。到北宋仁宗庆历、皇祐（1041 ~ 1054 年）年间，已形成较完善的人力冲击式钻井技术。当时共有盐井 728 口，到南宋绍兴二年（1132 年）达到 4900 余口。钻头为铁质圆刃锉，吸卤筒和卓筒（即套管）为凿通节隔的楠竹。这是中国古代钻探技术的形成阶段，也是中国古代深井冲击式钻井技术逐渐传入西方的时期（约 11 世纪）。

（3）深井发展阶段（1369 ~ 1911 年）。明朝宋应星著《天工开物》（1637 年）对钻井工艺有详细的叙述，凿井、打捞、治井工具形式多样。

古代主要钻凿工具为鱼尾锉、财神锉等；主要治井、打捞工具为提须子、柳穿鱼、霸王鞭等；传递动力和升降锉进工具用斑竹所制的篾索，堵漏和补腔（井）主要材料为桐油、石灰。钻进一口三百丈左右的井一般要四五年。

中国古代劳动人民远在汉末、晋初（200 ~ 300 年）年间，在四川邛州一带钻成了天然气井，左思（约 250 ~ 305 年）在《蜀都赋》中描述其景象为“火井沉荧于幽泉，高焰飞煽于天垂”。隋朝（589 年）在邛州设立大井县，发现了石油。据明代《蜀中广记》记载，明正德年间（1521 年），中国第一口油井在四川嘉州用钻凿盐井器具钻成；1840 年，四川自流井地区钻成深达1200m的天然气井——磨子井。近代使用动力机械钻探石油始于清光绪三十三年（1907年）。

先民们用传统的方法于清道光六年（1835年）钻成了第一口超1000m（1001.42m）的深海井，使钻井技术达到了新高峰，该井被联合国教科文组织定为19世纪中叶前的钻井世界纪录。

英国著名科学史专家李约瑟博士在其《中国古代科学技术文明史》一书中认为：中国钻探科学技术对世界石油天然气勘探开发技术产生了巨大的启蒙、奠基和推动作用，在国际上领先数百年至一千多年。

随着工业技术的进步，直接破碎岩石的磨料、钻具形式及与之相适应的钻探设备都在不断改进。19世纪初叶，硬质合金的问世给岩土钻掘业开辟了新时代。以碳化钨为基体的硬质合金比以前各种钢制切削具具有更高的硬度和耐磨性。利用这种切削具做成不同类型的钻头或钎头，在Ⅶ~Ⅷ级以下的岩层中可以有效地钻进。

19世纪末期，美国工程师提出在硬岩、特别是在裂隙性岩石中采用钢粒钻进。因为钻进这种岩石时，昂贵的天然金刚石钻头消耗量甚大。在过去，苏联、东欧和我国在推广人造金刚石钻进之前，也是主要采用钢粒作为磨料来钻进坚硬、研磨性高的岩石。钢粒钻头可以在Ⅳ级以上的岩层中取得不错的钻探效率。即使在金刚石钻进技术已普及的今天，由于成本关系，钢粒钻进仍在硬岩大口径钻进中得到应用。

1953年和1954年，瑞典和美国通用电气公司分别宣布用人工方法合成了单晶人造金刚石；1966年，苏联开始研制人造金刚石孕镶钻头。

我国于1963年成功合成了第一颗人造金刚石后，逐渐掌握了人造金刚石钻头的制造技术，从20世纪70年代末开始大批量生产。把人造金刚石钻头用于硬岩钻进是我国钻探工程界的一大突破，在短短十几年的时间里，普及率和生产效率得到迅速提高。人造金刚石钻头结构如图0-1所示。

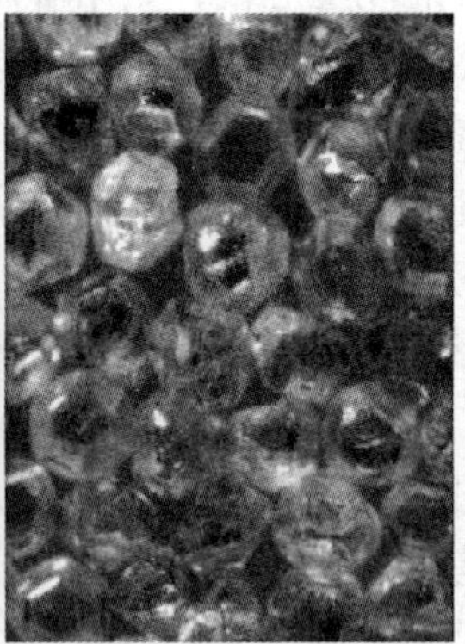

图0-1 人造金刚石钻头

除了碎岩材料不断发展外，绳索取心工艺、反循环连续取样工艺、多孔底定向钻进技术、钻探和掘进生产过程的自动化与最优化、高分子聚合物材料护壁堵漏技术等方面的技术创新，都在多年的岩土钻探实践中经受住了考验，并产生了明显的经济效益。

钻探工艺的技术进步，促进了钻探设备的更新换代。19世纪中期制造出了可以采取岩心的回转式钻机，这种钻机在基岩中钻进效率高、地质效果好，因而逐渐在地质找矿和工程施工的钻进领域中占据主导地位。目前各类新型坑道液压钻机和轻便多功能钻机，无论在功能上、结构上还是自动化程度上都与老一代钻机截然不同。与此同时，配套的辅助机具、检测仪表、产品的标准化、新型材料和信息技术的应用等都不断走向成熟。这使得钻探工程学逐渐形成了一个相对独立的学科门类，面向未来，我们相信随着与相关学科的交叉和高新技术的引入，钻探工程将展现出更强的生命力和适应性。

0.2 钻探工程常用方法

钻探工程利用钻探设备和器具，按照一定的目的、要求，由地表、坑道或湖海向地壳深部，钻出一个直径小而深度大的柱状圆孔，取出岩矿样品以了解地下地质情况；或钻出具有某种用途的通道，以满足其他工程的需要。其所进行的全部施工工作，称为钻探工程，简称钻探。地质勘探中以采取岩矿心为目的的机械取心钻探工作，简称岩心钻探。

岩心钻探是由动力机带动钻机，钻机带动由钻杆、岩心管和钻头组成的钻具，在一定的轴心压力作用下破碎岩石，通过泥浆泵向孔底输送冲洗液冷却钻头并携带岩粉和保护孔壁，冲洗液通过钻具和孔壁环状间隙返回地表进入净化系统，同时岩心进入岩心管，通过各种取心钻具，将岩心从几米至几千米的孔底取出，从而达到了解深部地质情况的目的。

根据破碎岩石的机理不同，钻探方法可分为机械的、物理的和化学的三种。物理和化学破碎岩石的方法，目前尚处于实验室研究和试验阶段，暂不能有效地用于生产实践。机械方法可破碎所有类型的岩石，因此在钻探生产中广泛应用。

机械方法破碎岩石，主要是以外集中载荷使岩石中产生很大的局部应力而破碎。因此，在机械破碎岩石时，根据外力作用的性质和施加方式的不同，机械钻探方法主要分为冲击钻探、回转钻探和冲击回转钻探三大类。

(1) 冲击钻探。冲击钻探是利用钻头凿刃，周期性地对孔底岩石进行冲击，使岩石受到突然的集中冲击载荷而破碎。为使钻孔保持圆柱状，钻头每冲击孔底一次需转一定角度后再次进行冲击。当孔底岩粉（屑）达到一定数量后，应提出钻头，下入专门的捞砂（屑）工具，将岩粉清除，然后再下入钻头继续冲击破碎岩石。如此反复地进行冲击钻凿，以加深钻孔。

根据所采用的动力不同，冲击钻探可分为人力冲击钻探和机械冲击钻探两种。根据冲击工具的不同，又可分为钢绳冲击钻探和钻杆冲击钻探两类。

冲击钻探多用于工程地质勘查、第四纪卵砾石层钻井和开采浅层地下水的水井钻探，以及大直径灌浆孔、露天矿开采中的爆破钻孔等。

(2) 回转钻探。回转钻探是利用钻头在轴向压力和水平回转力同时作用下，在孔底以切削、压皱、压碎和剪切等方式破碎岩石，被破碎的岩屑、岩粉由冷却钻头的冲洗液及时带出孔外。随着钻进时间的延长，钻头被逐渐磨钝，钻进速度（进尺）也随之降低，这时应从孔内把钻头提出，更换新钻头后再下入孔内继续钻进。

根据破碎岩石时的切削具（磨料）不同，回转钻探分为硬质合金钻进、钢粒钻进和金刚石钻进三种。也可根据破碎孔底岩石的不同形式，将回转钻探分为无岩心钻探（全面钻进）和 岩心钻探两大类。

岩心钻探可从孔内取出完整的柱状标本（岩心），从而能够揭示地下岩层的岩性、产状、层序、层厚等，是研究地下地质情况的有力手段。因此岩心钻探是勘查固体、液体和气体矿产及工程地质、水文地质勘查的主要方法。

（3）冲击回转钻探。冲击回转钻探是钻头在孔底回转破碎岩石的同时，施加以冲击载荷，兼有回转和冲击两种破碎岩石的作用。

根据动力介质的不同，冲击回转钻探分为液动冲击回转钻探和风动冲击回转钻探两类。冲击回转钻探主要应用于坚硬岩石，对提高坚硬岩石钻进效率和保持钻孔的垂直度方面有显著效果。

常用的钻进方法及选用原则：软岩和中硬岩层，用硬质合金回转钻头钻进；中硬及部分中硬以上岩层，用铣齿牙轮钻头钻进；硬岩，用金刚石钻头或钢粒钻头钻进；硬脆岩层，用液动（气动）孔内冲击器钻进或镶齿牙轮钻进更有效。

钻孔的直径取决于钻进目的、钻孔结构和钻进方法：金刚石钻头主要用于小口径；钢粒钻头主要用于91mm 以上的口径；硬质合金和牙轮钻头则既可钻进小口径孔，又可钻进直径达2m 以上的大口径水井、工程施工孔和浅井。钻孔的深度可在几米至几千米的范围内变化。

钻探工作的程序：现以岩心钻探为例说明钻探工作的程序，其钻进系统框图如图 0-2 所示。

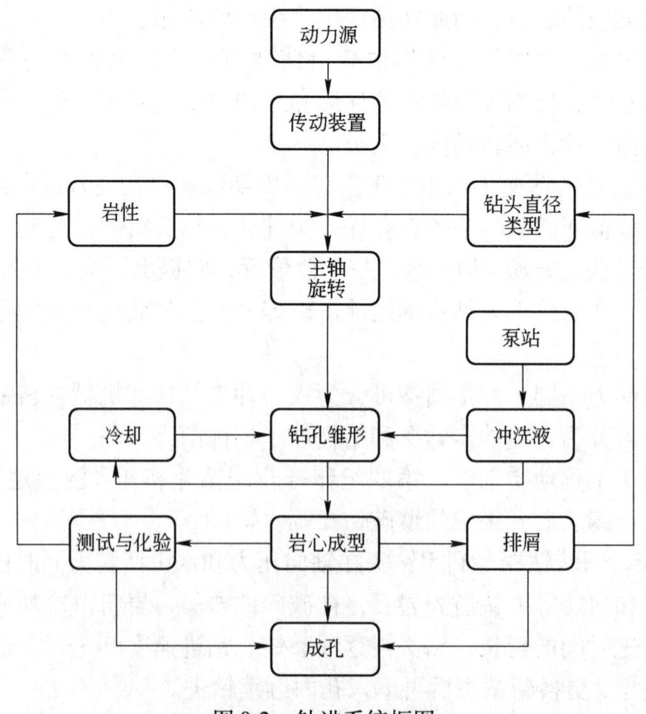

图 0-2 钻进系统框图

钻进时，根据所钻岩石性质和钻头直径、类型的不同，钻机主轴带动钻具以不同的转速回转，并借助于钻机上的给进装置给钻头以必要的轴向压力。于是钻头回转，并切入岩石而钻出环状孔底，形成岩心。随着钻孔的加深，岩心进入岩心管，同时产生大量的热量和岩粉。为了冷却钻头，净化孔底岩粉，并将岩粉排到地表，需要不断冲洗钻孔。水泵通过吸水胶管把冲洗液从水源箱中吸出，通过高压胶管、提引水接头和钻杆柱送入孔内，冲洗孔底并冷却钻头，把破碎的岩石颗粒（岩粉）从孔底沿着钻孔送到地表。冲洗液从孔内出来流入沉淀箱和循环槽，岩粉在此进行沉淀和净化；被净化的冲洗液再流入水源箱，从水源箱再送入孔内。

在钻进过程中，当岩心管充满岩心或因某种原因不能继续钻进时，应着手提钻，将钻具提出钻孔。开始提钻前，应把岩矿心卡牢在岩心管底部，并扭断。岩心钻具退出钻孔以后，卸下钻头，并小心谨慎地从岩心管中取出岩矿心，配好钻具，再下入孔内继续钻进。每一次提钻时，均应检查钻头，当钻头确已磨损时，须用完好的钻头替换。从每次放入钻具，经过钻进，到采取岩矿心，退出钻具为一个钻程，称为一个钻进回次。每个钻孔视钻孔的深度，通过几个至数百个钻进回次，使钻孔达到设计孔深。

0.3 钻探工程技术应用现状

随着科技进步和经济发展，岩土钻掘工程在国民经济中发挥着越来越大的作用，已广泛应用于矿产资源勘探和部分矿产的开采、水文地质勘探和水井钻、工程地质勘查和生态环境研究、地质灾害的防治与环境治理、工民建和道路桥梁的基础工程、国防工程及海岸工程、科学钻探等领域。国家科技部“九五”曾提出八字方针：“上天、入地、下海、登极”，都与钻探工程的内涵有关。现举例如下：

凡是利用钻机及其他钻探设备向地下进行钻凿孔眼，并取出岩心、岩粒，向孔内投放测试仪器，以了解不同深度岩层的地质情况，为矿床勘探、工程施工等提供地质资料的工作，可统称为矿山钻探工程。一般来说，凡是要取出孔内岩心的钻探工作，统称为岩心钻探。而为开采地下石油、天然气、盐水或地下水等的钻进工作，统称为钻井工程。凡为了探查坝基、桥基、路基、港口码头、大型或高层建筑的基础钻探工作，通常称为工程钻探。凡进行各种基础灌注桩、地下连续墙、土层锚杆、地基加固等的技术钻进工作，通称为工程施工钻或岩土工程钻。

（1）矿产资源勘探与开采。主要包括：

1）为探明基岩性质、产状、分布、地质构造等，或为配合物探工作而进行爆破钻孔以及普查找矿钻探等。

2）详细查明矿区地质构造、矿体产状、品位、储量及矿区水文地质等，为矿山的开发提供必要的地质资料。通常在勘探矿区布置一定的勘探网或勘探线，一般用固定式钻机进行钻探。

3）瓦斯地质钻探工艺在解决煤矿瓦斯抽放问题上起着很重要的作用，是研究煤岩层中赋存的瓦斯通过钻孔形式进行抽放的工艺规律，尽最大努力减少矿井瓦斯、涌水等灾害对煤矿生产造成的威胁，为煤矿安全生产服务的。其瓦斯赋存的地质条件主要包括：含煤岩系的沉积环境，岩性组合结构特征，煤层顶底板围岩圈闭特性及煤岩层透气性能，煤的变质程度及埋深，区域地质构造等。瓦斯赋存是一个渐变过程，而钻探要解决的问题是对聚集条件下的瓦斯通过钻孔的通道来达到释压抽放瓦斯。瓦斯库存要有一定的地质结构或构造空间和圈闭密封地层条件，要有充足的瓦斯源和运移通道，要有矿山压力对瓦斯聚集区形成矿山压力以压缩瓦斯气体。煤矿生产中瓦斯库的存在会对矿井安全造成严重的危害，为了解决瓦斯库的问题，可采用瓦斯地质钻探工艺方法揭露瓦斯库，对瓦斯库进行抽放释压，以此达到煤矿安全生产的目的。

4）利用钻探工程进行工程施工和为达到工程技术目的而进行的钻探工作，如坑道掘进指示孔、探气孔、通风孔、排水孔、冻结孔、灌浆孔、运输孔、安装线路和管路的钻孔、各种观测孔钻探等。

（2）水文地质勘探和水井钻。据世界银行资料（1997 年），按人均拥有水资源量中国属于严重缺水的国家，其中占全国总面积 1/3 的西北地区，水资源量仅占 8%，严重制约了经济的发展。为查明地下水的赋存状态、水质水量及其运动规律等水文地质情况，满足农业、工业、国防、生活用水等，都需要进行水文钻探。根据探采结合的精神，有时在水文勘查后即可进行水井的成井工作。水文水井钻探多以专门的水文水井钻机进行钻探或钻井。

（3）地质灾害勘探。我国每年地质灾害的损失达几百亿元，地质灾害治理非常重要。地质灾害勘探野外作业如图 0-3 所示。

图 0-3 地质灾害勘探野外作业

（4）工民建和道路桥梁的基础工程。大量钻探队伍承担着道路桥梁及工民建的地基与基础施工任务。工程施工钻探多应用于基础桩的灌注建造工作及地下连续墙、土层锚杆、地基加固等工程，以及为岩土工程服务的各项工程施工的钻凿工作。

工程地质钻探包括桥基、坝基、路基、水库、港口、大型建筑物和大型设备基础等各类钻探工作，钻孔大多为浅孔并有特殊的取样要求。工作中都用特制的工程钻机进行钻探。民用建筑和道路桥梁基础工程钻探如图 0-4 所示。

（5）陆地及海洋石油勘探。石油、天然气的勘探及开采都需要进行钻探工作。通常将

图 0-4 民用建筑和道路桥梁基础工程钻探

石油、天然气勘探钻井和开采钻井结合在一起，通称石油钻井。此类钻井较深，大都用专门的设备进行钻探。如海上钻机可以悬挂 9150m 长的钻杆延伸到海洋底部 8235m 深的地方，因为水深大不能锚定系留，必须使用 DPS（Dynamic Positioning System，动态定位系统）。海洋地质勘探如图 0-5 所示。

随着科学技术和国民经济的迅速发展，钻探工程又开辟了许多新的领域，例如目前正在大力开展的为开发地热资源及大陆架海底石油、天然气资源的地热钻探和海洋（石油）钻探、滨海钻探、海底地质钻探和大型建筑工程施工钻探等。为了解新地区和地球深部地质情况，还进行了南极极地钻探、超深井钻探以及月球表层钻探等。

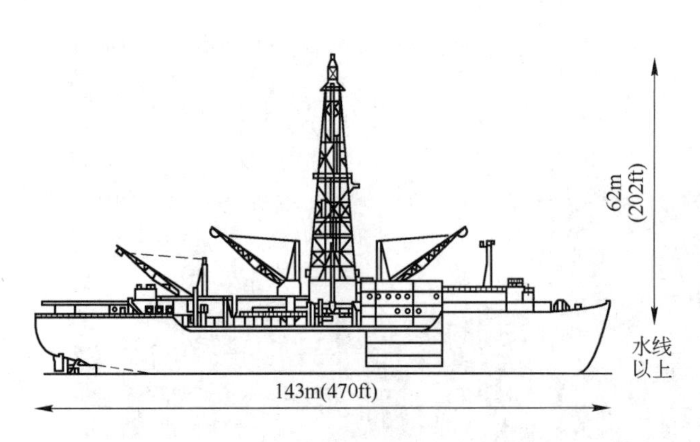

图 0-5　海洋地质勘探作业

0.4　国内外钻探技术与装备现代化

目前我国地质钻探设备有很多已陈旧老化，技术工艺落后，钻探效率低，运行成本高，远远不能满足地质钻探工作、矿产勘查的需求。《国务院关于加强地质工作的决定》和《国土资源部中长期科学和技术发展规划纲要（2006 ~ 2020 年）》强调提出：“地质工作必须贯彻科学发展观”，“地质工作必须应用高新技术”。为加速矿产资源的勘探开发，应该大力推进钻探技术与装备的自控化、智能化、机器人等尖端技术发展，学习和借鉴国际先进技术和经验，研究开发适用于我国国情的先进钻探技术、装备和工艺是十分重要的。目前，国内煤矿大量使用的钻机有三大类：第一类是立轴式钻机，该类钻机多用于煤矿下临近层穿层孔的钻进；第二类是全液压动力头通孔式钻机，该类钻机多用于煤矿沿煤层钻进、上临近层穿层孔的钻进；第三类是全液压动力头定长式钻机，该类钻机多用于煤矿大仰角穿层孔钻进（或称冲天钻）。

（1）全液压顶驱型地质岩心钻机。国外地质岩心钻机的发展经历了 20 世纪 60 年代以前的手把操作机械型钻机、60 年代开始应用的液压立轴型钻机、70 年代开始应用的全液压顶驱型（动力头式）钻机、90 年代中期开始研发的自动化钻机四个阶段。由于全液压顶驱型钻机具有钻探效率高、劳动强度低、适宜实现多种钻探工艺等优点，目前许多国家已经普遍地将这种第三代岩心钻机运用于矿产勘查工作，其适用范围很宽，从浅孔

(50m) 到深孔 (5000m)。我国现在广泛运用的地质岩心钻机仍停留在第二阶段，即液压立轴式岩心钻机。这类钻机钻进效率低下，如青海省地勘局在某矿区运用国产 XY-4 型立轴式钻机，小时钻探进尺仅 1m 左右，而采用国外进口的 LF-90 型全液压顶驱型钻机在同样条件下小时进尺则达 3m 多，钻进效率提高了 3 倍。此外，立轴式钻机通用性和标准化程度很差，钻进工艺适应性有限，且缺少 2000m 以上深度的机型等，需要继续完成此类岩心钻机系列化的研究开发，特别是 2000m 以上的深孔钻机，以适应我国矿产资源勘查深度不断加深的需求。

(2) 自动化岩心钻机。20 世纪 90 年代中期，岩心钻探设备又一次发生了革命性的技术进步，即完全自动化钻机投入实际应用。新一代自动化钻机首先诞生于两个矿业发达国家——瑞典和加拿大，新型自动化岩心钻机当属第四代地质岩心钻机。

加拿大的科普柯公司开发成功了 Diamec264APC 型和 Diamec284 型全自动钻机，而瑞典的波伊尔公司则开发了 B 系列自动化钻机。这些钻机均是采用全液压顶驱装置、机电液一体化和计算机控制的钻进方式。Diamec264APC 型钻机具有平均时效 12m 的钻进速度，台月效率平均达到 1000m。其钻进效率高的原因在于它能自动地、连续地测量和监视地下岩层变化与孔底工况，随时 (在 0.15s 内) 调整钻进参数，以保证达到最佳钻速。同时，由于这种自动控制钻进方式可以提高钻头寿命、减轻钻杆磨损、减少岩心堵塞和烧钻等事故，从而大大地降低了钻探成本。此型钻机在野外现场仅需一人操作，钻工所需做的工作只是观察控制台面板，适时调节相应旋钮即可，还可兼作其他工作 (如处理岩心样品、检查钻具等)，显著地减轻了钻工体力劳动，并减少机台钻工人数。

近几年，科普柯公司又陆续研发应用了 DiamecU4APC 型、DiamecU6APC 型和 DiamecU8APC 型自动化钻机，性能和可靠性又有很大提高。其中 DiamecU4APC 型钻机属于第二代自动化钻机，真正实现了机台单人完成钻探作业的功能，DiamecU6APC 型钻机则进一步简化了机械结构，提高了电子系统在恶劣环境中的工作能力，其钻探深度达 1000m。作为第三代自动化钻机代表的 DiamecU8APC 型钻机，在其设计中则更多地考虑了人类工程学 (Ergonomic)，即加强了人性关怀和安全，其钻探深度可达 1500m。

自动化钻机具有很高的生产效率并体现以人为本的理念，代表了国际地质岩心钻机的发展方向。我国作为矿业大国，今后地质勘查任务繁重，应当将研究开发自动化岩心钻机的任务提上日程。

(3) 大力推广应用现代先进定向钻进技术。国外第一口超深井钻探始于 1949 年，我国超深井作业始于 1976 年。1949 ~ 2010 年的 61 年间，世界超深井钻井总数达 2000 口；目前年钻超深井 200 多口，其中一半是勘探井。与美国、俄罗斯等国相比，我国超深井石油钻探面临的石油地质条件极其复杂。以塔里木盆地为例，20 世纪 80 年代中后期，中国石油和原地矿部的石油勘探队伍，相继实施了一批超深井钻井作业。由于技术水平有限，6000m 左右的超深井通常需要两年左右才能完钻。其间各种工程事故时有发生，施工效率相对低下，严重制约了石油勘探开发的步伐。随着我国主要石油增长区油气勘探开发不断向深部地层扩展，超深井钻井技术的研发和应用迫在眉睫。

20 世纪 90 年代初期，石油钻井研究单位围绕该技术难题展开科技攻关。研究人员长期深入塔里木盆地等地的石油钻井平台，了解工程施工情况，分析解决施工难题，为超深井技术进步奠定了坚实基础。

为加快我国超深井研究步伐，2006 年，中国石化承担了“超深井钻井技术研究”这一国家重点科技攻关课题，承担研究任务的石油勘探开发研究院、胜利油田和中原油田，联合中国石油大学和西南石油大学组成课题组。中国石化集团公司党组高度重视超深井钻井技术研究，投入大量资金用于设备更新改造、工艺技术研究和人员培训，并落实了依托工程；中国石化工程技术管理部门对项目研究给予大量支持和帮助。西北、普光、西南、胜利、华北、中原地区的油田队伍在项目试验阶段积极配合，确保研究顺利进行，并总结出许多超深井钻探经验。

定向钻进是一种先进高效的钻探方法。特别是在一个主孔底部侧钻出许多分支孔以达到多个地质靶点的钻探工艺，可以节省大量钻探工作量。在 20 世纪 80 年代，我国固体矿产勘查运用这项技术曾达到国际先进水平。如安徽省冬瓜山铜矿勘探中，在一个主孔中施工了 6 个分支孔，主孔中最深造斜点孔深 622m，6 个分支孔钻入矿体靶点深度均超过 800m，最深的 854m。共完成工作量 3063. 19m，比从地表分别钻探 6 个钻孔达到地下相同靶点位置节约工作量 48%，节省资金 33%，节约时间 43%，地质效果与经济效益均十分显著。

中国石化塔河、普光、元坝等油气田已顺利钻成数百口 6000m 以上的高难度超深井，钻井周期平均缩短 20%，部分地区周期缩短一半以上，成功率 100%，形成了一套独特的超深井钻井关键技术，并成功钻出井深 8408m 的亚洲第一深井“塔深 1 号”。这标志着我国成功突破超深井钻井技术瓶颈，对大幅提升我国石油钻探水平，加快石油勘探开发步伐具有重要意义。

由安徽省地质矿产勘查局 313 地质队承担的省级国土资源重点科研项目，通过对深孔钻机研制、高强度钻杆研发、人工受控定向钻探技术、钻探方法和孔内摄像技术应用进行科学研究，采用 FYD-2200 型分体塔式全液压动力头钻机，在六安市霍邱铁矿周集矿区进行深部勘探施工。钻机探至 2408. 08m，一举刷新了此前的国产机具小口径绳索取心钻探孔深 2401. 12m 的全国纪录，最终钻机探至 2706. 68m，再次刷新并创造了国产机具小口径绳索取心钻探孔深纪录。它标志着我国自行研制、开发的深部钻探装备和关键技术的先进性、可靠性和实用性在深部找矿中得以验证，解决了我国固体矿产勘查钻进能力滞后的问题，使安徽省地质岩心钻探达到国际先进、国内领先水平，提升了我国地质装备技术含量，增强了深部地下信息推断与解释的验证手段。特别是在深部找矿中，立轴式钻机将会逐步淡出人们视野，全液压动力头钻机将成趋势，实践证明，国产钻杆已能满足深部钻探要求。

同时，近 20 年来，国际上石油定向钻井技术突飞猛进。为了加速钻采、提高采油率与降低成本，“多分支井”、“大位移井” 和 “水平井” 等创新的定向钻进技术不断出现并广泛应用。目前，石油钻井水平位移早已超过 10000m。多分支井最多一口主井下面超过 8 个分支井，分支井的长度超过 2500m。可以说，现在定向钻探技术的先进程度已达到“随心所欲” 的程度，即按人的意愿，想钻到哪里就可以精确地钻到那里。

目前，定向钻进方法具体有两项尖端技术：地质导向钻进系统和旋转闭环导向钻进系统。地质导向钻进系统包括随钻测量（MWD）、随钻测井（LWD）甚至随钻地震（SWD）以及一整套自动控制钻孔方向的综合技术。其随钻测量的地层参数（如电阻率、密度、中子伽玛等）和钻孔轨迹几何参数（如顶角和方位角等）的多种传感器，安置于钻头之上距离仅1m的钻具中。运用此种地质导向钻进方法，钻头可以非常精确地钻到岩矿层目标，或沿着矿层（油层）钻进与取心（样）。而旋转闭环导向钻进系统则是另一种智能化、自动化钻进系统，能在钻杆柱旋转的条件下，按预定的轨迹或按矿层目标作定向钻进。

今后，我国在地质勘探领域应积极运用定向钻探技术。要大力推广应用“螺杆钻具加弯接头偏斜器”、“连续造斜器”以及“小直径中曲率半径水平定向孔钻探工艺”等我国原已研发成功且行之有效的定向钻进技术，如举办培训班、进行现场示范等。同时，启动研发当代国际上最先进的定向钻进技术方法，如地质导向钻进系统和旋转闭环导向钻进系统等。

0.5 国外钻探技术研发新动向

钻探的目的是发现更多的矿藏、油气资源以及尽量提高产量和采收率。钻探工程面临的问题始终是如何确保“优、快、省、HSE”。自20世纪70年代以来，钻探技术发展很快，极大地推动了钻探的实时化、信息化、数字化、可视化、集成化、自动化、智能化，使钻探变得“更聪明”。

（1）“优质”是指提高工程质量，更好地保护矿产资源，准确地监控探眼轨迹。

随钻测量（MWD）、随钻测井（LWD）、地质导向和旋转闭环导向钻探系统是提高探眼轨迹控制精度的重要手段，得到了推广应用。钻探目标复杂化对探眼轨迹的控制精度提出了越来越高的要求。目前所用的MWD和LWD的数据传输途径是泥浆脉冲或电磁波，但它们的数据传输速率太慢，不能很好地满足现代油气勘探开发对钻井井下数据传输的新要求。近些年，国外一直在探索新的数据传输方式，包括声波、光纤和有缆钻杆。当前，声波信道和用于常规钻杆的光纤信道尚在研究中，在有缆钻杆领域，目前投入商业应用的只有美国Intelliserv公司的“软连接”有缆钻杆，即所谓的智能钻杆。

智能钻杆实质上是一种有缆钻杆，电缆之间通过电磁感应实现“软连接”，使用时把电缆嵌入钻杆，钻杆接头两端的电缆各有一个感应环；钻杆紧扣以后，两感应环并不直接接触，而是通过电磁感应原理实现信号在钻杆间的高速传输。其主要特点是：数据传输高速、大容量、实时；数据传输速率高达5.76万位/s；真正实现了双向通信；适用于包括欠平衡钻探、气体钻探在内的任何工况下的数据传输。

智能钻杆已于2006年投入商业化应用，是钻井井下信号传输技术的一个重大突破和重要里程碑。它已获得了斯仑贝谢、哈里伯顿、贝克休斯和威德福等国际一流的矿产技术服务公司的认可和支持，应用前景乐观。该公司下一步是开发数据传输速率高达20万位/s的智能钻杆。

地质导向是MWD和LWD技术的重大突破，但目前的地质导向仪离钻头的距离在0.95m以上，只能测量刚钻探眼的工程参数和地质参数，而不能探测钻头前方的地质情况。为此，需要发展随钻地震等具有随钻前视功能的技术，以便更好地进行地质导向和储层导向。

（2）“高效”就是提高钻探效率。“高效”是生产过程一贯追求的重要目标。提高钻速尤为重要，对深井钻探和深水钻探来说更是如此。

自高压喷射钻探于20世纪70年代开始推广应用以来，机械破岩+水力辅助破岩这种联合破岩方式就占绝对统治地位。为了进一步提高机械钻速，人们一直在探索其他破岩方式，如化学溶解法钻探、爆破法钻探、电火花钻探、微波钻探、热散裂钻探、岩熔炉钻探等。近几年，国外还在探索中的破岩技术主要是激光钻探、等离子体通道钻探等。

激光钻探的破岩机理是利用高能激光破碎、熔化和蒸发岩石。激光钻探仍处于室内试验阶段，预计2020年投入商业化应用，并有望给钻探带来一场革命。

等离子体通道钻探技术的核心是高电压脉冲能量技术。等离子体的破岩机理就是用电法雾化岩石，即利用高电压脉冲在“钻头”前方的岩石中形成高能等离子体，等离子体在不到1μs的时间内在岩石中极迅速地膨胀，致使局部岩石破裂和破碎。这项破岩技术目前尚处于原理验证阶段，其可行性还有待进一步验证。如果它最终能够通过现场试验，则有望成为一种新的简单、高效、成本低、风险小、环境友好的破岩方式，将主要用于修井和钻小探眼。

为了使深井钻得更深、更快、更经济、更环保，美国能源部于2002年5月设立了一个深井钻探计划（Deep Trek），旨在组织开发一些新技术和新工具来提高深井钻探完井效率，降低深井钻探完井成本。Deep Trek 计划侧重于关键领域的技术开发，即：智能钻探系统、高科技材料、先进的深井钻探完井方法、新的钻头技术。该计划是一系列技术创新的集成，是当今钻探技术前沿的集中体现，代表新一代深井钻探技术，反映深井钻探技术的发展方向。其中的多数单项技术还处于实验室研究或现场试验阶段，部分单项技术已投入商业化应用。Deep Trek 计划将实现“更深”和“更智能”的钻探目标，这将进一步促进钻探技术的进步。

1990年推出的交流变频钻机是钻机发展史上的一个非常重要的里程碑。钻机的多样性主要表现在出现了适应不同地面条件、探深和作业需要的大、中、小型钻机，包括各种陆地钻机、海洋钻机、车载钻机和连续管钻机等，目前正在研制微探眼钻机。国外在钻机自动化设备的基础上于20世纪90年代中后期推出了自动化钻机。自动化钻机分为交流变频电驱动和液压驱动两大类，主要特点是：实现包括传送、上卸扣、送钻、排放、堆放在内的所有管子操作的自动化；大幅度减少钻探作业人员，钻台和二层台上不再有钻工；明显减轻司钻的劳动强度和减少人为失误；运移性好，安装、拆卸方便；陆地自动化钻机占地面积小；显著提高作业效率和安全性。自动化钻机代表当今石油钻机的最高水平，是石油钻机的重要发展方向，正在陆地和海上得到推广应用。

新材料一直是国外超前研究的热点，适用于钻探完井的新材料不断涌现，极大地推动了钻探完井技术的进步和提速降本。连续管钻探可大幅度提高起下钻效率，减小探场占地面积。铝合金钻杆、钛合金钻杆和碳纤维钻杆可大大减轻钻杆重量，提高钻杆韧性。纳米外加剂可提高钻探液性能。利用可膨胀管和自膨胀管可解决很多井下问题，建成单直径井。路易斯安那州 MD 工业公司研制的超级水泥已投放市场。

自膨胀管是为美国能源部的微探眼计划研制的。它通过旋转实现弹性膨胀，操作简便，径向膨胀率大，最大膨胀率可达250%以上。自膨胀筛管的膨胀率为125%～150%。自膨胀管是膨胀管技术的新发展，它既可用于常规井，也可用于微探眼；既可用于旋转钻探，也可用于连续管钻探。超级水泥实质上是一种树脂密封剂，是为美国能源部的“深井钻探计划”开发的。其基本成分是液态的树脂和硬化剂，可按需要添加其他外加剂。它是一种非水泥类固井材料，可替代水泥，是固井和挤水泥技术的一大突破。它能够在高温高压深井中可靠地封隔环空和长期维持井的完整性，但是目前由于成本太高，其商业性应用仅限于海上的挤水泥作业。通过不断改进，这种超级水泥成本有望降低，应用前景乐观。

(3)“经济”是指节省钻探完井成本，降低吨油成本，实现效益的最大化。“经济”也一直是钻探技术发展的重要目标。钻探成本占勘探开发总支出的60%左右，节省钻探成本对降低勘探开发总支出具有十分重要的意义，尤其是开发低质资源。深部钻探也对节省成本提出了更高的要求。

常规井的孔（井）身结构呈锥形，也就是为对付井下复杂地层，需要下多层套管或尾管并固井，这势必会大量消耗泥浆、套管和水泥，延长建井周期，增加建井费用。为此，国外在可膨胀管技术的基础上于20世纪90年代后期提出了单直径井（monobore）概念。单直径井技术于2008年开始商业应用。

单直径井的核心技术是可膨胀管，因此目前拥有单直径井技术的公司也就是能够生产可膨胀管的公司，即Enventure全球技术公司、威德福、贝克休斯、斯伦贝谢和哈里伯顿等。

单直径井的主要特点是：减小上部井眼和套管的直径，简化井身结构；减少泥浆、套管和水泥用量及固井作业工作量；缩短建井周期；降低建井成本；减少钻探废弃物，有利于保护环境；增大完井井筒直径，提高单井产量。目前单直径井技术还处于商业应用的初期，仍在发展中。

钻杆的发展历程表明，钻杆存在轻型化的趋势。目前已投入商业化应用的轻型钻杆有铝合金钻杆和钛合金钻杆，但它们的成本太高。近几年，美国能源部在资助非金属类轻型钻杆——碳纤维钻杆的研制。碳纤维钻杆就是由碳纤维－环氧树脂制成、两端有钢接头的钻杆。由于碳纤维不如钢耐磨，因此需要对碳纤维管的表面进行打磨，并涂上极耐磨的涂层。碳纤维钻杆最大的技术难点是如何实现碳纤维钻杆本体和钢接头的可靠黏结。碳纤维材料无磁性，不导电，容易制成有缆碳纤维钻杆。碳纤维钻杆和有缆碳纤维钻杆由于具有重量轻、韧性好、耐腐蚀等优点，特别适合钻短曲率半径和超短曲率半径水平井、重钻井，并有望在大位移井、深井钻探以及深水钻探中得到应用。

钻探自动化由井下自动化和地面自动化组成，井下自动化由旋转闭环导向钻探系统或自动垂直钻探系统实现，地面自动化由地面自动化钻机实现。钻探自动化正向着将地面和井下作为一个整体的大闭环控制方向发展。借助计算机技术和卫星通讯，目前钻探已实现远程监视。

(4)“HSE”指健康、安全和环保。当今HSE越来越受重视，贯穿于钻探完井全过程。

小探眼钻探、连续管钻探、单直径井钻探、微探眼钻探可减少探场占地面积，减少钻探废弃物，有利于环保。通过大位移井和超大位移井可实现海油陆采，减少对海洋环境的影响。用獾式钻探器进行无钻机钻探，不需要探场，没有废弃物排放，无环境污染。自动化钻机有利于钻探人员的健康与安全。

复习与思考题

0-1 简述以下几个重要概念：钻探工程、岩心钻探、钻井工程、工程钻探。

0-2 简述钻探工作的程序。

1 岩石的性质与可钻性

目标要求： 了解岩石的分类和组成、岩石的结构和构造；了解块体密度和孔隙率，岩石的含水性、透水性、裂隙性、稳定性等物理性质。掌握强度、硬度、研磨性、弹性、塑性等岩石力学性质的概念及测定强度、硬度、研磨性的方法等。掌握岩石可钻性的概念及分级方法。了解钻头碎岩刃具与岩石作用的主要方式，静载作用下岩石的应力状态；掌握静载作用下岩石的破碎过程，动载作用下岩石破碎的特点，压头破碎岩石的效果及影响因素。

重点： 岩石硬度、研磨性、可钻性及影响岩石力学性质的因素。

难点： 岩石可钻性的测量方法。

为了更好地完成钻探工作，提高钻进质量和效率，有必要了解地壳的各种岩石矿物组成，对岩石的物理力学性质进行全面的研究。不同岩石的物理力学性质相差很大，究其原因，是岩石成分和构造不同，这对钻进的影响和反应也是各种各样的。研究岩石的物理力学特性，主要是研究与破碎岩石有关的因素，从而掌握其破碎的规律性，以便创造更有利的破碎条件，更好地选择钻进方法、钻进规程和切削具、研磨材料及钻探设备类型等。

1.1 岩石的物理性质

岩石是由各种晶质或非晶质的矿物组成的。由于岩石本身分子结构以及成因条件的不同，岩石的基本状态可以分为坚硬的、可塑性的和松散性的三类。组成地壳的各种岩石，按其成因特征可分为岩浆岩、沉积岩和变质岩。如果把变质岩包括在岩浆岩中，则在地壳内，岩浆岩占95%，沉积岩占5%（其中泥质页岩占4%，砂岩占0.75%，碳酸盐类岩石占0.25%）。上述三类岩石，在钻探工作中几乎都会遇到，煤田钻探、石油天然气和地热井勘探，所遇到的岩石大都是沉积岩。

岩石的物理性质表现为岩石在生成过程中，由于构造变动和风化作用而形成的，如重力特性（天然密度、饱和密度、干密度、视密度、相对密度）、孔隙性（孔隙率、孔隙比）、水理性（含水量、含水率、渗透性、渗透率）等。与钻进有关的岩石物理性质有下述几种。

1.1.1 岩石的密度和孔隙率

1.1.1.1 *岩石的密度*

岩石质量与其体积之比称为岩石的密度。假设用 m 表示岩石试样的质量，用 V 表示岩石试样的总体积，则岩石的密度 ρ 为：

$$\rho = \frac{m}{V} \tag{1-1}$$

它包括：

(1)（真）密度，即单位体积的岩石（不包括孔隙）的质量。

$$\rho = M_{实}/V \tag{1-2}$$

式中，$M_{实}$ 为岩石实体的质量；V 为岩石实体的体积。

(2) 视密度，即单位体积的岩石（包括孔隙）的质量。

$$\rho' = M/V \tag{1-3}$$

式中，M 为岩石的质量；V 为岩石的体积。

岩石（真）密度的大小取决于岩石的矿物密度，而与岩石的孔隙和吸水多少无关；岩石视密度与岩石的矿物密度、空隙、吸水多少均有关。

视密度可分为天然视密度、干视密度、饱和视密度。

在工程实践中，常常根据岩石的视密度换算出岩石的堆密度。

1.1.1.2 岩石的孔隙比与孔隙率

(1) 岩石的孔隙比：岩石中的孔隙体积与岩石中固相骨架的体积之比。孔隙比可由下式计算：

$$k_p = \frac{V_0}{V_c} \times 100\% \tag{1-4}$$

式中，V_0 为岩石中的孔隙体积；V_c 为岩石中固相骨架的体积。

(2) 岩石的孔隙率：岩石中孔隙的体积 V_0 与岩石总体积 V 之比。孔隙率 n 可由下式计算：

$$n = \frac{V_0}{V} \times 100\% \tag{1-5}$$

岩石的孔隙是由地质构造作用、外力和内部应力的作用而产生的。大多数岩石往往不是完整无隙的。矿物颗粒之间的全部孔洞，不管其大小和形状如何都是岩石的孔隙。岩石孔隙又与组成岩石的颗粒形状、大小及性质有关。岩石的孔隙性削弱了岩石的强度。

一般沉积岩具有较高的孔隙率（砂岩55%，灰岩0~45%），随着埋深的增大，岩石的孔隙率降低。

岩石的孔隙率与岩石的块体密度有关，孔隙率大的岩石易透水，并能降低岩石的强度及稳定性。一般岩石埋藏越深，岩石的密度越大，其强度和硬度也越大。岩浆岩比沉积岩致密、孔隙率小，因而其密度大，强度和硬度也大。

常见岩石的孔隙率和密度的变化范围如表1-1所示。

表1-1 常见岩石的孔隙率和密度

岩 石	密度/g·cm^{-3}	孔隙率/%	岩 石	密度/g·cm^{-3}	孔隙率/%
页 岩	2.0~2.4	10~30	片麻岩	2.9~3.0	0.5~1.5
石灰岩	2.2~2.6	5.0~20	大理岩	2.6~2.7	0.5~2.0
白云岩	2.5~2.6	1.0~5.0			

1.1.2 岩石的含水性和透水性

岩石的含水性用湿度或含水率来表示，一般用水分占干燥岩石质量的百分数来表示，如砂岩为60%，石灰岩为2.5%。由于岩石中有孔隙存在，水便会浸入岩体，从而使岩石含水。岩石含水的多少取决于孔隙的大小和数量。

岩石的含水性对岩石的强度有影响，孔隙大的岩石，水浸后其抗压强度可降低25%～45%，一般也要降低15%～20%。致密的岩浆岩，由于孔隙率小，其强度降低最少。水中含有表面活性物质，会使岩石的强度减低。因此，在坚硬岩石中钻进可试用软化剂处理。

由于水是一种溶剂，当其透过岩石时，会溶解岩石中的某些成分而形成大孔隙或溶洞。岩石透水的性能称为透水性，以单位面积和时间内通过岩石的水量来表示。一般岩石孔隙率愈大，透水性愈高，岩石的强度和稳定性愈低。因此，在透水性强的岩石中钻进，还容易发生冲洗液的漏失。某些小孔隙的岩石，在吸收一定水分后，其体积会膨胀，如有的黏土吸水后体积可增加50%～60%，高岭土可增加250%，此时水就不会通过，具有这种性质的岩石称为不透水岩石。这种岩石钻进时易引起缩径、糊钻或憋泵现象。

1.1.3 岩石的松散性和裂隙性

当岩石从岩体上分离后，岩石碎块的体积比在天然埋藏下原有体积增大的性能称为松散性。松散性也能体现岩石结构的致密程度，松散性强的岩石其颗粒之间的连接力弱，钻进时容易破碎，但孔壁易坍塌。

裂隙性是岩石的重要物理性质，它对岩石的强度及可钻性都会产生很大影响。岩石按裂隙性的分级如表1-2所示。

表1-2 岩石按裂隙性的分级

裂隙性级别	岩石的裂隙性程度	岩石裂隙性的估计值		
		成块率/块·m^{-1}	裂隙性指标/个·m^{-1}	岩心采取率/%
Ⅰ	完整的	1～5	≤0.5	100～70
Ⅱ	弱裂隙性的	6～10	0.5～1.0	95～55
Ⅲ	裂隙性的	11～30	1.01～2.0	85～55
Ⅳ	强裂隙性的	31～50	2.01～3.0	75～55

1.1.4 岩石的流散性和稳定性

岩石的自由面有极力趋向水平的性能称为流散性。在流散性强的岩石（如流砂）中钻进，孔壁极易陷落、淤塞钻孔，使钻进困难。

在岩体内钻成钻孔（有自由面）后，岩石不坍塌不崩落的性能称为稳定性。所有的岩石可分为稳定性良好的、稳定性中等的和稳定性差的三类。在稳定性差的岩石中钻进时容易发生孔壁坍塌现象，必须采取措施保护孔壁。

1.2 矿山岩石的力学特性

岩石是在一定的生成条件下，具有一定的矿物成分和结构、构造特征的地壳组成材料或物质，是各种裂隙切割而成的岩块，又称结构体。岩体是个地质体，它包括岩石和各种地质构造形迹，如节理、裂隙、褶皱等结构面。岩石和岩体是既有区别又互相联系的两个概念。岩石是岩体的组成物质，岩体是岩石和结构面的统一体。

岩石在机械外力作用下所表现的性质，称为岩石的力学性质。与钻进有关的岩石力学性质主要有强度、硬度和研磨性等。

1.2.1 认识岩石（体）

1.2.1.1 *岩石（体）的几个重要概念*

岩石力学：研究岩石（体）在各种不同受力状态下产生变形和破坏规律的学科。

岩石：由矿物或岩屑在地质作用下按一定规律聚集而形成的自然物体。

矿物：存在地壳中的具有一定化学成分和物理性质的自然元素和化合物。

构造：岩石组成成分的空间分布及其相互间排列关系（见图1-1）。

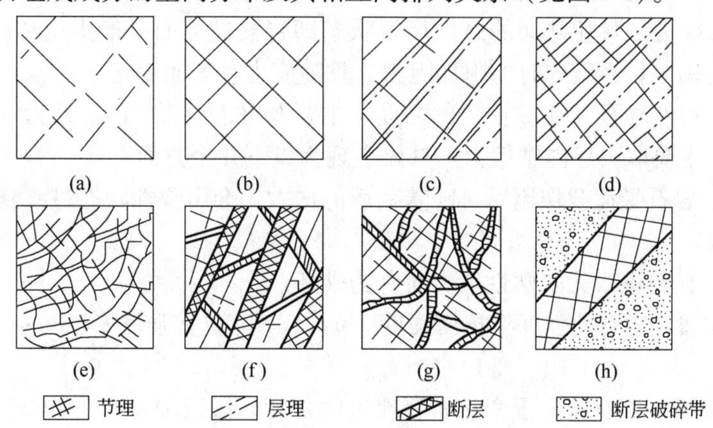

图1-1 岩石的构造类型

（a）整体结构；（b）块状结构；（c）层状结构；（d）薄层状结构；（e）镶嵌结构；（f）层状破坏结构；（g）破裂结构；（h）散粒结构

结构：组成岩石的物质成分、颗粒大小和形状以及其相互结合的情况。

岩体：由处于一定地质环境中的具有各种岩性和结构特征的岩石所组成的集合体（地质体）。

岩体 = 结构体(岩块) + 结构面

1.2.1.2 *岩石（体）的构造特征*

岩石主要有岩浆岩、沉积岩、变质岩三种类型。岩浆岩的强度高、均质性好，如花岗岩、玄武岩等；沉积岩的强度不稳定，具有各向异性，如灰岩、砂岩、页岩等；变质岩的不稳定与变质程度和原岩性质有关，如大理岩、片麻岩、板岩等。

岩体是非均质各向异性的材料，岩体内存在着原始应力场，主要包括重力和地质构造力，重力场以铅垂应力为主，构造应力场通常以水平应力为主。

岩体内存在着一个裂隙系统。岩体既是断裂的又是连续的，岩体是断裂与连续的统一体，可称之为裂隙介质或准连续介质。岩体既不是理想的弹性体，也不是典型的塑性体，既不是连续介质，又不是松散介质，而是一种特殊的复杂的地质体，这就造成了研究它的困难性和复杂性。因此，只用一般的固体力学理论尚不能完全解决岩体工程中的所有问题。

1.2.2 岩石的强度

1.2.2.1 岩石强度的特性

强度是固态物质在外载（静载或动载）作用下抵抗破坏的性能指标。岩石的强度系指岩石抵抗破坏的能力。岩石在给定的变形方式（压、拉、弯、剪）下，当应力达到某一极限值时便发生破坏，这个极限值就是岩石的强度，它包括抗拉强度、抗压强度、抗剪强度。常用的强度单位为 Pa(N/m^2)或 MPa。

岩石的内黏结力主要是矿物颗粒之间的相互作用力，或者是矿物颗粒与胶结物之间的黏结力，或者是胶结物与胶结物之间的黏结力。一般颗粒之间的相互作用力大于胶结物之间的黏结力；而胶结物之间的黏结力又大于颗粒与胶结物之间的黏结力。

岩石的内摩擦力是颗粒之间的原始接触状态即将被破坏而要产生位移时的摩擦阻力。岩石的内摩擦力构成岩石破碎时的附加阻力，且随应力状态而变化。

坚固岩石和塑性岩石（如黏土）的强度，主要取决于岩石的内黏结力和内摩擦力。松散性岩石的强度主要取决于内摩擦力。具体表现为以下几个方面：

（1）屈服。岩石受荷载作用后，随着荷载的增大，会由弹性状态过渡到塑性状态，这种过渡称为屈服。

（2）破坏。材料进入无限塑性增大时称为破坏。

（3）岩石强度。岩石的强度有抗压强度、抗拉强度、抗剪强度（$\tau-\sigma;\tau=c+\sigma\tan\varphi$）、三轴抗压强度。

（4）围压效应。岩石随围压变化而表现出的强度，假三轴 $\sigma_1>\sigma_2=\sigma_3$；真三轴 $\sigma_1>\sigma_2>\sigma_3$，如图 1-2 所示。

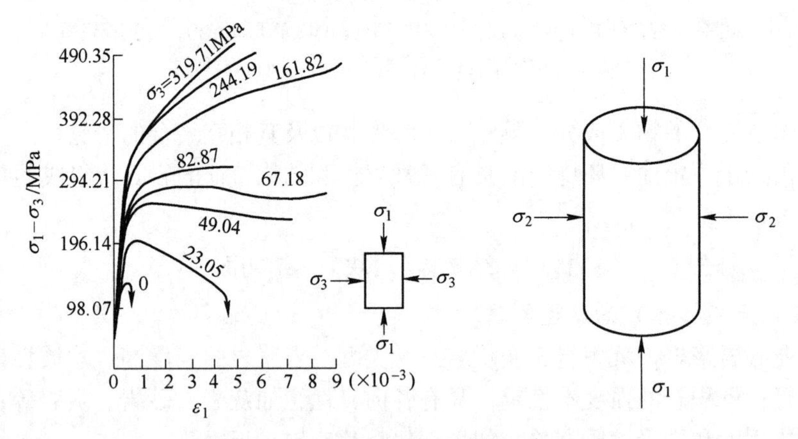

图 1-2 岩石随围压变化的强度

随着围压提高：弹性阶段斜率变化不大，即弹性模量 E、泊松比 μ 与单轴压缩时近似相等；脆性与塑性发生相应变化，强度极限大大提高，变形也随之相应增大（如大围压作用下岩石发生大变形后才破坏）；残余强度也得到提高。

（5）岩石变形（弹性和塑性）。物体在外力作用下产生变形，撤销外力后，变形随之消失，物体恢复到原来的形状和体积的性质称为弹性；而外力撤销后，物体变形不能消失的性质称为塑性。

在弹性变形阶段，应力与应变服从胡克定律。虽然岩石（尤其是沉积岩）并非理想的弹性体，但仍可以用压入试验测出的弹性模量 E 来满足工程施工的需要。

弹性模量的表达式为：

$$E = \sigma/\varepsilon \tag{1-6}$$

用岩石的塑性系数来定量地表征岩石塑性及脆性的大小。岩石按塑性系数的大小可分成三类六级，如表 1-3 所示。

表 1-3 岩石按塑性系数的分级

岩石类别	弹－脆性	弹－塑性 低塑性——→高塑性				高塑性
级　别	1	2	3	4	5	6
塑性系数	1	1～2	2～3	3～4	4～5	≥6

一般岩浆岩和变质岩的弹性模量大于沉积岩，而塑性系数则相反。影响岩石弹性和塑性的主要因素有：

（1）对岩浆岩和变质岩而言，造岩矿物的弹性模量越高，岩石的弹性模量也越高，但后者不会超过前者。沉积岩的弹性模量取决于岩石的碎屑和胶结物及胶结状况。在碎屑颗粒成分相同的条件下，岩石弹性模量由大到小的次序是：硅质胶结最大，钙质胶结次之，泥质胶结最小。

（2）造岩矿物的颗粒越细，岩石越致密，岩石的弹性模量越大。岩石的弹性模量也具有各向异性，平行于层理方向的弹性模量大于垂直于层理方向的弹性模量。

（3）单向压缩时岩石往往表现为弹脆性体，但在各向压缩时则表现出不同程度的塑性，破坏前都产生一定的塑性变形。这意味着在各向压缩下需要更大的载荷才能破坏岩石的连续性。

（4）温度升高岩石的弹性模量变小，塑性系数增大，岩石表现为从脆性向塑性转化。在超深钻和地热孔施工中应注意这一影响。归纳起来，这种转化有以下几种类型：

1）直线型：弹性、脆性（石英岩、玄武岩、坚硬砂岩），如图 1-3 所示。

2）下凹型：弹－塑性（软化效应；石灰岩、粉砂岩）。

3）上凹型：塑－弹性（硬化效应；原生裂隙压密、实体部分坚硬的岩石，如片麻岩）。

4）S 型：塑－弹－塑性（多孔隙、实体部分较软的岩石，如沉积岩、页岩）。

（5）岩石的破坏。

破坏机理：拉破坏、剪切破坏、塑性流动破坏；

破坏形式：脆性破坏、塑性破坏；

破坏形态：锥形破坏、剪切破坏、劈裂破坏、鼓形破坏。

岩石试件的破坏形态如图 1-4 所示。

1.2.2.2 影响岩石强度的因素

影响岩石强度的因素可分为两个方面：一是内在因素，如岩石的矿物颗粒成分、结构及构造等；二是外在因素，如加载的速度、变形的方式等。

A 内在因素方面

岩石的强度在很大程度上取决于组成岩石的矿物颗粒成分。石英在造岩矿物中具有最

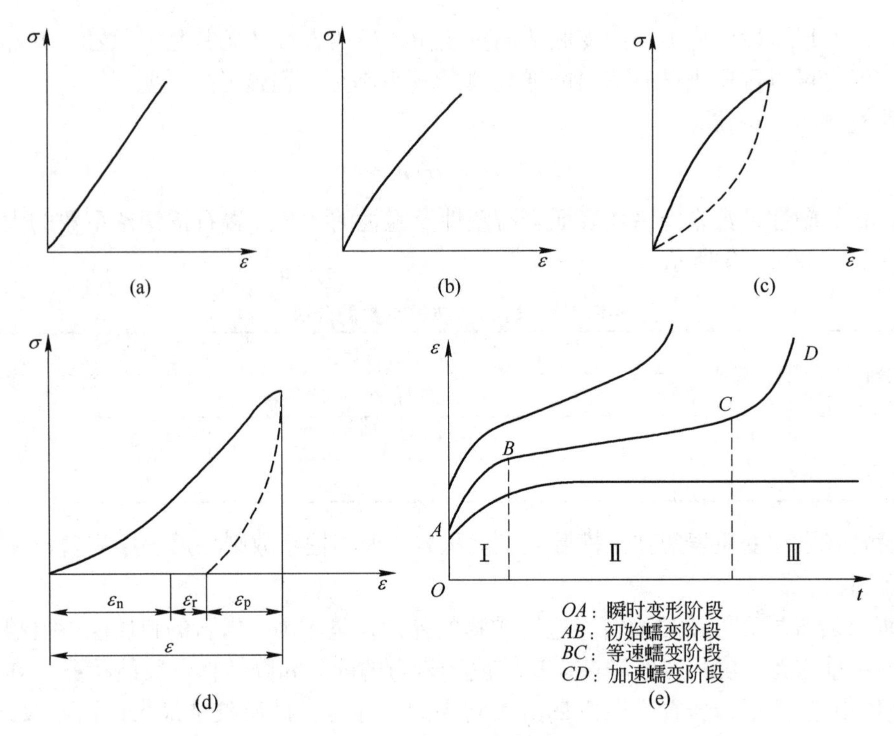

图 1-3　岩石的各种变形特征

（a）线弹性；（b）完全弹性（非线性）；（c）滞弹性；（d）一般的岩石变形曲线；（e）变形阶段

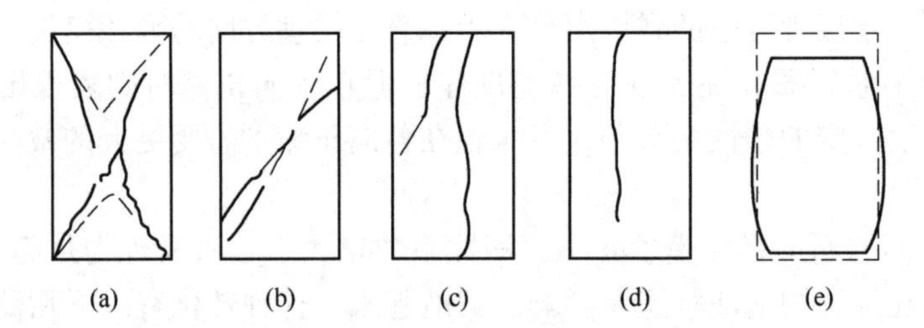

图 1-4　岩石试件的破坏形态

（a）锥形破坏；（b）剪切破坏；（c），（d）劈裂破坏；（e）鼓形破坏

高的强度，其强度值可达$(3\sim5)\times10^2$MPa，因而在其他条件相同的情况下，岩浆岩中含石英矿物成分愈多则岩石的强度愈大。碳酸盐类岩石主要由方解石、白云石组成，方解石的强度是1.6×10^2MPa，白云石的强度是0.2×10^2MPa，随着方解石在岩石中的含量由100%减至7%时，岩石的强度可由1.6×10^2MPa 增至3×10^2MPa。由矿物颗粒胶结成的岩石，其强度决定于胶结矿物的成分，如有时会遇到组成岩石的矿物本身强度很大，而整个岩石的强度很小的情况；岩石内胶结物所占的比例越大，则矿物颗粒本身强度对岩石强度的影响越小。

根据对某些黏土质页岩的试验表明，在相同矿物结构下，组成岩石的矿物颗粒直径的尺寸对岩石的强度也有很大影响，其强度值与组成该岩石的颗粒直径成反比。当岩石中直径小于0.01mm 的颗粒增加时，其强度很快增大；粗粒花岗岩的抗压强度是$(0.8\sim1.2)\times10^2$MPa，而细粒花岗岩的强度则增加到$(2\sim2.5)\times10^2$MPa。

岩石的孔隙率对岩石的强度也有巨大影响。一般岩石的强度随孔隙率的下降而增大。当石灰岩堆密度由 $1.5\times10^3\text{kg/m}^3$ 增至 $2.7\times10^3\text{kg/m}^3$ 时，其抗压强度就由 $0.05\times10^2\text{MPa}$ 增至 $1.8\times10^2\text{MPa}$；砂岩的堆密度由 $1.87\times10^3\text{kg/m}^3$ 增至 $2.57\times10^3\text{kg/m}^3$ 时，其抗压强度就由 $0.15\times10^2\text{MPa}$ 增至 $0.9\times10^2\text{MPa}$。一般岩石的孔隙率会随着深度的增加而减小，如图1-5所示，因而岩石的强度随其埋藏深度的增加而增加。

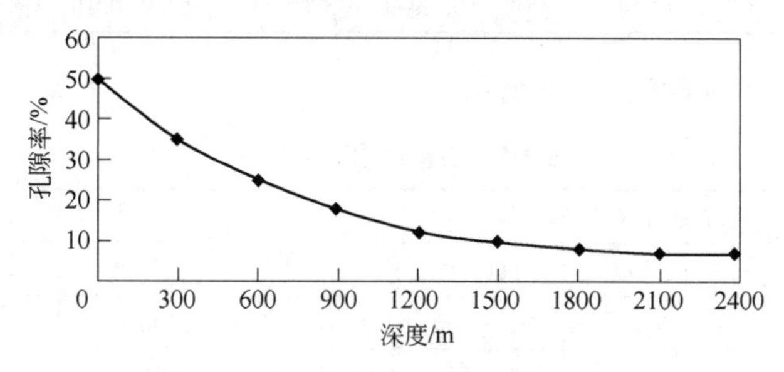

图1-5　岩石孔隙率和埋藏深度的关系

岩石的层理对强度的影响具有明显的方向性，垂直于层理方向的抗压强度最大，平行于层理方向的抗压强度最小，与层理方向成某种角度的抗压强度介于二者之间（见图1-6）。其原因是岩石层理面之间的黏结力最薄弱，在沿平行于层理方向加压时，岩石易从层理面裂开。据实验资料证明：泥质页岩垂直于层理的强度比平行于层理的强度大1.05～2.00倍，砂岩大1.03～1.20倍，石灰岩大1.08～1.35倍。

另外，岩石结构和构造上的缺陷，也对强度有一定影响。在外力作用下，应力会在岩石缺陷处集中，使岩石局部破碎，因而使岩石的强度降低。

水和温度对岩石的强度也有一定的影响，通常随温度增加岩石的极限强度值 R_c 会出现下降的趋势。裂隙性也是岩石的重要物理性质，也对岩石强度有重要影响。

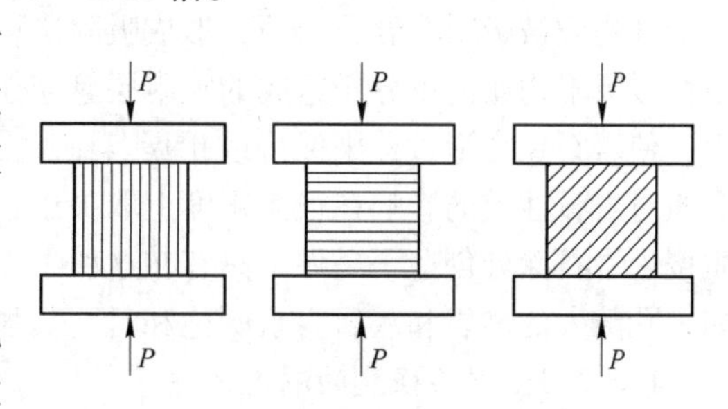

图1-6　岩石层理对强度的影响

B　外在因素方面

影响岩石强度的技术因素，最明显的是岩石产生变形的形式。据实验研究，相同岩石的抗压、抗拉、抗剪、抗弯强度有很大差别。岩石的抗压强度最大，而抗剪、抗弯和抗拉强度依次减小，抗拉强度仅为抗压强度的10%或更低。其表现是：

三向等压 > 三向不等压 > 双向受压 > 单向受压 > 剪切 > 抗弯 > 抗拉

表1-4列出了几种岩石在不同变形时强度的实际数据。其中，取单向抗压强度相对值为1，其他相对强度极限列于表中，供实际工作时参考。

外载作用的速度对岩石的强度也有一定影响，据实验证明，物体（包括岩石在内）的强度与其内部应力增长的速度、外力作用的时间有关。例如，利用花岗岩进行抗压试验时，把应力增长的速度由每秒 $0.019\times10^2\text{MPa}$ 提高到 $0.04\times10^2\text{MPa}$，其抗压强度由 $1.59\times10^2\text{MPa}$ 增加到 $1.84\times10^2\text{MPa}$。在外力瞬时作用下，石灰岩、砂岩、泥质页岩等的强度均较外力缓慢作用时增加10%～15%，加载速度对塑性岩石的影响要比脆性岩石大。

表 1-4 不同受载方式下的岩石强度相对值

岩 石	不同受载方式下的岩石强度相对值			
	抗 压	抗 拉	抗 弯	抗 剪
花岗岩	1	0.02~0.04	0.08	0.09
砂 岩	1	0.02~0.05	0.06~0.20	0.10~0.12
石灰岩	1	0.04~0.10	0.08~0.10	0.15

各种典型的岩石的强度如表 1-5 所示。

表 1-5 典型的岩石的强度

岩 石	岩石的强度/MPa			岩 石	岩石的强度/MPa		
	抗压 σ_c	抗拉 σ_t	抗剪 σ_s		抗压 σ_c	抗拉 σ_t	抗剪 σ_s
粗粒砂岩	142.0	5.1	—	石灰岩	138.0	9.1	14.5
中砂岩	151.0	5.2	—	花岗岩	166.0	12.0	19.8
细粒砂岩	185.0	8.0	—	石英岩	305.0	14.4	31.6
页 岩	14.0~61.0	1.7~8.0	—	石 膏	17.0	1.9	—
泥 岩	18.0	3.2	—	煤	1.22	0.34	0.12

值得注意的是，钻进时所用的冲洗介质对岩石强度有很大的影响。因绝大多数岩石的破碎都是在含有各种电解质和有机表面活性物质的液体介质中进行的，大量的电解质和表面活性物质被吸附在岩石表面，形成吸附层；吸附层侵入表层的深处，岩石细微裂隙表面很快被吸附物质的单分子组成的吸附层遮盖住，从而使自由表面能下降，产生所谓楔裂压力，使岩石在变形过程中保持或扩展其细微裂隙，导致岩石的强度降低。必须指出的是，介质对岩石性质的影响在很大程度上取决于岩石中孔隙和裂缝的存在。孔隙和裂缝都给介质侵入岩石深处创造了条件，只有在这种条件下，岩石强度才会受到较为显著的影响。例如，孔隙大的砂岩和灰岩为水所饱和时，其强度减小 25%~45%。

1.2.2.3 *岩石强度的测定方法*

只有在室内对岩样进行破碎实验时，岩样的线性尺寸才会对强度的实验结果产生影响。在一般情况下，岩石的强度随岩样尺寸的增大而降低，为消除这种线性尺寸的影响，实验用的每批岩石的线性尺寸都应是一致的。一般做抗压强度试验时，广泛采用 5cm×5cm×5cm 的试样，或采用长度等于直径的圆柱体试样。

强度一直是各工程部门衡量材料力学性质的通用指标。钻探工作常采用各单元应力（压、拉、弯、剪）形式的极限强度作为指标，其中最常用的是单（轴）向抗压强度指标。

单向抗压强度是指岩石试样在破碎时，单位初始断面积上的最大破碎力，也就是说，单向抗压强度 σ 等于总压力 P 和岩样断面 S 之比，即：

$$\sigma = \frac{P}{S} \tag{1-7}$$

实验可用 RMT 岩石力学测试系统(5~10)×10^5Pa 材料试验机作压力机，岩样采用 5cm×5cm×5cm 或 ϕ25mm×25mm 的试块（高度等于直径的岩心），岩样试块须经过细磨加工，使样品规正，表面光滑。加载速度一般规定为0.49～0.98MPa/s，加载时间为5～10min。加载太快，极限强度 R_c 表现为瞬时强度，不稳定；若加载太慢，R_c 接近长时强度，岩石力学特性不真实。

1.2.3 岩石的硬度

岩石的硬度是指岩石抵抗工具压入的能力；岩石的强度是指岩石在各种不同外力作用下抵抗破坏的能力。硬度与强度的区别在于：硬度是指岩石表面局部抵抗工具压入时的阻力，而强度是指岩石抵抗整体破坏时的阻力。对于机械破碎岩石而言，岩石的硬度比岩石的强度（单向抗压强度）更有意义。因为多数情况下机械破碎岩石的方式是局部破碎。

1.2.3.1 *岩石硬度的概念*

岩石的硬度反映岩石抵抗外部更硬物体压入其表面的能力。硬度与抗压强度既有联系，但又有很大区别。根据上面所述，研究钻掘过程时采用硬度指标会更接近于钻掘过程的实际情况。因为回转钻进中，岩石破碎工具在岩石表面移动时，钻头是在局部侵入（可能非常微小）的同时使岩石发生剪切破碎的。

岩石的硬度与抗压强度有着密切的关系，但不能把岩石的单向抗压强度作为其硬度指标。理论分析表明，岩石的抗压强度与压入硬度的关系，可由下式表示：

$$P = \sigma(1 + 2\pi) \tag{1-8}$$

式中，P 为压入硬度；σ 为岩石的单向抗压强度。

由式（1-8）可知，物体的硬度约为其单向抗压强度的7倍。但实验证明，岩石的抗压入硬度与其单向抗压强度之比在5～20之间。一般地质上把矿物的硬度分为10级，即莫氏硬度。因岩石是由各种矿物组成的，所以也可间接地以划分矿物硬度的办法来划分岩石。岩石的硬度在一定程度上直接反映了破碎岩石的难易程度。岩石越硬，切削具越难切入岩石，钻进效率就越低，如石英岩、粗砂岩等就很硬，页岩、泥岩、煤等就很软。

1.2.3.2 *岩石硬度的影响因素*

影响岩石硬度的因素也可分为自然因素和工艺因素。它包括：

（1）岩石中石英及其他坚硬矿物或碎屑含量越多，胶结物的硬度越大，岩石的颗粒越细，结构越致密，则岩石的硬度越大。而孔隙率高、密度低、裂隙发育的岩石硬度将会降低。

（2）岩石的硬度具有明显的各向异性。层理对岩石硬度的影响正好与对岩石强度的影响相反。垂直于层理方向的硬度值最小，平行于层理的硬度值最大，两者之间可相差1.05～1.8倍。岩石硬度的各向异性可以很好地解释钻孔弯曲的原因和规律，并可利用这一现象来实施定向钻进。

（3）在各向均匀压缩的条件下，岩石的硬度会增加。在常压下硬度越低的岩石，随着围压增大，其硬度值增长越快。

（4）一般而言，加载速度增加，将导致岩石的塑性系数降低，硬度增加。但当冲击速度小于10m/s时，硬度变化不大。加载速度对低强度、高塑性及多孔隙岩石的硬度影响更显著。

在测量岩石硬度的过程中，应注意区分造岩矿物颗粒的硬度和岩石的组合硬度。前者主要影响钻掘工具的寿命，而后者则对钻进中的机械钻速有重大影响。

水对岩石的硬度有一定的影响，吸水率是一个间接反映岩石内孔隙多少的指标，当灰岩含水时，其硬度为干燥岩石的75%左右，如果含有表面活性物质浓度为1.5%的溶液时，其硬度则降低到35%。另外，岩石在各向压缩状态下，其压力越大则硬度越大。如砂岩在三轴全压100MPa时的硬度，比在0.1MPa时增大1.5~3.5倍，岩石硬度越低，其增加越快，倍数越大。岩石随温度的增高而硬度逐渐降低，如对大理岩加热至650℃时，该岩石几乎变成粉末状。

1.2.3.3 岩石硬度的测定方法

岩石硬度的测定方法很多，按测定原理不同，常用的有以下三种方法：

（1）矿物的莫氏硬度和显微硬度。矿物的莫氏硬度是地质上最普通的一种表示矿物硬度的简单方法。它以10种矿物为代表，如表1-6所示，后一个矿物可在前一个矿物上产生擦痕，硬度依此增高（1~10度）。

矿物的显微硬度是用顶角为130°的金刚石锥体压头，在极小的载荷下压入脆性物体，并在其表面形成以微米计算的显微压痕测得的。所测显微硬度 H_W（MPa）计算式为：

$$H_W = \frac{2P_Z}{d^2}\sin^2\left(\frac{\alpha}{2}\right) \tag{1-9}$$

式中，P_Z 为载荷，N；α 为压头顶角，130°；d 为压痕对角线长，m。

表1-6列出了标准矿物的莫氏硬度及显微硬度值。

表1-6 标准矿物的莫氏硬度及显微硬度值

测试方法	滑 石	石 膏	方解石	石 英	黄 玉	刚 玉	金刚石
莫氏硬度	1	2	3	7	8	9	10
显微硬度/MPa	2.55	295	1085	11500	14800	22800	98300

（2）静压入法。用静压入法进行岩样压入试验是借助于极限荷载不小于100×9.8N的刚性液压机进行的。载荷的记录准确度不低于1%；测量压入深度用千分表，测量精确度不低于0.002~0.01mm。钢质圆柱形压模用于研磨性不高、硬度在250~300MPa以下的岩石；研磨性高、硬度在250MPa以上者，应用硬质合金压模；当岩石硬度大于400~500MPa时应使用顶角大于60°的截头圆锥形压模。压模底面积为$(1\sim5)\times10^{-6}m^2$，经常用的是底面积为$(1\sim2)\times10^{-6}m^2$的压模，而$5\times10^{-6}m^2$的压模只适用于硬度较低、孔隙率高的岩石。压入试验的装置如图1-7所示，使用的压模类型如图1-8所示。

试验样品一般均做成高30~50mm、直径40~60mm的圆柱形，或者做成0.05m×0.05m×0.05m的立方体，岩样的上下两个表面必须磨光，且应保持平行。

进行压入试验时，如果为了获得详细的变形曲线，在岩石弹性变形区和塑性变形区内，载荷应数次逐渐增加，以取得足够的变形数据；如不需取得变形曲线，就可以不断地迅速加压，使其在20~40s内发生破碎。进行压入试验时，岩样边缘上受到很大的应力，使破碎过程分为两个阶段，先是边缘上局部破碎，而后是压模底部的岩石完全破碎。岩石的硬度值 H_y（通常称为压入硬度，Pa）为：

$$H_y = \frac{P_{max}}{S} \tag{1-10}$$

式中，P_{max}为在压入作用下岩石产生局部脆性破碎时的轴载，N；S为压头底面积，常用的硬质合金压头底面积为$(1\sim5)\times10^{-6}m^2$。

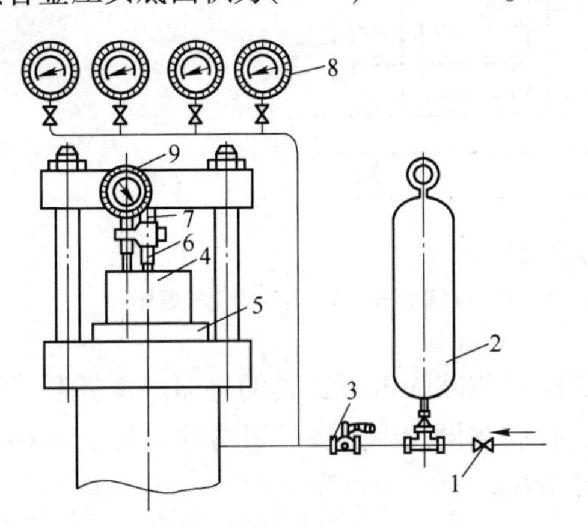

图 1-7 压入试验的装置

1—阀门；2—调压器；3—调节闸门；4—岩心；5—活塞；6—压模；7—支柱；8—压力表；9—千分表

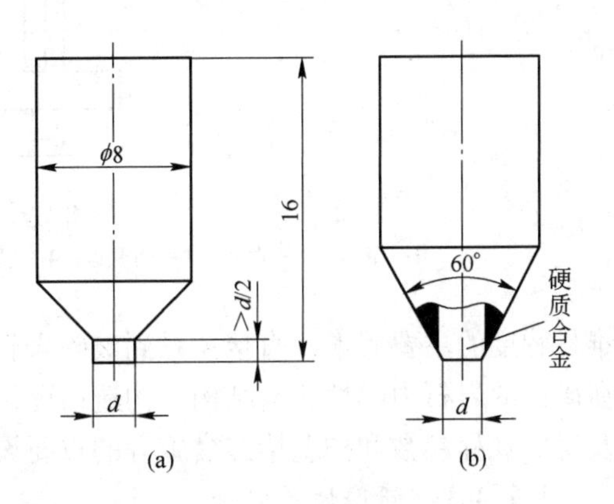

图 1-8 压模类型

（a）圆柱形压模；（b）截头圆锥压模

通常岩石的压入硬度H_y大于其单轴抗压强度σ_c，例如抗压强度σ_c为180MPa的花岗岩，其压入硬度$H_y=600MPa$。这可解释为在压头作用下，岩石某一点上处于各向受压的应力状态。

根据压入硬度的不同，可以将岩石分为三组。每组又分为四级。第Ⅰ组为软岩石；第Ⅱ组为中等硬度岩石；第Ⅲ组为坚硬岩石。这种岩石硬度等级的划分法，可与可钻性十二级分级法基本上相对应，如表1-7所示。

表 1-7 压入硬度和可钻性级别对照表

组 别	Ⅰ				Ⅱ				Ⅲ			
级 别	1	2	3	4	5	6	7	8	9	10	11	12
硬度 $/9.8\times10^5Pa$	≤10	10~25	25~50	50~100	100~150	150~200	200~300	300~400	400~500	500~600	600~700	>700

（3）动压入法。动压入法采用使用最广泛的测定金属硬度的肖氏法。以一个钢球从一定高度自由下落，打击岩石试样；试样越硬，钢球打击试样消耗在破碎试样上的能量越小，则钢球回弹的能力越大。这样根据钢球回弹的高度，便可以测出试样的硬度。测量时，取钢球质量为0.003kg，下落高度为256mm。我国研究者研制的摆球硬度计如图1-9所示，它是一种冲击回弹式仪表，实质是观察通过能量转换方式实现的摆球回弹现象，以回弹次数来确定岩石的硬度。

1.2.4 岩石的研磨性

研磨性是指岩石磨损与之接触的工具的能力，分弱、中、强三类。它是影响破碎岩石

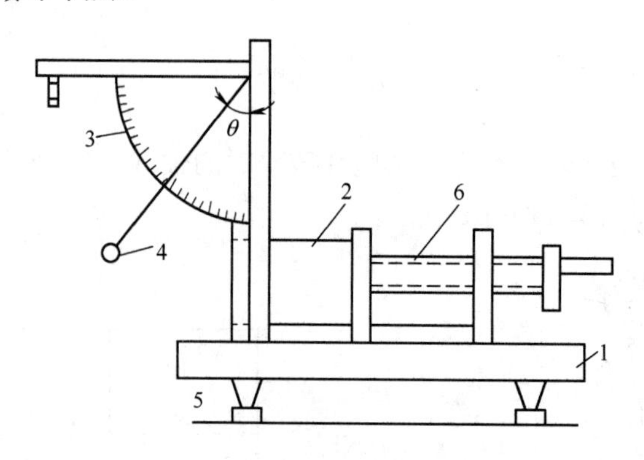

图 1-9 摆球硬度计

1—底盘；2—岩样；3—刻度盘；4—摆球；5—水平调节螺丝；6—岩样固定器螺杆

难易程度的主要因素，直接关系到破碎岩石的速度和破碎岩石工具的寿命。掌握和了解所在矿区的岩石力学性质与结构、构造情况，是我们在设计中选择钻进方法、钻具和钻头以及确定规程参数和护壁堵漏措施等的重要设计依据。

1.2.4.1 研磨性的概念

用切削具切削岩石时，它必然与岩石发生摩擦。在摩擦过程中，岩石磨损切削具的能力称为岩石的研磨性或磨蚀性。通常是用切削具磨损的体积与所消耗的摩擦功之比来表示研磨性的大小，其单位是 m^3/J。

实验证明，脆性物体相对移动时的磨损与摩擦功成正比。硬质合金等切削具，也可以看成脆性体，因而其相对移动时的摩擦功可用下式表示：

$$W = Fd \tag{1-11}$$

式中，W 为产生磨损的摩擦功，J；F 为摩擦力，N；d 为两个物体相对移动的距离，m。

当切削具对岩石进行体积破碎时，切削具加在岩石表面上的正压力正比于岩石的局部抗压入强度，在这种情况下有：

$$F = \mu pS \tag{1-12}$$

式中，μ 为动摩擦系数；p 为岩石的局部抗压入强度，Pa；S 为岩石接触的摩擦面积，m^2。

因而摩擦功可写成：

$$W = \mu pFd \tag{1-13}$$

1.2.4.2 影响岩石研磨性的因素

影响岩石研磨性的因素有两方面，即自然因素和技术因素。其中自然因素主要是岩石的硬度、组成岩石矿物颗粒的大小和形状以及岩石的裂隙和孔隙率等。

岩石破碎时，首先是在矿物颗粒交界面处产生破碎，多数情况下颗粒本身不破碎。岩石上的矿物颗粒与破碎下来的矿物颗粒，都直接磨损工具，所以矿物颗粒的硬度越大，则磨损作用越大。研磨性一般随岩石石英含量的增大而增大，如石英岩、砂岩的研磨性较大，而页岩、大理岩的研磨性较小。

图 1-10 所示为岩石中石英含量与钻具在单位路程内磨损的量化曲线关系。表 1-8 的资料说明了造岩矿物的硬度对岩石研磨性的影响，如长石砂岩的研磨性只为石英质砂岩的 1/20。

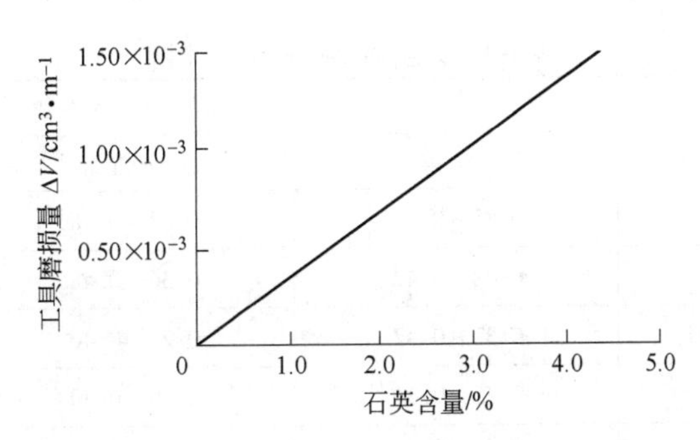

图 1-10 石英含量与钻具单位路程磨损关系曲线

表 1-8 造岩矿物的硬度对岩石研磨性的影响

岩 石	体积磨损功/$m^3 \cdot J^{-1}$	单位功磨损体积/$m^3 \cdot J^{-1}$
砂质页岩	$20.2 \times 9.8 \times 10^6$	0.55×10^{-7}
长石砂岩	$2.2 \times 9.8 \times 10^6$	5.12×10^{-7}
石英质砂岩	$0.112 \times 9.8 \times 10^6$	101.2×10^{-7}

砂岩随其胶结物强度的降低，其研磨性增加。胶结物强度越低，则岩石的表面越容易被工具更新，新的锐利矿物颗粒不断裸露出来，对工具的磨损能力就很显著。相反，如果砂岩的胶结物强度很大，新表面不易产生，已裸露出来的表面，由于磨损的结果，矿物颗粒的锐利棱角也被磨平，则其研磨能力就逐渐降低。

影响岩石研磨性的还有技术因素，也即影响动摩擦系数的各种技术因素。

首先，当正压力未达到岩石局部抗压入硬度以前，岩石不产生体积破碎，工具与岩石表面接触是以凹凸不平的点接触为主要形式的；随着正压力增加，由于工具与岩石弹性变形，这些点接触的面积增大，接触状态更完善，增大了工具与岩石颗粒之间的黏滞力，因而摩擦系数增大。当压力超过岩石的局部抗压入硬度值时，岩石产生体积破碎，岩石的表面在工具的破碎作用下，不断地被更新，因而使摩擦系数略有降低或者表现为常数，不再随着正压力的增加而改变。所以在生产实践中，为了获得较高的生产率并降低切削具的磨损，应采用大于岩石局部抗压入硬度的压力值。

其次，相对运动速度是指切削具与岩石的相对运动速度。在一般情况下，当相对运动速度较低时，随着运动速度的增加，动摩擦系数也增加；但当运动速度达到某一数值时，动摩擦系数就不再增加，反而减小。钻进时动摩擦系数可由下式近似求得：

$$\mu = \mu_0 \times \frac{1 + 0.132v}{1 + 0.065v} \tag{1-14}$$

式中，μ 为动摩擦系数；μ_0 为静摩擦系数；v 为钻具与岩石之间的相对运动速度。

再者，介质能改变切削具和岩石间的摩擦特征。如果岩石表面干燥或湿润不好，则摩擦系数增大；如用泥浆湿润，则摩擦系数减小；当有表面活性溶液或乳状液时，因有润滑作用则摩擦系数会更小。温度对互相摩擦的物体的摩擦系数也有影响，当温度升高时，研磨性则增大。从表 1-9 所列数据可看出介质对摩擦系数的影响。

1.2.4.3 *岩石研磨性的测定方法*

岩石研磨性的测定，没有统一的方法，往往只能间接表达或不定量表达。其测定方法

表 1-9 介质对摩擦系数的影响

岩 石	岩石表面摩擦系数		
	干 燥	用水湿润	用泥浆湿润
石灰岩	0.35 ~ 0.40	0.33 ~ 0.38	0.31 ~ 0.35
白云岩	0.38 ~ 0.42	0.36 ~ 0.48	0.34 ~ 0.38
胶结不强的尖角颗粒砂岩	0.32 ~ 0.42	0.27 ~ 0.40	0.25 ~ 0.35
胶结不强的圆角颗粒砂岩	0.22 ~ 0.34	0.20 ~ 0.30	0.17 ~ 0.25
硬质砂岩	0.43 ~ 0.48	0.43 ~ 0.45	0.40 ~ 0.43
石英岩	0.46 ~ 0.48	0.48 ~ 0.50	0.42 ~ 0.44
花岗岩	0.47 ~ 0.55	0.46 ~ 0.53	0.45 ~ 0.52
无水石膏		0.39 ~ 0.95	0.37 ~ 0.40

可归纳为三类：

（1）直接测定法。可测量切削具的磨损高度、切削具磨损接触面积或磨损质量、体积等。

（2）间接测定法（相对磨损）。可测量钻头完全磨损前的进尺、单位进尺研磨材料的消耗或机械钻速的曲线变化。介质对摩擦系数的影响如表 1-9 所示。

（3）室内测定法。可测量岩石硬度及摩擦系数的乘积，测定标准材料（如合金、截杆、圆盘等）的磨损，或做冲击磨损试验等。

直接和间接测定法已用于硬质合金钻进和金刚石钻进中。测量钻头完全磨损前进尺的测定方法，是用硬合金钻头，取进尺前后钻头质量差与进尺之比作为研磨性指标 α（g/m），如表 1-10 所示。

表 1-10 研磨性指标 α

岩 石	灰 岩	白云岩	安山岩	含铁矿石	粉砂岩	灰绿岩	辉 岩	砂 岩
研磨性/g·m^{-1}	0.2	0.4	0.9	3.8	4.2	4.3	4.9	5.0

岩 石	辉长岩	正长岩	硅卡岩	硅卡灰岩	花岗岩	碧玉岩	角砾岩
研磨性/g·m^{-1}	6.0	7.6	11.6	11.6	52.7	75.0	75.3

钢杆磨损法测定岩石研磨性是比较简单的。在台钻夹头中夹持 ϕ8mm 钢杆，钢杆为含碳 0.9% 的优质高碳钢，HB 硬度约为 250，不需要淬火。两端研磨，一头中心有 ϕ4mm 的孔，其深度为 10 ~ 12mm。试验时，每端在岩石面上各磨 10min，加压力 150 × 9.8N。转速为 400r/min（经常加水，使温度低于 220℃）。取 10min 钢杆的磨耗量（10mg）作为岩石研磨性指标。按此指标进行的岩石研磨性分类，如表 1-11 所示。

表 1-11 研磨性详细分级

研磨性等级	研磨性程度	研磨性指标	代表岩石及矿物
1	极低	<5	石英岩、大理岩、不含石英的软硫化矿（如磁黄铁矿）、岩盐、叶岩
2	低	5 ~ 10	硫化矿及重晶石硫化矿、黏土、软的片岩（碳质、泥质）

续表1-11

研磨性等级	研磨性程度	研磨性指标	代表岩石及矿物
3	中下	10~18	石英及长石细粒砂岩、铁矿石
4	中	18~30	石英及长石细粒砂岩、细粒岩浆岩、硅化灰岩、碧玉铁质岩
5	中上	30~45	石英及长石中粗粒砂岩、片麻岩
6	较高	45~65	花岗岩、闪长岩、花岗闪长岩、花岗正长岩、角闪石斑岩、辉岩、二长岩、闪岩、石英及硅化灰岩、片麻岩
7	高	65~90	闪长岩、花岗岩、花岗霞石正长岩
8	极高	>90	含刚玉岩石

目前，还没有从定量上对岩石研磨性做出详细分级的方法，只能根据在生产实践中的感性概念来划分研磨性的大小。一般常把研磨性划分成8级。

岩石研磨性越大，对切削具的磨损越严重，钻进时钻头的寿命就越低，以致影响钻进效率和回次长度。所以在一般情况下，为提高钻进效率和延长钻头寿命，在钻进研磨性强的岩石时，应采用较大压力和适当转速；而在钻进研磨性弱的岩石时，则应采用高转速和适当的压力。

1.2.5 岩石的弹性、塑性和脆性

岩石的变形可能性通常有两种情况：一种是外力作用时发生变形，外力消除后岩石的外形和尺寸完全恢复原状，这种变形称为弹性变形；另一种是外力消除后岩石的外形和尺寸不能完全恢复而产生残留变形，这种变形称为塑性变形。

外力作用于岩石时，岩石发生变形。随后，载荷不断增加，变形也不断发展，最终导致岩石破坏。岩石从变形到破坏可能有三种形式：如破坏前不存在塑性变形，则这种破坏称脆性破坏，呈脆性破坏的岩石称脆性岩石；如破坏前发生大量塑性变形，则称塑性破坏，呈塑性破坏的岩石称塑性岩石；如先发生弹性变形，然后出现塑性变形，最终导致破坏，则称为塑脆性破坏，呈塑脆性破坏的岩石称塑脆性岩石。

矿井深部的岩石矿物组成和结构比较复杂，岩石不是理想的弹性固体，故其变形不可能完全恢复。但在某种变形的情况下，大部分岩石在破坏以前都存在着一段弹性应变，也就是说，岩石通常接近于弹性脆性体。

一般常用弹性模量 E 和泊松比 μ 来表示岩石的弹性特征。表1-12列出了常见岩石的弹性模量 E 和泊松比 μ 值。

表1-12 常见岩石的弹性模量 E 和泊松比 μ 值

岩石种类	弹性模量 E/MPa	泊松比 μ	岩石种类	弹性模量 E/MPa	泊松比 μ
细砂岩	27900~47622	0.15~0.52	页　岩	12503~41179	0.09~0.35
中砂岩	25782~40308	0.10~0.22	碳质砂岩	5482~20781	0.08~0.25
中灰岩	24056~38296	0.18~0.35	泥灰岩	3658~7316	0.30~0.40
粗砂岩	16642~40306	0.10~0.45			

按地质钻探钻（孔）井规程，通常利用压头静压入时所得到的载荷 – 侵深曲线来确定岩石的塑性系数 K，并按塑性系数把岩石分为 6 级：脆性岩石属于第 1 级；塑脆性岩石属于第 2 ~ 5 级；塑性岩石和孔隙率大的岩石属于第 6 级（见表 1-3）。岩石强度相同时，岩石硬度与其他指标的对比，如表 1-13 所示。

表 1-13 岩石硬度与其他指标的对比

岩　石	抗压强度/MPa	抗拉强度/MPa	压入硬度/MPa	塑性系数 K	研磨性 α
正长岩-玢岩	150	20	3950	7	15.0
磁铁矿	140	24	3300	1.9	5.7
凝灰岩	160	21	4140	2.4	19.5
泥质灰岩	144	10	1500	3.5	10.0

1.3 岩石的可钻性及其划分

岩石的可钻性是在一定的技术条件下，表征岩石钻进过程难易程度的综合性指标，也可以说是钻进时岩石抵抗破碎的能力。它一般取决于岩石的物理力学特性、采用的钻进方法以及钻进技术参数等因素，通常要通过试验来确定。

目前我国岩心钻探所采用的 20 世纪 50 年代由地质部确定的 12 级岩石分类表，是根据实际标定机械钻速所得到的。随着技术工艺与设备水平的提高，钻进的机械速度将不断提高，等级之间的比例也将改变。在岩心钻探中衡量可钻性的指标主要有机械钻速和一次提钻长度，对软岩石来说，该指标由于岩心的采取而受到限制；对硬岩石来说，该指标主要是指钻头在孔底的工作寿命。

岩石可钻性表征的是岩石在钻进过程中抗破碎的能力，它是合理选择钻进方法及相应钻进工具和规程参数的依据，是制订钻探生产定额和编制钻探生产计划的依据，同时也是对生产机台评定的客观依据。我国将岩心钻探岩石分为 12 级。

随着技术条件（设备、钻进方法与工具等）、技术水平（钻进规程参数的最佳配合、冲洗介质性能及工人操作水平等）的改变，各类岩石的实钻指标（可钻性等级）的绝对值和相对关系都会发生变化。特别是绳索取心钻进方法的普及和反循环连续取心钻进方法的出现，使原分级表中的回次长度指标基本失去意义。因此，岩石可钻性按纯钻进速度的分级表，每隔几年就要进行一次修订。

1.3.1 岩石的可钻性指标

在岩土钻掘工程设计与实践中，人们常常希望能事先知道所施工岩石的破碎难易程度，以便正确选择合理的钻(掘)进方法、钻(钎)头的结构及工艺规程参数，制定出切合实际的岩土钻掘工程生产定额。岩石的可钻性及坚固性指标，在实际应用中占有重要地位。

由于可钻性与许多因素有关，要找出它与诸影响因素之间的定量关系十分困难，目前国内外仍采用试验的方法来确定岩石的可钻性。不同部门使用的钻进方法不同，其测定可钻性的试验手段，甚至可钻性指标的量纲也不尽相同。例如，钻探界在回转钻进中以单位时间的钻头进尺（机械钻速）作为衡量岩石可钻性的指标，分成 12 个级别，级别越大的岩石越难钻进；在冲击钻进中常采用单位体积破碎功来进行可钻性分级。而石油钻井部门则以机械钻速与钻头进尺的乘积或微型钻头的钻时作为衡量指标，分成10个级别。

1.3.2 岩石坚固性系数

岩石坚固性系数（又称普氏系数）是由苏联学者于1926年提出的，目前仍在矿山开采业和勘探掘进工程中得到广泛应用。岩石的坚固性区别于岩石的强度，强度值必定与某种变形方式（单轴压缩、拉伸、剪切）相联系，而坚固性反映的是岩石在几种变形方式的组合作用下抵抗破坏的能力。因为在钻掘施工中往往不是采用纯压入或纯回转的方法破碎岩石，因此这种反映在组合作用下岩石破碎难易程度的指标比较贴近生产实际情况。岩石坚固性系数f表征的是岩石抵抗破碎的相对值。因为岩石的抗压能力最强，故把岩石单轴抗压强度极限的1/10作为岩石的坚固性系数，即：

$$f = \sigma_c/10 \tag{1-15}$$

式中，σ_c为岩石的单轴抗压强度，MPa。

岩石的坚固性系数f是个无量纲的值，它表明某种岩石的坚固性比致密的黏土坚固多少倍，因为致密黏土的抗压强度为10MPa。岩石坚固性系数的计算公式简洁明了，f值可用于预计岩石抵抗破碎的能力及其钻掘以后的稳定性。根据岩石的坚固性系数可把岩石分成10级（见表1-14），等级越高的岩石越容易破碎。为了方便使用，又在第Ⅲ、Ⅳ、Ⅴ、Ⅵ、Ⅶ级的中间加了半级。考虑到生产中不会大量遇到抗压强度大于200MPa的岩石，故把凡是抗压强度大于200MPa的岩石都归入Ⅰ级。

表1-14 按坚固性系数对岩石可钻性分级

岩石级别	坚固程度	代表性岩石	f
Ⅰ	最坚固	最坚固、致密、有韧性的石英岩、玄武岩和其他各种特别坚固的岩石	20
Ⅱ	很坚固	很坚固的花岗岩、石英斑岩、硅质片岩，较坚固的石英岩，最坚固的砂岩和石灰岩	15
Ⅲ	坚　固	致密的花岗岩，很坚固的砂岩和石灰岩，石英矿脉，坚固的砾岩，很坚固的铁矿石	10
Ⅲa	坚　固	坚固的砂岩、石灰岩、大理岩、白云岩、黄铁矿，不坚固的花岗岩	8
Ⅳ	比较坚固	一般的砂岩、铁矿石	6
Ⅳa	比较坚固	砂质页岩、页岩质砂岩	5
Ⅴ	中等坚固	坚固的泥质页岩、不坚固的砂岩和石灰岩、软砾石	4
Ⅴa	中等坚固	各种不坚固的页岩、致密的泥灰岩	3
Ⅵ	比较软	软弱页岩、很软的石灰岩、白垩、盐岩、石膏、无烟煤、破碎的砂岩和石质土壤	2
Ⅵa	比较软	碎石质土壤、破碎的页岩、黏结成块的砾石、碎石、坚固的煤、硬化的黏土	1.5
Ⅶ	软	较致密黏土、较软的烟煤、坚固的冲击土层、黏土质土壤	1
Ⅶa	软	软砂质黏土、砾石、黄土	0.8
Ⅷ	土　状	腐殖土、泥煤、软砂质土壤、湿砂	0.6
Ⅸ	松散状	砂、山砾堆积、细砾石、松土、开采下来的煤	0.5
Ⅹ	流砂状	流砂、沼泽土壤、含水黄土及其他含水土壤	0.3

这种方法比较简单，而且在一定程度上反映了岩石的客观性质。但它也存在着一些缺点：

（1）岩石的坚固性虽概括了岩石的各种属性（如岩石的钻凿性、爆破性、稳定性等），但在有些情况下这些属性并不是完全一致的。

（2）普氏分级法采用实验室测定来代替现场测定，这就不可避免地带来因应力状态的改变而造成的坚固程度上的误差。

1.3.3 岩石的可钻性划分法

地质勘探钻进工作中，经常用以下方法来划分岩石的可钻性级别。

（1）刻划对比法。刻划对比法是比较粗略的分级方法（操作简单易行），具体指标如下：

1）大拇指甲——刻划 1 ~3 级的岩石矿物；

2）铁刀——刻划 3 ~4 级的岩石矿物；

3）普通钢刀——刻划 4 ~5 级的岩石矿物；

4）锉刀——刻划 5 ~6 级的岩石矿物；

5）合金刀——刻划 7 ~8 级的岩石矿物。

（2）按岩石力学性质分级。按岩石力学性质进行分级是采用单一的岩石力学性质来划分岩石的可钻性级别。也可据摆球的回弹次数（岩石动力硬度）把岩石分成 12 级，如表 1-15 所示。如果用上述两种方法确定的可钻性级别不一致，可按包括压入硬度值 H_y 和摆球硬度值 H_n 的回归方程式（1-16）来确定可钻性 K 值。

$$K = 3.198 + 8.854 \times 10^{4} H_y + 2.578 \times 10^{-2} H_n \tag{1-16}$$

表 1-15 按摆球硬度计的回弹次数对岩石的可钻性分级

岩石级别	2	3	4	5	6	7	8	9	10	11	12
回弹次数	≤14	15 ~29	30 ~44	45 ~54	55 ~64	65 ~74	75 ~84	85 ~94	95 ~104	105 ~125	≥125

（3）按机械钻速分级。按机械钻速分级的方法，是在规定的设备、工具和技术规范条件下进行现场实际钻进，以所得的纯钻进速度作为岩石可钻性的分级指标。同时，考虑到由于岩石的研磨性造成的钻进速度逐渐降低，使回次钻进长度缩短，故在分级指标中，一并列入回次长度值作为辅助性指标。

我国所采用的岩石分级表就是在大量实际钻进资料统计分析的基础上得出来的，如表 1-16 所示。它与钻探生产定额等指标的一致性较好，对促进钻探生产曾起到了积极的作用。

表 1-16 我国采用的岩石分级

岩石等级	岩石类别	代表性岩石	可钻性/m · h^{-1}	回次长度/m
Ⅰ	松软松散的	次生土、壤土、硅藻土	7.50	2.80
Ⅱ	松软松散的	黄土、黏土、冰	4.00	2.40
Ⅲ	软 的	风化变质的页岩、千枚岩、泥灰岩、褐煤、烟煤	2.45	2.00
Ⅳ	较软的	叶岩类、较致密泥灰岩、盐岩、火山凝灰岩	1.60	1.70
Ⅴ	稍硬的	泥质板岩、细粒石灰岩、蛇纹岩、纯橄榄岩、无烟煤	1.15	1.50

续表 1-16

岩石等级	岩石类别	代表性岩石	可钻性/m·h⁻¹	回次长度/m
Ⅵ	中等硬度	微硅化石灰岩、千枚岩、石英云母片岩、辉长岩	0.82	1.30
Ⅶ	中等硬度	硅质石灰岩、石英二长岩、含长石石英砂岩、角闪石斑岩、玢岩	0.57	1.10
Ⅷ	硬　的	硅卡岩、千枚岩、微风化的花岗岩	0.38	0.85
Ⅸ	硬　的	高硅化的石灰岩、粗粒的花岗岩、硅化凝灰岩	0.25	0.65
Ⅹ	坚硬的	细粒花岗岩、花岗片麻岩、坚硬的石英伟晶岩	0.15	0.50
Ⅺ	坚硬的	刚玉岩、石英岩、含铁碧玉岩	0.09	0.32
Ⅻ	最坚硬的	未风化致密的石英岩、碧玉岩、燧石	0.045	0.16

（4）微钻法。采用模拟的微型孕镶金刚石钻头，按一定的规程，对岩心进行钻进试验。表 1-17 为金刚石钻进的岩石可钻性分级表，我国原地质矿产部的规范是以微钻的平均钻速作为岩石可钻性指标，其分级情况如表 1-18 所示。而原石油部 1987 年颁布的岩石可钻性分级办法是用微钻在岩样上钻三个孔深 2.4mm 的孔，取三个孔钻进时间的平均值为钻时 t，对式（1-17）的结果取整后作为该岩样的可钻性级别 K_d。据此值可把各油田地层的可钻性分成 10 个等级，等级越高的岩石越难钻。

$$K_d = \log_2 t \tag{1-17}$$

表 1-17　金刚石钻进的岩石可钻性分级

岩石级别	钻进时效/m·h⁻¹		代表性岩石举例
	金刚石	硬合金	
1~4		>3.90	粉砂质泥岩、碳质页岩、粉砂岩、中粒砂岩
5	2.90~3.60	2.50	硅化粉砂岩、滑石透闪岩、橄榄大理岩、白色大理岩
6	2.30~3.10	2.00	白云斜长片麻岩、黑云母大理岩、白云岩、角闪岩
7	1.90~2.60	1.40	石英白云石大理岩、透辉石化闪长玢岩、白云母大理岩、蚀变石英闪长玢岩、黑云母石英片岩
8	1.50~2.10	0.80	花岗岩、黑云母花岗岩、斜长闪长岩、混合片麻岩
9	1.10~1.70		花岗岩、斜长角闪岩、混合闪长岩、闪长玢岩、石英闪长玢岩、似斑状花岗岩、斑状花岗闪长岩
10	0.80~1.20		斜长岩、花岗岩、石英岩、硅质凝灰砂砾岩
11	0.50~0.90		凝灰岩、熔凝灰岩、石英角岩、英安岩
12	<0.60		石英角岩、玉髓、熔凝灰岩、纯石英岩

表 1-18　按微钻的平均钻速对岩石可钻性分级

岩石级别	3	4	5	6	7	8	9	10	11	12
微钻钻速 /mm·min⁻¹	216~259	135~215	85~134	53~84	34~52	21~33	14~20	9~13	6~8	≤5

（5）破碎比功法。用圆柱形压头作压入试验时，可通过压力－侵深曲线图求出破碎功，然后计算出单位接触面积破碎比功 A_S。破碎比功法是对岩石进行可钻性分级的方法，如表 1-19 所示。

表 1-19 按单位面积破碎比功对岩石可钻性分级

岩石级别	1	2	3	4	5	6	7	8	9	10
破碎比功 A_S /N · m · cm^{-2}	≤2.5	2.5~5.0	5.0~10	10~15	15~20	20~30	30~50	50~80	80~120	90~135

1.4 岩石的破碎机理

1.4.1 岩石破坏基本形式

岩石在外力作用下，首先产生不同形式的变形，继而产生微裂隙和破裂，裂隙扩展到一定阶段，岩石破坏。岩石破坏的基本形式（见图 1-11）如下：

（1）压裂破坏。加压板与试件端面间摩擦阻力小时，试件横向变形，变形量达到变形极限时，试件拉裂，形成平行于加压方向的拉裂缝，试件破坏原因为拉裂破坏。

（2）压剪破坏。加压板与试件端面摩擦力较大时，产生剪切破坏（一组或几组剪切面）。

（3）塑性流动破坏。加压板与试件端面有很大摩擦力，试件两端面变形受到强阻碍时，出现多组剪切面，试件会逐渐缓慢地膨胀成桶形。最后因塑性流动而导致破坏。该破坏形式是岩石颗粒产生微小剪切滑移的结果，仍是一种剪应力造成的剪切错动。

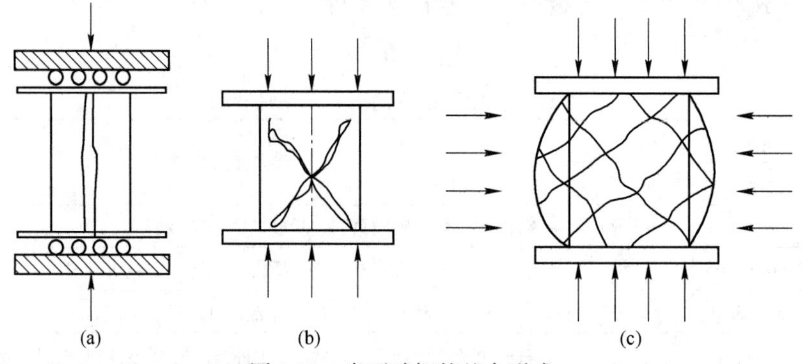

图 1-11 岩石破坏的基本形式

（a）压裂破坏，无约束；（b）压剪破坏，有侧向约束；（c）塑性流动破坏，强的侧向约束

1.4.2 受压岩石的弹性应力状态

从目前广泛采用的机械式破岩的特点来看，切削具对岩石都必须有一定的切入量，所以压入破碎在孔底钻进过程中起着重要作用。在实际钻进中，孔底岩石是在垂直载荷与水平载荷同时作用下破碎的。

1.4.2.1 平底圆柱压头压入应力分布规律

将施加作用力为 P 的刚性平底压头沿 H 轴压入半无限弹性体，试验表明其接触面上的压力分布在初期是不均匀的，如图 1-12 所示，边缘处的应力集中使岩石产生局部破碎或塑性变形，而到后期压力便趋于均匀分布。

1.4.2.2 轴向力和切向力综合作用应力分布规律

钻进中破岩工具上往往同时作用有轴向力和切向力。光弹试验表明，仅有轴向力时，半无限体内的等应力线是对称均匀分布的，如图 1-13 所示。在轴向力和切向力共同作用

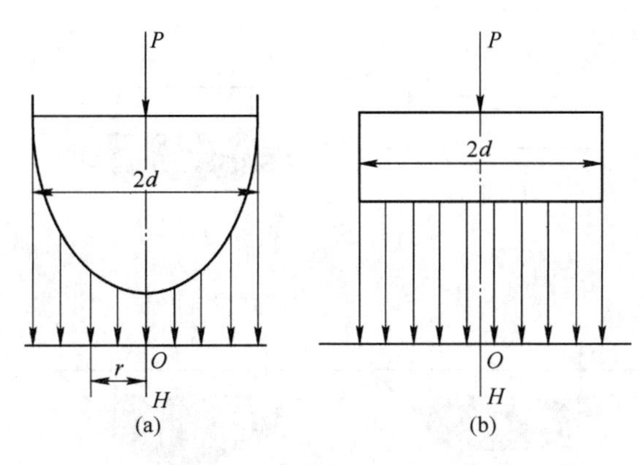

图 1-12 平底压头接触面上的压力分布示意图

（a）受力不均匀分布；（b）受力均匀分布

下等应力线发生了畸变，如图 1-14 所示。各向压缩区Ⅰ随着切向力的增大而缩小，出现了各向拉伸区Ⅱ和过渡区Ⅲ。在过渡区中既有压应力又有拉应力的作用。如果切向力的相对值越大，则应力畸变越严重，极值带沿切向朝接触面边缘偏移越明显，破碎越容易。

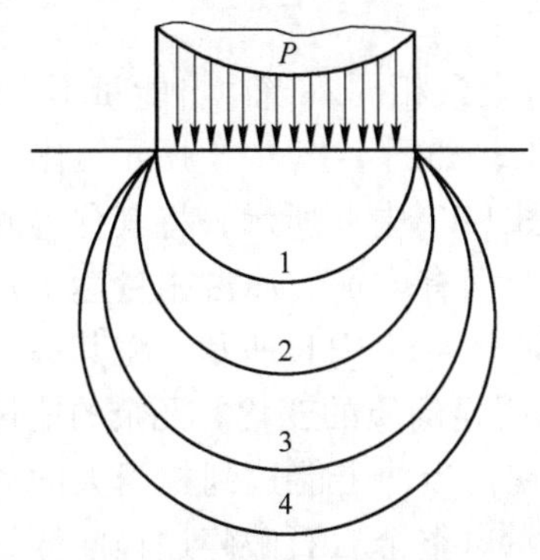

图 1-13 轴向力作用下岩体内的应力分布示意图

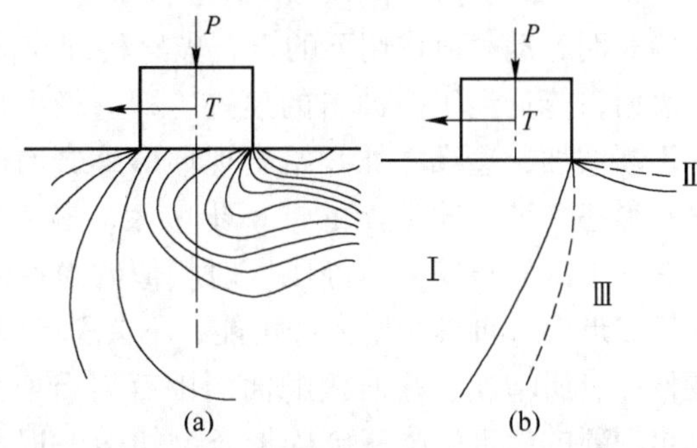

图 1-14 轴向力和切向力作用下的应力分布示意图

（a）等应力线图；（b）应力状态特征

1.4.3 钻头静动压入时的岩石破碎机理

当平底压头受载时，在第一极值带会形成环形裂纹，并呈圆锥形向深部延伸，如图 1-15（a）所示，到一定深度后截止。而对称轴上的第二危险极值带朝边缘方向发展，形成镰刀状极限状态区，如图 1-15（b）所示。继续加载时极限区的体积和压力增大，它向外趋于推挤或排开周围岩石的力也增大。由于岩石的抗剪、抗拉强度很小，一旦侧压力达到某一极限值，周围岩石便突然崩离，并形成破碎穴，如图 1-15（c）所示。周围岩石崩离后，压头下方的圆锥体被压碎，压头突然侵入到一定的深度。

一般破碎穴的形成是瞬时发生的，具有“跳跃性”，图 1-16 为尖形压头侵入岩石深度 λ 与轴载 P 的关系图。图中，初期发生一定的塑性变形，侵深小于 λ_0 时，两者呈线性关系。然后由于脆性破碎，侵深增大到 λ_1，继续加载又重复上述跳跃过程。只有当载荷达到一定值后才能产生大的体积破碎，这时破岩效果最好。如果载荷不足，则只能在岩石上产生压裂作用形成一些裂纹。

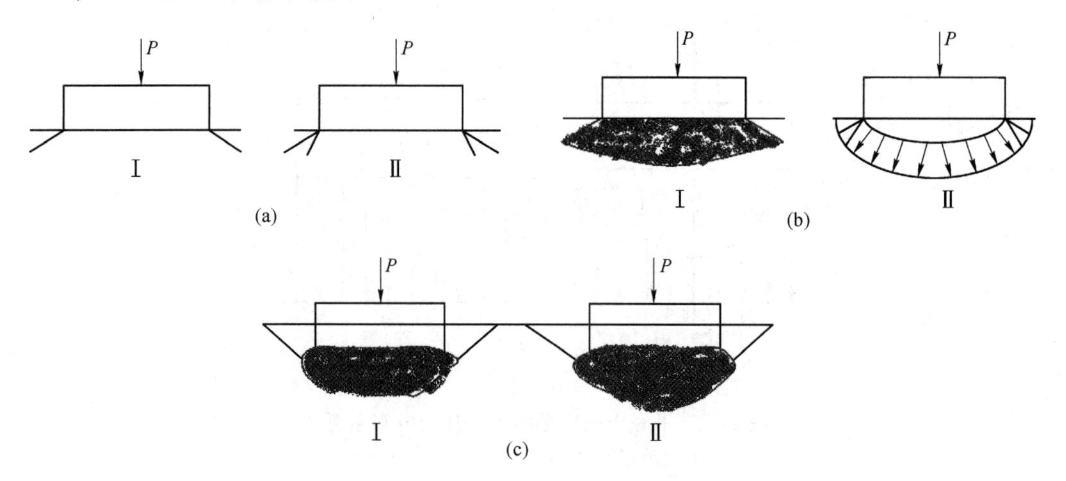

图 1-15 平底压头压入时岩石破碎示意图

Ⅰ—据 P·M·埃格莱斯；Ⅱ—据 Л·A·史立涅尔

1.4.4 受载荷作用时岩石破碎的影响因素

1.4.4.1 *动载荷作用下的岩石破碎机理*

试验表明，动载荷作用下的岩石破碎机理与静压入时大致相同。当冲击能量不大时，在岩石表面只能见到压头冲击的痕迹，即边缘出现裂纹带，如图 1-17 中Ⅰ所示。随着冲击能的不断增加，边缘之外开始出现环形碎岩崩离，如图 1-17 中Ⅱ所示，将其称为脆性破碎第一形态。随着冲击能的进一步增大，崩离体的体积稍有增加。冲击能量达一定值后，压头底下的岩石发生与静压入时相似的脆性破碎，如图 1-17 中Ⅲ所示，将其称为脆性破碎第二形态。再继续增大冲击能，不会引起破碎形态明显的质的变化。冗余的能量使压头的侵深有所增加，并使接触面周围有岩石崩离体出现。当冲击能达到相当大的数值时，则出现新的稳定的第三破碎形态，如图 1-17 中Ⅳ所示。整个岩石破碎过程同样具有跳跃性。

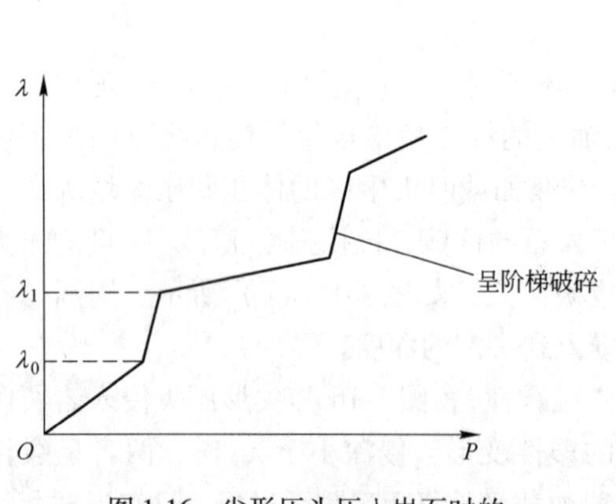

图 1-16 尖形压头压入岩石时的跳跃过程示意图

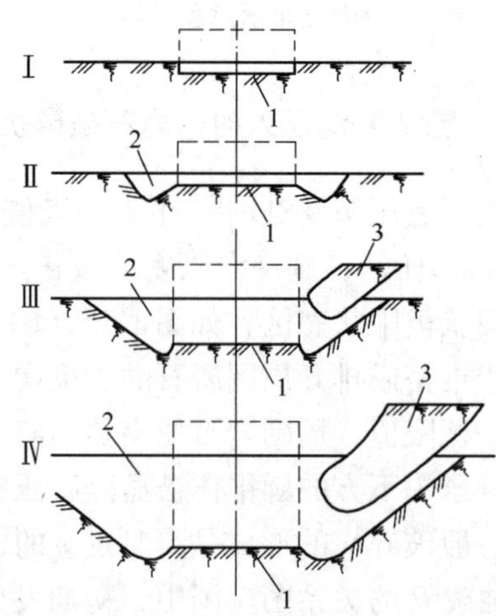

图 1-17 压头动压入时岩石破碎带发展示意图

1—压头与岩石的接触面；2—破碎穴；3—崩离的岩石碎屑

1.4.4.2 载荷大小的影响

通常将钻进速度 v_m 与 p 的关系分成三个区段来表述，其曲线如图 1-18 所示。在区域Ⅰ内，钻压很小，切削具上的比压不足以切入岩石，仅存在由摩擦力引起的表面磨削；钻速很低，钻速与比压呈线性关系，称为表面破碎区。在区域Ⅲ内，接触面上的压力等于或大于岩石的压入硬度，已能产生体积破碎，破岩的速度比区域Ⅰ大得多，钻速与比压呈更陡的线性关系，称为体积破碎区。

由表面破碎（区域Ⅰ）到体积破碎（区域Ⅲ），要经过一个渐变的过程（区域Ⅱ），在该区域内 v_m 与 p 呈曲线关系。这个阶段接触面上的比压没有达到岩石的压入硬度，显然不会发生体积破碎，但也非表面破碎。这时会在岩石的弱面处形成裂纹，经多次作用后裂纹扩展增多，甚至相互贯通，从而在较低的比压下形成小剪切。由于该过程需经多次外载的作用，故称为疲劳破碎区。

综上所述，只有保证钻头切削具上的比压达到或超过一定值才可能使 v_m 达最大值，使岩石处于体积破碎状态，其破碎效率也才能是最高的，如图 1-18 中的 b 点所示。

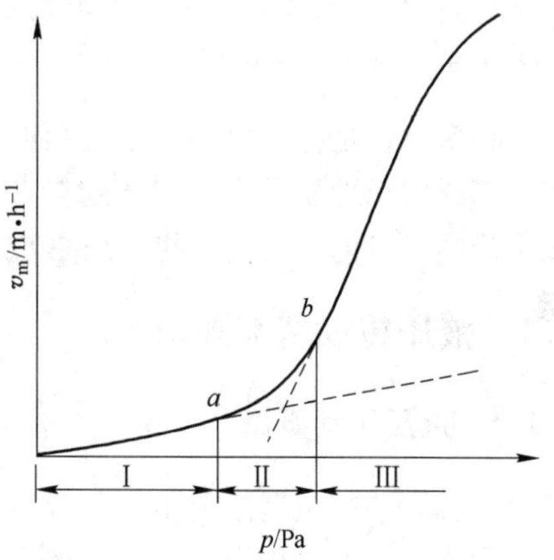

图 1-18 钻进速度与比压的关系

1.4.4.3 破碎工具形状的影响

合理的破碎工具形状应使其压入岩石时的阻力最小。一般规律是：对于坚硬岩石采用球形工具较合理，对于较软的岩石宜选用楔形工具。

1.4.4.4 破碎工具加载速度的影响

一般的规律是：对于弹塑性岩石中的硬岩，采用冲击方式可在压入硬度增加不多的前提下，降低岩石的塑性系数，从而增大脆性破碎深度。虽然单位体积破碎功有所增加，但由于钻速提高，总的成本仍然合算。而对于高塑性的软岩或多孔隙岩石，由于其强度较低，动载效应对硬度等力学指标的影响比硬岩要显著得多，故不宜采用冲击方式，而应采用压入回转切削方式破碎岩石。

1.4.4.5 液柱压力的影响

孔内的液柱压力将给孔底破碎穴处的裂纹扩展和剪切体崩离造成阻力。也就是说，孔内液柱与岩层孔隙水的压力之差对破岩效率有显著影响。因此，不论采用什么钻进方法都需要保证钻头上有足够的轴向压力，并尽量使用低密度、低固相的冲洗液，使孔底的压力差达到最小。

复习与思考题

1-1 简述岩石块体密度、孔隙率的概念。

1-2 简述岩石强度、硬度、研磨性的概念。

1-3 简述岩石强度的构成。

1-4 分析影响岩石强度的因素。

1-5 分析影响岩石硬度的因素。

1-6 分析影响岩石研磨性的因素。

1-7 简述岩石可钻性的概念。

2 钻探设备与操作

目标要求： 掌握ZDY系列钻机的特点及工作原理；了解钻机规格和性能，掌握钻机主要部件的结构和液压系统；掌握钻探用泵参数及选择，掌握钻探用泵基本性能参数的确定；了解钻机的技术操作及注意事项。
重点： 动力头式钻机主要部件的结构和液压系统。
难点： 钻探用泵基本性能参数的确定。

钻探设备是指钻探施工中应用的机械设备和装置，包括钻机、钻探用泵和其他辅助设备，广泛用于地质勘查、矿产勘查、工程建筑的基础施工、矿山开采及其他各种用途的钻探生产中。目前，我国钻机已发展成为品种众多、种类齐全的专业机械。

2.1 液压传动基本知识

2.1.1 液压传动概论

一台完整的机器主要由三部分组成，即原动机、传动装置和工作机构。原动机是机器的动力源；工作机构则完成要求的动作；传动装置设置于原动机与工作机构之间，起传递能量和进行控制的作用。

传动装置的形成有多种，按照传动所采用的机件或工作介质的不同可分为：机械传动、电力传动、气压传动和液体传动。上述几种传动方式可以单独应用，也可以联合使用。

液体传动是以液体工作介质来传递能量和进行控制的一种传动方式，按其工作原理的不同又分为液力传动和液压传动。液力传动主要是利用液体动能来传递能量的一种液体传动，如液力偶合器和液力变矩器。液压传动主要是利用液体的压力能来传递能量和进行控制的一种液体传动，也称为静压传动或容积式液体传动，这里所讨论的内容均属于液压传动。

液压传动是通过密闭容器内受压液体的流动来传递能量的，即按密闭连通器原理工作的。液压传动有两个基本特征，即：压力按帕斯卡定律传递，其值取决于负载；速度按“容积变化相等”原则传递，其值决定于流量。

2.1.1.1 液压系统的组成及工作原理

以钻机立轴给进系统为例说明液压系统的工作原理，如图2-1所示。液压泵1通过滤油器8从油箱7内吸油，经过换向阀3将油压入液压缸5。换向阀用来控制进入液压缸5或流回油箱的液流方向，它有四个工作位置，分别使立轴处于上升、中立（停止）、下降、称重四种状态。流量阀4控制液压缸5排出的流量，以调节立轴的移动速度。溢流阀2起调压和超载安全保护作用。

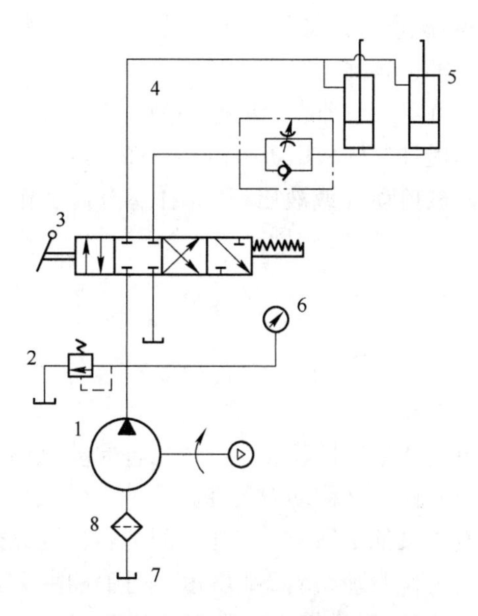

图 2-1 钻机立轴给进系统

1—液压泵；2—溢流阀；3—换向阀；4—流量阀；5—液压缸；6—油压表；7—油箱；8—滤油器

从立轴给进液压系统的工作原理可知，一个完整的能完成能量传递的液压系统应由下列四个部分组成：

（1）动力元件。指液压泵，其作用是将原动机输出的机械能转化为液压能并向液压系统提供压力油。

（2）控制元件。包括压力控制阀、流量控制阀和方向控制阀等，其作用是控制液压系统的压力、流量和液压方向，以保证执行元件得到所要求的力、速度和运动方向。

（3）执行元件。包括液压缸和液压马达（统称液动机），其作用是将液压能转化为机械能，输出到工作机构中。

（4）辅助元件。包括油箱、管道、管接头、蓄能器、滤油器以及各种仪表等。

2.1.1.2 液压传动的特点

液压传动与电力、机械等传动方式相比较，具有以下优点：

（1）能在大范围内方便地实现无级调速，其调速范围（速比）可达 1000，单位重量的输出功率大，容易获得很大的力和力矩。由于重量轻，因而惯性小，动作快速性好。

（2）简化机器结构，易于实现各种复杂的运动，尤其容易实现直线运动；液压元件排列布置具有很大的灵活性。

（3）操纵简便，与机械、电力、气压相配合易于实现远距离操纵和自动控制；易于实现标准化和系列化，便于设计和制造。

液压传动的缺点：

（1）液压系统中的泄漏，影响传动的精确性（如液压机速比、位移和锁紧精度等），加上阻力损失，其传动效率较低。

（2）油液中渗入空气，易产生振动，噪声和爬行现象。

（3）温度变化时，易因油液黏性变化而引起运动特性变化。

(4) 对油液的污染比较敏感，要求有良好的过滤设备；液压元件的制造精度要求较高，使用维护的技术水平要求也较高。

各种传动方式，各有其特点，目前发展的趋势是采用几种传动方式的组合，即复合传动。如大多数钻机的回转和提升机构采用机械传动，而给进和各种操纵采用液压传动。坑探装运机的行走部分采用机械传动（或液压—机械传动），工作机构和转向机构则采用液压传动。

2.1.2 液压泵和液压马达

2.1.2.1 液压泵

A 液压泵的工作原理

在液压系统中，液压泵是能量转换装置。液压泵将原动机输入的机械能转化成流动油液的液压能，属于液压能源元件，又称动力元件。

液压系统中所使用的液压泵都是靠密封工作空间的容积变化来进行工作的，所以称为容积式液压泵。容积式泵的工作原理如图 2-2 所示。图中柱塞 2 和缸筒 3 围成一个密封的工作空间 5（即工作腔），柱塞依靠弹簧 4 压紧在凸轮（或偏心轮）1 上，凸轮旋转时推动柱塞在缸筒内作往复运动，使工作腔的容积发生周期性变化。当柱塞下行时，工作腔容积由小变大形成局部真空，油箱 8 内的油液便在大气压力作用下顶开单向阀 6，进入工作腔内，这就是吸油过程（此过程中，单向阀 7 在系统压力作用下保持关闭）；当柱塞上行时，工作腔容积由大变小，其中的油液受压而使油压升高，迫使单向阀 6 关闭，并顶开单向阀 7 向系统供给压力油，此即排油过程。

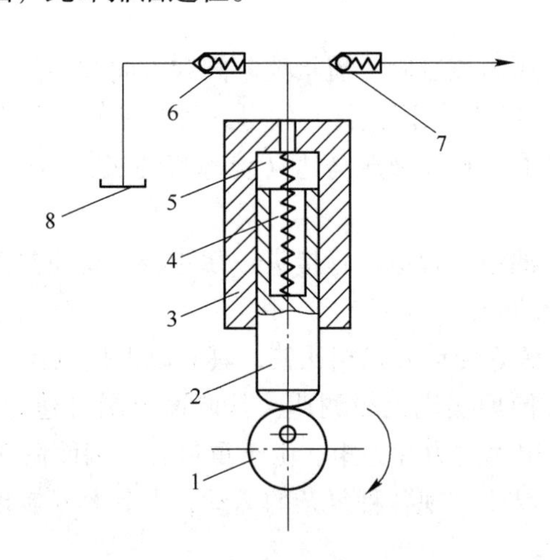

图 2-2 容积式泵组成系统

1—凸轮（或偏心轮）；2—柱塞；3—缸筒；4—柱塞弹簧；
5—工作腔；6，7—单向阀；8—油箱

综上所述，容积式液压泵的特点如下：

(1) 必须具有一个或多个密封的容积空间（工作腔），在工作过程中工作腔的容积必须不断由小变大，再由大变小，以进行吸油和排油。这类泵的输油量是由密封工作腔的数目、容积变化大小和每分钟变化次数决定的，所以称为容积泵。

（2）在吸油过程中，油箱必须与大气接通，或使用压力油箱以使油面上经常保持一定的压力，这是吸油的必要条件；在排油过程中，油压决定于油液从单向阀7排出时所遇到的阻力，即泵的压力决定于外界负载，这是形成油压的条件。没有负载就形成不了油压。

（3）单向阀6、7可以保证吸油时油腔与油箱接通，同时切断排油管道；排油时使油腔与压油管道相通而切断油箱。阀6、7即所谓配油装置。配油装置尽管形式很多，但它对各种泵都是必不可少的。

液压泵的形式很多，按其每输出（输入）油液容积之能否调节而分为定量泵和变量泵两类。按其结构形式不同又可分为齿轮式、叶片式和柱塞式三大类，每类中又有不同形式，如：齿轮泵有外啮合式和内啮合式之分；叶片泵有单作用式和双作用式之分；柱塞泵有径向式和轴向式之分，等等。此外，在机床行业中，还常使用螺杆泵。

齿轮式液压泵一般为定量泵，叶片式、柱塞式液压泵既有定量式，也有变量式。液压泵的职能符号如图2-3所示。

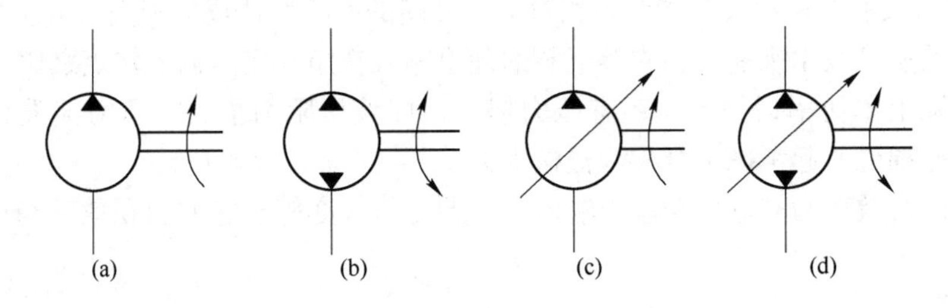

图2-3 液压泵的职能符号

（a）单向定量液压泵；（b）双向定量液压泵；（c）单向变量液压泵；（d）双向变量液压泵

B 液压泵的基本性能参数

液压泵在使用中常用的基本性能参数有：工作压力 p（Pa 或 bar）、流量 Q（L/min）、排量 q（mL/r）、功率 N（kW）、转矩 T（N·m）、转速 n（r/min）以及效率 η 等。

对于液压泵，其输入能量的形式是转矩与转速的乘积（即 $n \cdot T$），输出能量的形式是油压力与流量的乘积（即 $p \cdot Q$）。

a 工作压力

液压泵的工作压力是指它的输出压力，即油液为了克服阻力（包括管道阻力、运动件的摩擦阻力和外加负载等）所必须建立起来的压力。阻力增加，则压力升高，反之压力降低。这就是说液压泵的工作压力决定于外加负载的大小。

在液压泵的说明书中，一般对压力有两种规定，即：额定压力和最高压力。

（1）额定压力是指在保证泵的容积效率、使用寿命和额定转速的前提下，泵连续运转时所允许使用的最大的压力，超过此值就是过载。

（2）最高压力是指泵在短时间内超载所允许的极限压力，主要由密封性能和零件强度决定。

额定压力和最高压力都不是泵实际工作时的压力，注意切勿混淆。

由于液压系统的用途不同（其所需油各不一样），常将压力分为五个等级，即低压（小于2.5MPa（25bar））、中压（2.5~8MPa（25~80bar））、中高压（8~16MPa（80~160bar））、高压（16~32MPa（160~320bar））和超高压（大于32MPa（320bar））。

b 排量和流量

液压泵的排量 q_{BO}（即理论排量）是指在没有泄漏的情况下，泵轴每转一周所排出的油液的体积。排量的大小取决于泵的密封工作腔的几何尺寸，它与转速无关。

液压泵的流量有理论流量 Q_{BO}与实际流量 Q_B 之分。

液压泵的实际流量 Q_B 总是小于理论流量 Q_{BO}，因为泵的各密封间隙不可避免地会泄漏，而油液的黏度越低，压力越高，其泄漏量就越大。所以，泵的实际流量是随泵的输出压力的变化而变化的，而泵的理论流量 Q_{BO}与泵的输出压力无关。

c 效率

液压泵的功率损失有容积损失和机械损失两部分。

（1）容积损失是指液压泵流量上的损失。如前所述，液压泵不可避免地产生不同程度的泄漏，必然造成容积损失。液压泵的容积效率是反映其容积损失的重要性能指标，它等于泵的实际输出流量和理论流量的比值。

（2）液压泵的机械损失是指泵内相对运动件间的摩擦所造成的损失。液压泵的机械损失程度由泵的机械效率来衡量，它等于泵的理论输入转矩与实际输入转矩之比。

液压泵除上述功率损失外，还有压力损失，即液压阻力损失。压力损失相对来说较小，常和摩擦损失一起考虑，合称为机械损失。

液压泵的总效率为其输出功率与输入功率的比值，亦等于它的容积效率与机械效率的乘积。

d 转速

（1）额定转速。在额定压力下，允许液压泵能够连续长时间正常运转的最高转速，称为泵的额定转速。泵在额定转速下的容积效率最高。

（2）最高转速。在额定压力下，超过额定转速允许短暂运行的转速，称为泵的最高转速。当泵的转速超过其最高转速时，将产生“空穴”现象，这是不允许的。

（3）最低转速。就是允许泵正常运转的最低转速。如果泵的转速过低，将因其理论流量下降而使容积效率显著下降，这是不合理的。

e 转矩与功率

转矩是指液压泵轴的实际输入转矩，功率是指液压泵的输入功率（即驱动功率）。

f 自吸能力

泵的自吸能力是指泵在额定转速下，从低于泵下端的开式油箱中吸油的能力。吸油能力的大小，常以吸油高度（或者用真空度）表示。

泵的自吸能力的实质，是因泵的吸油腔形成局部真空，油箱中的液压油在大气压力的作用下流入吸油腔，所以液压泵的吸油腔内真空度越大，则吸油高度越高。

对自吸能力较差的液压泵，一般应采取如下措施：

（1）将液压泵安装在油箱液面以下工作；

（2）采用封闭式油箱，以增加油箱液面的压力（一般预压力为 50～250kPa（0.5～2.5bar））；

（3）采用补油泵供油，一般补油压力为 300～50kPa（3～5bar）。

不同类型的油泵其自吸能力是不同的，所以自吸能力也是衡量液压泵的性能指标之一。

液压系统对液压泵的要求：结构简单，体积小，重量轻，维护方便，价格低廉，使用寿命长；摩擦损失小，泄漏量小，发热小，效率高；对油液污染不敏感；自吸能力强大；输出流量脉动小，运转平稳，噪声小。

C 齿轮泵

齿轮泵具有结构简单、体积小、自吸能力好、制造容易、成本低等优点，但流量脉动和压力脉动较大，噪声较高，且只能作定量泵。齿轮泵按压力分为低压（<2.5MPa（25bar）），中高压（8～16MPa（80～160bar））和高压（20～31.5MPa（200～315bar））三种，广泛应用于各种机械。钻探机械和工程机械中普遍应用的是中高压齿轮泵。

齿轮泵工作的结构与原理

图2-4为齿轮泵的工作原理图，齿轮Ⅰ为主动轮，齿轮Ⅱ为从动轮。一对啮合齿轮将壳体内部分成左右两个互不相通的A腔和B腔。当齿轮按如图所示方向转动时，在B腔内由于一对齿脱开，腔容积增大形成局部真空，油箱中的油液在大气压力作用下，经油管、壳体进入B腔，该腔即为吸油腔。吸入到B腔齿间的油液在密封的工作容积空间中，随齿轮转动，沿泵壳体内壁被带入到A腔，填满油液的齿间，接着由于齿轮的啮合该腔的容积逐渐减小，又把齿间的油液挤压出去，此A腔就是压油腔。当齿轮旋转时，A、B两腔不断地排油和吸油，这就是齿轮泵的工作原理。CB-B齿轮泵的结构如图2-5所示。

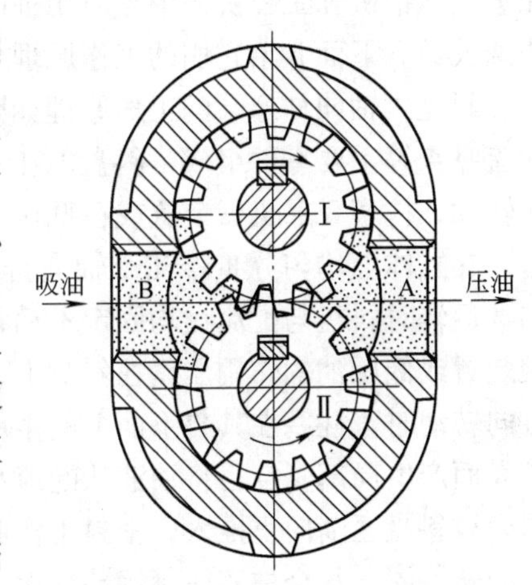

图2-4 齿轮泵工作的原理
Ⅰ—主动轮；Ⅱ—从动轮

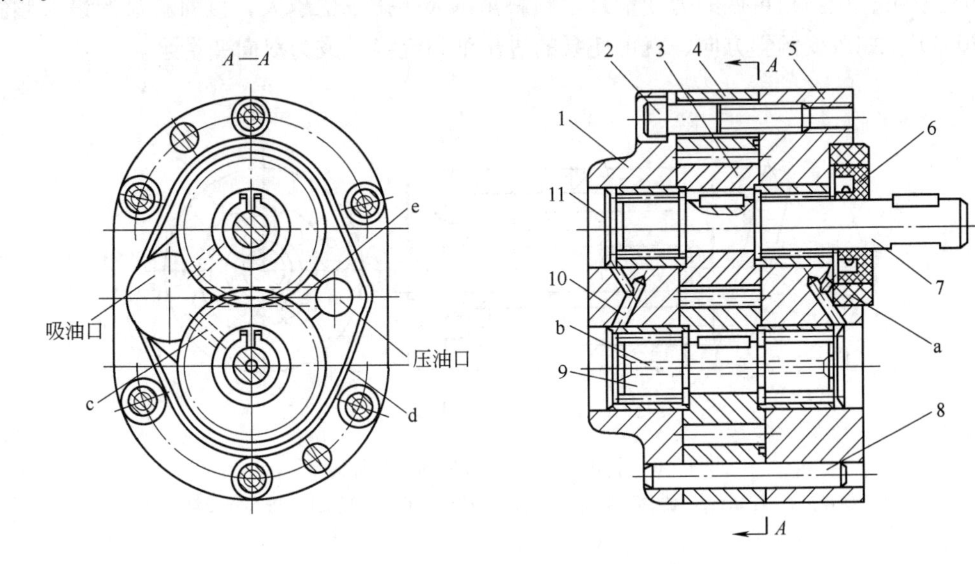

图2-5 CB-B齿轮泵的结构
1，5—前后端盖；2—螺钉；3—齿轮；4—泵体；6—密封圈；7—主动轮；
8—定位销；9—从动轴；10—轴承；11—堵头；a～e—润滑油路

在齿轮泵中,吸油腔的压力低于大气压力,各齿间的油液压力随齿间的位置变化而不同,越靠近吸油腔部分的齿间油液压力越低,越靠近压油腔部分的齿间油液压力越高,所以各齿间油液压力是从吸油腔到压油腔逐渐增加的,压油腔里油液的压力即为泵的排出压力。

D 轴向柱塞泵

轴向柱塞泵是指柱塞在缸体内作轴向排列并沿圆周均匀分布，且其轴线平行于缸体旋转轴线的液压泵。它具有结构紧凑、单位功率体积小、重量轻、工作压力高（21 ~ 32MPa (210 ~ 320bar)）、容易实现变量等优点；但对油液污染较敏感，滤油精度要求高，并且对材质、加工精度和使用维修的要求都比较高，价格也较高，故多用于高压大流量系统中，如全液压钻机和工程机械中常应用轴向柱塞泵。轴向柱塞泵按其结构可分为斜盘式和斜轴式两大类。下面介绍它们的工作原理与结构特点。

斜盘式轴向柱塞泵的工作原理如图 2-6 所示。泵由传动轴 5、斜盘 1、柱塞 2、缸体 3、配流盘 4 等主要零件组成，斜盘 1 和配流盘 4 是不动的，传动轴 5 带动缸体 3、柱塞 2 一起转动，柱塞 2 靠机械装置或在低压油作用下压紧在斜盘上。

在缸体上均匀分布着几个轴向排列的柱塞孔，柱塞安装在柱塞孔内并在其中自由滑动。运转时斜盘与配流盘均固定不动，而传动轴则带动缸体、柱塞一起转动。各柱塞靠机械装置或低压油的作用压紧在斜盘上，斜盘与缸体间有倾斜角 γ。当传动轴按图 2-6 所示方向转动时，柱塞在其自下而上的半周内逐渐向外伸出，使柱塞孔内密封工作腔容积逐渐扩大而产生局部真空，将油液从配流盘上的吸油窗口 a 吸入；柱塞在其自上而下回转的半周内被斜盘逐渐向里推入，密封工作腔容积不断减小，便将压力油从排油窗口 b 压出。缸体回转一周，每个柱塞往复运动一次，完成一次吸油和排油动作。如缸体连续回转，便可不断地输出压力油。

泵的排量决定于柱塞直径和行程的长度，也就决定于斜盘倾斜角度 β 值。倾斜角不可调的为定量泵；倾斜角可调的为变量泵。倾斜角越大，排量也越大，目前斜盘的最大倾斜角为 20°30′。如改变倾斜方向，就可使泵的进出油口互换，成为双向变量泵。

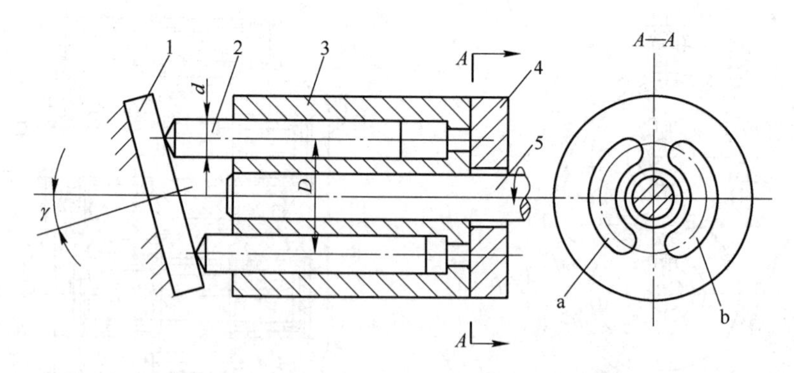

图 2-6 斜盘式轴向柱塞泵的工作原理

1—斜盘；2—柱塞；3—缸体；4—配流盘；5—传动轴；a—吸油窗口；b—压油窗口

2.1.2.2 液压马达

A 液压马达工作原理

在液压系统中，液压马达也是能量转换装置，可将输入的液压能再转换成旋转形式的机械能。它是用来拖动外负载做功的，属于执行元件。

液压系统中所使用的液压马达是靠密封工作空间的容积变化来进行工作的，所以称为容积式液压马达。

液压马达的工作原理恰好与液压泵相反（见图2-2），若向油腔5输进压力油，则将推动柱塞向下运动，从而迫使偏心轮转过一个角度；若设法使偏心轮连续转动，便可不断地输出转速和转矩。由此可知，从原理上来说，液压泵和液压马达具有可逆性，即任何一种容积式液压泵都可作液压马达使用，反之亦然。但是，由于对实际结构的某些要求不同，并不是所有的容积式泵都可以作马达使用。

液压马达的形式很多，按其每输出（输入）油液容积能否调节而分为定量马达和变量马达两类。按其结构形式不同又可分为齿轮式、叶片式和柱塞式三大类，每类中又有不同形式，如：齿轮泵有外啮合式和内啮合式之分；叶片泵有单作用式和双作用式之分；柱塞泵有径向式和轴向式之分，等等。

齿轮式液压马达一般为定量马达；叶片式、柱塞式液压马达既有定量式，也有变量式。根据机械特性的不同，液压马达还可分为高速、小扭矩和低速、大扭矩两大类型。液压马达的职能符号如图2-7所示。

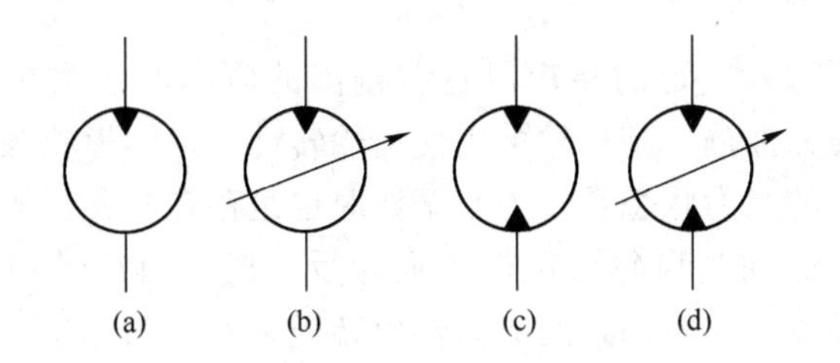

图2-7 液压马达的职能符号

（a）单向定量马达；（b）单向变量马达；（c）双向定量马达；（d）双向变量马达

B 液压马达的基本性能参数

液压马达在使用中常用的基本性能参数有：工作压力 p（Pa或bar）、流量 Q（L/min）、排量 g（mL/r）、功率 N（kW）、转矩 T（N·m）、转速 n（r/min）以及效率 η 等。

对于液压马达，其输出能量的形式是转矩与转速的乘积（即 $n\cdot T$），输入能量的形式是油压力与流量的乘积（即 $p\cdot Q$）。

a 排量

液压马达的排量 q_{MO}（即理论排量）是指在没有泄漏的情况下，马达轴旋转一周输入油液的容积。与液压泵相同，它只决定于马达中的密封工作腔的几何尺寸，而与转速无关。

b 输出转矩

液压马达的输出转矩是指马达轴上实际输出的转矩。

c 输出转速

使用液压马达时，应规定其最高转速和最低稳定转速，即给出马达的转速范围。转速太高将导致配合面间磨损加剧和轴承寿命缩短，进而使机械效率显著下降。但转速也不能太低，否则因为输入流量较小泄漏相对增大；同时转速太低时，滑动面间难以形成油膜会引起摩擦阻力增大。这些都将直接影响液压马达的低速稳定性能。

d 输出功率

液压马达的输出功率等于液压马达的工作压力和输入流量的乘积。

e 效率

液压马达的容积效率等于理论流量与实际流量的比值；液压马达的机械效率等于理论转矩与实际转矩的比值。

液压马达的容积效率直接影响马达的制动性能，如果容积效率低（即泄漏大），则制动性能就差。液压马达的机械效率直接影响马达的启动性能。如果启动时机械效率高，就能获得较大的启动转矩。

启动转矩是指在额定压力下，马达转速为零时输出轴上所产生的转矩。即在额定压力下启动时的实际输出转矩。这时的效率就称为启动机械效率，也即启动机械效率是指马达从静止状态启动时，马达实际输出的转矩与它在同一工作压力差时的理论转矩之比。

液压系统对于液压马达来说，没有自吸能力的要求，又因为液压马达输出的是转矩，故对其相应的要求是"输出转矩脉动小"。此外，它应该具有"启动转矩大"和"稳定转速低"的性能，其他要求都与液压泵相同。

C 齿轮马达

齿轮泵工作时，要输入一定的转矩以克服输出的压力油作用在齿轮上所造成的阻力矩，反过来说，如将压力油输入到齿轮泵内使齿轮转动，这样齿轮泵就成为齿轮马达。

要注意的是，这样的受力状态在作为泵工作时也是存在的，只不过对齿轮泵来说，油压作用在齿面上的力矩方向和齿轮泵旋转方向相反，成为负载转矩；而对于齿轮马达来说，该转矩方向和齿轮旋转方向一致而成为输出转矩。

齿轮马达的结构简单，尺寸小，重量轻，造价便宜，可在比较恶劣的条件下工作。但因其密封性较差，容积效率较低，所以输入的油压不能太高，因而不能产生较大的输出转矩。并且，它的转矩和转速都是随齿轮的啮合情况而脉动，因此齿轮马达一般多用于高转速、低转矩的情况下。

D 轴向柱塞马达

轴向柱塞马达是指柱塞在缸体内作轴向排列并沿圆周均匀分布，且其轴线平行于缸体旋转轴线的液压马达。它具有结构紧凑、单位功率体积小、重量轻、工作压力高（21～32MPa（210～320bar））、容易实现变量等优点；但对油液污染较敏感，滤油精度要求高，并且对材质、加工精度和使用维修的要求都比较高，价格也较高，故多用于高压大流量系统中，如全液压钻机和工程机械中常应用轴向柱塞马达。轴向柱塞马达按其结构可分为斜盘式和斜轴式两大类。

轴向柱塞马达与轴向柱塞泵的结构基本相同，两者是互逆的，配流盘为对称结构，既可作变量泵，也可作变量马达。改变斜盘倾角，不仅影响马达的转矩，而且影响它的转速和转向。斜盘倾角越大，产生的转矩越大，转速越低。当向泵输入压力油时，其传动轴就能输出转矩，并驱使负载做功而成为液压马达。

轴向柱塞马达的结构形式，亦可分为斜盘式轴向柱塞马达和斜轴式轴向柱塞马达两类，大多采用定量结构。

图 2-8 所示为斜盘式轴向柱塞马达的工作原理图。压力油经配流盘进入柱塞缸孔

后，使处于进油区的柱塞压向斜盘。假定斜盘对每个柱塞的法向反作用力为 F，则力 F 可以分解为 F_x 和 F_y 两个分力。轴向分力 F_x 与柱塞所受的油液压力相平衡，径向分力 F_y 与柱塞轴线垂直，并相对缸体轴线形成转矩，再通过缸体带动传动轴旋转而驱使外负载做功。

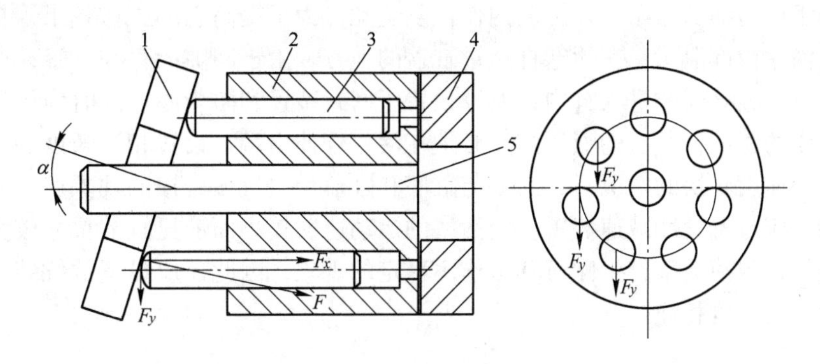

图 2-8 斜盘式轴向柱塞马达的工作原理

1—斜盘；2—缸体；3—柱塞；4—配流盘；5—传动轴

2.1.3 液压缸

液压缸是液压系统的一种常见的执行元件。它和液压马达一样，是把液体的压力能转变为机械能的能量转化装置。液压缸主要用来实现机构的直接往复运动，也可以用来实现机构的摆动。

2.1.3.1 双作用单体活塞杆液压缸

双作用单体活塞杆液压缸由于其体积小，重量轻，活塞可以双向运动，并且两向可以获得不同的速度和推力，所以应用十分广泛。

图 2-9 所示为一较常用的双作用单体活塞杆液压缸，活塞只有一端带活塞杆。单杆液压缸也有缸体固定和活塞杆固定两种形式，但它们的工作台移动范围都是活塞有效行程的两倍，主要应用于夹紧系统和举升机构系统。

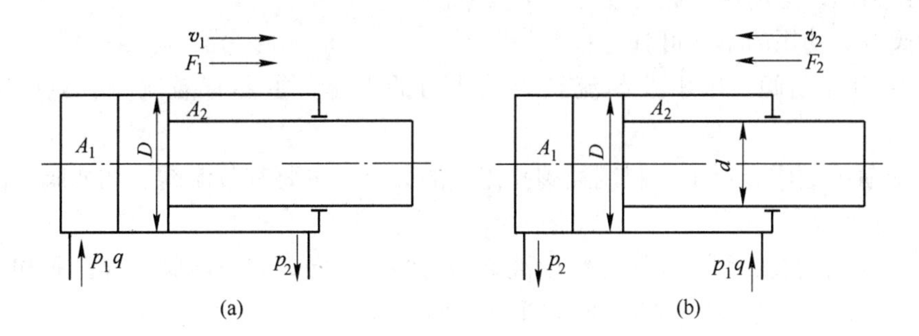

图 2-9 单杆式活塞缸

（a）活塞伸出；（b）活塞缩回

这种液压缸的工作特点是：双向进油，故称双作用式；由于液压缸两腔承压面积不等，当 p 一定时，往返运动的出力不等。

2.1.3.2 液压缸的典型结构举例

如图2-10所示，双作用单杆活塞式液压缸主要由缸筒10、活塞11、活塞杆18、缸盖9、缸底20、耳环1、螺母2、防尘圈3、弹簧挡圈4、套5、卡键6、O形密封圈7、Y形密封圈8、耐磨环13、卡键帽16、衬套19及有关辅助装置等组成。活塞把缸筒分成左右两腔，借助于压力油的作用，在缸筒内作往复运动。为了提高它的工作效果，在活塞上设有密封环以消除内部泄漏；在活塞杆通过缸盖的地方，由于间隙的存在，容易产生外漏现象，且灰尘可以经该间隙进入缸内，所以设置了密封装置和防尘圈。同时为了消除偏心载荷对活塞工作的影响，所有的液压缸都必须在活塞杆伸出端，设置相当长度的导向套。此外在活塞运动速度较快的情况下，活塞与缸底和缸盖产生机械碰撞的现象严重，因此在液压缸的两端，应设置缓冲减速装置。当活塞的运动速度较小而液压缸的尺寸较大时，容易积存大量空气，致使活塞产生爬行和工作不稳定的现象，因此还应设置放气装置。耳环分别与视架和执行机构相连。

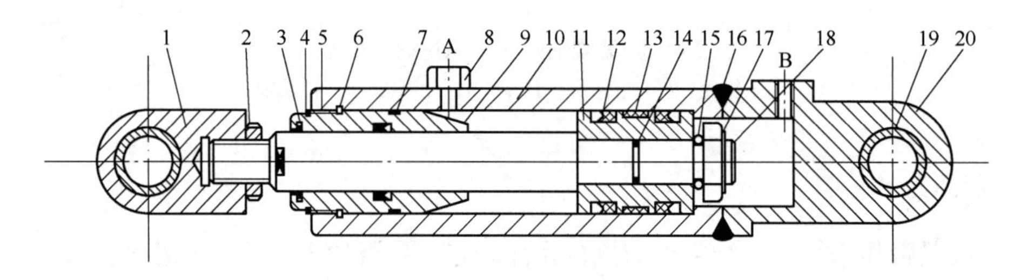

图2-10 液压缸的结构组成

1—耳环；2—螺母；3—防尘圈；4—弹簧挡圈；5—套；6—卡键；7，14—O形密封圈；8—Y形密封圈；9—缸盖兼导向套；10—缸筒；11—活塞；12—V形密封圈；13—耐磨环；15—弹簧圈；16—卡键帽；17—调节螺母；18—活塞杆；19—衬套；20—缸底

2.1.4 液压控制阀

液压控制阀是用来控制或调节液压系统中液流的压力、流量和方向，以满足执行元件输出的力或力矩、运动速度和运动方向的要求。

控制阀按其功用的不同可分为：

（1）压力控制阀。用于控制流经阀孔压力的大小，主要有溢流阀、减压阀、背压阀等。

（2）流量控制阀。用于控制流经阀孔流量的大小，主要有节流阀、调速阀、同步阀和电液比例流量阀等。

（3）方向控制阀。用于控制系统中液流的通断和流向，有单向阀、换向阀和由它组合的多路换向阀，以及电液比例方向阀和逻辑方向阀等。

控制阀按控制方式的不同又可分为：

（1）定值或开关控制阀。定值控制系统中油液的压力、流量和方向。普通控制阀即属此类。

（2）伺服控制阀。按输入信号（机、电、气、液）及反馈量（压力、位移等）连续成比例地控制系统中油液的压力、流量和方向的液压控制阀。

（3）电液比例控制阀。介于以上两类之间的一种控制阀。它可以在普通阀的基础上直接将手动调节改为比例电磁铁调节构成。

控制阀在系统中的连接方式有：

（1）管式连接（或称螺纹连接，以字母L表示）。此类连接是通过螺纹将阀直接与油管连接，其组成的系统，结构简单，重量轻，但元件较分散，装卸维护不够方便，适用于元件少的系统。

（2）板式连接（B）。它是将阀安装在连接板上，板中开有通油孔，油管与底板连接组成系统，用于集中布置，拆装维护容易，操纵调整都比较方便，故广泛应用于大型固定设备上。

（3）法兰连接（F）它主要用于大流量机械。

（4）集成连接。集成连接是由标准元件按典型动作要求组成基本回路，然后按需要将其集成在一起，组成系统。它又有集成块、叠加阀、嵌入阀和插式阀多种形式。

控制阀阀芯结构有滑阀式和锥阀式（包括球阀）两种。结构不同，其压力、流量性能亦不同。尽管控制阀的种类繁多，但都有共同的特点：无论哪一种阀，都是由阀体、阀芯和操作控制部分组成；阀在工作过程中，都是靠改变阀口的通断关系或阀口的过流面积来改变液流的流向或流量；只要液流流经阀孔，都会产生压降并转化为热，且阀孔过流面积越小，流速越高，压降就越大；通过阀孔的流量均与过流面积及阀孔前后的压力差有关。这些是阀具有的共性，只因某一特点得到了特殊的发展，才形成各种不同的阀。

控制阀按其工作压力的不同，还可分为中低压阀和高压阀两类。前者主要用于机床行业，后者则适用于工程机械。

目前各种控制阀正逐步实现标准化、系列化和通用化，并向高压、小型、集成、远控和自动控制的方向发展。现代化新技术的不断改进，无疑将会给液压技术带来更加广阔的发展前景。

2.1.4.1 压力控制阀

各种压力控制阀的工作原理都是利用阀芯上的油压作用力与其弹簧力平衡在不同位置上，以控制阀口的开启度（过流面积）来实现各种压力控制。这里将介绍溢流阀、减压阀。

A 溢流阀

a 溢流阀的结构形式

溢流阀有五种结构形式，即直动式、差动式、先导式、电液比例式和逻辑控制式。通常使用较多的是直动式和先导式，前者适用于低压系统，后者适用于高压系统。电液比例式溢流阀适用于自动控制系统，逻辑控制式溢流阀适用于系统的逻辑控制和大流量集成系统，现已逐步得到应用。

b 溢流阀的功能

溢流阀的功能是通过阀口溢流，使被控系统或回路的压力保持稳定，实现稳压、调压或限压的作用。

c 溢流阀的特点

按照结构不同，溢流阀有直动式和先导式两种。对于直动式溢流阀，当压力较高、流量较大时，要求调压弹簧有很大的刚度，由于其调节性能较差，而滑阀的泄漏也使高压控制难以实现，故只能用于低压小流量场合。先导式溢流阀的特点是，用先导阀控制主阀，在溢流阀主阀溢流时，溢流阀进口压力可维持为由先导阀弹簧所调定的定值。另外，先导式溢流阀具有远程控制口，可很方便地实现系统卸荷或远程调压。

溢流阀的泄漏油或流经先导阀的油液在返回油箱时有内泄和外泄两种方式。内泄时泄漏油流经的弹簧腔或先导阀弹簧腔通过阀体内的连接通道与出油口相通；而外泄时泄漏油或流经先导阀的油液被直接单独引回油箱。

d 结构原理

DBD 型直动式溢流阀进油口的压力油通过阻尼活塞作用在其底部，形成了一个与弹簧力相抗衡的液压力。当此液压力小于调压弹簧的弹簧力时，锥阀关闭，此阀不起调压作用。随着进油口压力的不断提高，当液压力大于弹簧力时，锥阀开启，多余的油液溢回油箱，使进油口压力稳定在调定值上。图 2-11（a）、（b）分别为 DBD 型低压直动式溢流阀的结构及职能符号。它由阀体 1、阀芯 2、弹簧 3 和调节手柄 4 组成；P 口为进油口，O 为出油口。

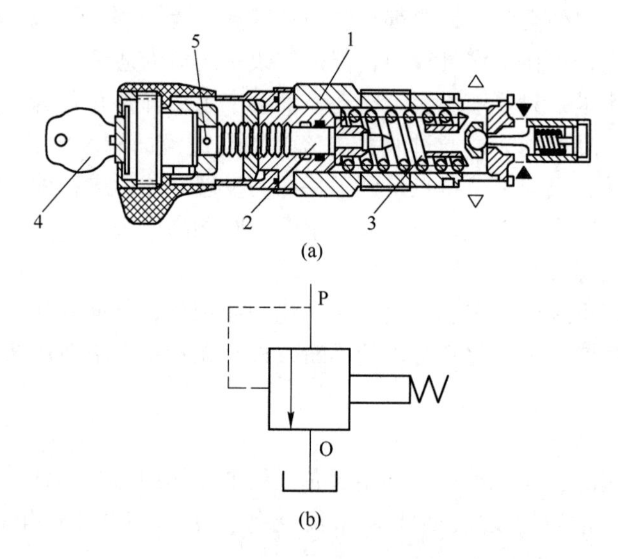

图 2-11 DBD 型低压直动式溢流阀的结构及职能符号
（a）阀件结构；（b）职能符号
1—阀体；2—阀芯；3—弹簧；4—调节手柄；5—阻尼孔

溢流阀工作时，压力油从 P 口进入阀内，经阀芯 2 下部的径向孔和轴向阻尼孔而作用于阀芯底部。当进油口油压的作用力小于阀芯上部的弹簧力时，阀芯处于图示最下位置，阀口关闭，P、O 油口封闭；当进油口油压的作用力大于上部弹簧力时，则阀芯向上移动，阀口打开。

随着进油口油压的不断升高，阀口的开启度相应增大，这样 P 口的压力油便可部分直至全部经出油口 O 流回油箱，于是就维持了阀的进口油压力（即系统压力）基本稳定或不超载。阀芯上的阻尼孔 5，用以消除阀芯的振动和提高阀工作的稳定性。调整调节手柄 4，则便调节了弹簧 3 的预压紧力，从而也就调整了溢流阀的工作压力。

直动式溢流阀由于受弹簧刚度和体积所限，只能适用于低压或高压小流量系统内。对于中、高压系统，则可采用差动式或先导式溢流阀。

e 溢流阀的应用与选择

溢流阀在液压系统中是一个不可缺少的元件，通常用作安全阀和定压阀，还可作卸荷阀和背压阀等。不同的用途对其性能的要求也不同。

（1）用作安全阀。为了防止系统压力因负载增大而超标，以致元件或系统遭到破坏，必须在主油路上并接一个起安全保护作用的溢流阀，即安全阀。一般来说，液压泵出口处的油压，相对的为最高，故安全阀应并接在泵出油口附近。系统正常工作时，系统压力低于安全阀的调定压力，无溢流；当系统压力接近预定的超载能力时，安全阀便打开溢流。随着压力升高，溢流量增大，直至安全阀达限定压力（即调定压力 P）时，全部溢流为止。这就保证了系统压力不会超过安全阀限定的超载压力。这种用途的溢流阀，一般要求压力超调小，动作可靠且泄漏小。

（2）用作定压阀。对定值压力的液压系统，如定量泵节流调速系统，同样可在油泵出口处并联一溢流阀。它能随着节流元件的作用和执行元件外负载的变化，在不断溢流的过程中基本上保持系统的压力稳定，起到稳压作用（即定压阀）。对定压阀，常要求动作灵敏，动压超压小，稳定性高。

（3）用作卸荷阀。并联于液压泵出油口上的先导式溢流阀，打开远控口，配置于小型电磁阀，便组成电磁溢流阀，还可以使整个液压系统卸荷。对卸荷阀，要求其卸荷压力低，以节约耗能。

（4）用作背压阀。对低压溢流阀，若串联在执行元件的回油路上，可以起到增加背压的作用，常称为背压阀，亦可以起加载作用，或称加载阀。

归纳起来溢流阀的主要用途为：在定量泵的出口并联溢流阀可调节泵的出口压力；在变量泵的出口并联溢流阀可对系统起到过载保护作用；在回油路上接入直动式溢流阀可使执行元件运动平稳；利用先导式溢流阀的远程控制口可实现系统卸荷或远程调压。总之，在系统中溢流阀可作为安全阀、定压阀、背压阀使用，可以调节系统的压力或使系统卸荷。

高压溢流阀在工作过程中，尤其通过全开流量时，会产生噪声，并引起系统的压力脉动。根据实践和理论分析，溢流阀产生的噪声的原因很多，有阀本身结构的问题，如导阀进油孔孔径、锥角和弹簧刚度设计不当，主阀阻尼孔和阀的各配合面加工装配精度差等；也有液压系统的问题，如油中含有空气，阀距振源太近而容易发生共振，系统中吸振措施不够完善等；还有使用中的问题，如油压忽高忽低，流量过大或过小，油液不洁，油温过高等。

先导式溢流阀的振动和噪声问题，与导阀和主阀两个环节有关，并常发生在导阀前。在这里，油液的某种特定流动规律引起了固定边壁的微小振动（即涡流），从而使壁面附近的油液产生声波，然后再在油液中传播并波及别处；若遇到其他振源，则可能发生共振而导致强烈的振动和刺耳的噪声，最后造成溢流阀或系统不能正常工作。

针对上述情况，消除振动和噪声的方法有：减小导阀进油口孔径，改变导阀的锥角（由原来的4°改为24°），减小主阀芯上腔的密封容积，增大主阀芯复位的弹簧刚度，合理选取阻尼孔孔径和提高加工装配精度；溢流阀的安装地板应尽量厚且安装牢固，以阻碍共振的发生和噪声的传播；溢流阀的回油流速和背压要尽量小，并应单独回油；清除油中的空气和杂质，保持正常工作油温。

根据以上分析，选用溢流阀时，首先应满足系统对阀的公称压力和压力调节范围、公称流量和流量范围要求。其次按阀的不同功用，选择合适的静动态特性。使用中应尽量避免产生共振（避开阀易产生共振的频率），减少系统中的振动、噪声和温升。

B 减压阀

减压阀是一种利用液流流过缝隙产生压降的原理，使出口压力低于进口压力的压力控制阀。减压阀可以使其出口的稳定油压力低于进口压力，或使进、出口油压差为定值，以及使进、出口压比为定值。因此，减压阀有定差、定值和定比三种类型。

各种减压阀的工作原理，都是利用阀芯上的油压力和弹簧力相平衡，使油液通过阀口缝隙，以节流实现降压。但是，在节流降压的过程中，均会不可避免地产生减压能量损失并转换为油液的温升。通常所说的减压阀，指定值输出减压阀，它不受进口油压变化的影响而保持出口压力恒定。这里只介绍定值减压阀。定值减压阀按其结构形式和使用压力的不同，有直动式和先导式两种。

a 直动式减压阀

对于直动式减压阀，进油口 P 从系统接入的油液压力不高时，锥阀芯被弹簧压在阀座上，阀口关闭；当进口油压升高到能克服弹簧阻力时，锥阀被推开而使阀口打开，油液就由进油口 P 流入，再从回油口 T(O) 流回油箱（溢流），进油压力也就不会继续升高。

当通过溢流阀的流量变化时，阀口开度即弹簧压缩量也随之变化。但在弹簧压缩量变化甚小的情况下，阀芯在液压压力和弹簧力作用下保持平衡，可以认为溢流阀进口处的压力基本保持为定值。拧动调压弹簧螺钉改变弹簧预压缩量，便可调整溢流阀的溢流压力。

由此可知，阀出口的油压低于进口油压且为恒定值。假若由于某种原因进口油压 P_A 升高，则二次油压 P_C 也相应升高，在二次油压作用下阀芯上升，滑阀开口量 x 则减小，于是节流口的压力降便增加，这就迫使二次油压 P_C 亦降低到原来阀调定的稳定值；反之，若进口油压 P_A 降低，则会出现相反的过程，最后使二次压力同样稳定在调定值。

直动式减压阀的工作原理如图 2-12 所示。调整调节旋钮 3，即调整弹簧的预压缩量 x，

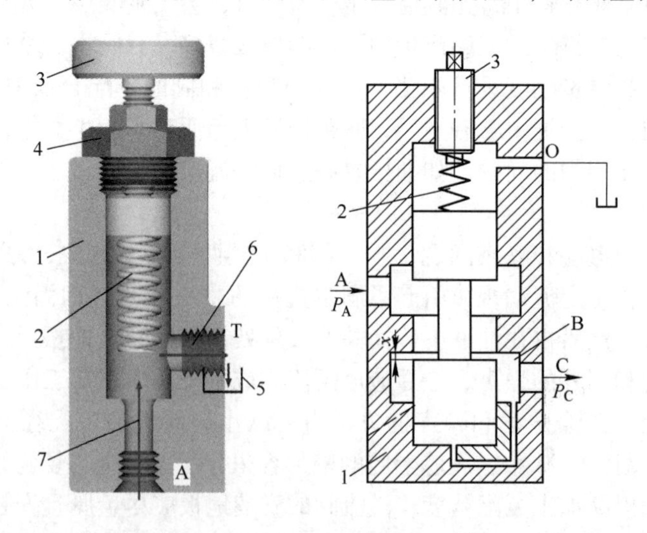

图 2-12 直动式减压阀的工作原理图

1—阀壳；2—弹簧；3—调节旋钮；4—阀座；5—油池；6—出口；7—入口压力油方向（A）

可以调整减压阀的出口工作压力。另外，由于减压阀进、出口均为压力油，为了使阀正常工作，其泄漏油液必须经泄油口接回油箱。

由以上分析可见，直动式减压阀的使用压力高、弹簧刚度大，这就促使阀的结构尺寸增大且动作不灵敏。因此，在高压系统中通常采用先导式减压阀。

b 减压阀的应用

直动式减压阀的液压系统如图 2-13 所示。在使用定量泵的液压系统油路中，去液压缸的工作压力 P_1 较高，可用溢流阀来调节；控制油路的工作油压 P_2 较低，润滑油路的工作压力 P_3 更低，则可以用减压阀来实现调节。

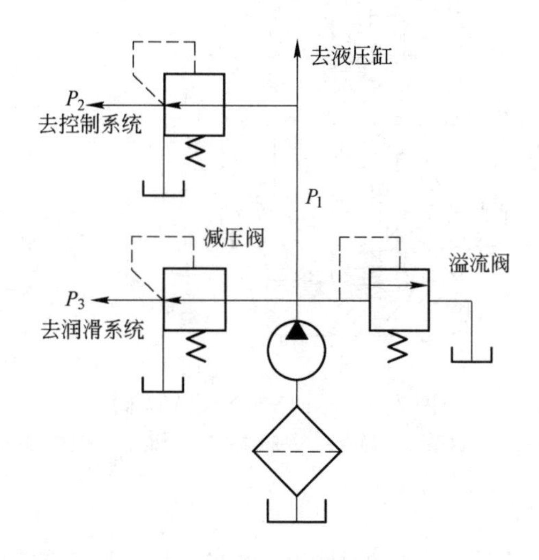

图 2-13 直动式减压阀的液压系统

2.1.4.2 流量控制阀

流量控制阀简称流量阀，在定量系统中，通过改变阀口的过流面积来控制通过的流量，起到调节执行元件工作速度的作用。

流量阀分为节流阀、调速阀和同步阀等。其连接方式亦有管式（L）、板式（B）、法兰（F）和其他多种形式。这里只介绍节流阀。

节流阀是一种最简单而又最基本的流量控制元件。用于调速时应满足如下要求：

（1）节流阀的流量调节范围要大，即通过阀的最大流量与最小稳定流量之比（也称为节流阀调速比 i），一般应在 50 以上。

（2）节流阀阀口调定后，流量要稳定，负载和油温的变化对流量影响要小。

（3）液流流经阀时的压力损失要小。

（4）节流阀调节性能要好，工作要可靠。当小流量时，节流口应不易堵塞；当流量变化时，流动要均匀、振动小。

常用轴向三角槽式节流阀的结构原理图及职能符号如图 2-14 所示。节流口采用了部分锥面的针阀式轴向移动结构。节流阀工作时，压力油从 P_1 口进入，经节流口节流后从 P_2 口流出。阀芯 5 在复位弹簧 6 的作用下始终顶在调节螺杆 2 上。转动手轮阀芯可在阀体内作轴向移动，并改变节流口过流面积的大小来调节通过节流阀的流量。阀芯 5 的上下两端，通过阀体上油孔和阀芯上径向孔分别和进油口连通。这样可以防止调节节流阀时，一端形成局部高压、另一端又形成局部真空，影响阀的调节性能。此外，由于阀芯受油压作用力的平衡，它还能提高节流阀调定以后的稳定性。这种节流阀当压力油反向流动时，会因节流口已调定，使得通过的流量较小而影响执行元件的回程速度。

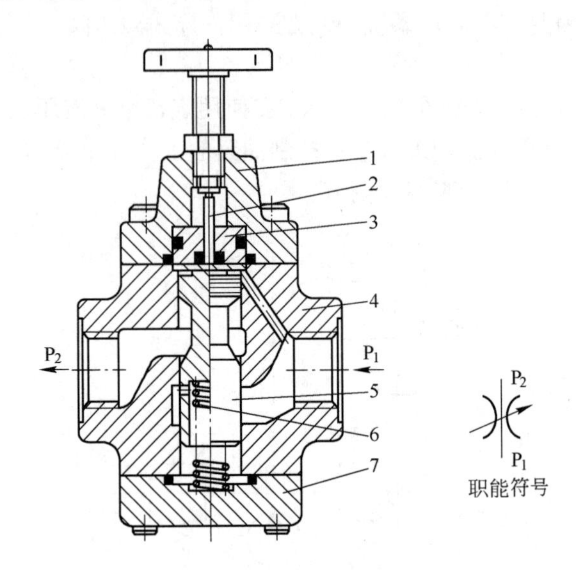

图 2-14 轴向三角槽式节流阀

1—顶盖；2—调节螺杆；3—导套；4—阀体；5—阀芯；6—复位弹簧；7—底盖

2.1.4.3 方向控制阀

方向控制阀用于控制液压系统中油液的流动方向，从而控制执行元件运动的方向或运动的先后顺序。常用的方向控制阀按其控制作用的不同，可分为单向阀和换向阀两大类。其中换向阀按结构的不同又有转阀、滑阀、多路阀、电液比例换向阀和逻辑方向阀等多种。

A 单向阀

普通单向阀用以控制油液只能从一个方向通过，常与其他阀一起配合组成复合阀。根据其使用特点，要求单向阀正向通流时阻力要小，反向通流时阀芯关闭动作要灵敏，冲击小，密封性能好。单向阀的结构有直通式、直角式和液控式及电磁式等。单向阀阀芯结构分球阀和锥阀两种，其中锥阀应用较广。

图 2-15 为单向阀的结构原理图和职能符号。它由阀体、阀芯和弹簧等组成。直通式单向阀（见图 2-15（a）、（b））结构简单，体积小；但油液流过时阻力较大，拆装不够方便，工作时容易产生振动和噪声。钢球式单向阀噪声小、阻力小、易于更换阀芯，但外形尺寸较大，阀芯磨损后其内泄漏较大。锥阀式单向阀因采用锥面密封，其密封性较钢球式好，可以做到无内泄漏，在中、高压系统中应用较广。

选用单向阀时，在保证公称压力条件下，一般应按阀前孔流速 $v = 2 \sim 6\text{m/s}$ 来选取公称通径，圆整为标准值通径后，从手册中查得。

B 液控单向阀

图 2-16 是 A1Y 型液控单向阀的结构原理图和职能符号。它不仅能同普通单向阀一样对液流起逆止作用，还可通过控制压力油的作用使液流反向也能导通。如图 2-16 所示，

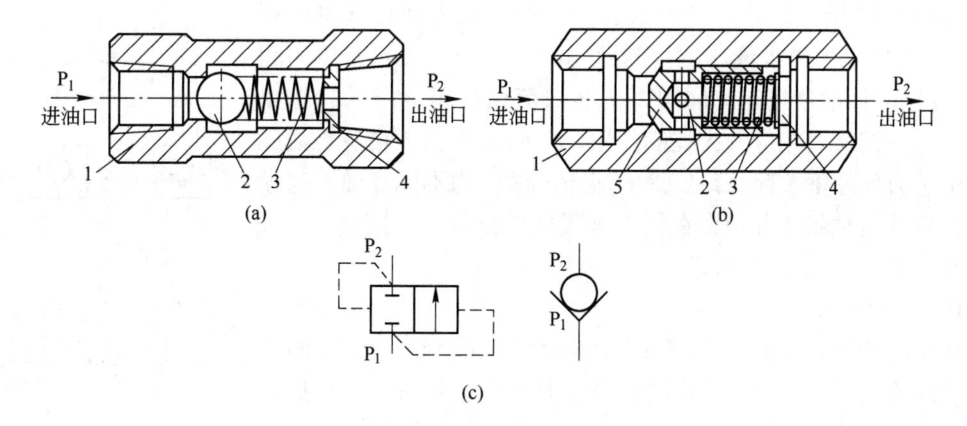

图 2-15 单向阀的结构原理图和职能符号

（a）球阀；（b）锥阀；（c）职能符号

1—阀壳；2—阀芯；3—弹簧；4—阀座；5—阀垫

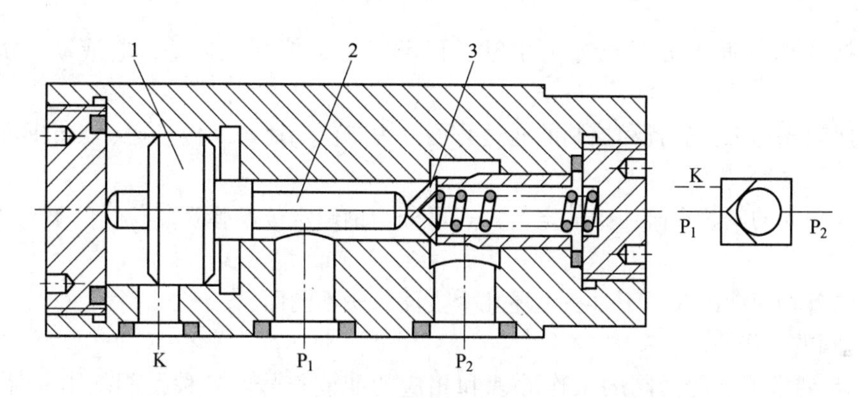

图 2-16 A1Y 型液控单向阀的结构原理和职能符号

1—导控活塞；2 —顶杆；3—阀芯

当阀从 P_1 油口到 P_2 油口正向通油时，油压作用力克服弹簧力打开阀口，于是 P_1、P_2 油口导通；当压力油从 P_2 油口到 P_1 油口反向通油时，控制油口 K 接通控制压力油，在控制油压作用下，导控活塞 1 上行，并打开阀口，于是压力油便可从 P_2 油口到 P_1 油口作反向流动。

高压液控单向阀反向通油时，常需较高的控制油压才能工作。为了降低控制油压，可在主阀芯 3 内装上一个小单向卸荷阀。这样，导控活塞可首先打开卸荷阀，降低主阀芯的压差，继而打开主阀芯，使单向阀工作。这就降低了控制油压，并削弱了由液动力造成的冲击和振动。国产高压系统的液控单向阀的公称压力为 31.5MPa（315bar），当反向出口无背压时，控制油压为 1.5MPa（15bar）。

C 液压锁

液控单向阀在实际使用时，常把两个阀组合成一体，从而构成如图 2-17 所示的液压锁。它能使执行元件双向锁紧。

如图2-17所示，若A口通入压力油时，压力油打开单向阀1，并从A口流出进入液压缸。与此同时，压力油又打开单向阀2，液压缸的回油便可进单向阀2从B口流回油箱。当A口停止供油时，导控活塞相应失去控制作用，单向阀1和2在各自油压力和弹簧力作用下关闭阀口，此时液压缸两腔均不能回油。这样就可以将外负载停止并锁紧在任意被限定的位置上。同样，B口进油时，液压锁的动作原理同前述一样。

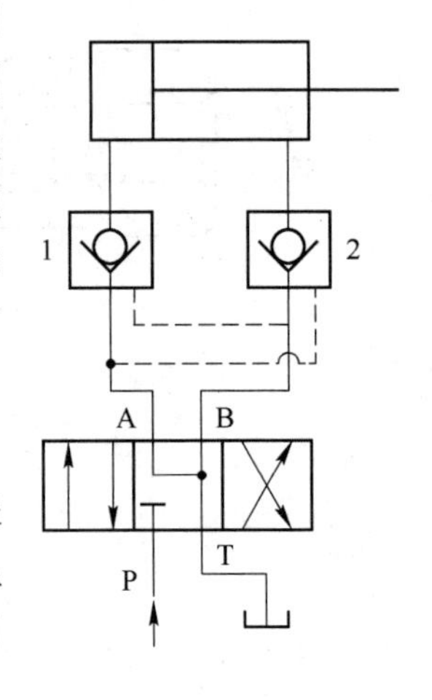

图2-17 液压锁
1，2—液控单向阀

D 换向滑阀

换向滑阀是依靠阀芯在阀内作轴向运动，改变阀口的通断关系而实现执行元件换向的。较之转阀，其径向力易于平衡，操纵省力，易实现多种机能，工作可靠，使用寿命长。所以，它是目前应用最广的一种方向控制阀。

换向阀的分类如下：

按照换向阀的结构形式可分为滑阀式、转阀式、球阀式和锥阀式。

按照换向阀的操纵方式可分为手动、机动、电磁控制、液动、电液动、机液动和气动。

按照换向阀的工作位置和控制的通道数可分为二位二通、二位三通、二位四通、三位四通、三位五通等。

按照换向阀的阀芯在阀体中的定位方式可分为钢球定位、弹簧复位、弹簧对中、液压对中等。

常用的各种换向滑阀只不过在上述几个方面有所不同而已。

a 滑阀的工作原理

图2-18列举了几种滑阀的工作原理和相应的职能符号。各种滑阀均由阀体、阀芯、操作机构和定/复位机构组成。在阀体轴向孔的内表面上，加工出若干条环形沉割槽，并开有进、出油孔；在阀芯外表面，则加工出若干个台肩与阀体滑动配合。当外力操纵阀芯在阀体内相对阀体作轴向移动时，某些油孔被接通，某些油孔被封闭，这就改变了阀内各油孔之间的连通关系，从而也就改变了油液的流向。

为了表明滑阀的特点，通常将阀与系统中油路相连通的油口数称为“通”；把滑阀的不同工作位置称为“位”。由不同的位数和不同的通数排列组合，可以构成多种形式不同功用的换向滑阀。

图2-18中（a）为二位二通阀，（b）为二位三通阀，（c）为二位四通阀，（d）为三位四通阀。一般滑阀与系统供油路连接的进油口用P表示，与系统回油路连接的回油口用T(O）表示，而阀与执行元件连接的工作口用A、B表示。

各种不同位、通的换向滑阀中，以三位四通阀应用最广。根据不同的使用要求，三位四通滑阀在中间位置时，由于阀芯结构的不同各油口间有多种不同功能的连通方式。这种连通方式一般称为滑阀机能。对两位阀，常把自由位称为滑阀机能。

b 换向滑阀的结构

换向滑阀的结构类型，通常按他们的操作方式的不同分为手动换向滑阀、机动换向滑

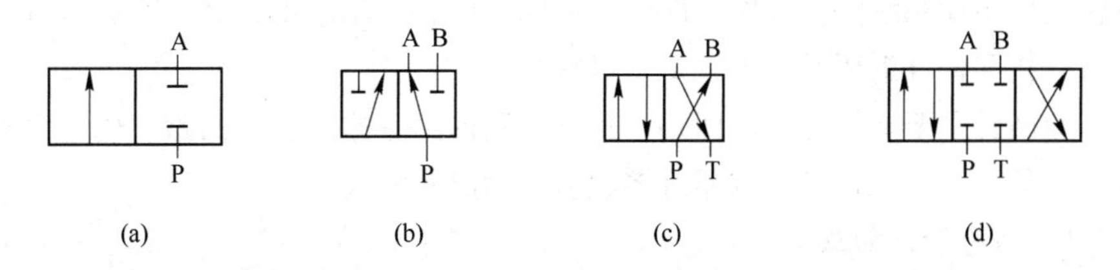

图 2-18 滑阀的工作原理和职能符号
（a）二位二通；（b）二位三通；（c）二位四通；（d）三位四通

阀、电磁换向滑阀、液动换向滑阀和电液换向滑阀等。现只介绍手动换向滑阀如下：

图 2-19 是手动弹簧复位式三位四通换向滑阀（O 型）。它的阀体为四槽式结构，O、B、P、A 四个油口如图所示，在空心的阀芯 3 上，开有两组径向通油孔，均与中心孔连通。扳动手柄 1，经过杠杆带动阀芯右移，滑阀处左位，P、A 油口经阀芯细部连通，B、O 油口连通；反之，阀芯左移，滑阀处右位，P、B 油口经阀芯细部连通，A、O 油口经阀芯上径向孔和中心孔连通；松开手柄，则阀芯在复位弹簧 4 和弹簧座及两端限位凸台的作用下恢复到中位，此时四个油口均能被封闭。可见滑阀有三个不同的工作位置，故称为三位阀。

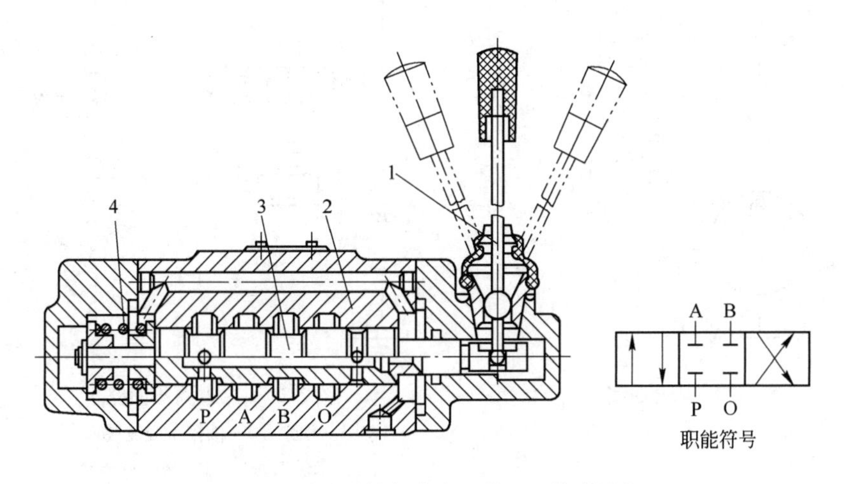

图 2-19 手动弹簧复位式三位四通换向滑阀
1—手柄；2—阀体；3—阀芯；4—弹簧

手动换向滑阀操作简单，工作可靠，尤其是钢球定位式结构，可以实现多位置定位，但操作较费力，微调困难，也不能自控和远控，故常用于执行元件少且换向不频繁的中低压系统。近年来高压手动换向滑阀（31.5MPa（315bar））也广泛投入使用。

使用手动换向阀时应注意的是后盖部分容腔中的泄漏油液必须接回油箱。否则，由于泄漏油的积聚会自行推动阀芯移动，产生误动作，甚至导致事故。

2.1.5 液压基本回路

由有关的液压元件组成、用于完成某些特定的典型回路，称为液压基本回路。它是构成一个完整液压传动系统的基本组成部分。因此，熟悉液压基本回路，掌握其构成、作用和特性，对分析和设计液压系统来说是不可缺少的。

液压基本回路主要有压力控制回路、速度控制回路、方向控制回路，也可以具备上述多种功能。另外，一些功能还可以通过多路基本回路来完成。

2.1.5.1 压力控制回路

利用压力控制阀来实现液压系统的调压、卸荷、减压和液动机顺序动作等的液压回路，称为压力控制回路。

A 限压回路

在液压系统中，油泵的出口压力随负载的变化而变化。为了限制系统的最高压力以保证设备不发生事故，必须在油泵出口处并联一个溢流（或安全）阀，如图 2-20 所示。

B 调压回路

图 2-21 是一个二级调压回路。图中调压阀 4 的压力低于主溢流阀 2 的调节压力。当二位二通电磁阀 3 不通电时，系统压力由溢流阀 2 调定，当 3 通电后，系统压力由调压阀 4 调定。

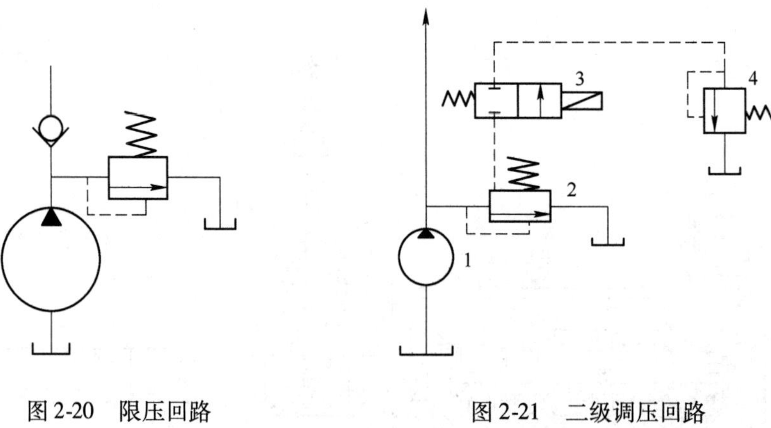

图 2-20 限压回路

图 2-21 二级调压回路
1—油泵；2—液控主溢流阀；
3—二位二通电磁阀；4—调压阀

C 卸荷回路

当系统中各执行元件均不工作时，油泵必须卸荷以减少功率消耗和油液发热现象。卸荷回路的形式很多，下面介绍几个常用的例子。

a 用换向阀的卸荷回路

图 2-22 为用 M 型换向阀来实现液动机换向和油泵卸荷的回路。当换向阀处于中位时，油泵的排油经过阀内通道直接返回油箱。

b 用先导式溢流阀的卸荷回路

如图 2-23 所示，当二位二通电磁阀 1 通电时，溢流阀（液控单向阀）2 的遥控口和油箱接通，溢流阀开启，油泵卸荷。此卸荷回路的特点是卸荷压力小，二位二通阀只通过很小的油量，所以选用小型元件即可满足要求。

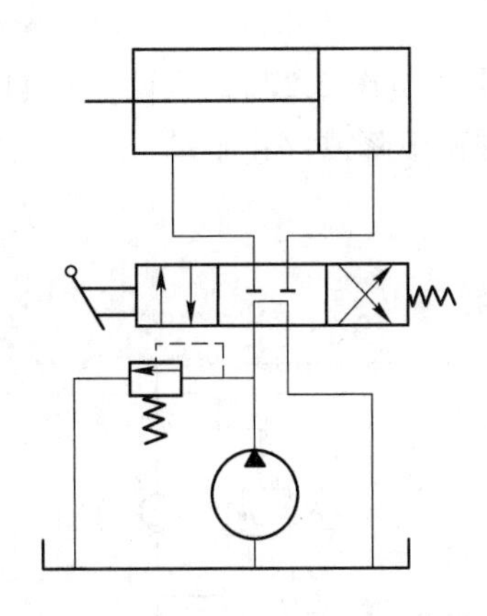

图 2-22 用换向阀卸荷的回路

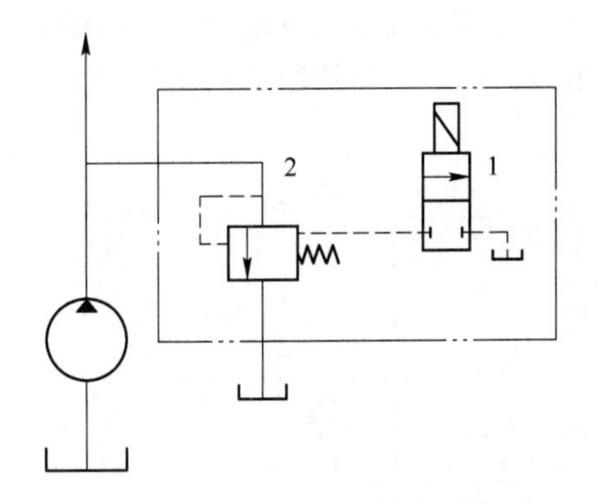

图 2-23 用先导式溢流阀的卸荷回路
1—二位二通电磁阀；2—液控单向阀

c 闭式系统卸荷回路

如图 2-24 所示，在闭式系统的主油路中，接一个二位二通电磁阀 A，当二位二通电磁阀使主进、回油路短接时，油泵即可卸荷。此外，当主油泵为轴向变量油泵时，也可将斜盘倾角调到零位以实现系统空载运行。

D 顺序动作回路

在多个液动机的液压系统中，如执行机构需要按一定顺序动作，就要采用顺序动作回路。执行机构的顺序动作，可根据工作机械的具体情况，采用行程控制、时间控制和压力控制三种形式。行程控制和时间控制多用于机床液压系统。图 2-25 为一用顺序阀控制的顺序动作回路。当油缸 B 推动活塞上升时，操纵二位换向阀，A 和 B 油缸的活塞同时返回原位。这种顺序动作回路，其顺序动作的准确性主要取决于顺序阀的性能和调定压力。顺序阀的调定压力和先动作油缸所需压力的差值不能太小。

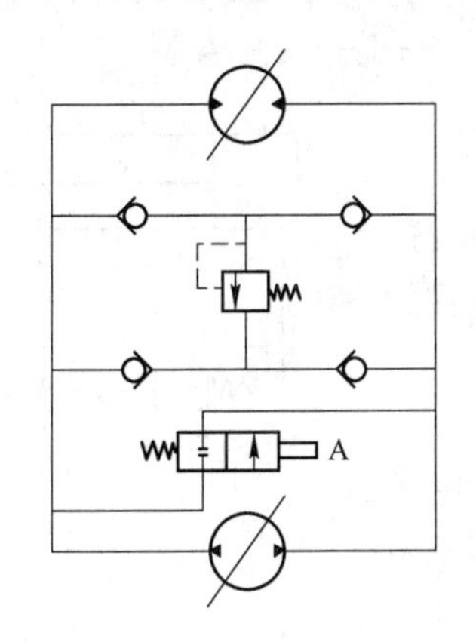

图 2-24 闭式系统卸荷回路
A—二位二通电磁阀

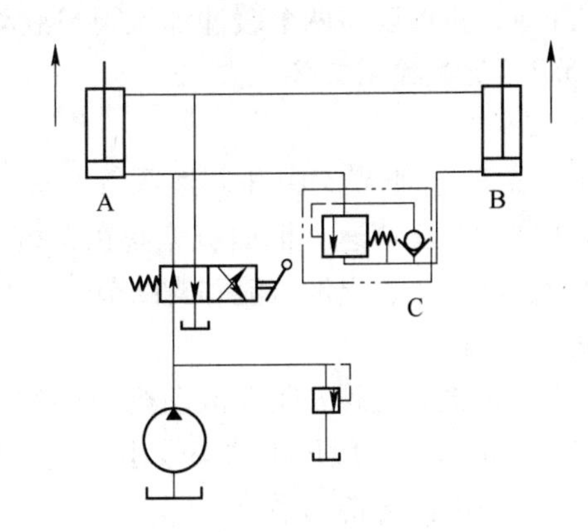

图 2-25 顺序动作回路
A，B—油缸；C—单向顺序阀

E 减压回路

在单泵供油的多支路系统中，若某执行机构所需油路压力低时，就应采用减压回路。减压阀的布置如图 2-26 所示，它一般用于辅助的控制油路中。

F 平衡回路

在具有立式油缸或垂直运动工作机械的液压系统中（见图 2-27），为防止因自重下落而造成事故，油缸下行的回路上需增加背压，以使其缓慢下降或停止不动。

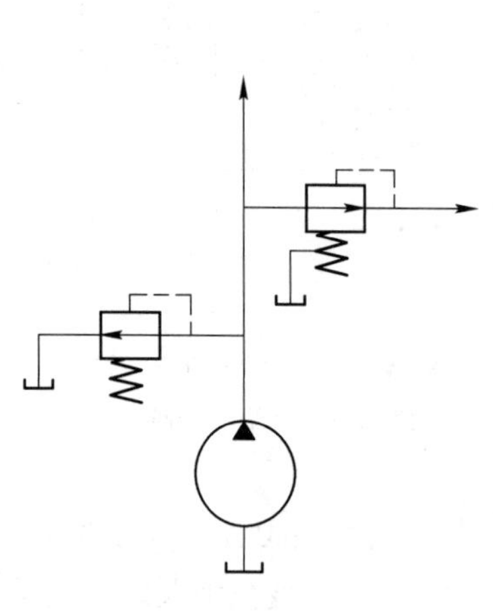

图 2-26 减压回路

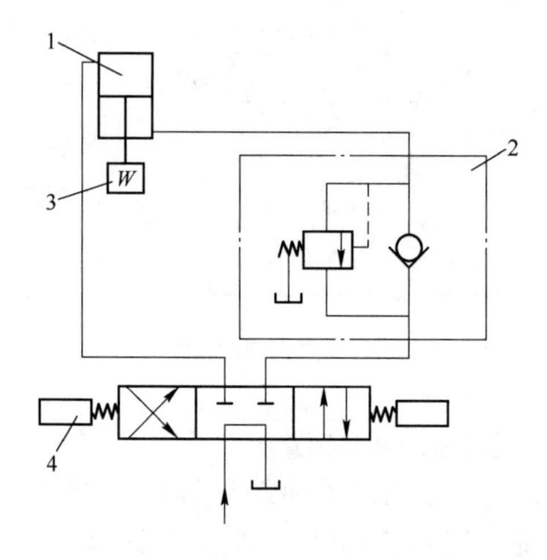

图 2-27 平衡回路

1—油缸；2—背压阀；3—重物；4—操纵阀组

G 缓冲回路

为了限制冲击压力以保护液压系统和元件，除在元件结构上采取措施外，还可以采用缓冲回路。

图 2-28 为用小型直动式溢流阀消除液压冲击的回路。当活塞运动突然停止或反向时，由于流体运动的惯性作用，可能产生激烈的液压冲击，这时溢流阀迅速开启而卸压。一般缓冲溢流阀的调定压力应大于液动机最大工作压力的 5% ~10%。在闭式系统中，为了减少油液的外泄，也可以将两个缓冲溢流阀与液动机并联（一正一反）安装。

2.1.5.2 速度控制回路

A 节流调速

利用流量阀（如节流阀和调速阀等）来实现液动机速度调节的方法称为节流调速。根据节流阀在系统中安装位置的不同，可分为进油节流、出油节流和支路节流三种。

a 进油节流

进油节流是将节流阀安装在液动机的进油路上（见图 2-29（a））。进油节流调速一般用于功率较小、速度稳定性要求不高的具有正值负载的液压传动系统中。

b 出油节流

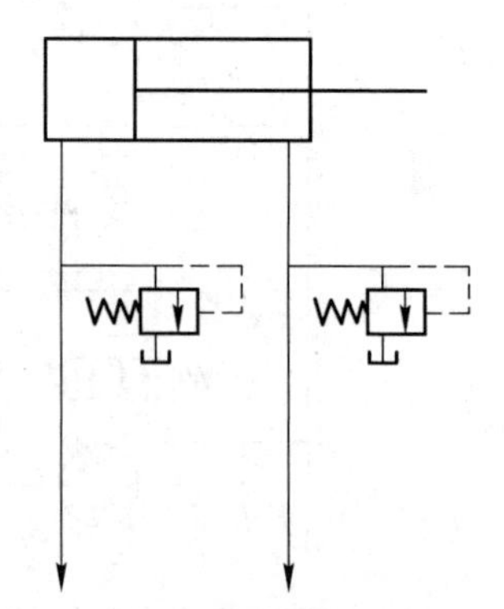

图 2-28 用溢流阀消除液压冲击的回路

将节流阀安装在液动机出油路上的调速方法称为出油节流调速（见图 2-29（b））。出油节流具有与节流调速系统相同的工作性质，其不同之处是液动机具有背压，因而工作较平稳。出油节流广泛用于具有负值负载发热液压传动系统中。

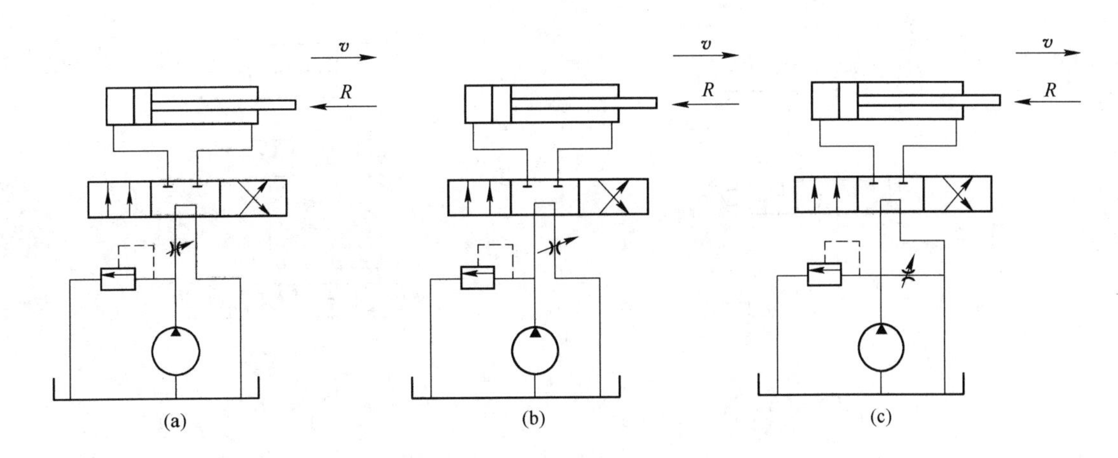

图2-29 节流调速
（a）进油节流；（b）出油节流；（c）支路节流

c 支路节流

将节流阀安装在液动机油路支路上的调速方法称为支路节流调速（见图2-29（c））。这种系统一般用于功率较大、对运动平稳性无一定要求的液压传动系统中。

B 容积调速

利用改变油泵或油马达每转排量来实现液动机速度调整的方法称为容积调速。根据油泵和液动机组合方式的不同，可分为变量油泵和定量油马达（或油缸）、定量油泵和变量油马达以及变量油泵和变量油马达三种调速系统。

C 其他调速回路

除了上面介绍的几种基本的调速回路外，还有许多其他形式的调速回路，如双泵有级调速回路、容积节流调速回路、变速回路等。

2.1.5.3 方向控制回路

控制油流的通断以及变换液动机方向等的回路称为方向控制回路。

A 用换向阀换向的回路

利用换向阀来控制机器的启、停或换向是液压传动中最基本的控制方法。在节流调速中介绍的液压系统（见图2-29（c）），就是用中开式三位四通换向阀来实现液动机换向的回路。

B 用双向变量油泵换向的回路

在闭式系统中，可用双向变量油泵来实现油马达（或油缸）的换向和调速。在容积调速中介绍的油泵－油马达变量系统，就属于这样的换向回路。

2.1.5.4 锁紧回路

图2-30为用M型三位四通换向阀实现中位锁紧的回路。它的特点是系统结构简单，不需要另设锁紧用的控制元件；但由于滑阀泄漏的影响，锁紧精度不高，在要求定位准确的机器中，则应采用专门的液控单向阀。

图2-31为利用两个液控单向阀来实现油缸双向锁紧的系统原理图。两单向阀可以分别安装在进、出油路上，也可把它们装在一个共同的壳体内作为一体。

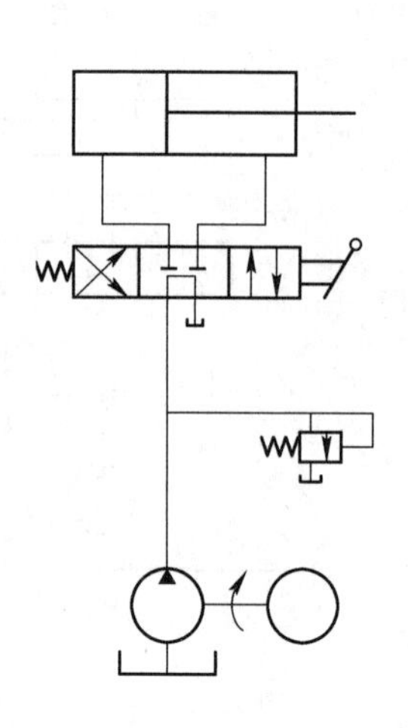

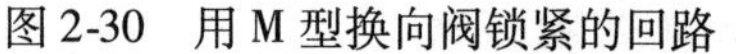

图 2-30 用 M 型换向阀锁紧的回路

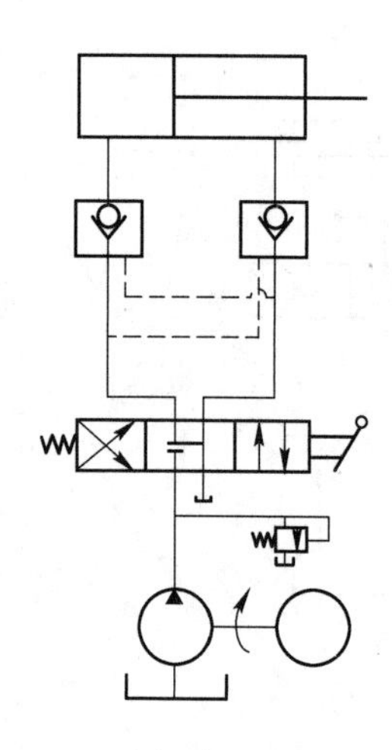

图 2-31 用液控单向阀锁紧的回路

了解各种液压元件在完成某一特定任务过程中所起的作用，以及某一元件与其他元件之间的相互关系，对于帮助我们建立整体观念，掌握液压系统的设计、运行和事故分析等具有指导意义。基本回路是在前人实践的基础上总结出来的一些有使用价值的参考油路，运用这些经验时，应根据具体情况灵活选用。

2.2 钻探设备概述

20 世纪 70 年代中期，在我国将发展综合机械化采煤作为煤炭工作的一项重要的技术政策后，煤矿坑道钻探技术更是以前所未有的速度发展起来。70 年代末和 80 年代初在引进吸收国外先进技术的基础上，我国根据煤矿生产的需要，研制出全液压动力头式钻机，至 80 年代末实现系列化，如 MK 系列、MYZ 系列、ZY 系列等；90 年代又有新的发展，规格品种更加齐全，制造质量也得到很大提高。其中钻孔深度在 150m 以内的钻机类型较多，200 ~ 400m 以内的成熟产品相对少一些，具备研制 500 ~ 1000m 强力深孔国产钻机能力的只有煤炭科学研究总院西安分院。

煤炭科学研究总院西安分院多年来一直从事全液压动力头钻机的研制，钻机能力从 75m 到 1000m，使用的钻杆直径从 42mm 到 89mm，已经能够满足煤矿井下钻进各种用途钻孔的需求，尤其是在大直径瓦斯抽放钻孔钻机的研制方面走在了国内前列，在全国范围内产生了很大的影响。除了在煤矿井下得到推广应用外，MK 系列钻机在冶金、铁路、水电等其他行业的隧道、地质勘探和岩土工程施工中也得到了应用。1986 年开始集中力量研制煤矿坑道钻机，成功研制出 MK-300、MK-100、MK-50、MK-150 四种型号的全液压钻探机，形成了第一代 MK 系列产品并投入小批量生产，在煤矿井下的地质勘探、瓦斯抽放、探放水等工程中推广应用。

第二代产品的研制始于 1990 年，在这一代产品的开发规划中，对钻机的基本参数作了重新调整，分级更为合理，并扩充了系列范围，钻机钻进能力扩大到 30 ~ 1000m。第二代产品的研制总结了第一代产品的的开发经验，并结合我国液压行业自改革开放以来的新进展，从液压元件的选型、液压系统工作原理的设计、零部件结构设计和加工工艺等方面进行了全面改进。

2.2.1 钻机的分类

钻机是进行钻孔施工的基本设备。由于施工目的、要求和工作条件的不同，设计与制造水平的不断发展，不同时期、不同类型的钻机在结构形式和技术参数上差异较大。为了便于讨论，通常从不同角度对钻机进行分类，如根据钻机的传动方式、采用的钻进方法和结构形式的不同进行划分等。

2.2.1.1 按钻机的传动方式分类

钻机采用的传动方式不同，整体结构就会有所差异，这直接影响钻机性能的好坏、制造的难易、成本的高低、使用及维修保养的方便程度。

A 机械式钻机

优点：结构简单；传动可靠；传动效率高；易于加工制造，成本低；操作简单，维护容易。

缺点：体积、质量大；不便于远距离传动；布置不及液压和气动传动灵活；在传动中有较大的振动和冲击。

B 液压式钻机

优点：结构紧凑；体积小，重量轻；传动平稳；布局灵活；可无级调速；便于实现顺序动作、远距离控制和操作；使用液压传动提高了钻机的功能和工作性能，便于实现工序和操作的自动化。

缺点：要求液压件加工和装配精度高，造成相应成本提高；对密封性要求高，否则易引起内、外泄漏。

C 风动式钻机

优点：气压传动采用空气作动力介质，无介质费用；气压传动压力损失小，便于集中供应和远距离输送；气体压力较低，可适当降低元件加工精度。

缺点：由于空气的可压缩性，工作速度不易稳定；外载对速度影响较大，较难实现工作速度的准确控制与调节；通常工作压力低，结构尺寸较大。

2.2.1.2 按钻进的方法分类

根据钻机采用的钻进方法不同，钻机可分为以下几种。

A 冲击式钻机

通过钻头周期性的上下运动冲击破碎岩石而实现钻孔的钻机称为冲击式钻机。钢丝绳冲击式钻机以钢丝绳带动钻头冲击地层实施钻进；钻杆式钻机以钻杆带动钻头上下冲击实施钻进。

B 回转式钻机

通过钻头在孔底的回转而破碎岩石的钻机称为回转式钻机。回转式钻机可以完成多种类型的钻孔，是目前使用最普遍的一种钻机。

C 振动式钻机

它是采用振动器迫使钻具产生轴向周期性运动，从而依靠振动所产生的力破岩，实现钻进。振动式钻机适用于松软地层的钻进。

D 复合式钻机

适应两种以上钻进方法要求的钻机称为复合式钻机。常见的有冲击－回转复合式钻机，冲击－回转－振动－静压复合式钻机等。

2.2.1.3 其他分类方法

钻机按用途可分为地质岩心钻机、石油与天然气勘探开发钻机、工程勘查施工钻机、安全钻机等。

钻机按动钻杆回转装置（回转器）的结构形式可分为立轴式钻机、动力头式钻机、转盘式钻机等。

钻机按工作地点可分为地面钻机、巷道钻机、水下钻机等。

目前煤矿井下常用的钻机类别主要有杭州钻探机械制造厂生产的SGZ系列钻机、煤炭科学研究总院西安分院生产的ZDY（MK）系列钻机及煤炭科学研究总院重庆分院生产的ZYG系列钻机等。各种钻机的性能如表2-1所示。

表2-1 各型号钻机性能参数

型 号	生产厂家	主要性能参数
SGZ-IA/B	杭州钻探机械制造厂	钻孔深度150m；钻杆直径42mm；立轴行程400mm；电动机功率11kW
SGZ-100	杭州钻探机械制造厂	钻孔深度100m；钻杆直径42mm；立轴行程400mm；电动机功率11kW
SGZ-ⅢA	杭州钻探机械制造厂	钻孔深度300m；钻杆直径42mm；立轴行程400mm；电动机功率15kW
ZDY(MK-3)	煤炭科学研究总院西安分院	钻孔深度：直径42 mm钻杆150m，直径50mm钻杆100m；钻杆直径42mm和50mm；给进行程650mm；油箱容积85L；电动机功率15kW
ZDY(MK-5A)	煤炭科学研究总院西安分院	钻孔深度400m；钻杆直径50mm；给进行程1200mm；油箱容积94L；电动机功率30kW
ZDY(MKD-5)	煤炭科学研究总院西安分院	钻孔深度100m；钻杆直径73mm；给进行程600mm；油箱容积94L；电动机功率30kW
ZYG-150	煤炭科学研究总院重庆分院	钻孔深度100～150m；钻杆直径50mm；给进行程720mm；油箱容积150L；电动机功率37kW

2.2.2 煤矿坑道钻机用途及主要参数

煤矿坑道钻机主要用于瓦斯抽放、地质勘探、探放水、注浆、灭火等工程钻孔的钻进，因而对钻机的防爆、外形尺寸、重量等都有特殊要求。

钻机的技术参数表征钻机钻进能力的大小，地矿系统对立轴式钻机的技术参数规定比较明确，按DZ19—1983的有关规定，立轴式钻机的技术参数包括钻孔深度（公称钻进深度）、终孔直径、钻杆直径、立轴通孔直径、钻孔倾角、立轴提升能力、卡盘夹紧力、升降机单绳提升速度、升降机钢丝绳直径、驱动功率和钻机质量等17项，其中功率等级为主要参数。煤炭行业标准MT/T 790—1998没有对矿用液压动力头式钻机的技术参数做出明确规定，各生产厂家坑道钻机的技术主参数表述也不统一，有以深度作为主参数的，也有以功率等级作为主参数的。

西安分院研制的MK系列钻机以钻孔深度、钻孔直径、钻杆直径、钻孔倾角、回转速度、输出扭矩、起拔能力、给进能力、给进行程、电动机功率、外形尺寸及整机重量作为钻机的技术性能参数。鉴于钻机标定的钻孔深度受钻进工艺、施工要求、地层状况影响较大，很多情况下不能体现出钻机能力，MK系列钻机以功率等级作为主参数。

新修订的煤炭行业标准已对钻机的基本参数作出明确规定，包括主轴转矩、主轴转速、给进力、起拔力、给进行程、钻杆直径、主轴倾角、调整范围、电动机等共10项，基本与MK系列钻机相同。

2.2.3 ZDY系列全液压钻机命名方法

ZDY□□□□定型，其中Z代表钻机（汉语拼音的第一个字母），D表示钻机为动力头式，Y是液压钻机的特殊表示，□□□□是钻机的参数，钻机的主参数为钻机额定输出转矩，主参数后是钻机的特征说明，也用相应的字母表示。例如，ZDY10000S型钻机即是MK-7型钻机的新型号，S是钻机的特征说明，表示该钻机采用双泵系统。在钻机采用新的型号规则后，MK系列钻机的各种型号产品在今后一段时间执行新旧型号混用的规则，即在ZDY□□□□之后加括号，括号内为原钻机型号，如ZDY1200S（MK-4）型钻机即是原MK-4型钻机的新型号。

2.3 ZDY（MK）系列钻机实例

ZDY(MK)系列钻机采用分体式结构，由主机、泵站、操纵台三部分组成，其中主机是钻机的执行机构，泵站是钻机的动力源，操纵台是钻机的控制机构。以下就ZDY(MK)系列钻机中最具代表性的ZDY650(MK-3)型、ZDY1200S(MK-4)型、ZDY1900S(MKD-5S)型和ZDY10000S(MK-7)型钻机的结构和工作原理做一般性介绍。

2.3.1 ZDY650（MK-3）型钻机

2.3.1.1 钻机结构

ZDY650（MK-3）型钻机采用分组式布局，主机、泵站、操纵台三部分可根据现场施工条件灵活布置，各部分之间用胶管连接，便于搬迁。在运输条件差时，钻机还可作进一步解体。

A 主机

主机由回转器、夹持器、给进装置和机架组成。

a 回转器

回转器由马达、变速箱和液压卡盘组成。变速箱采用一级齿轮传动。箱体刚度好、强度大，不仅是回转齿轮、液压卡盘的基体，而且还是起拔和给进的传力件。主轴是空心轴，钻杆可从中间通过，钻杆的长度不受钻机本身结构尺寸的限制。其传动路线为：油泵输出的压力油进入液压马达，液压马达轴通过键连接将运动传给花键轴，花键轴再通过双联齿轮轴上大、小齿轮的啮合使主轴获得两级转速范围，高速级10～300r/min，低速级10～150r/min。

液压卡盘由卡盘体（即油缸）、活塞、卡瓦座、主轴、单向推力轴承、碟形弹簧、卡盘罩及圆螺母组成。它是一种靠碟形弹簧夹紧、液压松开的常闭式结构。结构紧凑、夹紧力大、动作灵活。它不但能保证正常钻进，提动钻具，而且还能用来拧卸钻杆，其动作原理如下：

（1）夹紧。油缸内高压油卸荷，在碟形弹簧张力作用下，卡盘座左移，卡瓦座斜面使卡瓦向内产生径向位移并增力夹紧钻杆。

（2）松开。高压油进入油缸，在活塞上面产生大于弹簧力的向右的轴向力。此时，活塞向右移动，卡瓦座随之右移，卡瓦向外径方向移动，松开钻杆。

回转器主轴通孔 ϕ58mm。液压卡盘配用 ϕ42mm 和 ϕ50mm 两种规格的卡瓦组，可使用 ϕ42mm 和 ϕ50mm 两种规格的外平钻杆。

回转器安装在给进装置的托板上，借助于单油缸的直接作用，可沿机身导轨作往复移动。

b 夹持器

常闭式液压夹持器，固定于机身前端，用于夹紧钻具，与液压卡盘配合可实现机械拧卸钻杆。其结构及工作原理与液压卡盘完全相同，优点是采用常闭式结构，可防止跑钻现象发生。夹持器和回转器都设有侧向开合装置，以便在必要时让开孔口，通过粗径钻具。

c 给进装置

给进装置由机身、给进油缸及托板组成。机身用槽钢焊接成长方形壳体，上部焊有导轨。托板与导轨采用下槽式连接，间隙可调。托板与回转器用插销相连，拔掉一个销子可以侧向翻转回转器，使其让开孔口。机身壳体中部装有内径为 63mm 的油缸。油缸体用小轴固定在机身前端的油缸座上，油缸活塞杆通过耳环支梁与托板相连。油缸活塞杆伸缩，带动托板沿机身导轨作往复运动，从而实现钻机的给进和起拔动作。

给进装置用缩进轴瓦固定在机架前立柱的横梁和后铰支撑的横梁上，改变前后横梁在立柱和铰支撑上的位置即可调整机身的倾角，以适应钻进不同角度钻孔的要求。

d 机架

机架采用双立柱加铰支撑与爬履式底座相结合的形式，由立柱、横梁、撑杆和底座组成，用于调整机身和安装整机。

B 操纵台

钻机通过操纵台集中操作，操纵台设有油马达回转、给进起拔、起下钻转换及截止阀四个操作手把，增压、背压、调压三个调节手轮，以及指示系统压力、给进压力、起拔压力和回油压力四块压力表，操作方便。油管接头排列整齐，并有指示表明连接方式及位置。各种油路控制阀安装在操纵台的框架内部。

C 泵站

泵站主要由电动机、轴向柱塞变量油泵和油箱组成。防爆电动机通过弹性联轴器驱动油泵。调节油泵上的变量手轮，即可改变油泵排量，实现主机回转和给进速度的无级调整。

油箱是容纳液压油的容器，为保证液压系统正常工作，除使油箱具有适当的容积外，还设置了多种保护装置，如铜丝网滤油器、纸芯滤油器（精滤）、空气滤清器、冷却器、温度计和油温指示器等。当需在井下补充液压油时可从空气滤清器注入。

2.3.1.2 液压系统工作原理

钻机采用回转和给进并联供油的单泵开式液压系统，如图2-32所示。其工作的原理是：电动机1启动后，变量油泵2经吸油滤油器（粗滤油器）4从油箱5吸入低压油。输出的高压油进入操纵台的三位六通手动多路换向阀8。多路阀由两组并联组成，可以独立操作。左边一联控制液压马达10的正转、反转和停止；右边一联控制给进油缸17的前进、后退及停止，同时和手动换向阀11联合控制液压卡盘12、液压夹持器14的加紧、松开及同时卡紧。两联都处于中间位置时油缸卸荷，各工作口都与油箱相通，马达和油缸处于浮动状态。

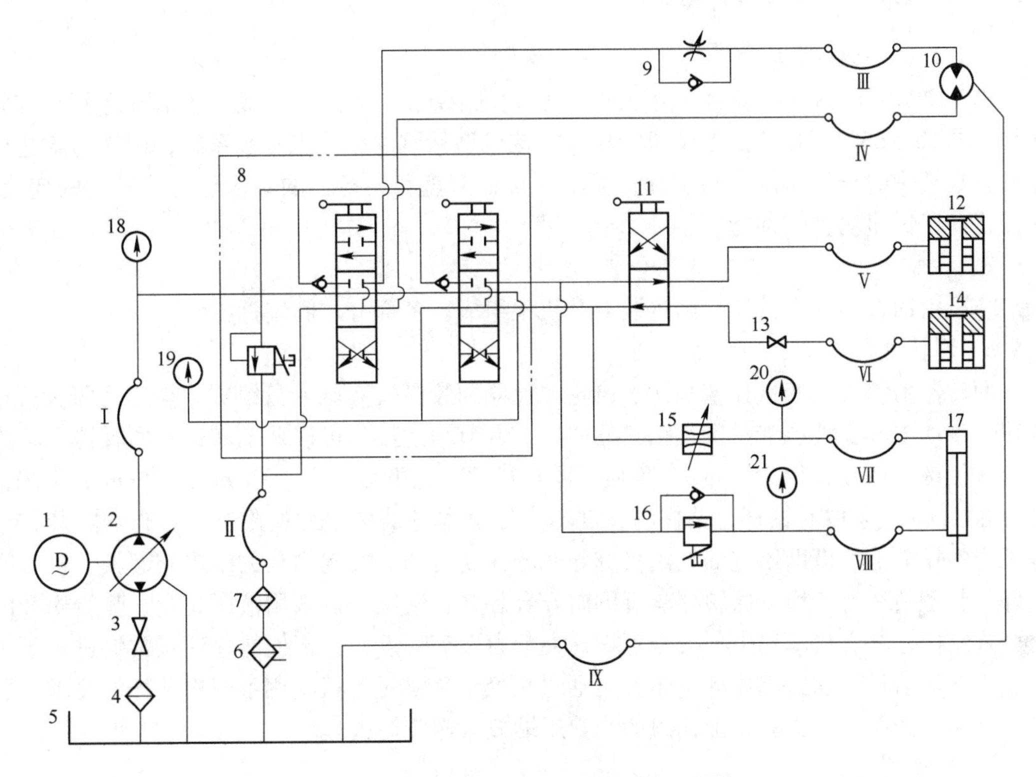

图2-32 ZDY650（MK-3）型钻机液压系统

1—电动机；2—变量油泵；3，13—截止阀；4—吸油滤油器；5—油箱；6—冷却器；7—回油滤油器；8—多路换向阀；9—单向调节阀；10—液压马达；11—手动换向阀；12—液压卡盘；14—液压夹持器；15—节流阀；16—单向减压阀；17—给进油缸；18—系统压力表；19—回油压力表；20—起拔压力表；21—给进压力表

为了防止系统过载，多路换向阀内设有安全阀，并由系统压力表18来监视。在正常钻进时安全阀的开启压力调定为16MPa，回油经滤油器7和冷却器6回到油箱。回油压力表19可以反映出流量的大小和滤油器的脏污程度。

在马达回路中串联一个单向调节阀9，可以在马达正转时人为地提高系统的工作压力，克服单泵系统在回转扭矩较小时给进压力不足的缺点。

在给进油缸回路中串联一个单向减压阀16和一个节流阀15，用于调节给进压力和背压，实现加压和减压钻进及自动下放钻具。给进压力和起拔压力（或背压）分别由压力表21和20指示。

液压卡盘12和液压夹持器14与给进油缸联动，通过起下钻换向阀11转换手把改变其联动方式。起下钻时，先将转换手把置于相应位置，然后只需操作给进、起拔手把即可完成起下钻动作，此时卡盘、夹持器处于一松一紧或同时夹紧状态。

在夹持器油路中串联一个截止阀13，用于钻进或称重时关闭夹持器油路，使夹持器保持常开状态，不受其他动作的影响。

手动截止阀3用于拆卸油泵时关闭油箱出口油路。油泵2及马达10的泄油分别直接返回油箱。

2.3.2 ZDY1200S（MK-4）型钻机

2.3.2.1 钻机结构

ZDY1200S（MK-4）型钻机由主机、泵站、操纵台三大部分组成，各部分之间用胶管连接。与ZDY650（MK-3）型钻机相比较，该机型钻机油路采用双泵系统，回转与给进两个回路在钻进时分别由两个泵供油，互不干扰；卡盘和夹持器的结构也有了较大的变化，从而提高了钻机的整体性能。

A 主机

主机由回转器、夹持器、给进装置及机架组成。各部分之间装拆方便。

a 回转器

回转器由斜轴式变量柱塞马达、齿轮减速器和胶筒式液压卡盘组成。马达经两级齿轮减速，带动主轴及液压卡盘实现钻具的回转。调节马达排量可以调节转速。回转器主轴为通孔式结构，通孔直径为75mm，更换不同直径的卡瓦组可使用ϕ50mm、ϕ42mm的常规钻杆和ϕ71mm绳索取心钻杆，钻杆的长度不受钻机本身结构尺寸的限制。回转器安装在给进机身的托板上，借助给进油缸沿机身导轨的往复运动，实现钻具的给进与起拔。机身刚度好，起下钻运行平稳。回转器具有侧向开合装置。液压卡盘采用液压夹紧、弹簧松开的常开式结构，具有自动对中、安全可靠、夹紧力大等特点，它不但能保证正常钻进，还可以用来升降钻具、强力起拔等（卡盘可通过更换卡瓦满足钻机配用不规格钻杆的要求，更换卡瓦时，需用专用工具将卡瓦组的弹簧压缩放入橡胶筒内）。

b 夹持器

夹持器采用碟形弹簧夹紧，油压松开的常闭式结构，可以防止起下钻具时因突然停电引起的跑钻事故。夹持器固定在给进装置机身的前端，用于夹持孔内钻具，并可配合回转器实现机械拧卸钻杆。夹持器卡瓦靠左右两根销轴与卡瓦座轴向固定，圆周方向的固定靠卡瓦座上的平键。只要将左右两根销轴抽出，卡瓦就可以取出，夹持器通孔即可通过ϕ108mm岩心管。

c 给进装置

采用油缸直接推、拉带动托板及回转器沿给进机身导轨前后移动。回转器与托板之间采用类似于立轴钻具开箱式结构和连接方式。一边用销轴把托板与回转器穿在一起，另一边用铰式螺栓把回转器压在托板上，起下粗径钻具时，将螺栓松开，即可把回转器扳向销轴一侧，让开孔口。给进机身通过锁紧卡瓦固定在机架的前后立柱及支撑杆的横梁上。

d 机架

钻机的机架用于安装固定给进装置，由爬履式底座、立柱、支撑油缸及支撑杆等部件组成，给进装置在机架上可以调整安装，并可以利用支撑油缸调整倾角，以满足各种倾角钻孔的需要。支撑杆采用二节式结构，钻进较大倾角钻孔时，须接上加长杆，钻进较小倾角钻孔时，取下上面一节加长杆。利用爬履式底座可将钻机安装在基台木上。

B 操纵台

操纵台是钻机的操纵装置，由各种控制阀、压力表及管件等组成。钻机的回转、给进、起拔与卡盘、夹持器的联动功能是靠操纵台上的阀类元件组合来实现的。

在操纵台上有马达回转、支撑油缸、给进起拔、起下钻转换及截止阀五个操纵手把。增压、调压、背压三个调节手轮及指示系统压力、给进起拔、起拔压力、回油压力四块压力表。油管排列整齐，并有指示牌标明连接方法。各种油路控制阀安装在操纵台框架内。高压胶管采用扣压式接头，拆卸油管时应用自带的堵头将油管两端接头出口堵住，以免油管中的油液漏失及脏物进入管中。

C 泵站

泵站是钻机的动力源，由防爆电动机（易燃易爆环境中使用防爆电动机，非易燃易爆环境中使用普通型电动机，产品铭牌中加“P”以示区别）、主泵、副泵、油箱、冷却器、滤油器、底座等部件组成。电动机通过弹性联轴器带动油泵工作，从油箱吸油并排出高压油，经操纵台驱动钻机的各执行机构工作。调节油泵端头的手轮即可改变油泵的排量，实现主机回转和给进速度的无级调整。

油箱是容纳液压油的容器，它置于油泵的上方。为了保证液压系统的正常工作，在油箱上设有多种保护装置，如吸油滤油器、回油滤油器、冷却器、空气滤清器、油温器、油温计、油温指示计、磁铁等，为避免在井下加油时有脏物进入油箱，可通过空气滤清器加油。

2.3.2.2 液压系统工作原理

钻机采用回转和给进分别供油的双泵开式循环液压系统，如图 2-33 所示。其工作原理是：电动机 1 启动后，主泵 2 经滤油器 3 和截止阀 4 吸油，副泵 9 经滤油器 26 吸油，输出的高压油进入操纵台的三位六通手动多路换向阀 8。多路换向阀 8 由三联组成，左边一联 F_1 称回转阀，控制液压马达 11 正转、反转和停止；中间一联 F_2 称起落阀，控制支撑油缸 23 的伸出、回转和停止；右边一联 F_3 称给进起拔阀，控制给进油缸 15 的前进、后退和停止；同时和起下钻功能转换阀 21 联合控制液压卡盘 12 和夹持器 14 的夹紧、松开。三联阀都处于中位时，主、副油泵均卸荷，液压马达 11 和油缸 15 处于浮动状态。操作回转阀，主泵高压油全部进入回转油路。副泵的高压油单独控制给进。停止回转，操作起落阀或给进起拔阀时，主、副泵油液合流。

为防止系统过载，多路换向阀内设有主泵溢流安全阀，由压力表 7 来监视，溢流安全阀的开启压力调定为 21MPa。副泵也设有安全阀 29，其开启压力调定为 12MPa。起落阀两端设有过载阀，开启压力调定为 16MPa。使用时不得再进行调整，以防损坏机件。

总回油经精滤油器 5 和冷却器 6 回到油箱，压力表 25 可以反映出精滤油器的脏污程度。其他的泄漏回油直接回到油箱。

通过单向阀组（在油路板 10 内），可在液压表马达回转时，持续向液压卡盘 12 供油，使卡盘夹紧。在回转油路中串联一个单向节流阀 22，可以在马达正转时人为地提高系统工作压力，增加进入卡盘的工作供油压力，克服给进力大时卡盘的打滑现象。在液压卡

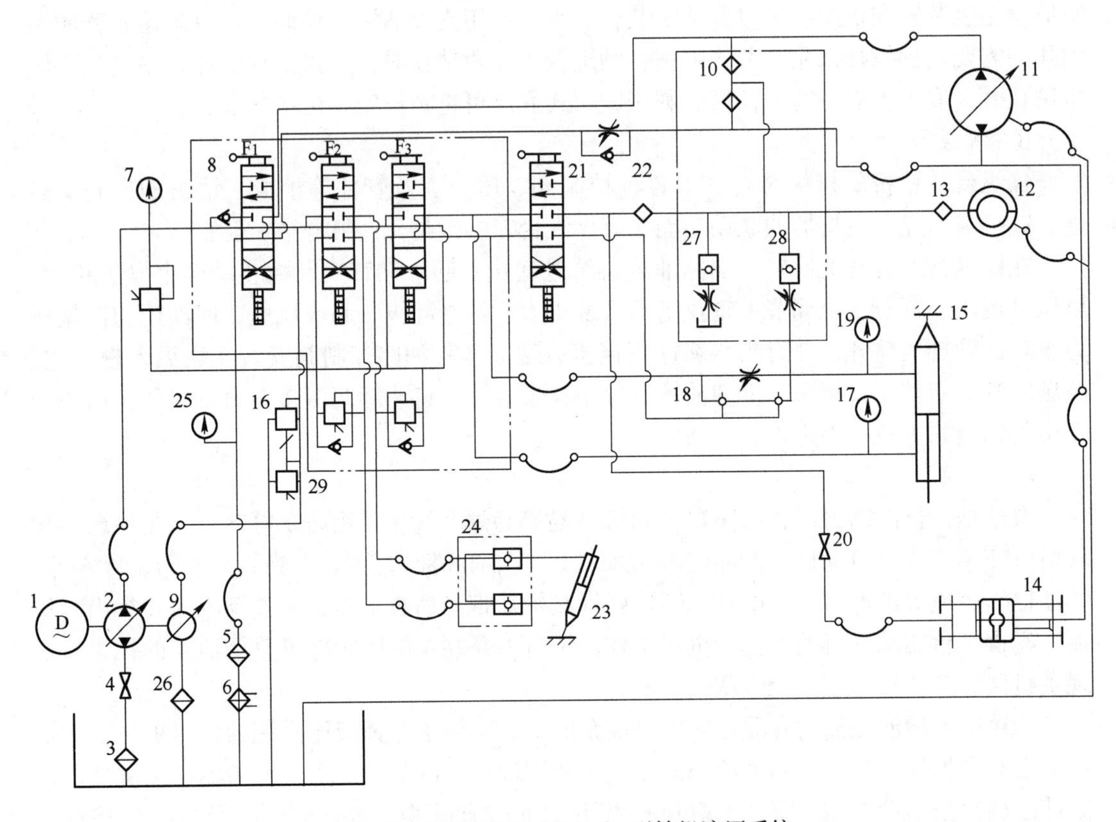

图 2-33 ZDY1200S（MK-4）型钻机液压系统

1—电动机；2—主泵；3，26—吸油滤油器；4，20—截止阀；5—回油滤油器；6—冷却器；7—压力表；8—多路换向阀；9—副泵；10—油路板；11—变量马达；12—液压卡盘；13—精滤油器；14—夹持器；15—给进油缸；16—溢流调压阀；17—给进压力表；18—节流阀组件；19—起拔压力表；21—起下钻功能转换阀；22—单向节流阀；23—支撑油缸；24—双向液压锁；25—回油压力表；27—卡盘回油阀；28—补油阀；29—溢流安全阀

盘的前方设有精滤油器 13，以保护主轴及配油套。回转速度通过操作马达的变速手轮来实现。

联动转换阀为三位四通阀，通过此阀可以改变液压卡盘 12 和夹持器 14 与油缸 15 的联动方式，其联动方式为：起下钻时先将联动转换阀手把置于相应位置（即起钻或下钻位置），然后只需操作起下钻手把即可完成起下钻动作。当该阀处于中位时，其联动功能失效。

夹持器油路中串联一个截止阀 20，用于钻进或称重时关闭夹持器油路，使夹持器保持打开状，不受其他动作的影响。

给进起拔回路串联一个节流阀 18，节流阀与一对串联的液控单向阀并联连接。必要时可以利用节流阀产生的背压使系统压力提高，确保夹持器能够完全打开，避免起下钻进因系统压力过低，夹持器不能完全打开，造成钻杆擦伤。当回转器不带动钻杆移动时，两个液控单向阀由控制油打开，这样就有部分油液从单向阀中流过，减少了压力损失。

给进回路中并联一个溢流调压阀 16，串联一个节流阀 18，调节溢流调压阀，可以控制给进压力，其压力的大小由压力表 17 显示，实现加压钻进；调节节流阀，可以控制给进速度，防止当钻头接触孔底时因速度过快产生冲击而损坏；并可以产生一定的背压实现减压钻进。

阀 28 为一个单向阀与可调节流阀串联的复合阀（在油路板内），称补油阀。在减压钻进时，它为节流阀与油缸 15 间油路补油，确保减压钻进时背压的有效控制。关死节流阀 18，还可以实现回转钻进时微动上提钻具。

液压卡盘的回油通过油路板内阀 27 控制，直接返回油箱。阀 27 由一个单向阀和节流阀串联而成，当卡盘夹紧时，单向阀关闭，避免压力油泄漏；卡盘需要张开时，控制油自动打开单向阀，卡盘内的油直接回油箱，卡盘即刻张开，调节节流阀可控制卡盘张开速度。

2.3.3 ZDY1900S（MKD-5S）型钻机

2.3.3.1 钻机结构

ZDY1900S（MKD-5S）型钻机同其他 ZDY（MK）系列钻机相同，采用分组式布局，全机由主机、操纵台和泵站三大部分组成。该型钻机液压系统使用了双泵系统，与 ZDY1200S（MK-4）型钻机相比较，改进了油路，自动化程度进一步提高。

A 主机

主机由回转器、夹持器、给进装置、机架组成。各部分之间装拆方便。

a 回转器

回转器由斜轴式变量马达、齿轮减速器和胶筒式液压卡盘组成。马达经两级齿轮减速，驱动主轴及液压卡盘实现钻具的回转。调节马达排量可以改变回转器的输出速度。主轴为通孔结构，通孔直径 75mm，回转器安装在给进机身的托板上，借助给进油缸沿机身导轨往复运动，实现钻具的给进或起拔。回转器具有侧向开合装置。

液压卡盘采用液压夹紧、弹簧松开的常开式结构，具有自动对中、安全可靠、卡紧力大等特点，它不但能保证正常钻进，还可用来升降钻具、强力起拔等（卡盘可配用不规格的钻杆，更换卡瓦时，需用专用工具将卡瓦的弹簧压缩放入橡胶筒内）。

b 夹持器

夹持器固定在给进装置机身的前端，用于夹持孔内钻具，还可配合回转器实现机械拧卸钻杆。夹持器为复合式结构，采用碟形弹簧夹紧、油压松开的常闭式工作方式。为增大加紧能力，同时外形尺寸又不致太大，增加一个副油缸，利用其活塞推力和碟形弹簧张力的共同作用来夹紧钻杆，因此兼有常开式夹紧器的特点。卡瓦由螺钉固定在卡瓦座上，使夹紧器通孔扩大，以便通过粗径钻具。在夹持器与给进机身的连接处设有两组调整垫片，用于调整夹持器卡瓦组的中心高，使之与回转器主轴中心高相一致。

c 给进装置

给进装置采用油缸直接推进。油缸体的尾部与机身固定，油缸的活塞杆与托板相连接。借助油缸活塞杆的伸缩，带动托板和回转器沿机身导轨作往复移动。

回转器与托板之间采用翻箱式结构连接。一边用销轴把托板与回转器穿在一起，另一边用铰式螺栓把回转器压在托板上。起下粗径钻具时，将螺栓松开，即可把回转器扳向销轴一侧，让开孔口。给进机身通过锁紧卡瓦固定在机架的立柱及支撑杆的横梁上。

d 机架

机架用于安装给进装置和固定钻机，由爬履式底座、立柱、支撑油缸及支撑杆等组成。给进装置在机架上可以掉头安装，利用支撑油缸可调整倾角，满足各种倾角的钻孔。支撑杆采用二节式结构，根据需要配合使用。利用爬履式底座以常规方法可将钻机安装在基台木上。

B 操纵台

操纵台是钻机的控制台，由各种控制阀、压力表及管件组成。钻机的回转、给进、起拔与卡盘、夹持器的联动功能是靠操纵台上的阀类组合实现的。

操纵台上设有马达回转、支撑油缸、给进起拔、起下钻功能转换、夹持器功能转换，副泵功能转换六个操作手把，调压溢流、减压钻进、给进背压、起拔背压四个调节手轮及指示主泵系统压力、给进压力、起拔压力、副泵系统压力、回油压力五块压力表。油管排列整齐，并有指示牌标明连接方位。控制阀均安装在操纵台框架内。油管安装采用 A 型扣压式高压胶管与自封式快速接头组合，密封可靠，拆卸方便。各个手把的操纵方法也有标明。

C 泵站

泵站是钻机的动力源，由防爆电动机（易燃易爆环境中使用防爆型电动机，非易燃易爆环境中使用普通型电动机，产品铭牌中加“P”以示区别）、主泵、副泵、油箱、冷却器、滤油器、底座等部件组成。电动机通过弹性联轴器带动油泵工作，从油箱吸油并排出高压油，经操纵台驱动钻机的各项执行机构工作。

油箱是容纳液压油的容器，它置于油泵的上方。在油箱上设有多种保护装置。如吸油滤油器、回油滤油器、冷却器、空气滤清器、油温计、油位指示器、磁铁等，为避免在井下加油时有脏物进入油箱，可通过空气滤清器加油。

综上所述，该钻机有以下特点：

(1) 钻机由三大件组成，即主机、泵站、操纵台，可以根据场地情况灵活摆布，解体性好，搬迁运输方便。

(2) 机械自动拧卸钻具，夹持器卡瓦容易取出，扩大其通孔内径，便于取下粗径钻具，可减轻工人劳动强度，提高工作效率。

(3) 单油缸直接给进与起拔钻具，结构简单，安全可靠，给进、起拔能力大，提高了钻机处理事故的能力。

(4) 采用双泵系统，回转参数与给进工艺独立调节。变量油泵和变量马达组合进行无级调速，转速和扭矩可在大范围内调整，提高了钻机对不同钻进工艺的适应能力。

(5) 回转器通孔直径大，更换不同直径的卡瓦组可夹持不同直径的钻杆，钻杆的长度不受钻机本身结构尺寸的限制。

(6) 用支撑油缸调整机身倾角方便省力，安全可靠。

(7) 通过操纵台进行集中操作，人员可远离孔口一定距离，有利于人身安全。

(8) 液压系统保护装置完备，提高了钻机工作的可靠性，液压元件采用国产先进定型产品，性能稳定可靠，通用性强。

2.3.3.2 液压系统工作原理

钻机采用回转和给进分别供油的双泵开式循环液压系统，如图 2-34 所示。其工作原

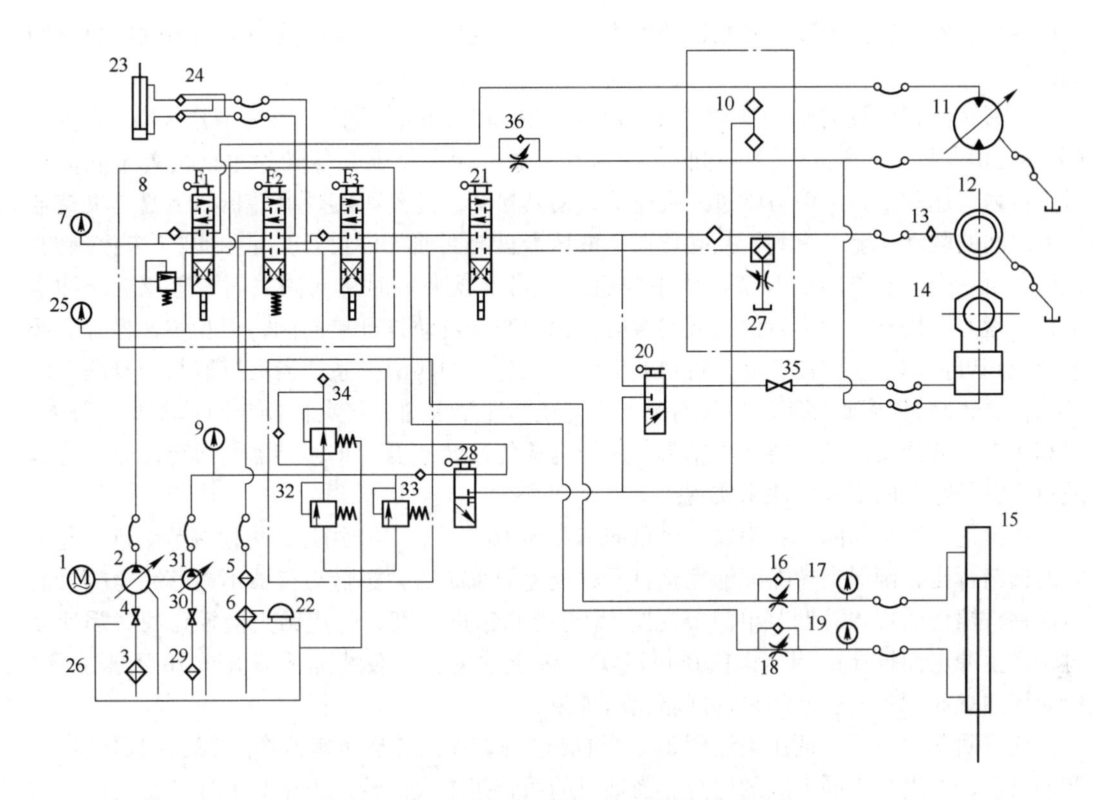

图2-34　ZDY1900S（MKD-5S）型钻机液压系统

1—电动机；2—主变量泵；3，29—吸油滤油器；4，30，35—截止阀；5—回油滤油器；6—冷却器；7—主泵系统压力表；8—多路换向阀；9—副泵系统压力表；10—单向阀组；11—液压马达；12—液压卡盘；13—精滤油器；14—夹持器；15—给进起拔油缸；16，18，36—单向节流阀；17—起拔压力表；19—给进压力表；20—夹持器功能转换阀；21—起下钻功能转换阀；22—空气滤清器；23—支撑油缸；24—液压缸；25—回油压力表；26—油箱；27—卡盘回油阀；28—副泵功能转换阀；31—副变量泵；32—安全溢流阀；33—调压溢流阀；34—单向减压阀

理是:电动机1启动后，主变量泵2经滤油器3和截止阀4吸入低压油，输出的高压油进入操纵台多路换向阀8。副变量泵31经吸油滤油器29和截止阀30吸入低压油，输出的高压油先进入副泵油路板，再进入多路换向阀8的中联。多路换向阀8由三联阀组成，左边一联 F_1 控制液压马达11的正转、反转和停止；中间一联 F_2 控制支撑油缸23的起落；右边一联 F_3 控制给进油缸15的前进、后退和停止。三联阀都处于中位时主、副泵均卸荷，液压马达11和油缸15处于浮动状态。操作阀 F_1，主泵输出的高压油全部进入回转油路。副泵的压力油可根据钻进工况有两种方式：一种是油液全部进入给进回路由调压溢流阀控制给进压力；另一种是油液分两路，一路进入卡盘（或卡盘和夹持器）对卡盘实行高压输入，强力卡紧钻杆，另一路经减压阀进入给进回路，由减压阀控制给进压力。当减压阀 F_1 处于中位时，操作阀 F_2 或 F_3，主、副泵油液合流，实现快速提升。

为防止系统过载，主泵的工作压力由多路换向阀内设的安全溢流阀限定，调定压力为21MPa，其值由压力表7来监视。副泵的工作压力由副泵油路板上的安全溢流阀32控制，调定压力表为21MPa，其值由压力表9监视，使用时不得超调。

主泵回油经回油滤油器5和冷却器6回到油箱，压力表25指示回油的压力大小，反映回油滤油器的脏污程度。副泵回油可进入主泵回油路，也可经油路板上的泄油路直接回到油箱。

在回转油路中设有单向阀组 10，液压马达回转（正、反转）时向液压卡盘 12 供油（其压力值与回转系统的压力相同），使卡盘夹紧。当夹持器功能转换手把位置于联动位时，压力马达的压力油液可以进入夹持器，使其松开，此刻可实现回转器、卡盘与夹持器三者之间的联动功能，有利于扫孔作业。液压卡盘的回油（即松开）是由阀 27 来控制的。该阀是由一个液控单向阀和节流阀串联组成，当卡盘夹紧时单向阀关闭，避免液压油泄漏，卡盘需要松开时，来自给进或起拔的压力控制油自动打开单向阀，卡盘快速松开。调节节流阀可控制卡盘回油速度，可协调卡盘与夹持器的匹配关系。当夹持器与卡盘联动时其回油也经阀 27 流回油箱。一般情况下，应在回油结束前，将夹持器与回转器联动分离，以利于夹持器能快速地夹持孔内钻具。液压马达的回转速度（即回转器的回转速度）可以通过操纵马达上的变量手轮来实现。

在给进、起拔回路中各串联一个单向节流阀 16、18，其作用是人为地调节给进、起拔时的回路背压，确保夹持器能够完全打开，避免因系统压力过低夹持器不能够完全打开而造成钻杆擦伤的现象。调节单向节流阀 18 可控制钻进速度，防止钻头接触孔底时因速度过快产生冲击而损坏；调节该阀还可以实现减压钻进。一般情况下节流阀 18 不得关死，以防因油缸面积差而引起的局部回路超压现象。

给进回路中设置了调压溢流阀 33、单向减压阀 34、副泵功能转换阀 28，根据钻进工艺的要求，可进行不同形式的组合。当钻机的回转扭矩大而给进力相对小时（也就是硬质合金钻进工艺），副泵功能转换手把前推（即标牌上溢流给进位），副泵的压力油全部进入给进回路，调节调压溢流阀 33 可控制给进压力的大小，其值由压力表 19 指示。当钻机的回转扭矩和给进力都比较大时，发现卡盘不能很可靠地卡紧钻杆，应将副泵功能转换手把后拉（即卡盘增压位），同时关死调压溢流阀，此时副泵的压力油分为两路：一路直接进入液压卡盘，保证卡盘在工作时可靠地卡紧钻杆（压力为副泵的系统压力，由压力表 9 指示）；另一路经减压阀进入给进回路，给进压力的大小由减压阀调节，其压力值由压力表 19 指示。

注意：副泵的流量在满足使用要求的情况下，应尽量调小，以降低系统的发热量，提高效率。

起下钻功能转换阀 21 为三位四通阀，通过操纵该阀可以改变液压卡盘 12 和夹持器 14 与油缸 15 的联动，其联动方式为：起下钻时先将联动转换阀把手置于相应位置（即起钻或下钻位），然后只需操作给进、起拔手把，即可完成起下钻动作。当该阀处于中位时，其联动功能失效。

夹持器油路中串联一个三位三通功能转换阀 20，该阀可以改变液压马达 11 和夹持器 14 的联动方式，操纵该阀可使夹持器与液压马达联动或分离。手把置于中位相当于一个截止阀，用于钻进或称重时关闭夹持器油路，使夹持器保持打开状态，不受其他动作的影响。

2.3.4 ZDY10000S（MK-7）型钻机

ZDY10000S（MK-7）型钻机属于低转速大扭矩类钻机，适于采用复合片钻头施工大直径钻孔，主要用于煤矿井下施工近水平瓦斯抽放长钻孔，也可用于地面和坑道近水平工程钻孔的施工。

2.3.4.1 钻机结构

ZDY10000S（MK-7）型钻机由主机、泵站、主操纵台三大部分组成，各部分之间用高压胶管连接，解体性好，便于井下搬迁运输，现场摆布灵活。其中泵站、主操纵台等都与ZDY1900S（MKD-5S）型钻机结构类似，而主机的机架上增加了步履机构，这里只介绍其机架和步履机构。

机架的基本功能是用于安装给进装置和固定钻机。为便于钻机移位，这种钻机在机架上加设了步履机构。机架的基本结构包括底座、支撑杆、横梁和调幅油缸等。给进装置连接在前、后横梁上，后横梁的位置可以沿后支撑杆上下调整。调幅油缸的作用是根据钻孔倾角的要求调整钻机机身的倾角，需要注意的是每次调整倾角后必须拧紧连接螺钉，保证机身位置的可靠固定。

步履机构由底座上、下两层组成，即上盘和下盘。上盘的外侧对称设置四个支腿油缸，在下盘的中部设置一个转向油缸。上、下盘之间装有铰式连接的步移油缸，控制油缸的工作可使上盘和下盘沿滑轨往复移动。

步履机构的工作原理是：支腿油缸的活塞向下伸，将整个主机顶离地面；步移油缸活塞杆伸出，上盘不动，将下盘相对于固定的上盘向前伸出一个行程；回收支腿油缸的活塞杆，使整个主机下降，直至下盘落地；将步移油缸活塞杆缩回，下盘不动，而缸体带动上盘向前移动一个行程，这样整个主机就向前“迈了一步”。重复上述动作，钻机即可继续向前移动。按照相反的顺序并向相反的方向操作各油缸，钻机即可向后步移。转向油缸的作用是改变钻机的步移方向和根据钻机方位角的要求调整钻机方位角。具体操作分两步：

（1）转向缸的活塞伸出将主机整体顶离地面，人工推动机身以转向缸轴线为中心转动达到要求的转角；

（2）缩回转向缸活塞，主机整体落地。

注意：只有在钻机主机的重心大致在转向油缸的轴线上时，转向缸才能平稳地将主机顶起，否则钻机会向一侧倾斜。由于钻机主机横向基本对称，因此只需将回转器前后移动到适当位置即可使主机中心移到转向油缸轴线上。在底座上盘的四个角上设有夹持自注式单体液压支柱的装置，以便协助固定钻机，四个夹头可以保证即使液压支柱松动也不会倾倒。

2.3.4.2 液压系统工作原理

ZDY10000S（MK-7）型钻机采用回转和给进分别供油的双泵开式液压系统，其工作原理与ZDY1900S（MKD-5S）钻机相同，这里不再介绍。

2.4 ZYW-3200煤矿用全液压钻机

ZYW-3200煤矿用全液压钻机主要用于煤矿井下钻进瓦斯抽（排）放孔、注浆灭火孔、煤层注水孔、防突卸压孔、地质勘探孔及其他工程孔。适用于岩石坚固性系数$f \leqslant 12$的各种煤层、岩层。要求巷道或钻场断面大于6.5m^2，高度大于2.5m，宽度大于2.8m。

2.4.1 钻机组成结构

ZYW-3200 煤矿用全液压钻机主要由泵站、操纵台、动力头、机架、底架、夹持器、立柱、导向套、钻具 9 大部分组成。钻机整体结构如图 2-35 所示。

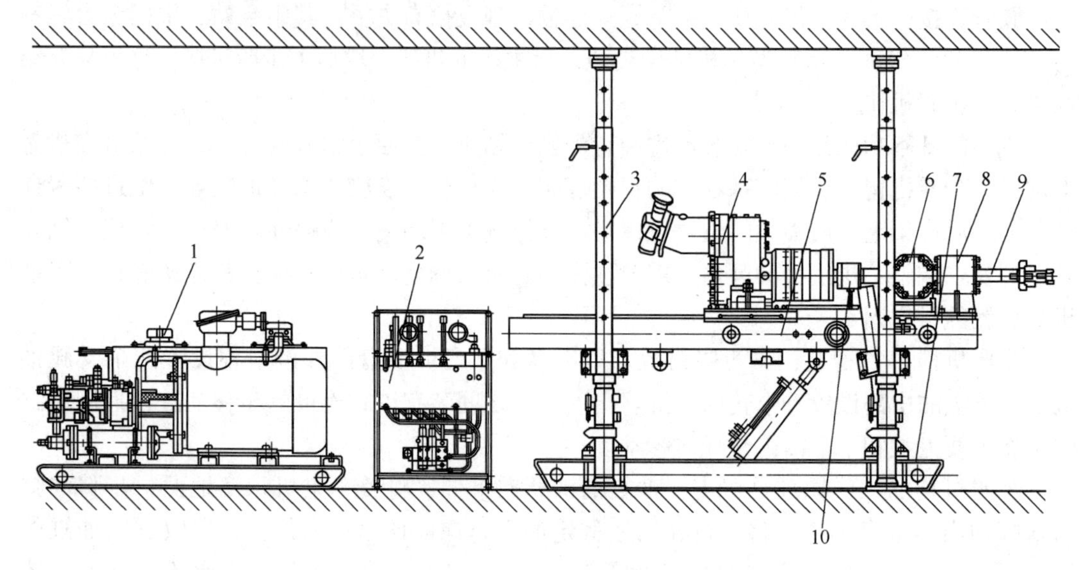

图 2-35 钻机整体结构

1—泵站；2—操纵台；3—立柱；4—动力头；5—机架；6—夹持器；7—底架；
8—导向套组件；9—钻具；10—前置水辫

2.4.1.1 泵站

泵站主要由电动机、双联柱塞泵、油箱、精（粗）滤油器、冷却器、空气滤清器及底座等部件组成。泵站是钻机的动力源，电动机通过联轴器驱动油泵旋转，将电能转换成液压能（压力油），再通过操纵台上的操纵阀组，将压力油分配到液压执行机构，实现钻机的各种功能。双联柱塞泵上的旋转调速手轮可实现无级调速。油箱内装 46 号抗磨液压油至油位计上标位，为避免在井下加油时有脏物进入油箱，须通过空气滤清器加油。泵站整体结构如图 2-36 所示。

2.4.1.2 操纵台

操纵台用于操纵液压系统各元件的动作，以实现钻机的正常运转。操纵台由台架、多路换向阀、联动阀组、溢流阀、压力表、胶管等组成。多路换向阀由三片阀组成，操纵多路换向阀组相应的手把，可控制钻机动力头的正反向旋转、推进油缸的正常进退及快速进退、夹持器的夹紧和松开及调定钻机倾角等动作。联动阀组上设有卡盘夹紧 - 松开功能选择阀、夹持器功能选择阀、卡盘功能选择阀、钻进功能选择阀及进退功能选择阀，通过操纵这些功能阀实现钻机联动功能选择。钻机工作时，可通过调节溢流阀，改变进给油缸的推力来改变钻机钻进的钻压。操纵台整体结构如图 2-37 所示。

2.4.1.3 动力头

动力头主要由液压马达、减速箱、卡盘等组成，其主要作用是将液压能转化为机械能，进行旋转运动，实现钻具的旋转。液压马达的动力经减速箱减速后带动中空主轴、液

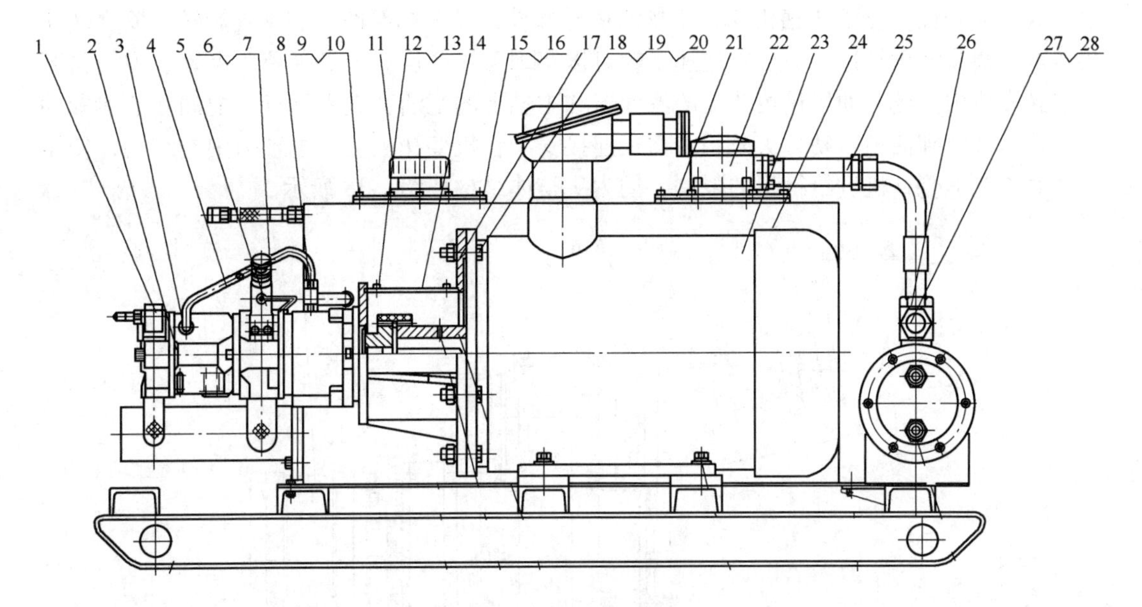

图 2-36 泵站整体结构

1，3，26—接头；2—双联柱塞泵；4—J 型扣压式胶管接头；5—主泵出油口组件；6—螺钉；7，10，13，20—垫圈；8—三通接头；9，12，18—螺栓；11—空气滤清器；14—连接套盖板；15，21—油箱盖板；16—橡胶垫；17—连接套壳体；19—螺母；22—回油精过滤器；23—45kW 电动机；24—油箱体；25—总回油管组件；27—快换接头；28—O 形密封圈

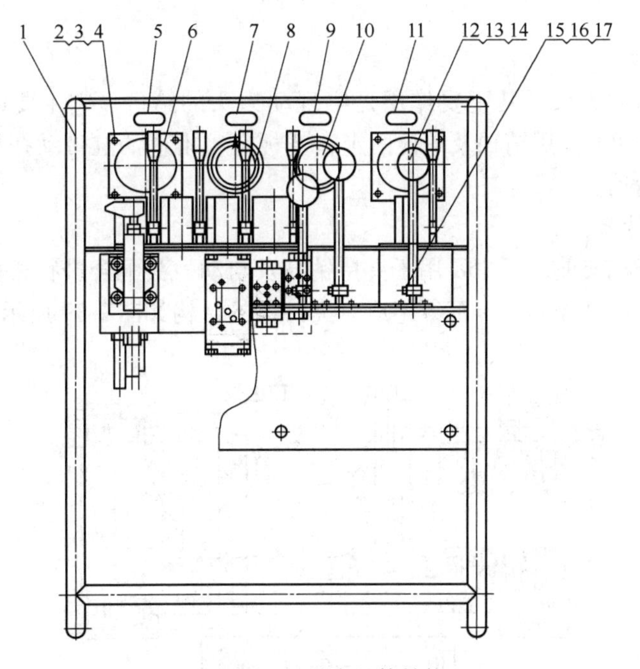

图 2-37 操纵台整体结构

1—操纵台架；2—螺栓；3—垫圈 A；4—螺母；5—标牌（推进压力）；6，10—压力表（40MPa）；7—标牌（总回油压力）；8—压力表（2.5MPa）；9—标牌（小泵压力）；11—标牌（旋转压力）；12—手柄球；13—手柄杆；14—手柄座；15—销轴；16—垫圈 B；17—开口销

压卡盘、水辫轴（全液压钻机安全工作的核心部件，是易坏部件）和钻具旋转，输出转速和转矩。调节液压马达上的旋转调速手轮可以实现无级调速。卡盘为液压夹紧、弹簧松开的胶囊式结构，压力油经过箱体上的滤油器和主轴上的配油套进入卡盘，配油套的泄漏油经过减速箱回到油箱。动力头采用卡槽式连接安装在机架托板上。主轴为中空结构，使用钻杆的长度不受钻机进给行程的限制。动力头整体结构如图 2-38 所示。

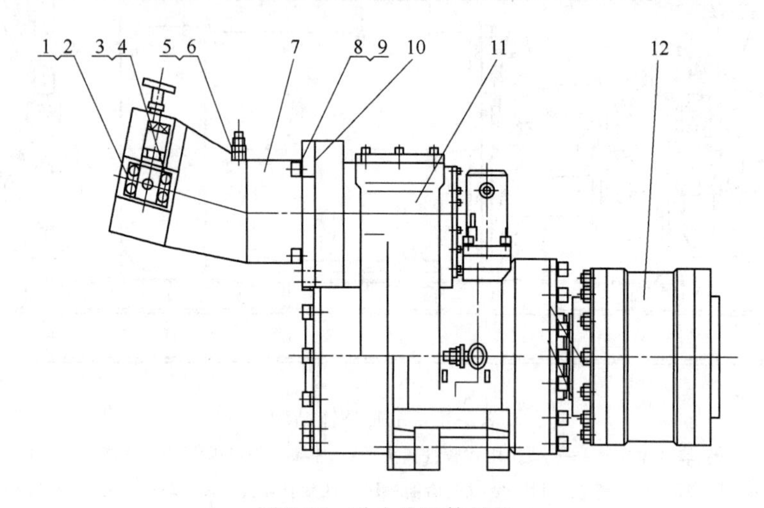

图 2-38 动力头整体结构

1—法兰；2，5—接头；3，8—螺钉；4，9—垫圈；6—快换接头；7—液压马达；10—垫片；11—箱体；12—胶套卡盘

2.4.1.4 机架

机架用来支承动力头，其主要作用是实现动力头的给进。它主要由机架体、滑移油缸、托板等组成。动力头用销轴及螺栓固定在托板上，推进油缸带动托板、动力头在机架上沿导轨作往返运动。

2.4.1.5 夹持器

夹持器安装于机架前端，主要用于夹持钻杆及与动力头配合进行机械拧卸钻杆。夹持器由油缸缸筒、活塞、壳体、卡瓦等组成。夹持器的结构如图 2-39 所示。

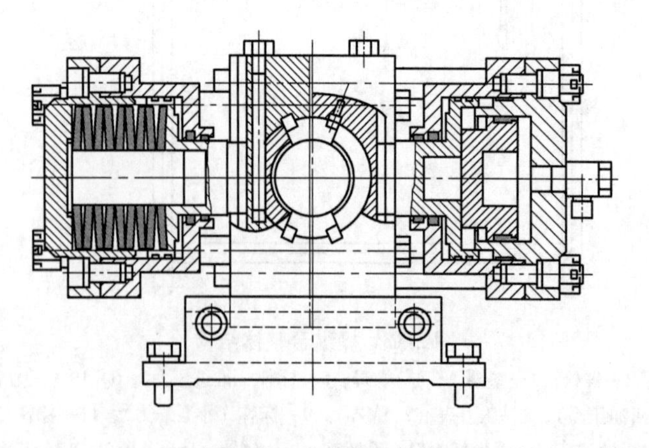

图 2-39 夹持器的结构

2.4.1.6 底架

底架用来支承机架，其主要作用是调整倾角。它主要由底架、升降油缸、机架立柱、拉杆等组成。升降油缸可调整机架的高度和倾角，使钻机的开孔高度和开孔倾角符合要求。调整好开孔高度和倾角后，机架立柱和拉杆将机架和船形底架连接为一个整体。船形底架前后有四个脚窝，用于立柱锚固底架。

2.4.1.7 立柱

立柱由液压支柱、内外导管等组成。立柱锚固在巷道或者钻场的顶底板之间，起稳固钻机的作用。由于采用内注式液压支柱，提高了立柱的整体锚固力，增加了钻机的稳定性。

2.4.1.8 导向套

导向套位于动力头和夹持器前面，对钻杆起导向作用。它主要由导向套体、活动套等组成。

2.4.1.9 钻具

钻具包括钻头、钻杆和水辫。钻头为直径ϕ113mm的PDC复合片中心钻头，可以根据用户需要配置金刚石或牙轮钻头，以满足硬岩钻孔需要。钻杆直径为ϕ73mm，长度为800mm。采用圆锥螺纹连接，具有强度高、拆装容易、对中性好等优点。水辫配置有前置水辫和后置水辫两种，作用是向钻杆供水或压风，用以冲孔排碴、冷却钻头等，可根据使用需要选取。

2.4.2 钻机型号及主要技术参数

2.4.2.1 型号含义

ZYW-3200煤矿用全液压钻机的型号含义如下：

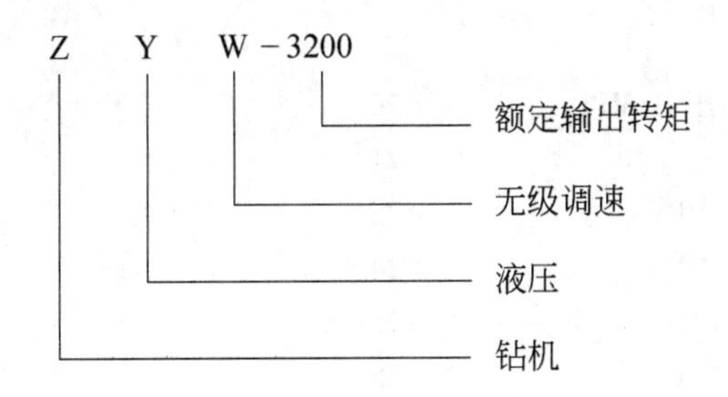

2.4.2.2 主要技术参数

A 主机

最大钻进深度/m	350
钻孔倾角/(°)	-90 ~ +90
开孔直径/mm	113、133
终孔直径/mm	94、113
钻杆直径/mm	73
锚固力/kN	4×80
主机外形尺寸/mm×mm×mm	2225×1190×1380（长×宽×高）

整机质量/kg	约2240（不包含钻具）
B　回转机构	
额定输出转矩/N·m	3200~900
额定输出转速/r·min^{-1}	70~240
马达型号	A6V107MA
马达排量/mL·r^{-1}	107~30.8
主轴通孔直径/mm	78
C　给进机构	
正常推进速度/m·min^{-1}	0~1.5
给进行程/mm	850
给进力/kN	110
起拔力/kN	130
D　泵站	
电动机型号	YBK2-225M-4
额定功率/kW	45
额定电压/V	380/660
额定转速/r·min^{-1}	1480
油泵型号	ADU062R+41R/SAUER60+25
排量/mL·r^{-1}	0~62+25/0~60+25
流量/L·min^{-1}	0~82+33/0~80+33
大小泵出油调定压力/MPa	28
油箱有效容积/L	150
泵站外形尺寸/mm×mm×mm	1750×890×845（长×宽×高）
泵站质量/kg	645
E　操作台	
多路阀小泵进油口压力/MPa	22
推进压力/MPa	21
旋转压力（反转）/MPa	25
旋转压力（正转）/MPa	24
液压卡盘夹紧压力/MPa	25
夹持器夹紧压力/MPa	25
操纵台外形尺寸/mm×mm×mm	680×570×850（长×宽×高）
操纵台质量/kg	185

2.4.3 钻机工作原理

2.4.3.1　钻机液压系统

ZYW-3200煤矿用全液压钻机液压系统如图2-40所示。

2.4.3.2　钻进基本操作

（1）根据需要安装前置或后置水辫，配置专用供水阀门向水辫供水。冷却器使用的水压不超过1MPa。同时，钻机在使用过程中，为使冷却器的冷却效果不受影响，冷却水应和钻机钻孔使用的排碴水分开，不能使用一根水管。

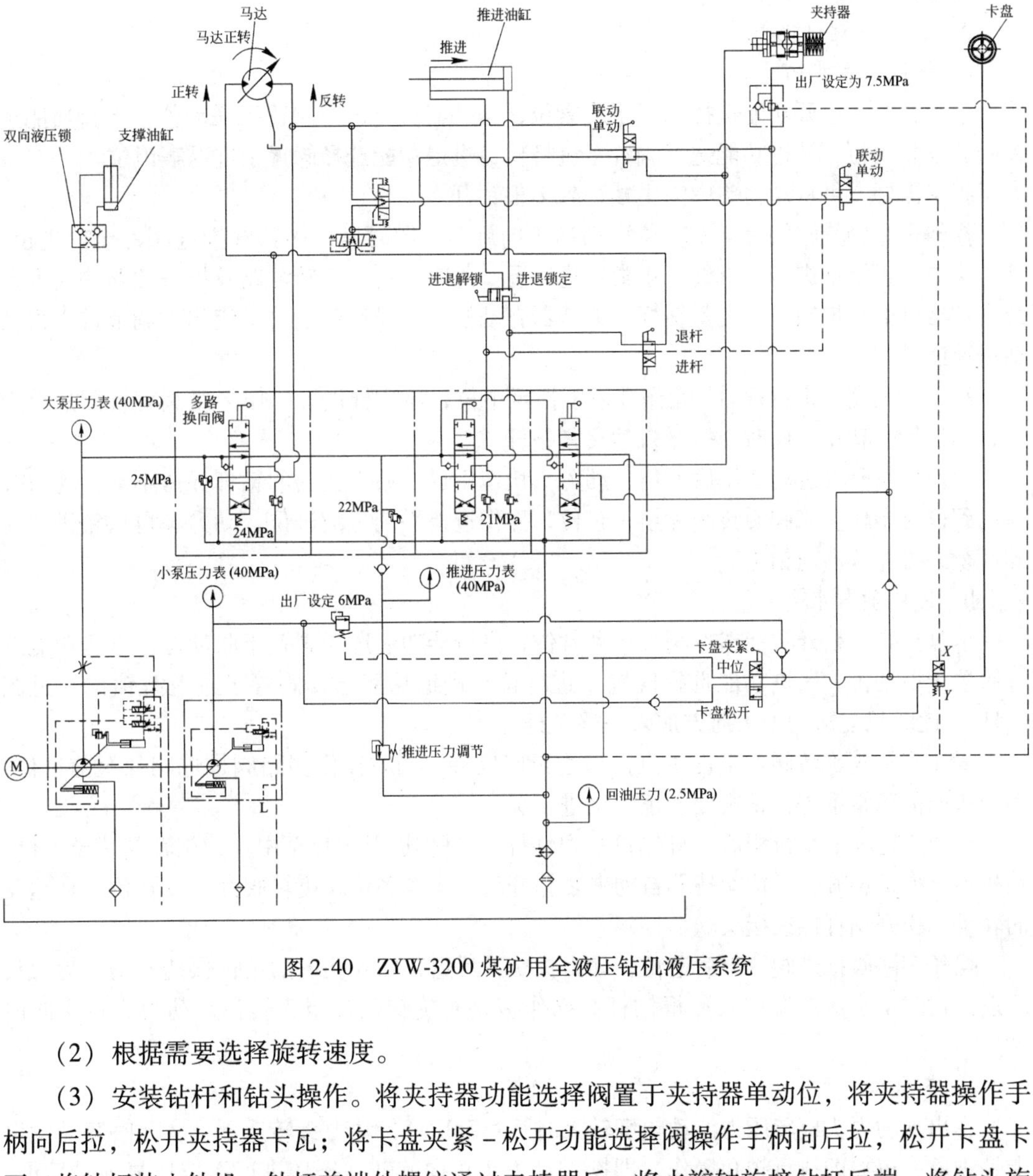

图 2-40 ZYW-3200 煤矿用全液压钻机液压系统

（2）根据需要选择旋转速度。

（3）安装钻杆和钻头操作。将夹持器功能选择阀置于夹持器单动位，将夹持器操作手柄向后拉，松开夹持器卡瓦；将卡盘夹紧 - 松开功能选择阀操作手柄向后拉，松开卡盘卡瓦；将钻杆装入钻机，钻杆前端外螺纹通过夹持器后，将水辫轴旋接钻杆后端，将钻头旋接在钻杆的前端上，夹紧卡盘及夹持器卡瓦；将卡盘及夹持器功能选择阀均置于联动位，钻进功能选择阀置于进杆位，钻机处于待钻状态。禁止在安装第一根钻杆和钻头时使用联动功能。

（4）开孔操作。修平开孔处的煤岩，保证钻头接触平稳；打开供水阀门给冷却器和水辫供水；动力头旋转，并慢速向前推进，当钻进一定深度且钻机、钻具运转平稳后，方可用正常给进速度钻进。

注意：钻进时应根据钻孔倾角选择相应的钻孔操作方法，当卡盘及夹持器都打开时，孔内钻杆不下滑时为近水平钻孔，下滑时则为大倾角钻孔。

2.4.3.3 钻机近水平钻孔操作

A 近水平钻进操作

a 使用后置水辫

卡盘夹紧－松开功能选择阀置于夹紧位，夹持器功能选择阀置于联动位，卡盘功能选择阀置于联动位，钻进功能选择阀置于进杆位，进退功能选择阀置于进退解锁位。

根据需要，可从动力头中空主轴加入多根钻杆。

操作多路阀旋转阀片至正转位，马达正向旋转，同时操作多路阀推进阀片至前进位，动力头向前正常推进，钻机处于正常钻进工况。此时，马达正转油路及推进油路均向卡盘及夹持器供油，控制卡盘夹紧钻杆，夹持器自动松开。操作台上的溢流阀可调节推进力及钻进速度。

动力头走完一个行程后，操作进退手把至中位，停止推进。操作多路阀旋转阀片至中位，马达停止转动，此时夹持器自动夹紧钻杆。

操作多路阀推进阀片至后退位，动力头快速后退，钻入孔内的钻杆保持不动，动力头后退到位时操作多路阀旋转阀片至正转位，操作进退手把至前进位，动力头再次钻进。如此反复，可连续向前钻进。

b 使用前置水辫

卡盘夹紧－松开功能选择阀置于夹紧位，夹持器功能选择阀置于联动位，卡盘功能选择阀置于单动位，钻进功能选择阀置于进杆位，进退功能选择阀置于进退解锁位（见图2-41）。此时只能从动力头前方加入一根钻杆。

操作多路阀旋转阀片至正转位，马达正向旋转，同时操作多路阀推进阀片至前进位，动力头向前正常推进，钻机处于正常钻进工况。

动力头走完一个行程后（即钻进一根钻杆），操作进退阀片至中位，旋转阀片至中位，钻机停止推进和旋转。待夹持器自动夹紧钻杆后，操作多路阀旋转阀片至反转位，马达反向转动，松开钻杆螺纹接头。

操作多路阀推进阀片至后退位，动力头快速后退，钻入孔内的钻杆保持不动，动力头后退到位时从水辫前端加入一根钻杆。操作多路阀旋转阀片至正转位，动力头再次向前钻进。

c 扫孔操作

在出现动力头旋转压力波动幅度较大时（≥5MPa），动力头转速不稳，此时容易发生卡钻现象，应立即执行扫孔操作，即操作动力头正向旋转并操作进退手把反复前进后退，同时加大供水（气）量，让孔内充分排碴，直至动力头旋转压力相对稳定。

B 近水平退钻杆及卸钻杆操作

卡盘夹紧－松开功能选择阀置于夹紧位，夹持器功能选择阀置于联动位，卡盘功能选择阀置于联动位，钻进功能选择阀置于退杆位，进退功能选择阀置于进退解锁位（见图2-41）。

操作多路阀推进阀片至前进位，动力头快速前进，卡盘回油保持打开，夹持器保持夹紧，处于孔内的钻杆被夹持器夹紧，保持位置不变。

动力头前进到位后，操作多路阀推进阀片至后退位，在系统压力下卡盘夹紧、夹持器松开，同时推进油缸快速后退，卡盘夹住孔内钻杆并后拖。

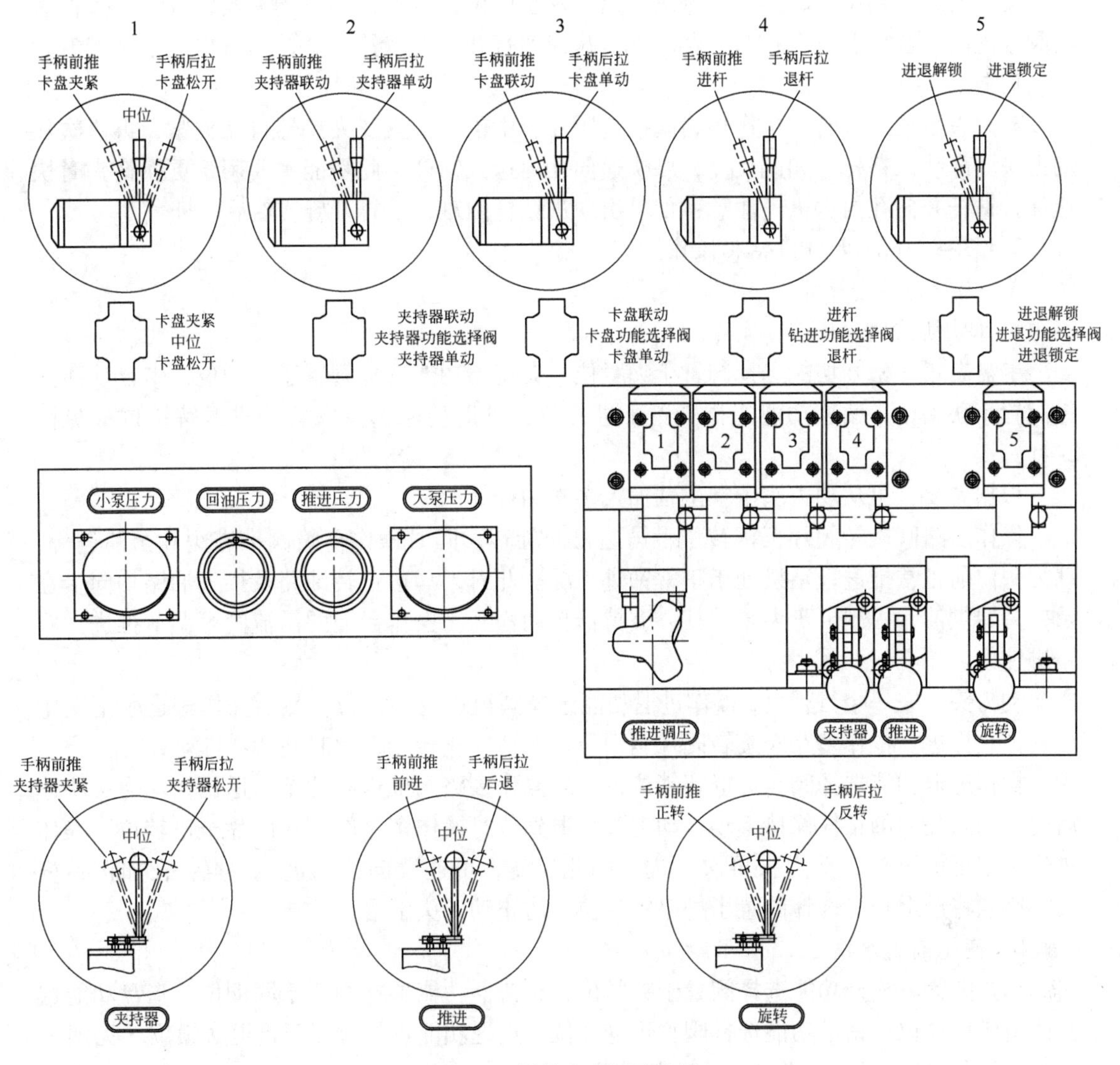

图 2-41 操纵台手柄示意图

动力头后退到距离机架末端 50mm 左右时，操作多路阀推进阀片至中位，卡盘常闭夹紧，夹持器常闭夹紧。

操作多路阀旋转阀片至反转位，马达反转同时，马达反转油路的油液控制卡盘与夹持器增力夹紧，卡盘夹持器配合拧松钻杆螺纹。如此反复，可快速拆卸孔内钻杆。注意：如果出现退钻杆困难，请打开旋转然后退杆。

C 近水平进杆操作

卡盘夹紧 - 松开功能选择阀置于夹紧位，夹持器功能选择阀置于联动位，卡盘功能选择阀置于联动位，钻进功能选择阀置于进杆位，进退功能选择阀置于进退解锁位（见图 2-41）。

将钻杆从动力头尾部装入，一次可连接多根钻杆。操作多路阀推进阀片至前进位，卡盘夹紧、夹持器松开，同时推进油缸前进，卡盘夹住钻杆并向孔内送进。

动力头运动到位后，操作多路阀进退阀片至中位，待夹持器自动夹紧钻杆后，操作多路阀推进阀片至后退位，在系统背压下卡盘回油打开、夹持器夹紧，同时推进油缸带着动力头后退。

动力头后退到位时，操作多路阀推进阀片至中位，卡盘及夹持器自动夹紧，再依次从动力头尾部装入钻杆。如此反复，可快速向孔内送入钻杆。此功能主要用于更换钻头时快速加接钻杆并向孔内送进。注意：如果出现进钻杆困难，请打开旋转然后进杆。

2.4.3.4 钻机大倾角钻孔操作

A 大倾角钻进操作

a 使用后置水辫

卡盘夹紧－松开功能选择阀置于夹紧位，夹持器功能选择阀置于联动位，卡盘功能选择阀置于联动位，钻进功能选择阀置于进杆位，进退功能选择阀置于进退解锁位（见图2-41）。

根据需要，可从动力头中空主轴加入多根钻杆。

操作多路阀旋转阀片至正转位，马达正向旋转，同时操作多路阀推进阀片至前进位，动力头向前正常推进，钻机处于正常钻进工况。此时，马达正转油路及推进油路均向卡盘及夹持器供油，控制卡盘夹紧钻杆、夹持器自动松开。操作台上的溢流阀可调节推进力及钻进速度。

动力头走完一个行程后，操作进退功能选择阀至进退锁定位，然后操作进退手把至中位，停止推进。操作多路阀旋转阀片至中位，马达停止转动，此时夹持器自动夹紧。

操作进退功能选择阀至进退解锁位，然后操作多路阀推进阀片至后退位，动力头快速后退，钻入孔内的钻杆保持不动，动力头后退到位时操作多路阀旋转阀片至正转位，操作进退手把至前进位，动力头再次钻进。如此反复，可连续向前钻进。注意：在加接钻杆时，必须将进退功能选择阀置于进退锁定位，防止动力头下滑。

b 使用前置水辫

卡盘夹紧－松开功能选择阀置于夹紧位，夹持器功能选择阀置于联动位，卡盘功能选择阀置于单动位，钻进功能选择阀置于进杆位，进退功能选择阀置于进退解锁位（见图2-41）。此时只能从动力头前方加入一根钻杆。

操作多路阀旋转阀片至正转位，马达正向旋转，同时操作多路阀推进阀片至前进位，动力头向前正常推进，钻机处于正常钻进工况。

动力头走完一个行程后（即钻进一根钻杆），操作进退功能选择阀至进退锁定位，然后将进退阀片置于中位，操作旋转阀片至中位，钻机停止推进和旋转。待夹持器自动夹紧钻杆后，操作进退功能选择阀至进退解锁位，操作多路阀旋转阀片至反转位，马达反向转动，松开钻杆螺纹接头。

操作多路阀推进阀片至后退位，动力头快速后退，钻入孔内的钻杆保持不动，动力头后退到位时从水辫前端加入一根钻杆。操作多路阀旋转阀片至正转位，动力头再次向前钻进。

B 大倾角退钻杆及卸钻杆操作

卡盘夹紧－松开功能选择阀置于夹紧位，夹持器功能选择阀置于联动位，卡盘功能选择阀置于联动位，钻进功能选择阀置于退杆位，进退功能选择阀置于进退解锁位，操纵台手柄如图 2-41 所示。

操作多路阀推进阀片至前进位，动力头快速前进，卡盘回油保持打开，夹持器保持夹紧，处于孔内的钻杆被夹持器夹紧，保持位置不变。

动力头前进到位后，操作多路阀推进阀片至后退位，在系统压力下卡盘夹紧、夹持器松开，同时推进油缸快速后退，卡盘夹住孔内钻杆并后拖。

动力头后退到距离机架末端 50mm 左右时，操作进退功能选择阀至进退锁定位，并操作多路阀推进阀片至中位，卡盘常闭夹紧，夹持器常闭夹紧。

操作进退功能选择阀至进退解锁位，并操作多路阀旋转阀片至反转位，马达反转同时，马达反转油路的油液控制卡盘与夹持器增力夹紧，卡盘夹持器配合拧松钻杆螺纹。如此反复，可快速拆卸孔内钻杆。注意：如果出现退钻杆困难，请打开旋转然后退杆。

C 大倾角进杆操作

卡盘夹紧－松开功能选择阀置于夹紧位，夹持器功能选择阀置于联动位，卡盘功能选择阀置于联动位，钻进功能选择阀置于进杆位，进退功能选择阀置于进退解锁位，操作台手柄如图 2-41 所示。

将钻杆从动力头尾部装入，一次可连接多根钻杆。操作多路阀推进阀片至前进位，卡盘夹紧、夹持器松开，同时推进油缸前进，卡盘夹住钻杆并向孔内送进。

动力头运动到位后，操作进退功能选择阀置于进退锁定位，操作多路阀推进阀片至中位，待夹持器夹紧钻杆后，操作进退功能选择阀至进退解锁位。

操作多路阀推进阀片至后退位，在系统背压下卡盘回油打开、夹持器夹紧，同时推进油缸带着动力头后退。

动力头后退到位时，操作多路阀推进阀片至中位，卡盘及夹持器夹紧，再依次从动力头尾部装入钻杆。如此反复，可快速向孔内送入钻杆。此功能主要用于更换钻头时快速加接钻杆并向孔内送进。注意：如果出现进钻杆困难，请打开旋转然后进杆。

2.5 坑道钻机操作与维修方法

2.5.1 钻机操作要求

钻机操作的注意事项如下：

（1）钻机不得在无人照顾的情况下运转。

（2）油泵是钻机液压系统的心脏，正确使用和维护保养油泵是保证正常钻进的必要措施，油泵用油必须保持清洁无杂质。加油时，应用漏斗向油箱口加入，油口内有过滤网，不可在加油时拿去过滤网。油泵和操作阀对不洁的油很敏感，不洁的油会提早磨损油泵和操作阀，使钻机不能工作。加入的液压油必须是同一型号，型号不同的液压油不得同时加入压力油箱。钻机不使用液压系统时，应把钻机拧管机切换阀放在“油泵卸荷”位置，以延长油泵使用寿命。

（3）接合离合器要平稳，禁止猛开猛合，避免离合器在半离合状态下工作。扳动变速手把和分动手把时，必须先断开离合器，待齿轮转动停止后，再进行变挡，以免齿轮打坏，并注意将手把置于定位孔中，以免齿轮跑挡。

(4) 起重卷扬时，不得超负荷吊重，并要注意钻具在孔内卡住时，不能硬拉，否则会拉断钢绳，甚至损坏机器和发生事故。卷扬机的提升抱闸和制动抱闸不可同时闸紧，在升降钻具时，两手把要同时握紧，以便及时配合操作，以防发生事故。

(5) 钻机在钻孔深达200～300m时，下钻具过程中如操作人员对制动手把操作不灵活，不够熟练，就会引起刹车鼓发高热，进而引起制动失灵，此时需冷却片刻再用，如操作得好，可免发生高热。

(6) 钻机移动至前后极限位置，拧紧前后压板的锁紧螺钉后，才允许进行钻进或提升工作，在钻进或提升过程中，不得移动钻机，移动操纵手把，以免发生事故。

(7) 上、下机架导轨的接触面，立轴面和活塞杆上，在起钻时往往有泥沙等落在上面，在下钻后钻机复位前应擦净，否则会很快磨损，影响钻机的使用寿命。

(8) 液压卡盘是用油压卡紧钻杆的结构，故在卡盘失去油压以后（由柴油机熄灭停转或其他机械液压故障等原因引起），卡盘松开，原卡紧的钻杆或钻具自行落下，在操作使用中尤应注意。卡盘的卡紧油压整定为2MPa，一般不需进行调整，卡盘在钻进300m后，应拆开清洗一次。

(9) 使用液压卡盘时，钻头对孔底的钻进压力，应为孔底压力表的读数加上钻具重量（对加压钻进）或减去钻具重量（对减压钻进）。钻具重量自行估算。

(10) 钻进过程中，应随时注意压力表和孔底压力指示表的工作情况，发现异常应立即处理。运转中过程，应常注意各运动部位是否有异常的响声和高温，如有应立即检查处理。

2.5.2 钻机操作程序

使用液压卡盘时，钻机的操作程序如下。

(1) 加压钻进操作程序：

1) 操纵阀手把放在“通钻探机”和“钻机前进”位置。

2) 操作阀手把放在“卡盘卡紧”位置。

3) 操作阀手把放在“立轴上升”位置，拧动给进压力调节手把，使钻具提离孔底几厘米，然后放在停止位置。

4) 接合离合器，使立轴旋转。

5) 操纵手把放在“立轴下降”位置，拧动给进压力调节手把，使孔底压表数值为需要值（孔底压力数值加上钻具重量），进行正常钻进。

(2) 立轴倒杆操作程序：

1) 断开离合器，使立轴停止旋转。

2) 操作手把放在“卡盘松开”位置，然后再将操纵手把放在“立轴上升”位置，拨动快速增压手把，使立轴快速上升500mm行程。

3) 操纵手把放在“卡盘卡紧”位置。

4) 接合离合器，使立轴旋转。

5) 操纵手把放在“立轴下降”位置，继续钻进。

(3) 减压钻进操作程序：

1)～4) 步操作程序同加压钻进。

5）操纵手把放在“立轴上升”位置，拧动给进压力调节手把，使孔底压力表数值为需要要值（孔底压力为钻具重量减去表的数值），进行正常钻进。

2.5.3 钻机单动操作（ZYW 系列）

ZYW 系列钻机单动操作：卡盘功能选择阀、夹持器功能选择阀均置于单动位置，通过卡盘夹紧－松开功能选择阀、多路阀夹持器阀片分别操作卡盘及夹持器进行事故处理或其他操作。

2.5.3.1 操作中的注意事项

（1）钻机在钻孔过程中，动力头严禁反转。只有在拆卸钻杆时，钻杆接头位于卡盘与夹持器中间位置且夹持器夹住钻杆后才可反转。

（2）注意各运动部件的温升情况。轴承、油泵、马达、电动机等处的温度不得超过60℃，油温不得超过50℃，否则应停机检查并加以处理。

（3）观察各压力表所提示的压力，判断钻机是否过载。出现过载现象应调节溢流阀，降低钻进速度，减少负荷。当发现回油压力超过 0.8MPa 时，应停机清洗或更换精过滤器滤芯。

（4）观察钻机在钻进过程中的运动状态，若发现有异常声响、动力头振动过大、机架有摆动、立柱框架有晃动，应停机检查并加以处理。

（5）各操作手把应按规定的记号和规定的程序操作。换向不能过快，以免造成液压冲击，损坏机件。

（6）观察油箱的油位，当油位下降到标定位以下时，应停机加油。

2.5.3.2 保养和维修

（1）钻机在使用期间，必须保持清洁、完好、功能齐全、灵活可靠，并按要求进行日常维护和定期检修。

（2）交接班时，检查各操作手把是否灵活可靠，各压力表指针是否能正确指示压力，各油管连接是否完好，有无漏油现象，水辫是否漏水，发现问题及时处理。

（3）钻机正常运转 3 个月后要对油质检查一次。若不合格，应将油全部放出，并清洗油箱，注入新的液压油。

（4）定期对运动件结合处、润滑点、导轨、轴加注润滑油。润滑部位如表 2-2 所示。

表 2-2 机械零件的润滑部位

零件名称	润滑点位置	润滑操作
动力头	减速箱	三个月换润滑油一次
减速箱	前端轴承（两处）	每周加注黄油一次
机架	导轨面	每班涂黄油一次
支撑杆	螺杆螺纹	每周涂黄油一次

2.5.4 钻机地面调压试车

（1）所有操作人员须经培训合格，并持有上岗证，方可进行操作。

（2）将泵站、机架（出厂时已将动力头安装在机架上）放在适当位置，正确连接各油管。连接油管时应检查快换接头的动作灵活性和清洁度，连接应正确、牢固可靠。

（3）经空气滤清器油网加入46号液压油至油位计上标位，开机试车后油位会下降，应及时补油至上标位。

（4）连接电源，电动机接线电压等级应与电源电压等级相符合，电动机的旋转方向应与油泵标注的箭头方向一致。

（5）调定工作压力。

1）多路阀、溢流阀及安全阀压力调节。将动力头马达两组进出油管快换接头卸下，分别松开多路阀大泵进油及小泵进油阀片的主溢流阀，并旋紧多路换向阀组上的各安全阀，开机后将旋转手把往前推，缓慢调节多路阀大泵进油阀片的溢流阀，使油压逐渐上升，当操纵台旋转压力表右边指示为25MPa时，锁紧溢流阀。将推进两组进出油管快换接头卸下，将推进手把往前推，缓慢调节多路阀小泵进油阀片溢流阀，使油压逐渐上升，当操纵台推进压力表左边指示为21MPa时，锁紧溢流阀。完成大、小泵上限工作压力的调定。将卡盘及夹持器进出油管快换接头卸下，将卡盘和夹持器打至单动位，然后再逐个调节多路换向阀组上的各安全阀，将正转压力调至24MPa（安全阀位于旋转阀的上面），推进油路的前进后退压力均调至21MPa，调节好以后锁紧各安全阀。

2）卡盘常闭夹紧压力调节。若钻机采用油压夹紧、弹簧松开的常开卡盘，为了防止在大倾角钻孔时钻杆下滑发生人员伤亡及设备损失，钻机液压系统采用液压保压夹紧卡盘，卡盘处于常闭状态。卡盘夹紧压力调节阀在联动阀组左侧下方，将卡盘夹紧－松开功能选择阀置于夹紧位，缓慢调节卡盘夹紧压力调节阀的调节手轮，使小泵压力表的读数至需要的压力。该阀出厂设定为6MPa，可以满足100m左右的90°垂直钻孔需要，如有更高的需求可自行调节。对于倾角较小的钻孔，应尽量减小该阀的设定值，以减少系统发热量，但最低设定压力不能低于6MPa。钻机未工作时尽量将卡盘夹紧－松开功能选择阀置于中位。

（6）转速调定。可根据需要调节马达变量手轮或者泵上的节流阀以确定所需要的转速。转速调节时钻机必须处于空载运转状况下。

（7）试车。接上全部油管，开机空载运转，操作旋转手把，动力头在高速（低速）、正反转状态下分别各运转5min；操作进退手把，油缸快速往复运动10次。观察操作台上压力表压力情况，动力头正反转压力应不小于2.5MPa，油缸往复运动压力应不小于4MPa，总回油压力应小于0.4MPa。钻机各部运转应平稳，不得有异常声响和异常现象，否则应停机检查。

（8）操作卡盘手把和夹持器手把，分别松开液压卡盘和液压夹持器，装入钻杆后夹紧，夹持器夹紧压力应为25MPa，不得有任何泄漏现象。

（9）将立柱竖立，把加载手把内四方端插入三用阀一端，上下扳动，立柱逐渐上升；把加载手把扁方端插入三用阀另一端，上下扳动，立柱慢慢下降。立柱上下运动应平稳。

2.5.5 钻机下井运输

（1）钻机下井前可根据使用单位井巷和运输设备大小将钻机解体成若干部件。为了正确完成钻机的拆卸和井下安装，从事该项工作的人员应根据技术文件，熟悉钻机结构，详细了解并掌握各连接部位的连接和拆卸方法。

（2）钻机可解体成泵站、操纵台、动力头、机架、底架、立柱和钻具等部件，泵站油箱内的液压油放置于干净的容器内，单独运输。

（3）解体时应将各胶管装上相应堵头并且卷成圈，固定在相应的部件上，弯曲不要过大，所有外露孔要包裹或加帽罩，防止杂物进入元件或胶管内。拆下的各紧固件和连接件应附带在相应的零部件上，以免丢失或混淆。

（4）解体后的各部件应牢稳地固定在运输设备上（内），运输过程中应避免各部件碰撞和跌落。

2.5.6 钻机井下安装试车

（1）钻机安装前，首先清理好钻场，钻场周围的岩层应安全可靠，且具有足够的空间，通风良好。

（2）配置与钻机相适应的水源（供水量大于200L/min，供水压力大于1MPa）或压风（需压风排碴的风压大于0.6MPa）、电源及相应的配套设备。

（3）根据钻孔的方位角用4根立柱将钻机底架牢固地锚固。为适应不同的钻场高度，可初定立柱伸缩套管长度，用立柱上端丝杆调节高度并预紧，立柱下端可用内注式单体液压支柱加载锚固。在锚固底架时，立柱与顶底板之间加木垫。

（4）将动力头装在机架上，一起吊装在机架座上或先吊装机架再安装动力头。

（5）根据钻孔的位置、方位角，调整主机的位置和方位，并用立柱锚固主机。将操纵台上推进用油管接在升降油缸上，用升降油缸调整钻孔倾角，并用支撑杆将机架锁定。

（6）将泵站和操纵台安放在既安全又利于操作和观察钻机工作情况的地方，泵站电动机应置于进风侧。按照要求加油、接上电源。

（7）钻机安装好后，进行调压试车。试车后安装水辫总成，接上冷却器和水辫水管。

2.5.7 钻机安装、检查及事故处理（ZYW系列）

2.5.7.1 钻机安装应注意的问题

（1）钻机底座应用地脚螺栓紧固在机台上，机台安装应水平周正，机台构件之间连接应牢固可靠；

（2）卷扬机钢丝绳头应卡牢在卷筒上，并认真检查各处绳卡防止松脱；

（3）打开液压卡盘装上主动钻杆，检查其在卡瓦中活动能否自如，必要时校正钻杆。

2.5.7.2 开钻前钻机检查

（1）检查钻机各部连接螺栓是否紧固可靠；

（2）按照润滑要求加注润滑油脂；

（3）检查油箱、变速箱、分动箱油量是否适当；

（4）检查各操纵手柄扳动是否灵活，工作是否可靠；

（5）脱开离合器，将分动手柄放在回转位置，用手扳动立轴，检查各传动件运转是否灵敏，是否有杂音；

（6）将液压操纵阀各手柄依次入各工作位置，使油压升至8 MPa，检查各仪表、油缸、油管、接头是否漏油；

（7）观察各仪表工作是否正常；

（8）检查卷扬机抱闸调整是否适度。

2.5.7.3 ZYW系列钻机常见故障分析与处理方法

ZYW系列钻机常见故障与处理方法如表2-3所示。但实际工作中应结合具体情况，综合分析、准确判断、及时处理。

表2-3 ZYW系列钻机常见故障与处理方法

部件	故障	可能原因	处理方法
泵站	油箱发热	油量过少	加油
		冷却器通水量不足	增大冷却水量
		溢流阀长时溢流	检查调整或更换溢流阀
	油泵不排油或排油量不够	电动机旋向错误	调换方向
		吸油过滤器堵塞	清洗吸油过滤网
		油泵内部损坏或磨损过度	检修或更换新泵
		油箱内油面过低	加油
动力头	马达回转无力	供油压力低	调整系统压力
		马达磨损严重，内泄过多	更换马达
		操作手把不到位，供油不足	将手把打到正确位置上
	动力头发热	轴承磨损严重或损坏	更换轴承
		轴承未到位，中空主轴轴向窜动	调整轴承松紧度到要求范围
	卡盘打滑	卡瓦磨损严重	更换卡瓦
		胶套损毁严重	更换胶套
		滤芯堵塞	更换滤芯
机架	动力头不能前进或后退	溢流阀处于完全打开状态	调高溢流阀压力
		推进油缸密封圈损坏，内部窜油	检查油缸或更换油缸
		推进压力太低	增大推进压力
夹持器	夹持器夹不紧钻杆	卡瓦严重磨损	更换卡瓦
		活塞密封损坏，内部窜油	更换密封圈
		夹持器碟形弹簧失效	更换夹持器碟形弹簧

现场生产过程中遇到的实际故障案例如下：

（1）液压系统压力不足。

故障原因：

1）油泵皮带打滑或油泵过度磨损；

2）各油缸、各阀的油管及管接头漏油；

3）调压溢流阀调整螺母松动。

处理方法：

1）更换油泵皮带或油泵；

2）更换各油缸、各阀密封圈；

3）紧固调压溢流阀调整螺母。

(2）摩擦离合器发热、打滑。

故障原因：

摩擦片间隙过大或摩擦片磨损。

处理方法：

1）松动调节螺母上的方角螺栓，右旋调整螺母来调整摩擦片的间隙；

2）更换摩擦片。

(3）钻机液压卡盘夹持打滑。

故障原因：

1）卡瓦磨损；

2）碟形弹簧失效或断裂。

处理方法：

1）更换新卡瓦；

2）更换碟形弹簧。

(4）钻机液压卡盘在倒杆时自卡、松不开。

故障原因：

1）液压卡盘在倒杆时自卡是由于液压操纵阀卡盘控制阀内泄漏严重造成的；

2）液压卡盘松不开是液压系统压力不足造成的。

处理方法：

1）自卡的解决办法是更换新阀；

2）松不开的解决办法就是调整调压溢流阀中的调整弹簧及调整螺母使系统压力达到8MPa。

(5）立轴与导管卡死或过度磨损。

故障原因：

1）立轴上下密封装置损坏进入污物；

2）立轴与导管间润滑不良。

处理方法：

1）修理密封装置；

2）打开回转器标牌，通过立轴导管上油嘴加注润滑油。

(6）钻机油泵启动后不上油。

故障原因：

1）油箱内无油、油吸空；

2）过滤器堵塞；

3）吸油管吸扁不上油。

处理方法：

1）加油；

2）清洗过滤器；

3）更换钢丝编织胶管。

(7）钻机油泵发热。

故障原因：
1）油泵吸油管油阀关闭；
2）液压油黏度过大；
3）油泵磨损；
4）油泵传动装置与泵装配不良。
处理方法：
1）打开阀开关；
2）更换液压油；
3）修理或更换油泵；
4）提高装配同心度。
（8）往复泵的排水压力下降、排量减少或完全不能输出冲洗液。
1）莲蓬头露出水面；
2）莲蓬头堵塞；
3）吸入管内没有充满水；
4）吸入高度过高，管路过长或内径过小，使吸入系统阻力过大；
5）吸入管堵塞、破裂或接头不严，吸入空气；
6）进排水阀不工作，动作不灵活或损坏；
7）活塞及密封磨损，或陶瓷柱塞炸裂；
8）三通阀门位置不对或排水阀门关闭。
（9）往复泵转动困难。
故障原因：
1）柱塞（活塞）与缸套配合过紧；
2）连杆轴瓦抱得太紧；
3）柱塞、连杆、十字头有歪斜现象；
4）转速降低或皮带打滑。
处理方法：
1）调整其配合度；
2）加垫调大配合间隙；
3）检查、校正或更换；
4）检查水泵动力机工况或调整皮带张紧度。
（10）往复泵运转时泵内有响声。
故障原因：
1）连杆轴瓦松弛或间隙过大；
2）活塞杆与十字头连接处松弛；
3）活塞（柱塞）炸裂或松动；
4）阀盖、弹簧、阀导杆损坏；
5）缸套活动或顶套损坏。
处理方法：
1）将轴瓦上紧或撤去垫片，刮瓦；

2）检查并上紧；

3）更换柱塞或拧紧活塞杆螺母；

4）更换新件；

5）交换缸套密封圈或顶套。

（11）往复泵排量不均、急剧冲击，压力表指针摆动剧烈，管路中有嗞嗞声，排出液体中有大量空气。

故障原因：

1）个别活塞或阀已磨损或损坏；

2）空气和液体一起被吸入；

3）阀座孔处被刺漏。

处理方法：

1）更换已坏活塞或阀，或垫圈；

2）检查并密封吸入系统及泵头各密封处；

3）对刺漏部分进行焊补，重新加工。

（12）往复泵传动皮带经常断裂。

故障原因：

1）皮带轮安装不在同一平面内；

2）皮带轮摆动厉害；

3）各三角皮带长短相差太大或型号不对，或数量不足。

处理方法：

1）调整皮带轮安装位置；

2）将皮带轮端面锁母拧紧；

3）更换为一致型号，根数配足。

（13）往复泵曲轴箱内温升过高。

故障原因：

1）润滑油太少或太脏；

2）轴承轴向间隙过小，动配合处过紧。

处理方法：

1）补充或更新润滑油；

2）修复或更换轴承。

2.5.7.4 ZYW 系列钻机的维护

（1）钻机的班保养内容：

1）将钻机外表擦净，注意底座滑道、立轴、导向杆等表面的清洁，保持良好的润滑；

2）检查所有暴露在外的螺栓、螺母、保险锁钉等是否牢固可靠；

3）按要求进行润滑；

4）检查变速箱、分动箱油位；

5）检查液压油箱油位；

6）检查漏油、漏气情况，并加以消除；

7）消除在本班内发生的其他故障。

（2）钻机的周保养内容：

1）彻底进行班保养内容；

2）立轴箱加润滑油脂；

3）消除液压卡盘及下卡盘的油垢或尘土；

4）根据周保养要求进行润滑；

5）清洗抱闸内表面。

（3）钻机的月保养内容：

1）彻底进行周保养内容；

2）卸开卡盘，清洗卡瓦、卡瓦座、碟形弹簧等，并给推力轴承换油；

3）给横梁轴承加注锂基润滑脂；

4）清洗油箱过滤器，更换变质的液压油；

5）检查变速箱、分动箱、回转器内的润滑油，若变质应及时更换；

6）检查各部件的技术状况，如有损伤及时更换，不得带病工作。

（4）钻机在拆卸安装时应注意的问题：

1）为了保证液压操纵系统的密封性，平时尽量减少油管接头的拆卸次数。在部件分解搬运时，尽可能不将液压操纵阀、给进油缸和仪表板从机架中卸出来，让它们连同油管一起搬运。在检修卸开接头时，管口要用清洁的棉纱堵住，不可使脏物沿管口进入油管或油缸、油泵、阀体、油箱内。

2）部件拆卸时，应首先取下定位销再进行其他拆卸工作。而安装时，则应在位置对准后先装定位销，再装其他零件。

3）拆下的连接件及防松装置容易混乱、遗失，应分别保管并注明件号以便安装。

4）在拆卸转盘取出大伞齿轮及心管时，必须先将小伞齿轮连同横梁一起拆掉，然后将箱体下部与心管相连的六个螺栓松开，再取出心管及大伞齿轮。

5）拆卸安装时，禁止用力打击铸件。打击其他配件时，应垫以木块或紫铜块。

6）在安装或拆卸滚动轴承时，应先垫以木块或紫铜块，着力点应放在固定环上。

7）注意保护各零件的配合面以及油管接头表面，不得碰伤。

8）安装时，零件必须用煤油清洗、擦净并涂以足够的机油或黄油。

9）各液压元件组装必须注意保持清洁，各精密配合面不得粘有任何污染痕迹。擦拭时，应用干净的棉纱，不得用破纱绳、破布和脏棉纱。

10）使用新油管，在组装前必须用煤油清洗和压缩空气吹净。

11）装配O形橡胶密封圈，应注意不得使其表面被挤坏，为了顺利进入配合孔中，可涂上一点润滑油。各接头的端面密封，必须将其正确地放在密封槽中，不得偏移到外面。

12）安装时注意调整滚动轴承，不得过紧或过松。轴肩及压盖间不得留有过多间隙。

13）立轴箱上下两压盖的垫圈，组装时必须放回原有位置，不得上下调整，以免影响伞齿轮的啮合精度。

14）油泵花键轴应能轻快地推进离合器及油泵传动齿轮的轴孔内。

15）定期检修时，损坏或易损的零件必须更换。

16）安装后，必须经过厂或修配间的专职人员检验合格才容许正式交付生产使用。

（5）在油箱内加注清洁的液压油（一般用N46号抗磨液压油，如果环境温度较高可用 N68 号抗磨液压油）。钻机正常工作后，油箱应在油位指示计的中上部约 2/3 处。检查钻机各部分紧固件是否牢固。

（6）给需要的部位加注润滑油或润滑脂。为保证回转器减速装置行星齿轮轴承的润滑，在初次使用前应通过回转器后盖上的变速箱回油口往箱体内注入液压油，油面应与回油口的高度相同。

（7）检查各油管是否连接正确，更正错误的连接；主泵和副泵的排量均调至排量的25%左右（副泵参照泵头端部的指示牌；主泵按变量手轮的箭头先将泵量调至最小，然后反转 5~8 圈即可）。

（8）将主操纵台上副泵的功能转换手把至于前位（也就是调压阀工作的位置），其他的操纵手把均放在中间位置。减压阀、调压阀手轮调至压力最小的位置。马达变量手轮按需要调节，一般调在中等排量。

（9）打开油箱下方主、副油泵吸油管上的截止阀，接通电源，试转电动机，注意其转向是否与油泵的转向要求一致。启动电动机，观察油泵是否正常运转（应无异常响声，操纵台上的回油压力表应有指示），检查各部件有无渗漏现象。使主、副油泵空载运转 3~5min 后再进行操作。如油温过低，空转时间应加长，待油温升高至 20℃左右时，才可以调大排量进行工作（油管没有全部接好以前不允许试运转电动机）。

（10）试运转油马达进行正转、反转双向试验，运转应平稳、无杂音，最低转速时系统压力表读数应不超过 4MPa；反复试验回转器的前进、后退，以排除给进进油缸中的空气，直到运转平稳为止，此时系统压力不应超过 2.5MPa；试验卡盘、夹持器，开闭要灵活，动作要可靠；检查各工作机构的动作方向与指示牌的指示方向是否一致，如不一致应及时调换相应油管（在以上各项试运转过程中，各部分应无漏油现象，如发现应及时排除）。

（11）应尽量使用液压油，如果没有液压油而以相同黏度的机械油作代用品时，元件使用寿命将受影响；初次加油时，应认真清洗油箱，所有液压油必须用滤油机过滤；在井下不许打开油箱和随便拆卸液压元件，以免混入脏物。使用中应经常检查油面高低，发现油量不足应通过空气滤清器加油。回油压力超过 0.6MPa 应更换回油滤油器滤芯。

（12）定期检查液压油的污染和老化程度（可采用与新油相比较的方法）。如发现颜色暗黑、浑浊、发臭（老化），或呈明显浑浊乳白色（混入水分），则应全部更换。开动以前或连续工作一段时间以后，应注意检查油温。通常油温在 10℃以下时，要进行空负荷运转提高油温，超过 55℃则应使用冷却器。

（13）机身导轨表面应在每次下钻前加润滑油一次，夹持器滑座应经常加注润滑油。冷却器必须采用低压（小于 1MPa）的干净水，禁止高压水和污水进入冷却器；使用泥浆时，要经常用清水冲洗卡盘四块卡瓦之间的缝隙。

2.6 泵站简介

2.6.1 泵站的用途

泵是通过一定的方式将动力机的机械能转换为液体压力能的设备。泥浆泵是在钻探中应用的设备，有以下用途：

（1）清除岩屑。钻进过程中，钻头在孔底不断破碎岩石产生岩屑，泵使冲洗液循环，将岩屑携带至地面，保持孔底清洁，有利于钻头继续破碎岩石，并起到冷却、润滑钻头和钻具的作用；泥浆在井壁形成泥皮，冲洗液的压力平衡地压，从而保护井壁。

（2）供给钻具能量。泵可将具有能量的液体输送给涡轮钻具、螺杆钻具、液动冲击钻具及其他水力冲击钻具，为其提供动力。

（3）输送特种物质。在某些特种工作中，如堵漏、封孔时，利用泵向孔内灌注特种物质——水泥浆或其他堵漏物质。

（4）判断孔内情况。利用水泵的仪表在地面及时了解孔内的一些情况。

泵根据其能量转换的方式不同，可分为不同的类型：

（1）容积式泵。靠密闭腔容积变化进行能量转换的泵称为容积式泵，又称静力式泵。其根据容积变化的方式不同又分为往复式泵和回转式泵。往复式泵是靠活塞（柱塞）的往复运动改变泵腔容积的大小，将机械能转换为液体的压力能，如活塞泵、柱塞泵、隔膜泵等。回转式泵是靠旋转运动件改变泵腔容积的大小，将机械能转换为液体的压力能，如螺杆泵、齿轮泵等。

（2）动力式泵。靠旋转叶轮进行能量转换的泵称为动力式泵，如离心泵、轴流泵等。

（3）其他泵。靠其他方式进行能量转换的泵，如电磁泵、水锤泵、喷射泵等。

钻探用泵主要是洗孔用泵，一般多选用往复式泵，如钻场上常用容积式活塞泵作为冲洗液循环泵；而净化设备中常用的砂石泵、泵吸反循环钻进用泵以及现场供水泵等多为离心泵。

钻探用往复泵是按钻探施工条件及其工艺过程的要求而研制的一种专用泵。按 DZ3-79 规范规定，泥浆泵代号为 BW-□，其中 B 为类别代号（泥浆泵），W 为特征代号（往复），□数字为系列序号。

2.6.2 钻孔工作对泵的要求

（1）流量均匀且能在较大范围内调整流量。钻场用泵的作用是维持钻孔冲洗液循环，只有使冲洗液具有一定流速才能将孔内的岩屑颗粒携带到地面。携带岩粉颗粒的大小与流速有关。大颗粒岩屑需要较大的流速才能被携带到地面。在钻进的过程中，由于地层条件复杂，钻孔结构必然有不同孔径，在各孔段为了获得最佳的冲洗液流速，需要通过改变流量来实现，因此要求泵的流量能在较大范围内进行调整。

（2）具有一定的强制压力及较大的调压范围。孔内循环系统如遇复杂地层，常会发生孔径缩小、孔壁坍塌，冲洗液循环受阻。因此，泵要具有一定的强制压力，能够及时排除这些障碍，避免事故发生。同时，在钻进过程中，冲洗液在循环系统中的阻力即泵的排出压力，将随着孔深、孔径和孔内情况的变化而变化，因此要求泵的排出压力要有较大的调整范围。

（3）排量要稳定。泵量主要是根据钻进工艺规程和钻孔结构确定的，它不能随泵的排出压力的变化而发生较大的变化。因为在钻进过程中必须持续不断地冲洗孔底，必须保持冲洗液有一定的上返速度并且平稳地循环流动，以把岩屑携带至地面。这就要求冲洗液流量稳定，波动越小越好。另外冲洗液的波动会产生水力冲击作用，使孔壁遭受损害，影响携带岩屑的能力，并使高压水管及钻具产生振动，使有关零件寿命缩短。

（4）具有超载承受能力和保护措施。在钻探过程中，孔内可能会发生异常情况，致使泵压突然升高（憋泵）而使泵在超载状态下运行。如果这种超载运行超过一定限度，将使泵遭受破坏。除了要求泵具有一定承受超载运行的能力外，还必须有一定的安全保护（自动卸压）装置，以保护其不受损坏。

（5）要适应钻探工作在野外施工的恶劣环境。钻探工作的地方一般都是条件不好，地形复杂，运输条件困难，且保养条件差、检修能力弱，因此要求泵的零部件坚固耐用，结构简单，易于更换与维修。

（6）运移性好。因钻探工作经常在地形复杂、边远、高寒及交通不便的地区进行，并要经常搬迁更换孔位，所以要求泵体积小、重量轻、拆卸安装方便，以此减轻体力劳动，提高效率。

2.6.3 泥浆泵的维护保养

（1）注意按时检查各运动部件的润滑情况，曲轴箱内要及时加油、换油，应选用纯洁、优质的润滑油，决不能使用其他机器用过的废机油。

（2）注意压力表、安全阀等工作是否正常，及时掌握孔内情况，以便及时预防故障。在最大工作压力下连续工作时间不宜过长，以不超过一小时为宜。注意曲轴箱油温不能过高。

（3）注意泥浆的质量，其含砂量不能超过4%，最大砂粒直径应低于3mm，泥浆内不能有其他杂物。用完水泥浆后应立即清洗干净。

（4）泵的传动轴转速不应超过规定值。

（5）在运转过程中，不应有撞击声，如有异常声响，应及时检查原因，并排除。

（6）注意经常检查各密封处的严密情况，及时排除漏油、漏水、漏气等不正常现象。

（7）泵不能在无水情况下工作。

（8）干式摩擦离合器摩擦盘上不能粘油，在结合时摩擦片及压盘间不应有滑动，离开状态时不得有摩擦情况，要始终注意保证摩擦离合器的正常工作。

（9）滤水器（水龙头）要沉浸在泥浆液面下0.1～0.2m，距泥浆池底及四壁以0.3m左右为宜。吸入底阀及滤罩要注意清洁，以免堵塞。

（10）注意传动皮带的松紧情况，并及时调整。

（11）经常保持泵的清洁，防止泥浆液滴到曲轴箱及其他运动件上。

2.6.4 排碴介质选用

煤矿坑道钻进中采用的排碴介质分为水力排碴和风力排碴两种。水力排碴是借助水力流动动力携带出钻头切削下来的钻碴或孔内坍塌下来的煤岩碴，钻碴和水在孔内分布状况是集中在钻孔环状间隙断面的下部。风力排碴是借助压力风将钻碴悬浮在钻孔中，并向孔口低压方向排出，钻碴在孔内的分布状况是全断面环状间隙分布，受钻碴重力的作用和风压风量大小的影响，约2/3的钻碴在钻孔环状间隙的下部，1/3的钻碴在钻孔环状间隙的上部。

采用螺旋钻时，可依靠螺旋钻具自升力和风压动力的共同作用排碴，大部分钻碴沉在螺旋钻具的中下部，由螺旋钻具带出，而风压则能搅动钻碴，使一定数量的钻碴浮动，减轻螺旋钻具带碴的阻力，更利于排碴。

采用清水钻进，在较大孔径、中深孔的钻进中，若利用矿井的承压水进行钻进，有如下不利的条件：水压力不可调，长距离送水过程中，水压损耗较大，送水时间较长，不利于运用水力切割破岩；尤其是井下在多头用水的情况下，满足不了钻孔的需用水量，不利于排碴；在岩性发生变化时，不能及时控制水量、水压来保证钻进。所以，应采用泥浆泵进行供水钻进。

例如，在淮北矿业集团海孜矿采用矿承压水钻进至70多米深时，因供水严重不足，造成孔内积碴卡钻，后及时改用BW-250型泥浆泵进行钻进，才满足了钻进的需求。

2.7 钻机设备简介

（1）ZDY540（MK-2）性钻机。钻机能力为75m，钻进方法主要采用硬质合金或复合片钻进。可用于瓦斯抽放、超前探测、煤体注水或爆破松动等工程钻孔的钻进。该型钻机使用了液压卡盘和夹持器，卡紧钻杆的能力较强；使用了摆线马达和轴向柱塞变量泵，使钻机有了一定的调速性能和较好的工作可靠性。

（2）ZDY650（MK-3）型钻机。钻机能力为100～150m，钻进方法以硬质合金和复合片钻进为主，也可采用金刚石钻进或潜孔锤钻进。在瓦斯抽放、探放水、地质勘探等方面使用效果良好，是目前推广最多的钻机之一。

该型钻机是为满足中浅孔金刚石绳索取芯钻进的需要而开发的产品，用ϕ71mm的绳索取心钻杆可钻200mm深的钻孔，具有回转速度高、通孔直径大、重量及外形尺寸较小等特点。由于可采用金刚石绳索取心钻进方法，在地质、冶金行业的勘探部门得到良好的推广。

该型钻机钻进方法以硬质合金钻进为主，金刚石钻进为辅，可进行300m以内的地质勘探钻孔、瓦斯抽放钻孔的施工。从结构上讲，它是由ZDY650SG（MKG-4）型钻机演变出来的，出回转器的转速较低之外，其余部分都相同，两种钻机的回转器可互换。

（3）ZDY750G（MKG-5）型钻机。该型钻机最初是为在煤矿井下开展金刚石绳索取心钻进，吸取国外钻机的一些优点而开发的产品，钻机型号中的“G”代表“高速型”，后来推广到地面地质勘探中使用效果也很好。钻机使用ϕ71mm的绳索取心钻杆，钻孔深度可达300m。由于采用变量泵－变量马达的双变量调速系统，钻机具有恒功率输出的性能，且调速范围宽，不仅适用于金刚石钻进，而且也能满足硬质合金或潜孔锤钻进的要求。该钻机曾被列为国家级新产品。

（4）ZDY1500（MKD-5）型钻机。该型钻机是为应用大直径钻孔抽放上临近层瓦斯的需要而开发的产品（“D”代表“低速型”），其泵站和操纵台与MKG-5型钻机的相同，主机部分加大了回转扭矩和给进能力，以满足用硬质合金或牙轮钻进方法完成直径200mm左右钻孔的工艺要求。该钻机也曾被列为国家级新产品。

（5）ZDY1500T（MK-5）型钻机。钻机型号中的“T”代表钻机采用了链条倍速给进结构。钻机为采用ZDY1500（MKD-5）型钻机低速型回转器与ZDY750G（MKG-5）型钻机其他部件组合成的变性产品，兼有大扭矩与长行程的特点。主要用于土层锚杆钻孔的施工，用ϕ130～150mm螺旋钻杆在土层中钻孔，深度可达25～30m。在深孔瓦斯抽放及地质勘探中也可应用。

（6）ZDY1900S（MKD-5S）型钻机。该型钻机是ZDY1500（MKD-5）型钻机的改进型产品，与后者的主要区别是：采用双泵系统，选用国内性能较好的变量泵作为主泵，提高了系统工作的可靠性；主机的机架进一步加强；夹持器由立式改为卧式，并将通孔加大，以便于安装钻杆稳定器。这种钻机特别适用于大仰角钻孔的施工。

（7）ZDY4000S型钻机。该型钻机是根据用户需要而设计的新产品，钻机能力介于ZDY1900S（MKD-5S）和ZDY6000S（MK-6）型钻机之间，可配套使用ϕ73mm/ϕ63.5mm两种规格的钻杆，在0～±45°范围内施工400m以内的钻孔。

（8）ZDY3200S型钻机。该型钻机是根据用户需要而改制的产品，钻机除回转器与ZDY4000S型钻机相同外，其他部件与ZDY1900S（MK-5S）型钻机完全相同。

（9）ZDYS6000S（MK-6）型钻机。该型近水平长钻孔钻机是国家“九五”攻关项目的科研成果，可用于600m以内大直径瓦斯抽放钻孔和大直径近水平工程钻孔及非开挖工程施工。

（10）ZDY8000～10000S（MK-70）型钻机。该型近水平长钻孔钻机可用于深度在800～1000m的大直径瓦斯抽放钻孔和大直径近水平工程钻孔施工，也可用地面非开挖工程施工。

需要指出的是，按液压系统循环方式来区分，ZDY（MK）系列钻机有单双泵之分，凡钻机型号后带“S”的属于双泵系统，缺省不注的为单泵系统。单泵系统的优点是结构简单、造价低，但由于回转与给进两条回路由一个泵供油，当回转阻力小时，给进力受到限制（给进力是通过减压阀控制的，给进回路的压力只能等于或小于回转回路的压力），在钻进大仰角钻孔时，甚至难以正常工作。为解决这个问题，在设计单泵系统的液压回路时，在回转回路增设一个增压阀（单向节流阀），可以人为提高系统工作压力，以满足调节给进力的要求。但这样增加了能量损失，使油温升高，因此单泵系统适合于近水平或下斜孔的施工；在钻进大仰角钻孔，尤其是采用要求大给进力的牙轮钻进方法时，油液发热会较严重。双泵系统的优缺点正好与单泵系统相反，即结构复杂、造价高，但回转与给进两个回路在钻进时分别由两个泵供油，回路压力可独立调节，互不干扰。

复习与思考题

2-1 简述ZDY1900S型号钻机表示的意义。

2-2 ZDY1900S型钻机分几部分？简述其主要功能。

2-3 简述夹持器的工作原理。

2-4 动力头总成包括哪几部分？

2-5 简述动力头的工作原理。

2-6 简述卡盘的结构。

2-7 卡盘的易损件包括什么？

2-8 卡盘泄压的判断方法有哪些？

2-9 简述卡盘的工作原理。

2-10 钻机角度该如何调整？

2-11 钻机在拧卸钻杆时应注意哪些问题？

3　硬质合金钻进

目标要求：了解硬质合金钻进的孔底碎岩过程；理解硬质合金切削具的磨损过程；熟练掌握钻探用硬质合金及硬质合金切削具，取心钻进硬质合金钻头的结构要素；掌握磨锐式硬质合金钻头所适用的地层及钻头的主要形式，自磨式硬质合金钻头所适用的地层、结构和特点，全面钻进的特点，常用的全面硬质合金钻；了解硬质合金钻头的制造工艺；熟练掌握磨锐式硬质合金钻头的钻进规程，自磨式硬质合金钻头的钻进规程，各类地层的硬质合金钻进；熟练掌握确定硬质合金钻头结构要素和钻进规程的方法，可合理地应用硬质合金钻进方法。

重点：硬质合金钻头结构分析方法。

难点：硬质合金钻进规程参数的选择、最优回次进尺时间的确定。

把不同几何形状和一定尺寸的硬质合金块镶焊在钻头体上，在轴向压力作用下切入岩石，在水平力作用下切削岩石，这种钻进方法称为硬质合金钻进。

当前硬质合金钻进虽然存在局限性，有被金刚石复合片钻进代替的趋势，但硬质合金在岩心钻探中仍占有重要地位，是我国煤田钻探的重要钻进方法。我国每年的钻探工作量，用硬质合金钻进法完成的约占60%，在煤田地质勘探中约占80%以上。

3.1　硬质合金钻进原理

3.1.1　硬质合金钻进特点

硬质合金钻进适用于软及中硬岩层，一般适用于可钻性为1～6级及部分7～8级的岩浆岩和变质岩。钻孔直径为35.5～2000mm，常用的钻头直径为75mm、91mm、110mm、130mm、150mm等规格，硬质合金钻进可钻进任何角度的钻孔。

硬质合金钻进的优点为：

（1）不受孔向、孔径和孔深的限制，可以任意角度施工；所钻出的孔壁及岩心直径比较一致，表面比较光滑；在软岩及中硬岩石中钻进效率高，钻进质量好，钻探材料消耗少，成本低；钻探方法灵活，应用范围广泛。

（2）可以根据不同的岩性和要求，合理地设计和选择钻头的结构，以便在不同岩层中取得较优的效果并满足工作要求。

（3）钻进中操作简便，容易掌握；钻孔质量容易保证，岩心采取率较高，孔斜较小。

硬质合金钻进的缺点为：钻进研磨性强、坚硬而致密岩层时磨损较快，钻速下降迅速，钻进回次进尺短。一般情况下，影响硬质合金钻进效率的主要因素有岩石的性质、硬质合金钻头的质量、钻进时的操作技术和钻进规程等。

3.1.2 硬质合金钻进破碎岩石机理

硬质合金钻进是以坚硬的硬质合金作切削具来破碎（切削）岩石的，即在轴向压力和钻具回转力作用下，由硬质合金钻取（压入、压碎、切削）破碎岩石。

研究硬质合金钻进时，应从以下几个过程进行分析：

（1）硬质合金钻头通过轴心压力和钻具的回转作用，钻取破碎孔底岩石；

（2）被破碎的岩石颗粒由注入孔内的冲洗液排出孔外，冲洗液还起着冷却钻头的作用；

（3）在钻进过程中，岩石被破碎的同时，合金本身不断磨钝和磨损，应定时更换钻头。

其中在研究硬质合金钻进原理时，应重点研究硬质合金钻进破碎岩石的过程和硬质合金本身的磨损问题。

基于固体切削的理论，硬质合金钻进破碎岩石可分为塑性岩石破碎过程和脆性岩石破碎过程。首先是认为岩石破碎过程具有明显的高塑性，因而钻进时岩石的破碎与金属切削的状态相同，在研究外载与破碎之间关系时，主要采用力的平衡原理；其次考虑到岩石破碎过程中存在着脆性破碎，因而要在孔底碎岩机理的基础上进行分析。

3.1.2.1 硬质合金钻进的孔底碎岩过程

回转钻进时，切削具在轴向力的作用下压入岩石，在回转水平力的作用下沿孔底破碎岩石。轴向力和水平力的共同作用导致孔底岩石以薄的螺旋层形式连续被破碎。回转钻进的机械钻速 v_m 取决于切削具切入岩石的深度和钻头转速：

$$v_m = 60nmh_1 \tag{3-1}$$

式中，n 为钻头转速，r/min；m 为钻头上切削具个数；h_1 为每个切削具每转切入岩石的深度。

影响切入深度的主要因素通常包括岩石破碎工具上的轴向力大小，岩石的物理力学性质及破碎下来的岩屑从孔底清除的速度，切削具的硬度、几何形状及其在钻头工作唇面上的布置方式，钻头的转速与切削具的磨钝程度。

A 塑性岩石的孔底破碎过程

钻进时，机械钻速主要取决于合金切入岩石的深度；而切入深度则取决于轴心压力 P_y 和岩石性质，并与钻头的转数、合金数量及其几何形状有关。

磨锐式硬质合金切削具如图 3-1 所示。假设切削具在轴载 P_y 作用下切入岩石，切削具切入的条件是：

$$P_y \geqslant H_y S_0 \tag{3-2}$$

式中，H_y 为岩石的压入硬度；S_0 为切削具刃尖处与岩石的接触面积。

钻头上的合金（切削具）切入岩石时的理想受力情况如图 3-2 所示。在轴心压力 P_y 的作用下，合金开始切入岩石；由于岩石对切削刃有阻力，切削具不是沿垂直方向，而是沿着与垂直方向呈交角 γ 的方向向下移动；γ 角的值主要取决

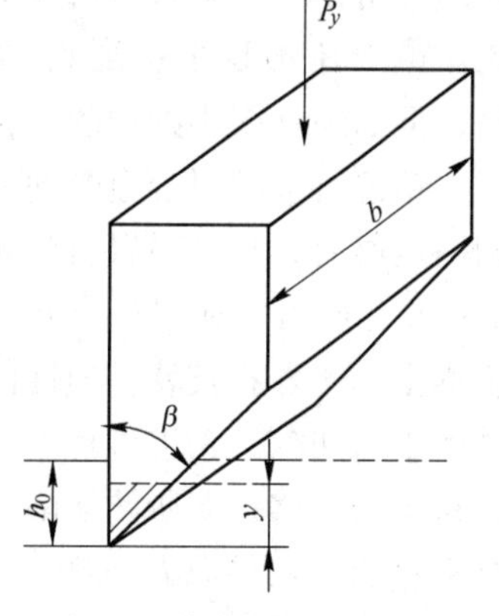

图 3-1 单个切削具示意图

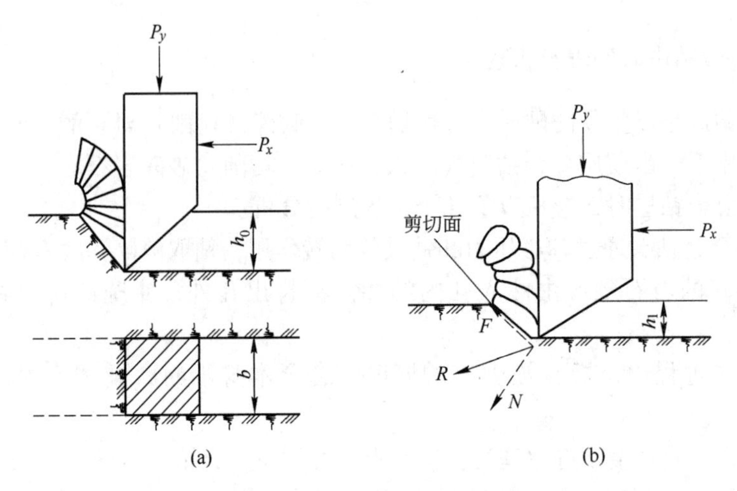

图 3-2 切削具在双向力作用下破碎塑性岩石

(a) 硬质合金钻进碎岩的机理；(b) 合金切入岩石的受力状态

P_y—轴向力；P_x—回转力；h_0—合金切入深度；b—切削宽度（切削具宽度）

于岩石与合金间的摩擦系数和刃尖角。在合金切入岩石的过程中，合金的后面与前面分别遇到法线阻力 N_1 和 N_2，如图 3-3 所示。

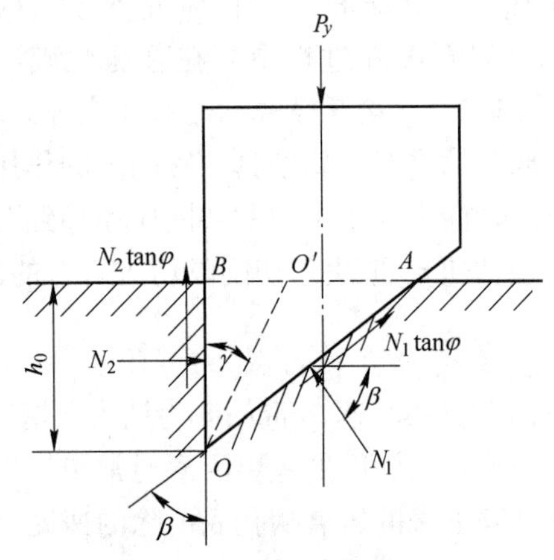

图 3-3 合金切入塑性岩石时的受力情况

P_y—轴向力；β—刃尖角；h_0—切入深度；

γ—刃尖切入角；N_1—后面正压力；

N_2—前面正压力；φ—内摩擦角；

$\tan\varphi$—摩擦系数

当磨锐式钻头上的切削具未磨钝时，切入深度可用下式表达：

$$h_0 = \frac{\eta P_y}{bH_y\tan\beta} \tag{3-3}$$

式中，P_y 为切削具上的轴向力，N；b 为切削具的刃宽，mm；β 为切削具的刃角，(°)；H_y 为岩石的压入硬度；η 为考虑到摩擦力的系数（η 小于 1）。

式（3-3）表明，对塑性岩石而言切削具的切入深度 h_0 与轴向力 P_y 成正比，而与切削具的刃角 β、刃宽 b、岩石的压入硬度 H_y 成反比。虽然 β 角越小切削具刃尖切入岩石越容易，但如果 β 很小则切削具会很快崩裂，实际上 β 角的最小值为45°~55°。

钻进时，刀刃合金受到两个力的作用，即轴心压力 P_y 和回转力 P_x。当轴心压力 P_y 达到一定值后，合金对岩石的单位压力超过岩石的抗压入阻力，合金便切入岩石一定深度 h_0；与此同时，在回转力 P_x 的作用下，合金向前推挤岩石，如岩石较脆，则受力体被剪切推出；若岩石较软呈塑性体，则合金前部的岩石便被切削去一层，孔底工作面呈螺旋形式而不断加深。钻进过程中，切削具前面的岩石在分力 F 的作用下不断产生塑性流动，并向自由面滑移，即所谓切削作用，这和软金属的切削加工没有多大区别，切削过程基本上是平稳的，水平力 P_x 变化不大。同时，切削具在塑性岩石中形成的切槽与刃宽基本吻合。硬质合金钻进的过程如图 3-2 所示。

实际上，由于孔底钻具的振动和重复破碎，加之冲洗液的循环，塑性岩石被切削下来的岩屑不可能像金属切削那样成为连续的切屑，而是碎裂成岩粉被冲洗液带至地表。另外，图3-2（b）中的切入深度为 h_1 而不是 h_0，这是由于合金在 P_y 和 P_x 共同作用下比 P_y 单独作用下切入更容易，故 $h_1 > h_0$。

B 弹塑性岩石的孔底破碎过程

在实际生产中，硬质合金钻头的主要钻进对象是弹塑性岩石。硬质合金切削具破碎弹塑性岩石的机理虽与塑性岩石有相似之处，但更有其不同的特点。

从理论上讲，只有当切削具与岩石接触面上的压强达到或超过岩石的压入硬度时，才能有效地切入岩石。

弹塑性岩石的压入硬度远大于塑性岩石，若仅靠 P_y 力来形成 h_0 的切深，则需要在切削具上施加很大的轴向压力。

C 岩石破碎的三个阶段

岩石破碎大体分三个阶段：

（1）切削具在双向力作用下压入岩石，使刃前岩石沿剪切面破碎，P_x 力减小后，继续前移，碰撞刃前岩石（见图3-4（a））。

（2）切削具刃前接触岩石部分的面积很小，对前方岩石产生较大的挤压力，压碎刃前的岩石，随着 P_x 力增大，岩石产生小的剪切破碎（见图3-4（b））。继续向前推进，可能重复产生若干次小剪切，碎裂的岩屑向自由面崩出（见图3-4（c））。

（3）当切削具前端接触岩石的面积较大时，前进受阻。一方面切削具继续挤压前方的岩石（部分被压成粉状）；另一方面 P_x 力急剧增大，当 P_x 力达到极限值时，岩石沿剪切面产生大的剪切破碎，并在刃尖前留下一些被压实的岩粉，然后 P_x 力突然减小（见图3-4（d））。

切削具不断向前推进，重复着碰撞、压碎、小剪切、大剪切的循环过程。在每次循环中，切削具两侧的岩石也会和刃前岩石一样，分别产生一组相近似的小剪切体和大剪切体，使切槽断面近似于梯形（见图3-4（e））。由于剪切过程是在孔底局部夹持和小剪切、大剪切交替出现的条件下进行的，故孔底和切槽边沿都是粗糙不平的，而且有规律地变化着。当数次小剪切使槽壁也产生侧崩时，便改善了切削具的夹持状态，为大剪切创造了条

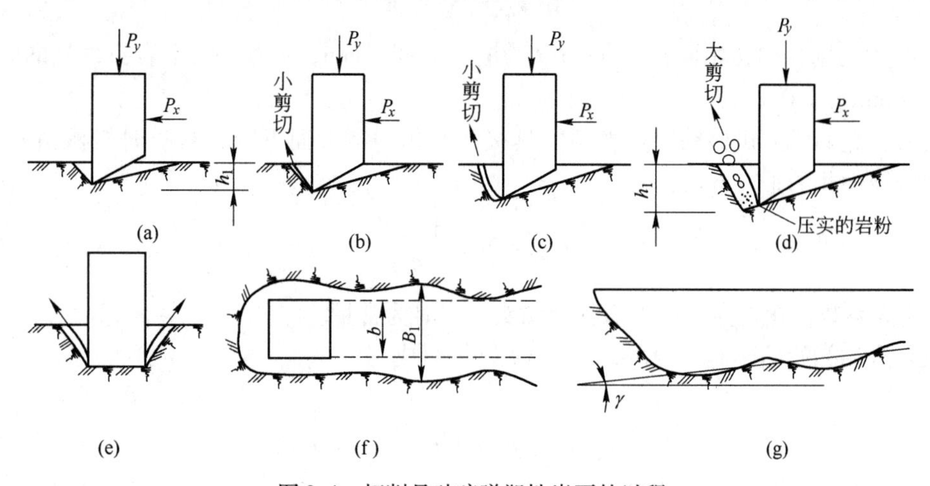

图3-4 切削具破碎弹塑性岩石的过程

件，如图3-4（f）、（g）所示。图3-4（f）中 b 为切削具刃宽，B_1 为大剪切时岩石的切槽宽。整个破碎过程沿着倾角为 γ 的螺旋面进行。

综上所述，用切削具破碎弹塑性岩石时，在每个剪切循环中和各个循环之间，水平力 P_x 都是跳跃式的有规律地变化着；而在塑性岩石中，水平力 P_x 没有显著的变化，基本上可以认为是常量。

3.1.2.2 硬质合金切削具的磨损

合金在孔底破碎岩石的同时也被磨损，因而钻头上的合金在钻进开始和终了时的情况不同。合金随着进尺数的增加被磨损而变钝，因而机械钻速逐渐下降。钻进时，不但要求有较高的机械钻速，而且还要求有较高的回次进尺和台班效率。因此，必须尽可能地掌握钻进规律，使钻头有较长的钻进时间。所以，研究钻进中硬质合金的磨损，就成为合金钻进中的一个重要问题。钻进中由于切削具被磨损，钻速将逐渐衰减，切削具磨损越快，则衰减越厉害。不同比压下切削具的磨损情况如图3-5所示。

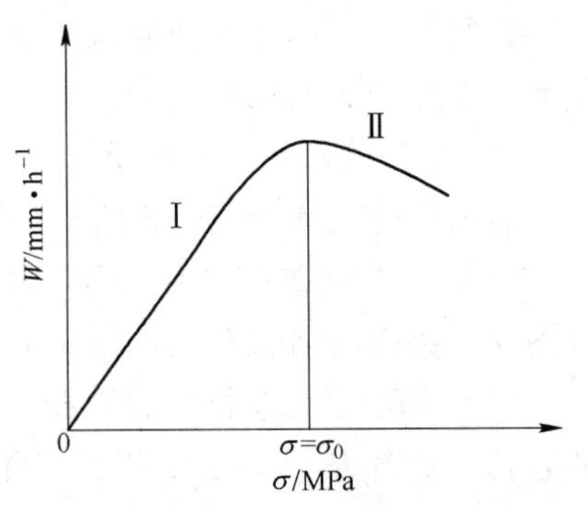

图3-5 不同比压下切削具的磨损情况
Ⅰ—表面的碎岩；Ⅱ—体积的碎岩

A 切削具磨损和钻速问题分析

根据费得洛夫等人用鱼尾钻头对硬质合金切削具的磨损问题的研究，得出如图3-5中的磨损曲线。该曲线反映了切削具单位时间磨损量 W 与切削具刃端面积上比压 σ 的关系。横坐标上的分界点 σ_0 表示岩石的压入硬度，在其前后属于两种不同性质的磨损。

（1）曲线Ⅰ：当 $\sigma<\sigma_0$ 时，切削具未能有效地压入岩石，钻进处于表面破碎状态。此时切削具单位时间的磨损量 W 正比于切削具上的比压 σ。

（2）曲线Ⅱ：当 $\sigma>\sigma_0$ 时，岩石呈体积破碎。随着切削具上的比压 σ 增大，单位时间的磨损量 W 不仅未增大，反而出现减小的趋势，即在体积破碎条件下，切削具的磨损主要不取决于轴向压力，而取决于岩石的硬度、切削具的材质及切削具的磨钝面积。

费得洛夫提出，在一定条件下切削具的磨钝面积与其初始面积和钻进时间有关：

$$S(t) = S_0 + \theta t \tag{3-4}$$

式中，S_0 为切削具的初始面积，mm^2；t 为磨损时间，min；θ 为取决于岩石性质的磨损系数，mm^2/min。

硬质合金钻进的机械钻速随着切削具接触面积的增大而下降，其瞬时机械钻速 v_m 与切削刃磨钝面积的平方成反比：

$$v_m = \frac{A}{(S_0 + \theta t)^2} \tag{3-5}$$

式中，A 为系数，在岩性、钻进规程及钻头一定时为常量。

设钻进的初始钻速 $v_0 = A/S_0^2$，式（3-5）可写成：

$$v_m = \frac{v_0 S_0^2}{S_0^2 + 2S_0\theta t + \theta^2 t^2} = \frac{v_0}{(1 + k_0 t)^2} \tag{3-6}$$

式中，k_0 为钻速下降的特征系数，$k_0 = \theta/S_0$。

钻头在 t 时间内的总进尺为 $H=\int_0^t v_{\mathrm{m}}\mathrm{d}t$，将式（3-6）代入，则有 $H=\frac{v_0 t}{1+k_0 t}$。因此，平均钻速为 $\bar{v}_{\mathrm{m}}=\frac{v_0}{1+k_0 t}$，通过变换可写成：

$$\bar{v}_{\mathrm{m}}=v_0-k_0 H \tag{3-7}$$

式（3-7）表明，平均钻速可写成以进尺 H 为自变量的一元线性方程，其中，v_0 是在纵坐标上的截距，k_0 为直线的斜率。进尺 H 是在钻进过程中容易准确测得的参数，我们可以用一元回归分析的方法，在若干观察值的基础上求出 k_0 值，从而利用式（3-7）来预测切削具磨损对钻速的影响。

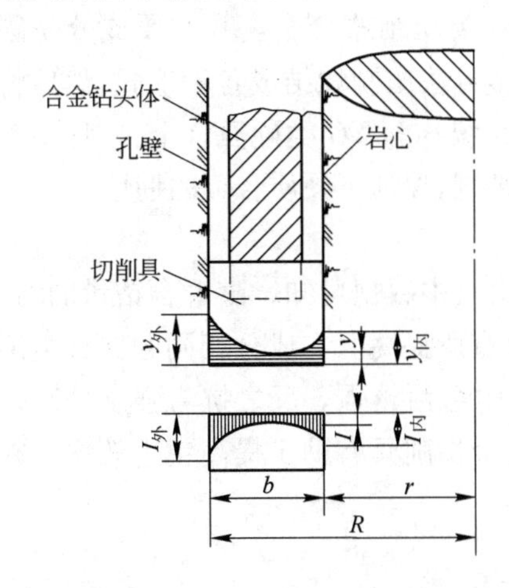

图 3-6 切削刃的实际磨损情况

y—切削刃磨损高度；$y_{内}$—切削刃内侧磨损高度；$y_{外}$—切削刃外侧磨损高度；I—刃端磨损高度；$I_{内}$—切削刃内侧磨损宽度；$I_{外}$—切削刃外侧磨损宽度；b—环槽宽度；r—岩心半径；R—钻孔半径

B 切削具在孔底磨损的实际状况

在实际钻进过程中，钻头硬质合金切削具出刃的内、外侧磨损量是不可能均匀的（见图 3-6），即：

$$y_{外}>y_{内}>y,\quad I_{外}>I_{内}>I$$

切削具底端也不是像想象的那样，被磨损成平面，而是呈圆弧形，刃前缘和后缘磨损更厉害。现场实践表明，影响合金磨损和钻头在孔底耐久性的各种因素，必须在合金钻进时才能掌握其磨损的特点。实际上切削刃在孔底的磨损是不均匀的。钻进时，切削刃沿高度的磨损使内外刃的负担加重，所以磨损大于中部，而外刃磨损又大于内刃。由于内外刃磨损较重，所以内外侧刃端磨损的厚度也较大，如图 3-6 所示。

切削刃的前缘负担较重，因而磨损也较重；同时，切削刃的后缘在回转运动中受岩屑和岩面的研磨会产生“自磨”现象；合金刃尖角和孔底螺旋面倾角越大，则这种“自磨”现象越明显。因此，切削刃端不是平面磨损而是呈圆弧形磨损，如图 3-7 所示。也就是说，合金切削刃在孔底有“自锐”的磨损作用，这种磨损作用对钻进是有利的。

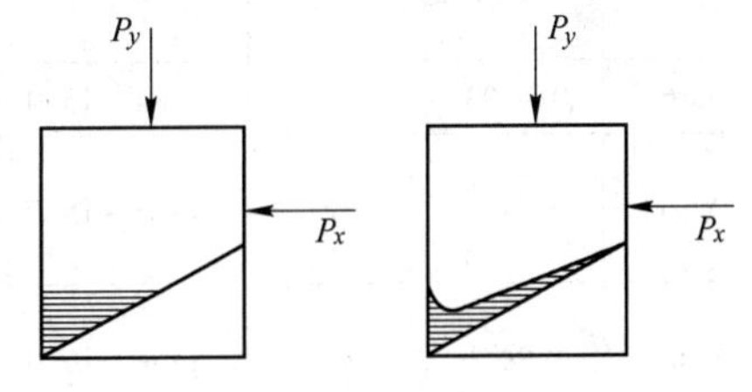

图 3-7 硬质刀头合金磨损的理实对比

P_y—轴向力；P_x—回转力

在实际钻进工作中，用冲洗液冲孔时，冲洗液对合金切削刃有一定的润滑作用，可减少合金的磨损；同时冷却钻头合金，并使孔底保持清洁，对减少合金磨损也会起重要作用。

C 减轻切削具磨损的措施

虽然切削具的磨损是不可避免的，但我们应设法把它控制在最低限度内。可采取的主要措施是：

（1）避免切削具在表面破碎状态下工作，尤其在高转速、低钻压的条件下钻进研磨性岩石时，切削具磨损更快。

（2）切削具的磨损速度取决于切削具的硬度与所钻岩石的硬度之比，岩石的研磨性、裂隙性等性质，还取决于切削具在钻头唇面的布置。应根据岩性选用合适的硬质合金牌号和型号，采用合理的钻头唇面结构。

（3）每次下钻前应修磨切削具刃端，减小初始接触面积，以降低其磨损率。

（4）采取等强度磨损的原则，对磨损严重的钻头切削具内外侧面进行补强。

（5）尽量采用具有润滑作用的乳化液或泥浆洗孔，以减轻切削具的磨损。

3.1.3 硬质合金的特性

钻探用的硬质合金，主要是碳化钨（WC）、钴（Co）类压结式合金。其主要成分是碳化钨，它以碳化钨粉为骨架，以钴粉为黏结剂，经粉末冶金方法压制烧结成各种形式，然后将其镶焊在钻头体上，制成各种形式的钻头。这类硬质合金统称为 YG 类硬质合金，亦称钨钴合金。它的高硬度保证了硬质合金的耐磨性；钴粉为黏结剂，保证了硬质合金的韧性。

3.1.3.1 硬质合金的材料

YG 类硬质合金的性能对比资料如表 3-1 所示。由表中数据可知，随着含钴量的增大，硬质合金的耐磨性有所减弱，而抗弯强度、冲击韧性有所提高。在成分相同的钨钴类硬质合金中，WC 的颗粒越细，则硬质合金的硬度越大，耐磨性越强。反之抗弯强度提高，韧性增强。实践证明，采用含钴量不高的粗颗粒硬质合金切削具有助于提高钻进效率，并保证一定的钻头寿命。

表 3-1 YG 类硬质合金的性能

合金牌号①	化学成分/%		物理力学性质			特性及用途
	WC	Co	密度/$g \cdot cm^{-3}$	硬度(HRA)	抗弯强度/MPa	
YG3x	97	3	15.0~15.3	92	1050	耐磨性最好，冲击韧性最差，用于金属切削
YG4c	96	4	14.9~15.2	90	1400	适于在均质和软硬互层地层中回转钻进
YA6	91~93	6	14.4~15.0	92	1400	加有少量 TaC 成分，提高了硬度
YG6	94	6	14.6~15.0	89.5	1400	适于回转钻进，使用效果仅次于 YG4c
YG6x	94	6	14.6~15.0	91	1350	细粒合金，强度接近 YG6，耐磨性较 YG6 高
YG8	92	8	14.0~14.8	89	1500	地质勘探和石油回转钻进用主要品种
YG8c	92	8	14.0~14.8	88	1750	粗粒合金，冲击韧性较高，适于冲击回转钻进
YG11c	89	11	14.0~14.4	87	2000	耐磨性最差，冲击韧性最高，适于冲击回转凿岩
YG15	85	15	13.9~14.1	87	2000	

①硬质合金中的附加字母“x”表示细粒合金，“c”表示粗粒合金。

3.1.3.2 硬质合金性能

(1) 硬度。一般岩心钻探用的硬质合金，其硬度应大于HRA50。

(2) 韧性。因钻进用的钻杆是弹性体，而所钻岩石又大都是非均质的，故钻进时孔底载荷变化很大，所以要求合金的抗弯强度大于1150MPa。

(3) 材料应成型，以便易于镶焊在钻头上。

(4) 应有一定的热硬性和导热性，以减少合金的磨损，延长钻头的寿命。钻进时应根据岩石性质和使用条件，合理地选用硬质合金的牌号及形式。供地质勘探用的YG类硬质合金，其物理力学性质及特性见表3-1。

表3-1中所列各种牌号：第一个字母“Y”表示硬质合金；YG表示碳化钨-钴类(WC-Co)硬质合金；后面的数字表示其含钴量；数字后面的字母“c”表示粗晶粒；“x”表示细晶粒；“A”表示加有碳化铌。例如YG6x表示含钴6%的细晶粒钨钴合金；YG8c表示含钴8%的粗晶粒钨钴合金。

在软岩和中硬岩层中可用硬质合金回转钻头。硬质合金和牙轮钻头既可钻进小口径孔，又可钻进大口径孔、工程施工孔和浅孔。钻探工作量中有50%以上是用硬质合金钻头完成的，可钻性在1~6级的所有岩石几乎都可用硬质合金钻进。

3.1.3.3 选用硬质合金切削具的基本原则

按照我国的行业标准，硬质合金切削具主要有薄片状、方柱状、八角柱状和针状等形状。

在确定硬质合金的牌号后，选择切削具形状与规格的一般原则是：

(1) 片状硬质合金刃薄，易于压入和切削岩石，但抗弯能力差，适用于可钻性为1~5级的软岩，它在钻头体上的出刃应大些。

(2) 柱状硬质合金抗弯能力较强，压入阻力也较小，主要适用于可钻性为4~7级的中硬岩石，其中八角柱状切削具抗崩能力强，利于排粉和破岩，并易于焊牢，故在较硬岩层和裂隙发育的地层中得到广泛的应用。

(3) 针状和薄片状硬质合金主要用于镶焊自磨式钻头，在硬地层或研磨性岩石中使用。

3.2 硬质合金钻具

3.2.1 硬质合金的形式

岩心钻探用硬质合金的形式，应具备以下条件：

(1) 切削刃尖，接触面小，便于切入岩石；

(2) 有较大的强度和耐磨性，抗崩、抗磨；

(3) 具有适当的尺寸和形状，能与钻头体牢固焊接；

(4) 合金磨损后仍具有一定的切削能力(即具有一定的自锐作用)。

岩心钻探用硬质合金已有定型产品，其型号、尺寸及使用条件如表3-2所示。

表3-2所列硬质合金的定型产品，可分为两大类，即磨锐式合金和自磨式合金。硬质合金形式如图3-8所示。

表 3-2 岩心钻探用硬质合金

型号	制品号	名称		尺寸/mm						质量/g					使用条件
				B	*L*	*C*	*D*	*H*	*A*	YG8	YG8c	YG11c	YG4c	YG6x	
K41	K411 K413 K414	薄片状合金	矩形薄片	3 6 8	15 20 20	1.5 4 6				1.0 6.9 13.8	1.0 7.1 14				用于刮刀钻头补强
			直角薄片	4 5 6 8 10	15 20 20 20 20	3.6 4 6 6 8				2.3 5.4 9.1 10.7 19.3		2.45 5.2 8.7 10.0 18.7			适于钻进 1 ~4 级软岩
K51	K511 K512 K513			5 7.5 8.5	7 10 8	3 3 3				1.4 3.05 2.8	1.5 3.15 2.85				适于钻进1 ~4 级软岩
K52	K521 K522		菱形片	8.5 12		3 4				2.8 8.6	2.85 8.70		2.9 8.8		适于钻进 1 ~3 级软岩
K53	K531 K533 K534	棱柱状合金	八角柱				5 6			2.25 7.2 14.8			2.3 6.9 15.0		适于钻进 4 ~7 级中硬岩
K57	K571 K572 K573		方柱	5 5 5	8 10 13					2.66 3.3 4.2			2.7 3.4 4.3		适于钻进4 ~7 级中硬岩
			锥片柱	8 8 8				16 16 16	10 12 14		15.1 18.2 21.2	14.6 17.6 20.5			
K56	K561 K562	针状合金			10 ±1 15 ±1 20 ±1		1.8 1.8 2.0			0.1 0.5 0.7			0.6 0.7 0.9	0.5 0.6 0.8	适于自磨式钻头

3.2.2 硬质合金钻头种类

目前，硬质合金钻头种类繁多，用途各异，归纳起来可分为两大类：一类是取心式硬质合金钻头，它的特点是钻头呈环状，钻进后能取出圆柱状的岩心，所以又称环状岩心合金钻头，这是岩心钻探最常用的一类钻头；另一类是不取心式硬质合金钻头，它的特点是钻头底部全面镶有合金，进行全面钻进不取岩心，所以又可称为全面合金钻头，这是钻进覆盖层、软岩最常用的一类钻头。

取心式合金钻头又可根据钻进岩石的性质，分为磨锐式钻头与自磨式钻头两种，磨锐式硬质合金钻头镶嵌有可以修磨的磨锐式合金；这种钻头在钻进时合金会不断磨损而变钝，钻速也随之逐渐下降。自磨式硬质合金钻头镶嵌有小断面（薄片或圆柱状）的自磨式合金；这种钻头钻进时合金不被磨钝，钻速基本不变，如图 3-9 和图 3-10 所示。

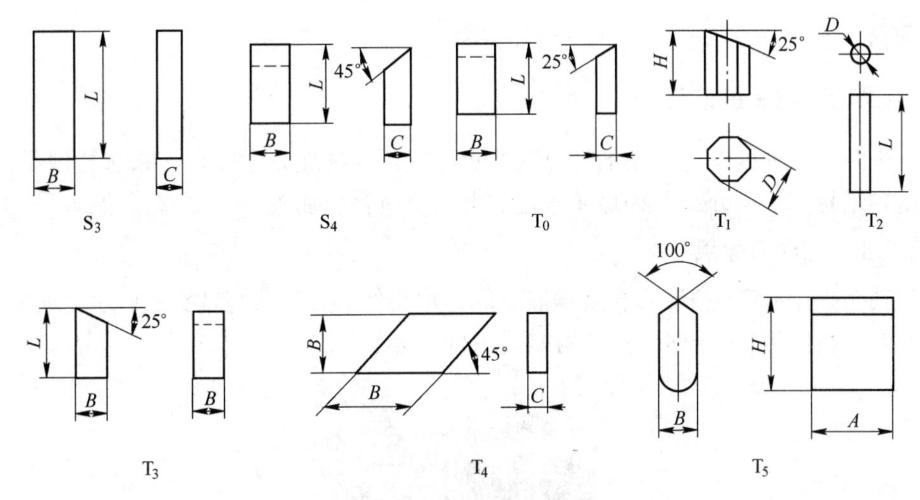

图 3-8 硬质合金形式

T_0—直角薄片；T_1—八角柱状合金；T_2—针状合金；T_3—方柱状合金；T_4—菱形薄片；T_5—锥片柱状合金；S_3—矩形薄片；S_4—直角薄片

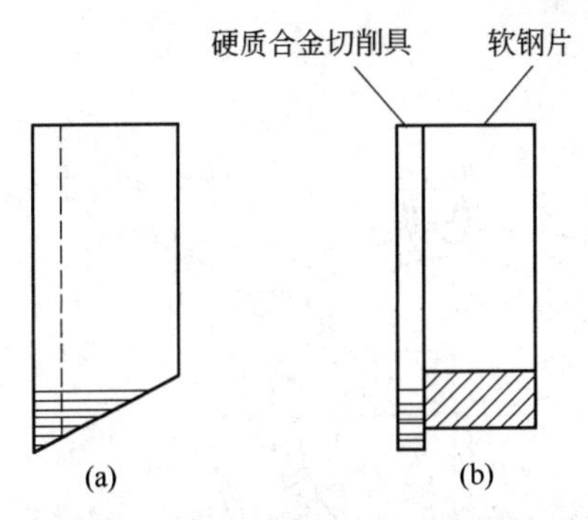

图 3-9 磨锐式合金和自磨式合金

（a）磨锐式；（b）自磨式

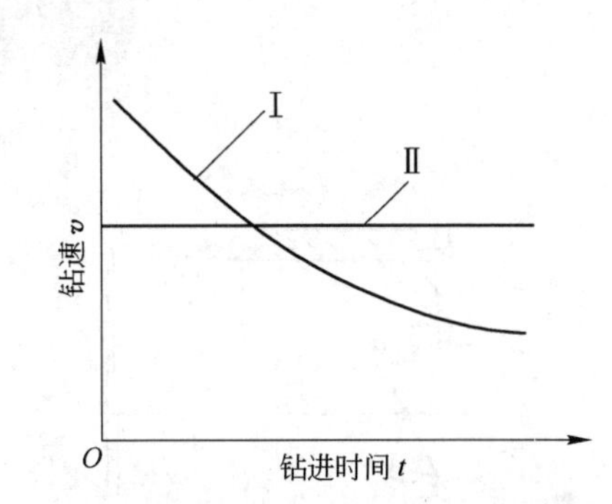

图 3-10 磨锐式合金和自磨式合金钻进曲线

Ⅰ—磨锐式合金钻进曲线；Ⅱ—自磨式合金钻进曲线

3.2.2.1 磨锐式硬质合金钻头

这种钻头为了使切削具容易切入岩石，一般把切削具磨成（制成）单斜面形式。但是这种切削具在钻进中不断被磨损而变钝，如图 3-9 所示，因而钻速随着切削具磨钝而逐渐下降，如图 3-10 中曲线Ⅰ所示。岩石研磨性愈大，切削具磨损愈快，钻速下降也愈快。所以磨锐式钻头只适用于研磨性小的软及中硬岩石。由于这种钻头在钻进时逐渐变钝，故再次使用时需要重新把它磨锐。

3.2.2.2 自磨式硬质合金钻头

为了克服磨锐式钻头在钻进中不断被磨钝的问题，可选用小断面切削刃（薄片或小圆柱），如图 3-9 所示，使切削刃在钻进中磨损后与岩石接触面积保持不变，即不会变钝，这种钻头称为自磨式钻头。但这种切削具因断面较小而抗折断能力较差，为此需要用钢片或其他易磨金属把切削具支撑或包裹起来以增强其抗弯能力。在钻进过程中，随着切削具被磨损，支撑金属先于切削具被磨损，从而使切削具正常出露。这种钻头的特点是钻速基本保持不变，如图 3-10 中曲线Ⅱ所示。它适用于在强研磨性的中硬岩石中钻进。

3.2.3 典型的硬质合金钻头

在钻进时，应根据钻进地层的特点和要求及岩石的物理力学特性，来选择硬质合金钻头的类型和结构。下面介绍几种煤矿常用的典型硬质合金钻头。

3.2.3.1 螺旋肋骨式钻头

此型钻头采用K572型硬质合金镶嵌制成，钻头外侧有三块与钻头底唇水平面呈45°角的螺旋肋骨，材料为35号钢。其结构如图3-11所示。

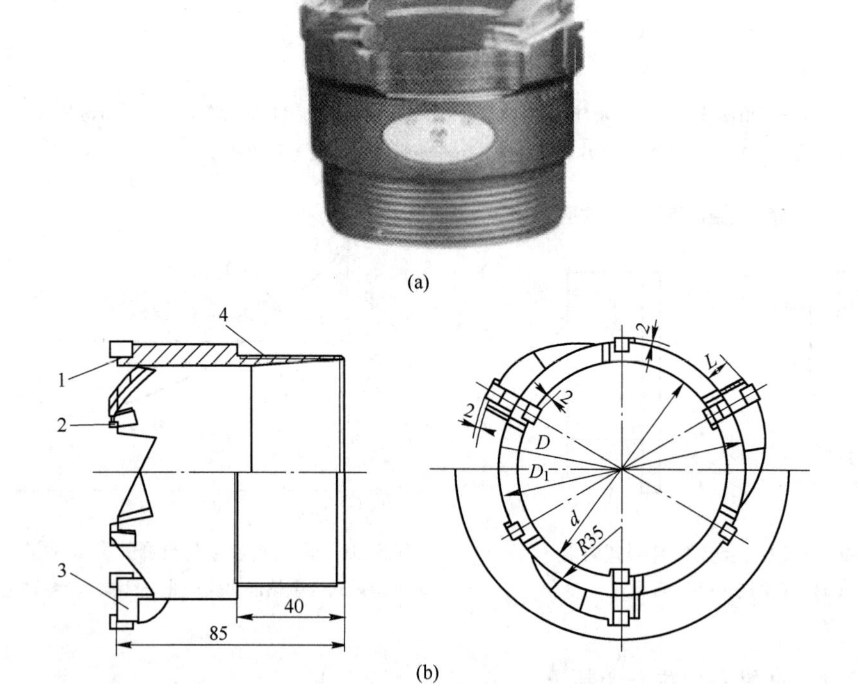

图3-11 螺旋肋骨式钻头

（a）螺旋肋骨式钻头实体；（b）螺旋肋骨式钻头投影图

1—钻头体；2—肋骨；3—合金；4—螺距4特殊梯形扣

螺旋肋骨的作用在于能使冲洗液呈螺旋状上升，这样就加速了孔底岩粉上升速度，保证孔底清洁，减少孔内阻力，从而提高了钻进速度。在使用此型钻头时，为使钻进平稳，避免钻孔弯曲，须采用特制的岩心管。

螺旋肋骨式钻头适用于$f=2\sim4$的松软塑性岩层，如煤、泥岩等。这种钻头在2~4级松软岩层中钻进，能大大提高钻进效率。硬质合金钻具组装如图3-12所示。

3.2.3.2 阶梯肋骨式钻头

阶梯肋骨式钻头采用K531型硬质合金镶嵌而成，其特点是肋骨片较厚，水口宽大，钻进时的实际孔径相当于大一级的钻头直径，孔底为阶梯状。阶梯式肋骨钻头的结构如图 3-13 所示。

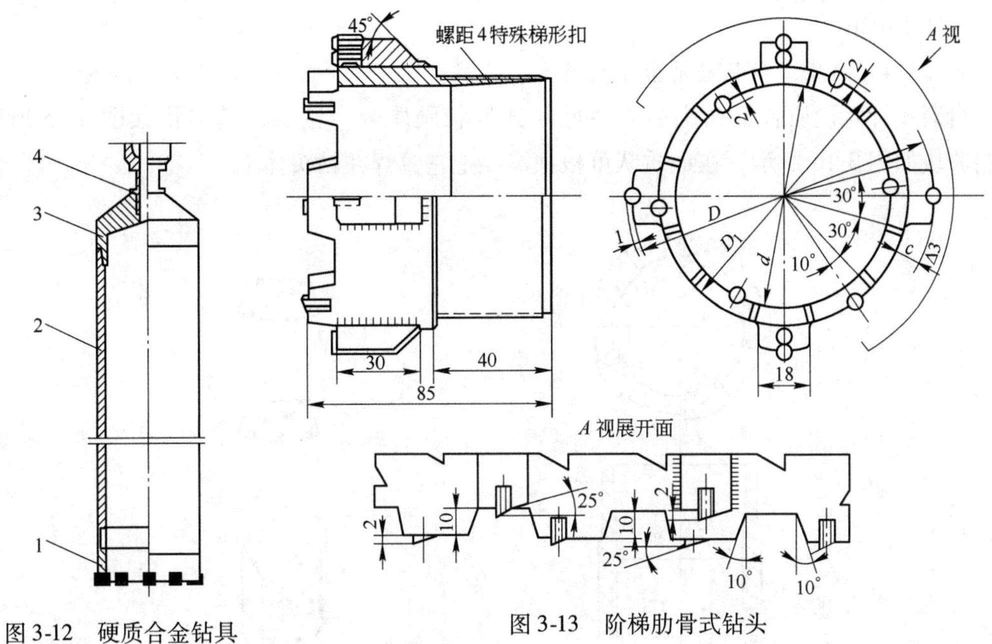

图 3-12　硬质合金钻具

1—合金钻头；2—岩心管；
3—异径接头；4—钻杆接头

图 3-13　阶梯肋骨式钻头

阶梯肋骨式钻头适用于$f=3\sim5$的岩层，如页岩、砂岩等。在钻进时，阶梯肋骨进行扩孔，可保持一定的钻头内外间隙。使用该钻头钻进时的平均机械钻速为$(5\sim10)\times10^{-4}$m/s，平均回次进尺为 3 ~ 5m，钻头进尺为 10 ~ 14m。

3.2.3.3　普通式（内外镶）硬质合金钻头

普通式硬质合金钻头采用 K573 型合金制成，内外出刃为 1 ~ 2mm，底出刃为 1 ~ 3mm，合金修磨的刃尖角为 50° ~ 60°，可以直镶也可以斜镶，切削角为 65° ~ 90°。其构造如图 3-14 所示。一般这种钻头广泛用于在 2 ~ 6 级岩石中钻进，如均质石灰岩、砂岩及页

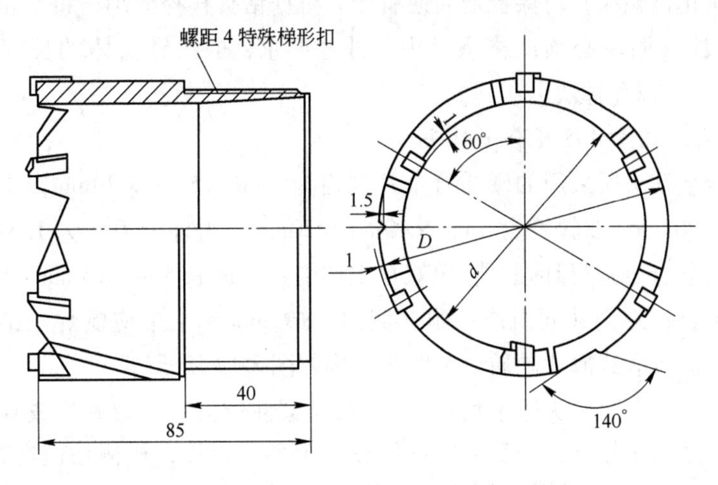

图 3-14　普通式（内外镶）硬质合金钻头

岩等。在5~7级岩层中钻进，回次进尺为3~6m，单位小时进尺为3.0~3.5m，回次钻进时间可达1~2h。

3.2.3.4 自磨式针状硬质合金钻头

自磨式针状硬质合金钻头多采用胎块式针状硬质合金钻头，其结构如图3-15所示。预制胎块如图3-16所示，在地质队可根据需要把它镶焊在钻头体上。

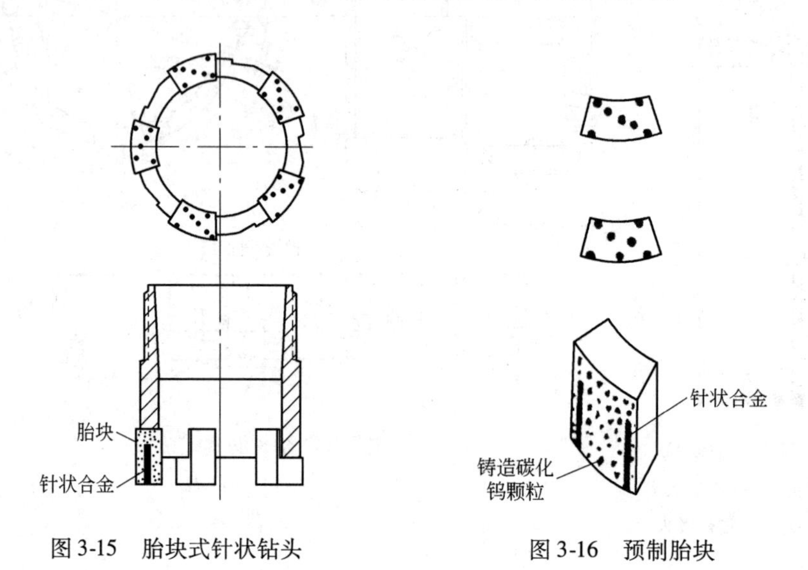

图3-15 胎块式针状钻头　　图3-16 预制胎块

胎块式针状硬质合金钻头适于在5~8级岩石中钻进，其钻速高，回次进尺大，使用寿命长，钻孔质量好，操作方便，成本较低。

研究和试验表明，选定胎块为70%铁粉与30%铜粉烧结的合金钻头，具有较好的抗弯强度和冲击韧性，以及合适的硬度，适用范围较广。

使用针状硬质合金钻头钻进，突出的问题是外径磨损严重，因此需要增强外径的抗磨能力。经试验，配合通用的硬质合金钻头体，胎块规格以15mm×8.5mm为最好。在胎块外侧增加铸造碳化钨颗粒，对保径最简便有效。根据钻头直径大小，每个钻头体上一般可镶焊4~5个胎块（胎块必须严格满足内、外径要求，嵌入钻头体的长度为胎块高度之半），镶焊要牢固，以免掉块。

3.2.3.5 自磨式薄片硬质合金钻头

薄片硬质合金钻头所采用的硬质合金片规格为1mm×5mm×20mm，支持钢片单粒者为4mm×5mm×20mm，双粒者为5mm×10mm×20mm，内外出刃皆为1.5mm。在单粒的外侧用ϕ2mm针状合金进行补强；在单双粒主切削具后面有5mm×5mm×10mm方柱状合金作为辅助切削具；它们共同组成一组。例如，ϕ91mm钻头上应镶焊三组，其余随钻头直径大小而增减。自磨式薄片硬质合金钻头结构如图3-17所示。

自磨式薄片硬质合金钻头适于钻进4~8级研磨性较大的中粒砂岩或其他研磨性大的岩石，与其他类型钻头相比，一般回次进尺提高65%~95%，机械钻速提高15%~30%，充分显示了该类型钻头的优越性。

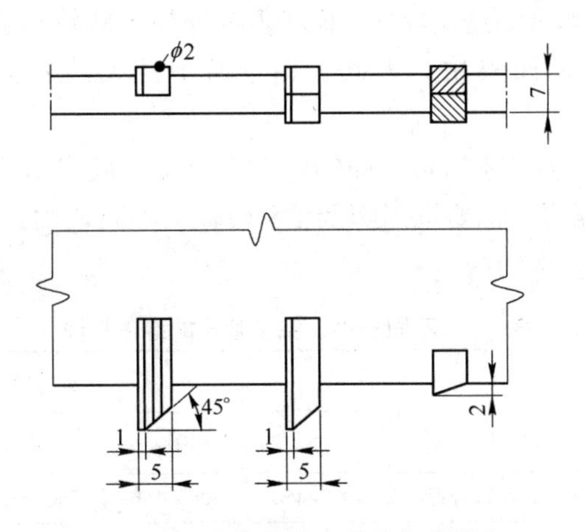

图 3-17 自磨式薄片硬质合金钻头

3.3 硬质合金钻进的操作及注意事项

3.3.1 硬质合金钻进技术参数及钻头类型的合理选择

硬质合金钻进的技术参数主要包括钻压、转速、泵量等，其对钻头在孔底工作状况、钻进效率、钻孔质量、磨料消耗和施工安全等有直接影响。

3.3.1.1 钻压

确定钻压应考虑的因素有：

（1）岩石的性质。岩石性质是确定钻压的主要依据。钻进裂隙发育的岩石，采用的钻压应比钻进正常岩层时减小 20% ~30%，以防合金崩刃。在倾角较大的岩层钻进，也应适当减小钻压，以防孔斜。可根据岩石的极限抗压强度，计算孔底钻头压力。

（2）钻头类型和切削具数目。实验得出：胎块针状自磨式钻头所需的钻压约比磨锐式钻头所需的钻压大 20%。由于钻头的承压面积很难计算，因此根据各类岩石的抗破碎强度加到钻头上的压力，实际上是平均分布在钻头的每个切削具上的。所以，现场计算钻压可按每个切削具应有的压力和切削具数目来确定。

3.3.1.2 转速

对于不同岩石都有一个最优的极限转速值。对于较软的岩石，这个极限转速值偏高；而对于较硬的岩石，这个极限转速值则偏低。

在软、中硬和研磨性不大的岩石中钻进时，硬质合金切削具切入岩石深度较大，岩石破碎变形较易发育完全，切削具磨损较慢，在转速较高的情况下，仍能发挥其破碎岩石效能。

在坚硬的岩石中钻进时，切削具切入岩石深度较小，如果钻速过高则岩石破碎变形发育不完全。同时，在单位时间内，切削具与岩石摩擦作用强烈，产生热量较多，切削具磨损加剧，迅速磨钝。另外钻杆柱振动频繁，还会使钻头工作条件恶化，切削具产生崩刃现象。这些因素，都会造成钻速迅速下降。

在研磨性大的岩石中钻进时，坚硬矿物对于硬质合金切削具的磨损作用，类似于砂轮研磨车刀的情况。砂轮转速越高，车刀磨损越快；砂轮转速越低，车刀磨出角度越慢，砂轮本身磨损却反而很快。因此，钻进研磨性大的岩石时，钻头转速应适当降低。

在节理发育、破碎、多裂隙的岩石中钻进时，由于孔底岩石不均质，钻头振动剧烈，为保护合金，防止过早崩刃，也要适当降低钻头转速。不同岩性、钻头直径的参考转速如表3-3所示。

表3-3 不同岩性、钻头直径的参考转速 (r/min)

岩石性质	钻头直径/mm				
	75	91	110	130	150
软的、无研磨性、无裂隙、硬度均质的岩石	400~450	300~350	250~300	220~260	180~220
稍软的、硬度均质的岩石	350~400	250~300	180~250	180~220	150~180
中硬的、研磨性较小、裂隙发育很小的岩石	300~350	200~250	150~200	120~150	100~120
硬的、研磨性较大、多裂隙的岩石	160~180	140~160	120~140	100~120	80~100
裂隙很多、破碎、硬的岩石	90~110	70~90	60~70	50~60	50~60

3.3.1.3 泵量

泵量大小应根据岩石的性质和钻孔直径确定。泵量过小，会造成岩粉在孔内堆积，从而增大切削的磨损，并产生糊钻现象，增大钻进时的阻力，严重时甚至会造成埋管、烧钻及折断钻杆等事故。泵量大，则携带岩粉的能力强，孔底干净，而且还有冲刷作用。硬质合金钻进的岩粉颗粒较粗，钻头直径较大，钻杆与钻孔环状间隙较大，钻孔冲洗液流通阻力小，为确保钻孔冲洗液的上升流速，一般采用较大的泵量，而泵压则比金刚石钻进小些。但使用针状硬质合金钻头时，由于岩粉颗粒较细，且钻头直径一般较小，钻杆与钻杆环状间隙也小，因而宜采用较小的泵量和较大的泵压，泵量过大会降低轴心压力。在松散岩层中钻进时，泵量过大会冲毁岩心和冲塌孔壁。正常钻进时的泵量可参考表3-4。

表3-4 钻进不同岩层的参考泵量 (L/min)

岩石性质	钻头直径/mm		
	75	91	110
松软、怕水冲的岩层	<60	<70	<80
塑性、无研磨性、均质岩石	100~120	120~150	120~180
致密均质、非均质、研磨性岩石	80~100	100~120	120~150

硬质合金钻头适于在软岩及中硬岩层中钻进，不适合钻进8级以上的坚硬岩层。钻进时，应根据岩石性质合理选择高效钻头和最优钻进规程（钻进技术参数）。为便于选择，现将适宜硬质合金钻进的岩石，归纳为以下四类：

第Ⅰ类为松软的岩石（1~2级），如黄土、黏土等第四纪地层及泥炭、硅藻土等；

第Ⅱ类为较软的岩石（3~4级），如泥岩、泥质岩、页岩、大理岩、白云岩等；

第Ⅲ类为较硬的岩石或称中等硬度岩石（5~6级），如钙质砂岩、石灰岩、蛇纹岩、橄榄岩、细大理岩、白云岩等；

第Ⅳ类为硬岩（7 级及部分 8 级），如辉长岩、玄武岩、结晶灰岩、千枚岩、板岩、角闪岩以及裂隙性岩石等。

硬质合金钻进第Ⅰ类岩石时，破碎岩石容易，岩石研磨性小，钻进效率高；相应地，孔内产生的岩粉多、岩粉颗粒大，有时孔壁易坍塌。此类岩石大都是塑性岩层，都有黏性，钻进时易产生糊钻、憋水、缩径等现象。所以，钻进时要解决的关键问题是憋水、糊钻、保持孔内清洁并保护孔壁等。为此，最好选用外出刃大的、排水通畅的钻头，如螺旋肋骨、内外肋骨或薄片式合金钻头等。应选用高转速、大泵量、较小钻压的钻进规程参数。如孔壁易坍塌，则应创造条件，力争快速通过，以缩短孔壁暴露的时间。

硬质合金钻进第Ⅱ类岩石时的特点，大致同第Ⅰ类，只是在钻进砂岩时岩石有一定的研磨性。钻进时要解决的关键问题也大致同第Ⅰ类。为此，在钻进泥质类岩石时，应选用切入深度大的或出刃大的肋骨式钻头；钻进砂质类岩石时，应选用阶梯肋骨钻头或普通式硬质合金钻头，钻进时所选用的规程参数应较第Ⅰ类为大。

硬质合金钻进第Ⅲ类岩石时，钻进效率不高，岩石有一定的研磨性。钻进时要解决的关键问题是如何提高钻进效率。所以应选用各种阶梯式破碎钻头或各种小切削具钻头，如品字形钻头、三八式钻头等。钻进时应采用“两大一快”（钻压大、泵量大、转速快）的规程参数。

硬质合金钻进第Ⅳ类岩石时，其特点是岩石坚硬、研磨性大、合金磨损严重，钻进效率低。故钻进时要解决的关键问题是在延长钻头寿命的情况下提高效率，如岩石有硬度不均和裂隙时，还应注意合金的崩刃问题。所以，在这一类岩层钻进时，应选用大八角、负前角硬质合金钻头，或选用自磨式硬质合金钻头，钻进规程参数主要是加大钻压，并适当降低转速。

对钻具情况应作具体分析，钻进时应根据不同的岩石性质，选出或设计出适合本地区特点的钻头结构，以提高钻进效率和钻进质量，如表 3-5 所示。

表 3-5　钻头选型表

类　别	钻头类型	岩石可钻性级别									岩　石
		1	2	3	4	5	6	7	8	9	
磨锐式钻头	螺旋肋骨钻头		—	—	—						松软可塑性岩层
	阶梯肋骨钻头			—	—	—					页岩、砂页岩
	菱形薄片钻头	—	—	—							可塑性岩层、黏土层
	斜角薄片钻头			—	—						砂页岩、细砂岩、大理岩
	内外镶钻头		—	—	—	—					均质大理岩、灰岩、松软砂岩、页岩
	品字形钻头				—	—	—				灰岩、大理岩、细砂岩
	大八角钻头						—	—	—		软硬不均夹层、裂隙研磨性岩层
	小切削具钻头					—	—	—	—		致密弱研磨性中硬岩层
	钢柱针状合金钻头						—	—	—		中硬及研磨性岩层、石英砂岩、混合岩
	薄片合金钻头					—	—	—			中研磨性岩层、粉砂岩、砂页岩
	碎粒合金钻头					—	—	—			中研磨性岩层、硅化灰岩

3.3.2 硬质合金钻进的操作规程

（1）严格检查钻头的镶焊质量，认真做好钻头分组排队，轮换修磨使用，以保孔径一致。排队使用的次序，应是先用外径大、内径小的钻头，后用外径小、内径大的钻头，以减少更换钻头后的扫孔、修磨岩心的时间。

（2）必须保持孔底清洁。孔内残留岩心在0.5m以上或有脱落岩心时，不得下入新钻头；孔底有崩落碎合金，或由钢粒改为合金钻进，必须将碎合金或钢粒捞尽磨灭后，才能下入合金钻头钻进。

（3）新钻头下入孔底开始钻进时，应采用轻压、慢转、大泵量，缓慢地扫孔到底，避免发生合金崩刃、岩心堵塞，影响整个回次的钻进效率。

（4）扫孔到底钻进3~5min后，逐渐增加压力和转速，达到正常需要数值，以防合金崩刃；在压力不足的情况下钻进硬岩时，严禁采用单纯加快转速的做法，以免合金过早磨损。正常钻进或扫孔到底后，继续钻进时应使钻具呈减压状态开车，以防发生钻杆折断事故。

（5）正常钻进时，应保持压力均匀，不得无故提动钻具以免造成合金崩刃、岩心折断堵塞。发现孔内有异常，如糊钻、憋水、岩心堵塞或回转阻力加大等，应立即处理。处理无效时，需立即提钻。

（6）孔底遇有非均质、裂隙发育的岩石时，应适当降低压力和转速，以防合金崩刃。

（7）在松软、塑性地层使用肋骨钻头或刮刃钻头钻进时，为消除孔壁上的螺旋结构或缩径现象，每钻进一段后，应及时修正孔壁。

（8）在钻进过程中，如遇采心困难的岩（矿）层（如岩矿心易被冲毁、磨耗等），应合理掌握回次长度，以保证矿（岩）心采取率。严禁贪图进尺，降低岩（矿）心采取率和使钻头磨损过多，以至孔径缩小而增加下一回次的扫孔时间。

（9）采取岩心时，严禁使用钢粒做卡料。采心时不要猛墩钻具，以免损坏合金。取心提钻时要稳，防止岩心脱落。退心时，不要用大锤直接敲打钻头。拧卸钻头时，要防止管钳夹伤合金或夹扁钻头。

（10）每次提钻后，要观察钻头磨损程度和岩心状况，以便判断孔内有无异常，岩心有无变化，以确定下一回次钻进技术参数。

3.3.3 合理回次进尺时间的确定

用人工磨锐式合金钻头钻进时，随着钻进时间的增长，切削具逐渐被磨钝，因而机械钻速也就随钻进时间的增长而降低。在浅孔时，升降钻具时间少，机械钻速降低到一定程度，就应提钻更换钻头；在深孔时，升降钻具时间长，钻头稍一磨损就提钻更换钻头是不经济的，但是钻头已磨损，机械钻速已明显下降，不提钻也是不合理的。为了提高回次进尺效率，减少升降钻具时间，应合理掌握回次进尺时间，使回次钻速达到最优值。

硬质合金钻进中硬岩石时，合理掌握、确定最优回次进尺时间是提高钻进效率的重要措施之一。合金钻进时，合金不断被磨钝，致使机械钻速逐渐下降。从机械钻速下降来说，早一点结束这个回次而提钻是有利的，这样可以得到较高的平均机械钻速。但是在钻进工作中，结束一个回次提钻，就必须进行起下钻具的工作。假如过早提钻，必将导致大部分时间消耗在起下钻工序上，这对整个回次进尺来说又是不利的。因此，最合理的钻头工作时间，须根据最优的回次钻速而定。常用计算法确定最优回次进尺时间。回次进尺记录的格式如表 3-6 所示。

表 3-6　回次钻进（进尺）记录的格式

纯钻时间/min	纯钻时间内进尺/m	累计进尺/m	钻进时间 + 辅助时间/min	回次钻速/m · h⁻¹
10			130	
20			140	
30			150	
40			160	
50			170	
60			180	
70			190	
80			200	
90			210	
100			220	
110			230	
120			240	
130			250	

计算法就是每隔一定时间测量一次进尺数，并计算一次回次钻速填入表内，待发现回次钻速下降时，应及时提钻。其计算公式为：

$$v = L/(t + T) \tag{3-8}$$

式中，v 为回次钻速，m/h；L 为累计回次进尺，m；t 为累计钻进时间（即纯钻进时间），h；T 为起下钻具和其他辅助时间，h。

在实际生产过程中，岩层软硬的变化和钻进参数的变化，会使一个钻程的钻速也发生变化。所以，应当结合实际情况，按照孔深的不同，制定出通用的最优起钻时间，以便各机台根据实际情况的变化而灵活掌握。

复习与思考题

3-1　简述硬质合金钻进的概念。

3-2　简述硬质合金钻进的适用条件、钻具组成及常用钻孔直径系列。

3-3　简述硬质合金钻进的基本过程。

3-4　简述硬质合金破碎岩石的原理。

3-5　简述硬质合金磨损的实际表现。

3-6　简述钴的含量及碳化钨粉末粒度对硬质合金性质的影响。

3-7　分析说明合金钻头的各结构要素。

3-8　简述硬质合金钻进规程的分类。

3-9　简述最优回次进尺时间的概念。

3-10　简述硬质合金新钻头开始钻进使用时应当采用的规程。

4　金刚石切削钻进

目标要求： 了解金刚石钻进的孔底碎岩过程；理解金刚石切削具的磨损过程；熟练掌握钻探用金刚石及金刚石切削具；掌握聚晶金刚石和复合片、表镶钻头与孕镶钻头所适用的地层及钻头的主要形式，全面钻进的特点，常用的全面金刚石钻头；了解金刚石钻头的制造工艺；熟练掌握表镶钻头与孕镶钻头的钻进规程；熟练掌握确定表镶钻头与孕镶钻头结构要素和钻进规程的方法，可合理地应用钻进方法。

重点： 金刚石切削具的磨损过程分析方法。

难点： 金刚石钻进规程参数的选择、最优回次进尺时间的确定。

长期以来，人类就已懂得利用金刚石特有的坚硬性来钻凿岩石或切割瓷器等。但金刚石以切削具的形式用于钻探工作，则是近百年来的事情。近年来，人造金刚石和金刚石复合超硬材料的应用，更展示了金刚石钻进技术具有广阔的发展前景。目前，金刚石钻进是矿山勘探中的主要钻进、探矿方法。

4.1　钻探用金刚石

4.1.1　金刚石的分类

金刚石是迄今为止人类发现的最坚硬的研磨切削材料，它在采矿、冶金、机械等行业部门得到广泛的应用。矿山地质钻探用金刚石约占工业金刚石用量的四分之一。钻探用金刚石按成因分为天然的和人造的两大类。

4.1.1.1　天然金刚石

按国际惯例，天然金刚石一般按其结晶形态和产出地分为：浑圆金刚石、刚果包尔兹、黑色金刚石等金刚石品种。

（1）浑圆金刚石。多呈不规则或放射状结构，颜色变化很大，有无色、黄色、灰色和黑色等。呈透明或不透明状，具有硬度高、多边缘等特征，且价格低廉，最适宜作钻头用。凡结构异于“黑色金刚石”和“刚果包尔兹”，又不能列到宝石级的，都属于这一类。

（2）刚果包尔兹。颜色有白、灰、黄、绿等，细晶结构，多数呈碎粒状，硬度略低于包尔兹。可作孕镶钻头用，精选后也可作表镶钻头用。

（3）黑色金刚石。产于巴西，颜色有黑、钢灰、灰绿、灰褐和暗红等，有树脂光泽，呈细粒多孔结构，无节理面，圆粒状。密度为 3200～3400kg/m^3。耐磨性和韧性超过所有金刚石，是理想的钻头切削具。但因产品稀少，价值昂贵，所以很少用于钻探。

4.1.1.2　人造金刚石

金刚石俗称“金刚钻”，也就是我们常说的钻石，它是一种由纯碳组成的矿物，也是自然界中最坚硬的物质。自从18世纪证实了金刚石是由纯碳组成以后，人们就开始了对人造金刚石的研究。在20世纪50年代，伴随高压研究和高压实验技术的进展，该领域研究获得了真正的成功和迅速的发展，人造金刚石亦被广泛应用于各种工业。

（1）单晶。人造单晶是人造金刚石的基本品种。由于合成时使用的触媒不同，人造单晶具有不同的颜色。目前，以颜色深浅不同的黄绿色晶体及含硼黑色晶体为主的产品，是我国金刚石钻探使用的主要品种，如图4-1所示。

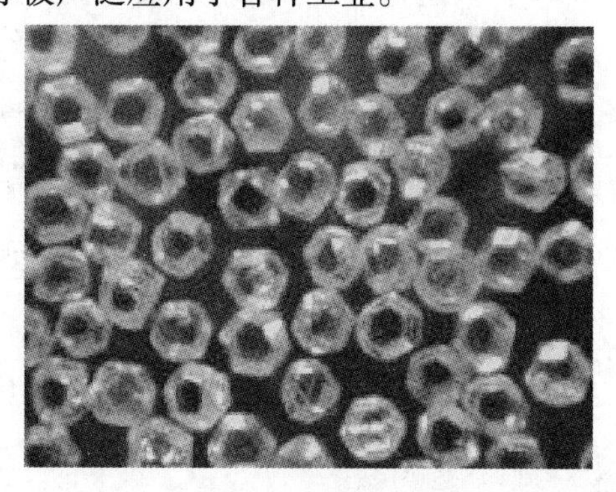

图4-1 人造金刚石

（2）聚晶。聚晶是由细小的金刚石微粒（直径大约在1～100μm之间），在黏结剂参与下烧结而成的较大颗粒的多晶金刚石。聚晶的形状可根据需要制成圆柱形、三角形或其他多边形状或立方形。

（3）金刚石复合片。金刚石复合片由一薄层金刚石多晶层和一层较厚的硬质合金层复合而成，一般呈圆片状，也可以加工成各种所需形状。粒度中等或偏粗的多晶金刚石的产品，适用于钻探工程。

4.1.2 金刚石的性质

4.1.2.1 与钻探有关的金刚石物理力学性质

（1）硬度。硬度是金刚石最重要的性能参数之一。金刚石的硬度极高，莫氏硬度为10级，研磨硬度是刚玉的150倍，是石英的1000倍。

（2）强度。金刚石具有极大的抗静压强度。天然金刚石的抗压强度大约为8600MPa，约为刚玉的3.5倍、硬质合金的1.5倍、钢的9倍。用于钻探的人造金刚石一般要求强度达2500MPa以上。

（3）耐磨性。金刚石的弹性模量极大（8800MPa），在空气中与金属的摩擦系数小于0.1，所以具有极高的耐磨性，是刚玉的90倍、硬质合金的40～200倍、钢的2000～5000倍。用于钻探的人造金刚石聚晶体一般要求与中硬碳化硅砂轮的磨耗比在1∶30000以上。

（4）热性能。金刚石是热的良导体，它散热比硬质合金刃具快。金刚石的线膨胀系数很低，仅为硬质合金的1/5～1/4，钢的1/10～1/8，但随温度的升高而增长较快，这对金刚石钻头的包镶和使用具有不利影响。金刚石容易受到热损伤，虽然温度尚低于其燃烧温度，但金刚石的强度、耐磨性已受到严重影响。所以钻进中必须充分冷却，防止发生金刚石钻头烧钻事故。

4.1.2.2 钻探对金刚石的要求

金刚石的性质直接影响着钻进效率及钻头寿命。为此，对钻探用金刚石的性质有以下一些要求。

（1）天然金刚石。具体要求有：

1）硬度高，耐磨性强，强度高，冲击韧性好，脆性小；

2）热稳定性好；

3）晶形完整，表面圆滑光亮，无蚀坑及松散表层，最好是近似球形体、浑圆状八面体和十二面体；

4）内部无裂纹和其他缺陷。

（2）人造金刚石。除有些要求同天然金刚石外，还要求：

1）粒度为0.25mm（60目）的单颗抗压强度不低于85N，最好在100N以上；

2）晶形完整，最好是八面体、十二面体以及它们的聚形，且呈浑圆状、团块状；

3）单晶要进行磁选，剔除磁性强的部分；

4）聚晶磨耗比不低于1∶30000；

5）抗压强度、耐热性要符合一定要求。

4.1.3 矿山钻探用天然金刚石的分级

我国按地质系统DZ-2.1—87标准，制定出天然金刚石品级分类标准，如表4-1所列。

表4-1 天然金刚石品级分类标准

级别	代号	特征	用途
特级（AAA）	TT	具天然晶体或浑圆状，光亮质纯，无斑点及包裹体，无裂纹，颜色不一，十二面体含量大于35%～90%，八面体含量达10%～65%	用于制造钻进特硬地层钻头或绳索取心钻头
优质（AA）	TY	晶体规则完整，较浑圆，十二面体达15%～20%，八面体含量达80%～85%，每个晶粒应不少于4～6个良好的尖刃，颜色不一，无裂纹，无包裹体	用于制造钻进坚硬和硬地层钻头或绳索取心钻头
标准级（A）	TB	晶粒较规则完整，八面体完整晶粒达90%～95%，每个晶粒应不少于4个良好尖刃，由光亮透明到暗淡无光泽，可略有斑点及包裹体	用于制造钻进硬和中硬地层钻头
低级（C）	TD	八面体完整晶粒达30%～40%，允许有部分斑点及包裹体，颜色为淡黄至暗灰色，或经过浑圆化处理的金刚石	由于制造钻进中硬地层钻头
等外级	TX	细小完整晶粒，或呈团块状颗粒	择优后用于制造孕镶钻头
	TS	碎片、连晶砸碎使用，无晶形	

4.1.3.1 钻探用天然金刚石的量度方法

金刚石的质量单位常用“克拉”(非法定计量单位)，1克拉等于0.2g。国际单位为“克”(g)。表征金刚石颗粒大小的量，称为粒度，以粒/克拉表示。粒级分粗、中、细、粉四级，如表4-2所示。

表4-2 金刚石的粒级

粒级	粗	中	细	粉
粒度/粒·克拉$^{-1}$	5～20	20～40	40～100	100～400

金刚石直径小于1mm的粒度常用“目”（非法定计量单位）来表示。目是1英寸的网孔数，目数越大，则颗粒越小。

所谓金刚石直径，是把颗粒看成球形而言。不同粒度的金刚石直径，如表4-3及

表 4-4 所示。

表 4-3 不同粒度（以“粒/克拉”表示）金刚石直径

粒度/粒·克拉$^{-1}$	5	10	15	20	25	30	40	50	60	80	100	125
颗粒直径/mm	3.00	2.31	2.00	1.80	1.65	1.50	1.42	1.33	1.25	1.15	1.10	1.00

表 4-4 不同粒度（以“目”表示）金刚石直径

粒度/目	36	46	60	70	80	100	120	150	180	200
颗粒直径/mm	0.50～0.40	0.40～0.315	0.315～0.25	0.25～0.20	0.20～0.16	0.16～0.125	0.125～0.10	0.10～0.08	0.08～0.063	0.06

4.1.3.2 钻探用天然金刚石的粒度范围及标准

（1）矿山、地质勘探用表镶钻头，金刚石粒度一般为 80～100 粒/克拉。表镶钻头用金刚石粒度标准如表 4-5 所示。

表 4-5 表镶钻头用金刚石粒度标准

粒度/粒·克拉$^{-1}$	8～15	15～25	25～40	40～60	60～100
适用岩层	软—中硬	中硬	中硬—硬	硬	硬—坚硬

（2）孕镶钻头常用的金刚石粒度为 150～400 粒/克拉或 20～100 目。孕镶钻头用金刚石粒度标准如表 4-6 所示。

表 4-6 孕镶钻头用金刚石粒度标准

粒度/目	20～30	30～40	40～60	60～80
	25～35	35～45	45～70	70～100
适用岩层	中硬—坚硬			

（3）扩孔器用的金刚石粒度比钻头用的金刚石粒度要大些。表镶扩孔器常用 15～30 粒/克拉的金刚石；孕镶扩孔器同孕镶钻头所用粒度。优质人造金刚石单晶应具有完整的晶形和光滑的表面，且有金属光泽，抗压强度高。目前已经达到并可在钻探工程上采用的部分人造金刚石强度标准值如表 4-7 所示。

表 4-7 人造金刚石分级标准

金刚石品级	代 号	单晶强度/MPa	单晶强度/N·粒$^{-1}$	应用地层
特 级	RT	>2200	>50	坚 硬
优质级	RY1	800～2200	40～50	硬
标准级	RB1	500～1800	34～40	中硬—硬

4.1.4 钻探用聚晶金刚石和复合片

4.1.4.1 聚晶金刚石

20 世纪 70 年代，人们利用高压合成技术合成了聚晶金刚石，解决了天然金刚石数量稀少、价格昂贵的问题。聚晶金刚石又称人造金刚石烧结体，是在90%左右微细的（或各种粒度组成的）微粉金刚石中，加入适量（10%左右）的黏结剂（如B、Ni、Si、Ti、Zr、Re等元素），在高温和超高压条件下烧结而成的。它具有耐热性好（热稳定性高达1200℃）、导热性能接近单晶金刚石、抗压强度高达3000MPa且各向同性的特点，抗冲击性能优于单晶金刚石，克服了单晶金刚石体积小、有解理面、各向异性等缺点，又可以直接合成一定大小的片、块、圆柱等形体（单体），并可用于钻进中硬岩层及部分硬岩层。

4.1.4.2 聚晶金刚石的品级标准

我国于20世纪70年代初开始研制聚晶金刚石，是世界上最早获得聚晶金刚石的国家之一。目前圆柱状聚晶已独成系列，其标准如下：

（1）代号识别。代号JRS-Z：JR表示人造金刚石；S表示烧结体；Z表示钻探用。

（2）形状与尺寸。金刚石聚晶的主要规格如表4-8所示，其中带尖带角的用于表镶钻头。金刚石聚晶的主要形状如图4-2所示。

表4-8 金刚石聚晶的主要规格

D/mm	L/mm					α/(°)
ϕ2	2.5	3	3.5	4	4.5	90～120
ϕ2.5	3	3.5	4	4.5	5	
ϕ3	3.5	4	4.5	5		
ϕ3.5	4	4.5	5	5.5		

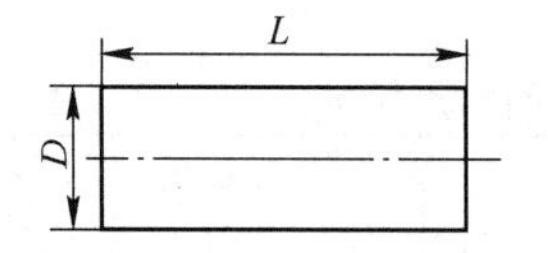

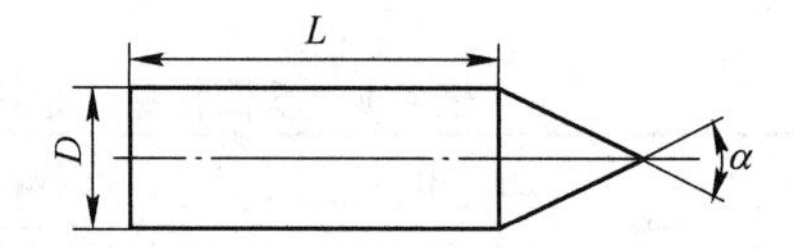

图4-2 金刚石聚晶的形状

4.1.4.3 金刚石复合片

金刚石复合片钻头又称PDC钻头，它兼有金刚石聚晶层极高的耐磨性和硬质合金高的抗冲击韧性，并且金刚石层能始终保持锐利的切削刃，因而在煤田地质钻探的软至中硬地层钻探使用效果非常好。金刚石复合片是将较薄的聚晶金刚石层（0.5～1mm）附着在硬质合金（含钴量高的）衬底（基片）上的复合材料。它是将微细的金刚石粉末与硬质合金基体同时置于超高压高温（6GPa，1400～1500℃）条件下烧结而制成。复合片金刚石层中金刚石含量高达99%，黏结金属含量仅占1%左右。如图4-3所示，金刚石复合片的外形及各种复合片钻头的特点如下：

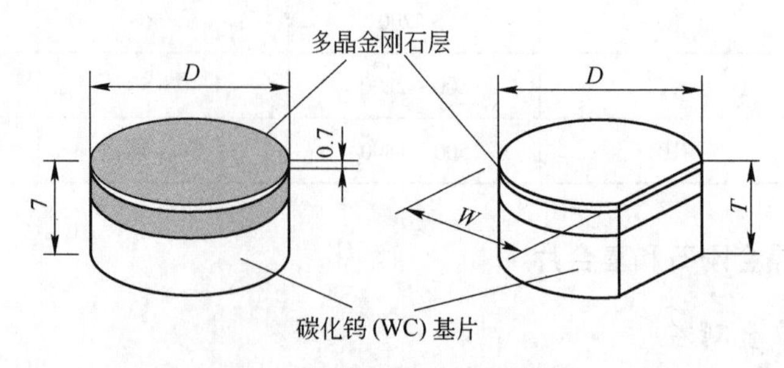

图4-3 金刚石复合片的外形

（1）钢体式与胎体式。从外表来看，钢体式与胎体式区别并不明显，但他们的特征却有很大不同。钢体式是将复合片直接焊接在加工好的钢材钢体上。而最近开发出的复合片钻头是将钢体和胎体金属粉末在高温下烧结为一体，然后再将复合片焊接在胎体合金上。从制造工艺可以看出，胎体式的钻头体必然比钢体式的耐磨得多，这就大大提高了保径效果；而且胎体式钻头能形成内凹的复合片焊接面，增大了焊接面积和机械镶嵌力，在很大程度上提高了复合片的焊接强度；最后如果再焊接上高强度的复合片，就是加强型的复合片钻头，使用效果更好。

（2）多翼内凹与圆弧支柱。从外形看来，多翼内凹复合片钻头将岩石分成两层进行破碎，增大了破碎面积，提高了钻进效率，而且由于钻进过程中会有一段岩心在钻头中心起导向作用，增强了钻头的保直钻进效果。而圆弧支柱复合片钻头的最大特点是碎岩面为圆弧形，所以保直性差，常用来进行造斜钻进。

（3）多翼刮刀复合片钻头。多翼刮刀型复合片钻头由于翼片相对薄弱，适合钻进软岩地层，这种钻头在软岩中钻速很快。金刚石复合片（PDC）钻头及金刚石复合片锚杆钻头基本特征分别如表4-9和表4-10所示。

表4-9　金刚石复合片钻头基本特征

<table>
<tr><th colspan="2">钻头类型</th><th>适应岩层</th><th>常用规格/mm</th></tr>
<tr><td rowspan="2">取心钻头</td><td>胎体式</td><td rowspan="2">$f\leqslant 10$</td><td>φ75/53、φ94/68、φ113/88、φ133/108</td></tr>
<tr><td>钢体式</td><td rowspan="5">φ56、φ60、φ65、φ75、φ94、
φ113、φ133、φ153、φ190</td></tr>
<tr><td rowspan="4">全面钻头</td><td>多翼刮刀</td><td>$f\leqslant 5$</td></tr>
<tr><td>多翼内凹</td><td rowspan="2">$f=6\sim10$</td></tr>
<tr><td>圆弧支柱</td></tr>
<tr><td>胎体式</td><td>$f\leqslant 10$</td></tr>
<tr><td colspan="2">扩孔钻头</td><td>$f\leqslant 10$</td><td>φ153/94、φ153/133、φ193/153</td></tr>
</table>

表4-10　金刚石复合片锚杆钻头基本特征

<table>
<tr><th colspan="3">钻头类型</th><th>适应岩层</th><th>常用规格/mm</th></tr>
<tr><td rowspan="3">PDC</td><td rowspan="2">普　通</td><td>整　片</td><td rowspan="2">$f\leqslant 10$</td><td rowspan="3">φ25、φ27、φ28、φ29、
φ30、φ32、φ36、φ42</td></tr>
<tr><td>半　片</td></tr>
<tr><td>精　制</td><td>整　片</td><td>$f\leqslant 12$</td></tr>
<tr><td rowspan="2">金刚石</td><td colspan="2">孕　镶</td><td rowspan="2">$f\leqslant 8$</td><td rowspan="2">φ27、φ28</td></tr>
<tr><td colspan="2">表　镶</td></tr>
</table>

金刚石复合片的主要性能及外形尺寸如表4-11和表4-12所示。

表4-11　金刚石复合片的主要性能

项　目	性　能	项　目	性　能
平均磨耗比	≥1：50000	平均抗弯强度	1200～1500MPa
耐热性	≥700℃		

表4-12 金刚石复合片的外形尺寸

编号	主要尺寸/mm			编号	主要尺寸/mm		
	D	*T*	*W*		*D*	*T*	*W*
BJF0805	8.0 ±0.1	4.5 ±0.1	—	BJF13C1		4.5 ±0.1	6.5 ±0.2
BJF1005	10.0 ±0.1	4.5 ±0.1	—	BJF13C2	13.3 ±0.1	4.5 ±0.1	6.5 ±0.2
BJF1205	12.0 ±0.1	4.5 ±0.1	—	BJF13C3	13.3 ±0.1	4.5 ±0.1	11.1 ±0.2
BJF1303	13.3 ±0.1	3.5 ±0.1	—	BJF13C4		4.5 ±0.1	11.1 ±0.2
BJF1305	13.3 ±0.1	4.5 ±0.1	—	BJF13C5		4.5 ±0.1	9.4 ±0.2
BJF1408	13.4 ±0.1	8.0 ±0.1	—				

4.2 金刚石钻进原理

金刚石钻进是目前钻探工艺中一种比较先进的钻进方法。金刚石钻进由于钻进效率高、钻孔质量好、施工劳动强度低、设备轻、孔内事故少、钻探成本低而得到广泛应用。过去金刚石钻进主要用于硬岩和坚硬岩石，近年来由于金刚石烧结体和复合片的研制成功，也逐渐应用于钻进软、中硬岩石。

金刚石钻头是目前最锐利的钻岩工具，从理论上讲它应该可以顺利地钻进各类地层，但在实践中往往出现一些反常现象：如在某些地层中，钻头金刚石耗量很大而钻头进尺很少；在另一些地层中，钻头的钻速很低，甚至出现钻头“打滑”不进尺的情况；有时某种钻头在一个矿区钻效很高，而在另一个矿区却效果很差。尤其是孕镶金刚石钻头的结构参数较为复杂，选择时应根据所钻岩层性质综合考虑金刚石品级、胎体性能（保证钻头自锐）、唇面形状、内外径补强和水路设计等因素。

4.2.1 粗粒金刚石破碎岩石过程

岩石表面上的单粒金刚石，两者接触面是很微小的。在垂直载荷力 P_y 作用下，压入岩石深度为 h，同时加以水平力（回转力）P_x，如图4-4所示。假如岩石塑性很大，则金刚石前面的棱面将以剪切方式破碎岩石，剪切体由小变大，与之相应的水平分力 P_x 也由小到大，当大剪切体 a 崩掉后，水平力 P_x 由最大下降到零。继之，金刚石又从小到大地切掉剪切体 a，水平力 P_x 也相应地脉动，由小到大，直到再次出现大体积破碎，如此循环进行。在金刚石滑过的槽沟面上也会出现微小裂隙，有助于破碎，这便是压裂形式的出现。这样的破碎岩石形式可以认为是以剪切为主，压碎为辅。

对于坚硬岩石，金刚石在垂直载荷（轴心压力）P_y 作用下切入岩面，但深度极小，而在与金刚石接触的轮廓线上产生裂隙并形成裂隙区，在水平力 P_x 作用下，金刚石前进而随之形成裂隙带。金刚石前进的后方岩石面产生张应力更助长裂隙伸张，如图4-5所示。重复的压、张作用促使裂隙伸展、相交，造成体积分离。在金刚石前进中，又会

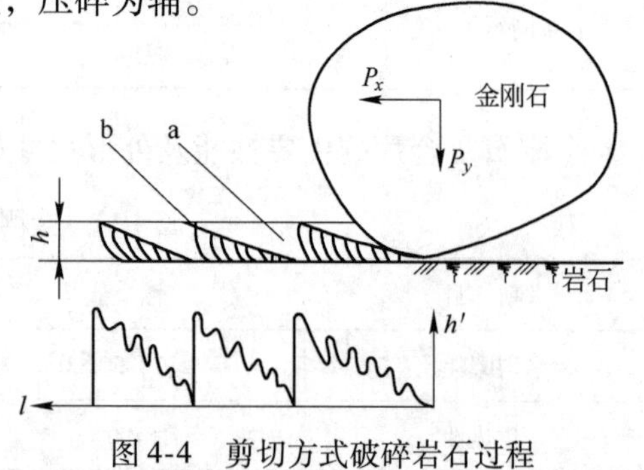

图4-4 剪切方式破碎岩石过程

将破碎中残留的凸起块剪掉。按这样过程破碎岩石则是以压碎为主、剪切为辅的方式进行的。金刚石以切削方式破碎岩石很少，只有在细密软岩石上才会出现。

单颗金刚石的破碎岩石方式与岩石性质有关。坚硬脆性岩石以压皱、压碎为主，其特点为“崩碎”。对于较软岩石，则以剪切、切削为主，其特点为“瓣开”。椭圆化与抛光的金刚石破碎岩石如图 4-6 所示。

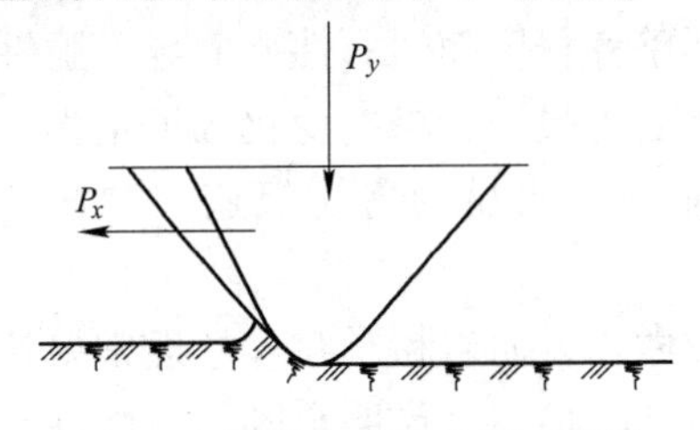

图 4-5 压裂方式破碎岩石过程

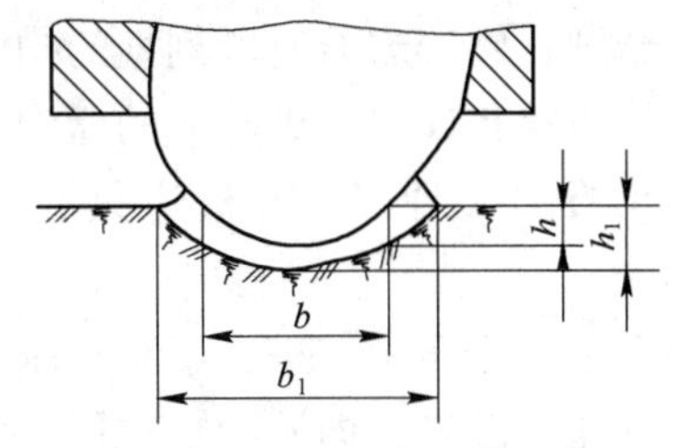

图 4-6 椭圆化与抛光的金刚石破碎岩石

现场试验证明，金刚石的破碎岩石方式还与其本身形状有关。经过椭圆化和抛光处理的金刚石，破碎岩石以压皱、压碎为主要方式，且其刻槽深度 h_1，大于金刚石切入深度 h，刻槽宽度 b_1，大于金刚石切入宽度 b（见图 4-6），槽底与金刚石之间为挤压成的碎粉。未经处理的有锋刃的金刚石破碎岩石则以剪切、切削为主。

作用在金刚石上的载荷 P_y 也可以改变破碎岩石方式。若加在同一颗金刚石的力 P_y 较小，会出现切削；P_y 增大，会转为剪切和压皱、压碎。

4.2.2 细粒金刚石破碎岩石过程

细粒金刚石用于制造孕镶钻头，破碎岩石是以磨削方式实现的，就像砂轮磨削坚硬的金属材料一样。由于磨痕微浅，所以属于表面破碎。细粒金刚石破碎岩石机理，可以单粒金刚石来分析。它破碎岩石过程与粗粒的相似，只是破碎的深浅度不同而已。遇硬脆性岩石，以压皱、压碎方式为主；遇软岩或塑性岩石，则以剪切、切削为主。这些都属于微量的体积破碎。

4.2.3 钻进时孔底破碎岩石过程

单粒金刚石破碎岩石机理的研究，是基于把岩石看成均质物体，加在金刚石上的载荷 P_y 与水平力 P_x 也都是均匀的。这显然与钻进时孔底岩石破碎情况是不相符的。

孔底岩石是多种矿物组成的非均质体，处于多向压应力状态中。另外加在金刚石上的载荷有激烈的脉冲振动，再加上冲洗液的冲洗和化学作用等，岩石破碎过程就更复杂化了。

通过对钻进过程的观察与试验分析，发现存在以下现象：

（1）被金刚石破碎下来的岩屑，其粒度、形状与自身的矿物成分、组织结构有关。非均质岩石的破碎往往发生在颗粒边界的胶结带处，只有在金刚石上的载荷增大时，矿物颗粒本身才会在其力学性质薄弱处被压碎。例如，钻进颗粒较粗的花岗岩时，其岩屑颗粒大，石英呈贝壳状破裂，颗粒内部很少被切开；钻进长石时，其表面产生微小裂隙，常沿节理发育方向破裂，且破碎不规则；砂岩则于弱胶结处破碎，形成很细的石英粉；对于特别弱的矿物（如泥岩、煤等），其破碎时则沿节理面分离成不规则的薄片，然后掺杂在其他矿物颗粒中再被粉碎。

（2）钻进时，金刚石是在不平的孔底上运动，破碎岩石也势必导致其自身振动，振动的幅度与岩石性质有关。岩石强度低、塑性大，则孔底岩面较平，金刚石的波动幅度小；岩石强度高、脆性大，则孔底岩面不平，金刚石的波动幅度也大。岩石愈粗糙，组成矿物硬度差别愈大，则孔底岩面愈不平，金刚石的波动幅度也愈大。

金刚石破碎岩石时所刻划的槽沟一般参差不齐，不整齐程度随岩石性质而异。脆性大而不均质的花岗岩，破碎成的槽沟边缘有明显的剪切、崩落痕迹，槽宽变化幅度也大；塑性和均质的大理岩，旋槽边只有呈放射状的裂纹，而没有明显的剪切痕迹，槽宽变化也小。

在坚硬岩石中钻进，金刚石压入岩石很浅，只有数微米，而岩粉颗粒尺寸通常要达到几十到几百微米，即岩粉颗粒尺寸为压入深度的几倍至几十倍。这说明金刚石对脆性岩石的压碎和剪切作用是主要破碎方式。而在塑性较大的岩层中钻进，岩面不形成裂隙，岩粉常呈鳞片状，有时还能看到金刚石划过的沟痕，这说明金刚石对于塑性岩石，切削是其主要破碎方式。

由于运动的金刚石后方槽底上张应力的存在，产生的岩屑往往多于刃前刻划下来的岩屑，这又说明压皱、压碎作用是破碎岩石的重要方式。

钻进效率愈高，则岩粉颗粒愈粗，这时体积破碎是以压皱、压碎和剪切为主要破碎方式。钻速愈低，则岩粉颗粒愈细，这时表面破碎是以微量剪切为主要破碎方式。

4.3 金刚石钻头

我国于1972年制成了人造金刚石钻头，并试用于生产实践中。此后，金刚石钻进技术在我国迅速发展起来，人造金刚石产品成倍增加，品种、质量大幅提高，制造钻头的新方法也相继研究成功；在钻探设备方面还研制出多种适用于小口径金刚石钻进的新型钻机，小口径管材和工具亦形成系列。如今，金刚石钻进技术已推广到全国的矿山勘探中。

4.3.1 金刚石钻头的分类

用各种天然或人造金刚石制作的钻头统称为金刚石钻头。在金刚石钻进中，为了保证钻进钻孔直径不致因钻头外径磨损而缩小，阻碍下一个同规格的新钻头下入孔内，应在钻头的后部安置一个金刚石扩孔器，与钻头组成一套底部钻具。

金刚石钻头的制造方法，可分为烧结法和电镀法两种。其结构和各部分的名称如图4-7 和图4-8 所示。镶有金刚石的胎体与钻头钢体烧结（或电镀）在一起，其下端丝扣可与钻具组连接，上端面（镶金刚石部分）称为唇面，唇面与胎体内外制有通水的水口。

金刚石钻头按包镶形式可分为表镶钻头与孕镶钻头两种，如图4-9 和图4-10 所示。根据钻进过程和碎岩特点，钻头可分为表镶金刚石钻头和聚晶烧结体（包括复合片）金刚石钻头。

4.3.1.1 表镶金刚石钻头

表镶金刚石钻头因为金刚石均匀镶嵌在胎体表面有明显的出刃方向而得其名。如图4-11（a）所示，由于人造金刚石颗粒一般较小，没有表面镶嵌价值，所以表镶金刚石钻头一般为天然表镶金刚石钻头。天然表镶金刚石钻头按唇面形状可分为圆弧形

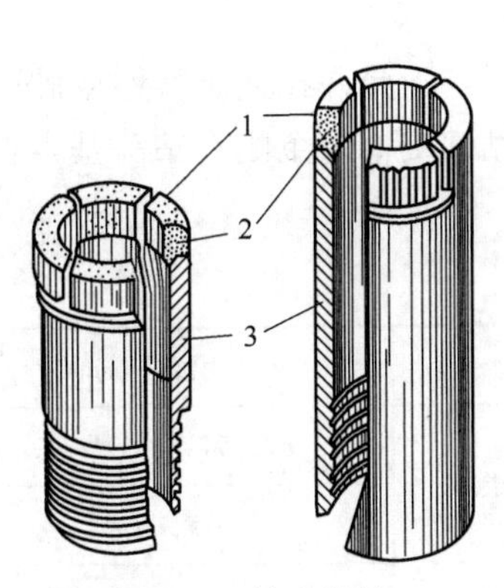

图 4-7 钻头结构

1—金刚石；2—胎体；3—钢体

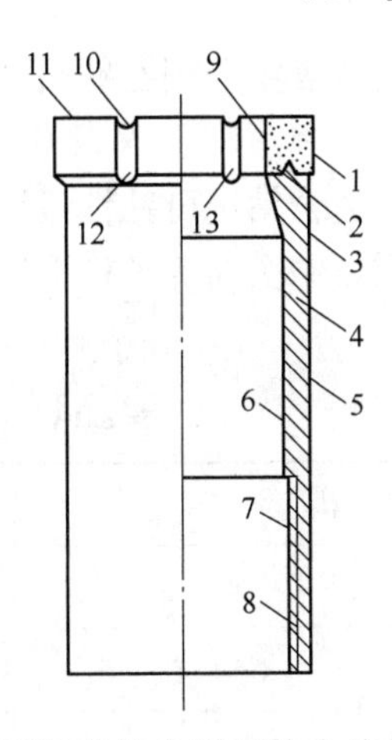

图 4-8 常用标准的金刚石钻头的各部分名称

1—胎体外径；2—胎体；3—钢体锥面；4—钢体；5—钢体外径；6—钢体内径；7—内螺纹内径；8—内螺纹外径；9—胎体内径；10—水口；11—胎体端面；12—外水槽；13—内水槽

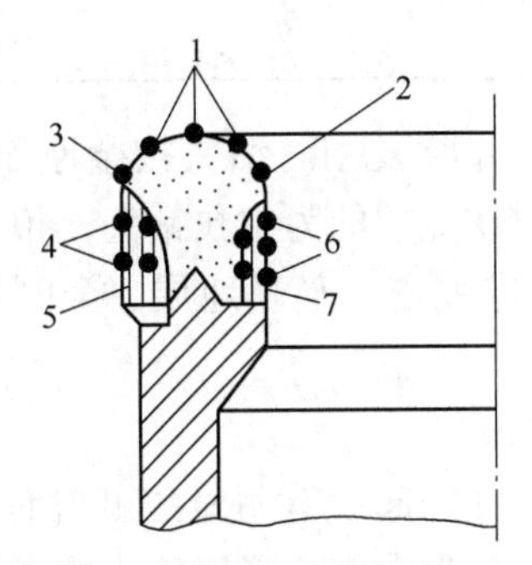

图 4-9 表镶钻头胎体部分名称

1—底刃金刚石；2—内边刃金刚石；3—外边刃金刚石；4—外保径金刚石；5—外棱；6—内保径金刚石；7—内棱

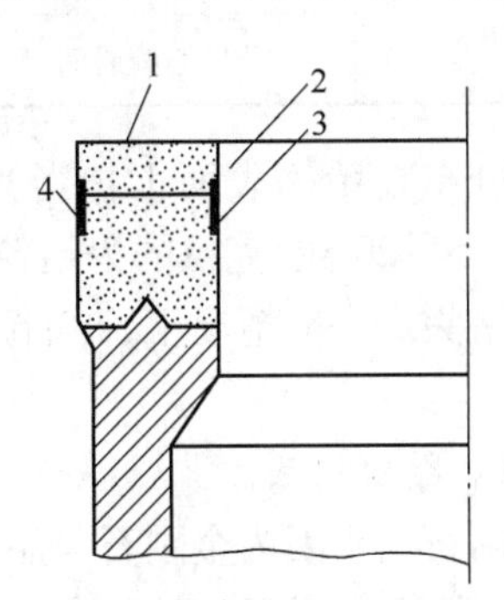

图 4-10 孕镶钻头胎体部分名称

1—工作层金刚石；2—金刚石层；3—内保径金刚石；4—外保径金刚石

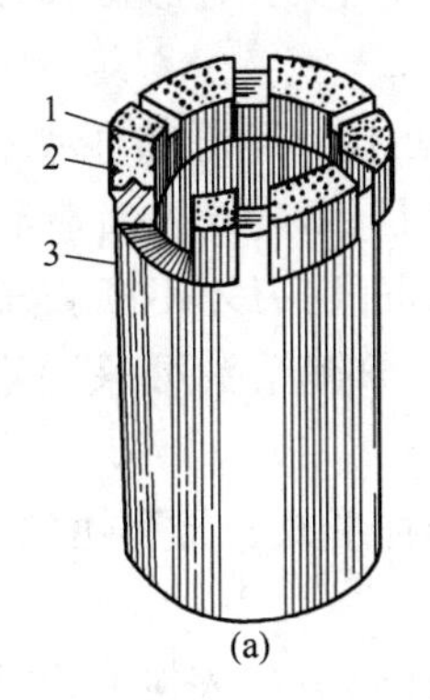

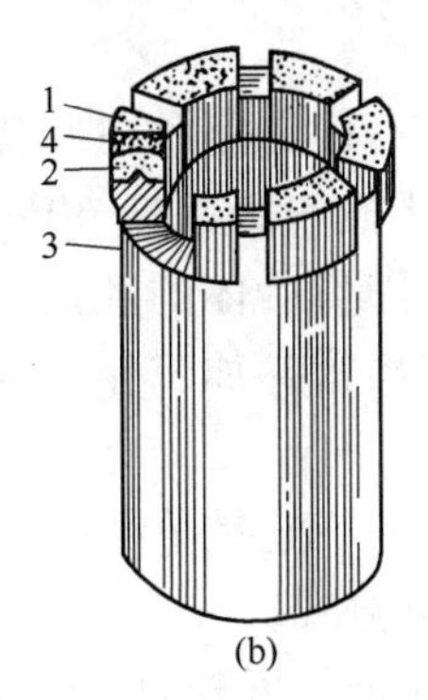

图 4-11 金刚石钻头

（a）表镶；（b）孕镶

1—金刚石；2—胎体；3—工作层；4—外保径金刚石

唇面和多阶梯唇面天然表镶金刚石钻头。在钻头壁厚较大时，多阶梯钻头比圆弧形钻头钻速更高。

表镶金刚石钻头适合钻进可钻性级别为6～10级的岩层，不允许在强研磨性或破碎岩层中使用。表镶金刚石钻头同等条件下比孕镶金刚石钻头钻速更高。金刚石钻头基本特征如表4-13所示。

表4-13 金刚石钻头基本特征

<table>
<tr><th colspan="2">钻头类型</th><th>适应岩层</th><th>常用规格/mm</th></tr>
<tr><td rowspan="2">天然表镶</td><td>取　心</td><td rowspan="2">f=7～10较完整岩层</td><td>ϕ75/54.5、ϕ94/74</td></tr>
<tr><td>不取心</td><td>ϕ75、ϕ94</td></tr>
<tr><td rowspan="4">人造（天然）孕镶</td><td>圆弧形唇面</td><td rowspan="4">$f \geq 8$</td><td rowspan="4">ϕ75/54.5、ϕ91/68、ϕ94/74、ϕ113/93、ϕ133/113、ϕ153/133</td></tr>
<tr><td>多阶梯唇面</td></tr>
<tr><td>锯齿形唇面</td></tr>
<tr><td>同心圆唇面</td></tr>
</table>

金刚石分布在胎体表面上，当其刃角磨钝后可回收复用。钻头按金刚石粒度分粗、中、细三种：5～20粒/克拉的为粗粒钻头；20～40粒/克拉的为中粒钻头；40～100粒/克拉的为细粒钻头。一般情况下，细粒钻头适用于钻进致密、坚硬地层。金刚石都是用天然品。

4.3.1.2 孕镶钻头

孕镶金刚石钻头因为金刚石与胎体均匀混合烧结在一起没有明显的出刃而得其名。如图4-11（b）所示，孕镶金刚石钻头根据底唇形状可分为大锯齿形唇面、圆弧形唇面、同心圆尖齿形唇面、多阶梯唇面等。

圆弧形唇面钻头最为常用，适于钻进中硬到坚硬的不同研磨性地层，对孔底适应性强，可以钻进破碎、裂隙地层。大锯齿和同心圆唇面钻头更适合钻进软硬互层及坚硬致密的软研磨性岩层（即“打滑岩层”）。多阶梯唇面钻头钻速较圆弧形高，但要求孔底清洁，岩层完整。

孕镶钻头的金刚石不只是分布在胎体表面上，还分布于胎体内部的一定层厚中。金刚石是10～80目的天然粉级品或60～129目JR4级的人造品。含金刚石的胎体层称为工作层。钻进时，随着胎体的磨损，金刚石切刃才不断露出，旧切刃失去工作能力或脱掉，新切刃相继出露参加工作。因此，孕镶钻头可保持稳定的钻速，应用范围较广。

还有一种“多层钻头”，它是孕镶钻头的变种形式，与孕镶的区别是胎体内部的金刚石分成几层并有一定排列方式。

钻头按金刚石成因不同，可分为天然金刚石钻头（表镶）和人造金刚石钻头（都是孕镶）。此外，还有一种聚晶金刚石钻头，其金刚石的镶焊属于表镶，但在工作时却起孕镶钻头作用。它用于钻进较软和研磨性强的岩层，可得到很高的钻速。常用的双管岩心钻头规格（GB/T 16950—1997）如表4-14所示。

表 4-14 双管岩心钻头规格 (mm)

标称孔径	28	36	46	46_s	59	59_s	75	75_s	91
外 径	28.5	36.5	47	47	59.5	60	75	75	91
内 径	16.5	21.5	29	25	41.5	36	54.5	49	68
壁 厚	6	7.5	9	11	9.25	12	10.25	13	11.5

注：标称孔径中的 s 为绳索取心钻头。

4.3.2 金刚石钻具

工程实践证明，金刚石钻进比其他钻进方法有许多优越性，它具有钻进效率高、钻探质量好、孔内事故少、钢材消耗少、成本低及应用范围广等特点。

金刚石钻进的常用钻具如图 4-12 所示，由钻头 1、提断外壳 2、提断弹簧 3、岩心管 4、异径接头 5、钻杆 6 等所组成。钻头 1 镶有作为切削具的金刚石以破碎岩石；岩心管 4 用以容纳所钻岩心，有单层与双层之分。双层岩心管应用较为广泛。

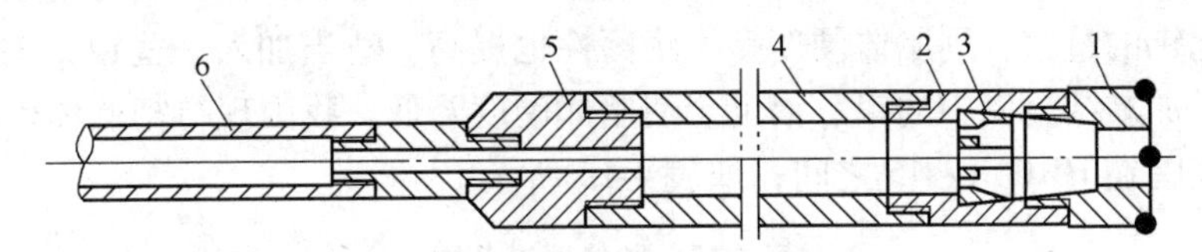

图 4-12 金刚石钻进用的岩心钻具

1—钻头；2—提断外壳；3—提断弹簧；4—岩心管；5—异径接头；6—钻杆

金刚石钻进的孔径不受限制，最小为 28mm，最大达 300mm；孔深可超过 4000m。因此，它广泛地用于金属和非金属、煤田、石油等地质勘探中，也用于石油、天然气、地下水的开采及其他工程孔上。金刚石钻进的钻孔倾角不受限制，不仅能钻垂直孔、斜孔，还能钻水平孔和仰孔，因此可广泛用于隧道掘进工程及矿山坑道中钻凿爆破孔和追索矿体的勘探孔钻进中。金刚石钻头的结构要素包括钻头体、胎体性能、金刚石各参数和唇面形状等。

4.3.2.1 钻头体

钻头体也称钢体，为中碳钢制成。单管用钻头体长 75 ~ 100mm；双管用钻头体长75 ~ 135mm。钢体上端车制 4mm 方扣螺纹以与钻具组接，下端制成嵌齿形以增加与胎体的黏结强度、传递更大的扭矩。

4.3.2.2 胎体

A 胎体材料

胎体是金刚石与钻头体之间的胶结物质。它的性能直接影响着钻头的质量。因此对它的要求是：

（1）有足够的抗压强度、冲击强度和硬度，且硬度要适应岩石的性质。

（2）对金刚石有良好的浸润性，能把金刚石牢固地包镶住；还要有一定的化学稳定性，在高温下与金刚石不起作用。

（3）熔解温度低，以减少对金刚石强度的影响。

（4）线膨胀系数与金刚石的膨胀系数相接近，以减少金刚石的应力。

（5）易于成型，并能与钻头体牢固地焊接。

现用的胎体材料由两部分组成：

（1）做骨架的碳化钨。其特点是成型性好，对金刚石浸蚀性小，与多种金属有较好的浸润性且有很高的化学稳定性，有足够的强度和硬度。如加入少量碳化钛、钴、镍等粉料，可改变其性能。

（2）做黏结金属的铜基合金。这种合金以铜为主，外加钴、镍、锌、锰、银、锡等金属合成。它具有熔点低、浸润性高的性质，其液态很容易浸入骨架空隙，把金刚石与钻头体胶结在一起。

B 胎体硬度

为了保证金刚石刃角在钻进时适当出露，胎体硬度必须与岩石性质相适应。按岩石硬度来说，坚硬岩石，岩粉颗粒小且量少，对胎体磨蚀轻，金刚石切刃不易出露，应选用软胎体；相反，软岩石，岩粉颗粒大且量多，胎体易磨损，软胎体会使金刚石过多出露造成崩坏或过早脱落，宜选用硬胎体。按岩石的研磨性来说，岩石研磨性高，胎体易磨损，则胎体硬度宜高；研磨性低，胎体不易磨损，则胎体硬度宜低。胎体硬度可由碳化钨的加量来调节，碳化钨的量大，则胎体硬度高，耐磨性也提高。适当加入一些钼、钨等金属会使硬度降低。增加黏结金属中的银、锡也会使胎体硬度降低。我国现行把胎体硬度分为六个等级，硬度范围在 HRC10 ~45 之间，如表 4-15 所示。

表 4-15 胎体硬度范围

级 称	代 号	硬 度	适应岩层
特 软	0	10 ~20	特硬、弱研磨性岩石
软	Ⅰ	20 ~30	硬且致密岩石
中 软	Ⅱ	30 ~35	中硬、中研磨性岩石
中 硬	Ⅲ	35 ~40	中硬、中研磨性岩石
硬	Ⅳ	40 ~45	破碎、强研磨性岩石
特 硬	Ⅴ	45 以上	破碎、软、强研磨性岩石

表镶钻头对胎体硬度的要求，一般在Ⅲ ~Ⅳ级之间（HRC 35 ~45）。孕镶钻头对胎体硬度要求很严，既要它可靠地把金刚石包镶牢固，又要它保证在钻进中适量磨损让金刚石出刃量在 16 ~40μm。

应该指出，胎体性能只用硬度表示是不够准确的。有人提出，根据钻头工作情况用“耐磨性”来衡量胎体性能是比较合理的，胎体的耐磨性要与岩石的研磨性相适应，即岩石的研磨性高，则胎体的耐磨性也应高，岩石的研磨性低，则胎体的耐磨性也应低。胎体的耐磨性可用加入适量的超硬材料（称作“耐磨质点”）的方法来调节。低温电镀法制造钻头的胎体材料是镍、钴等金属，它没有骨架与黏结金属之分，具有良好的胶结性，性能也是可调的。

4.3.2.3 金刚石排列与分布

A 表镶钻头

表镶钻头的金刚石按一定次序排列在钻头唇部表面上。排列形式是钻头质量指标之一，会影响自身寿命和钻进效率。金刚石的排列应遵循一定原则：

（1）在钻进过程中，钻头外侧的内外边刃金刚石负担最重，其次为底刃，再次为侧刃。所以制造钻头时须选择优质金刚石作边刃，用回收的金刚石作侧刃，以求均衡磨损，如图 4-13（a）所示。

（2）保证岩粉能畅通排除，避免岩粉重复破碎和磨损金刚石。

（3）金刚石的运行轨迹带的总和必须全面覆盖孔底，不留空隙，为此要求环形破碎带互相重叠一些，重叠宽度 s 不小于金刚石直径 d 的 1/4 ~ 1/3，如图 4-14 所示。

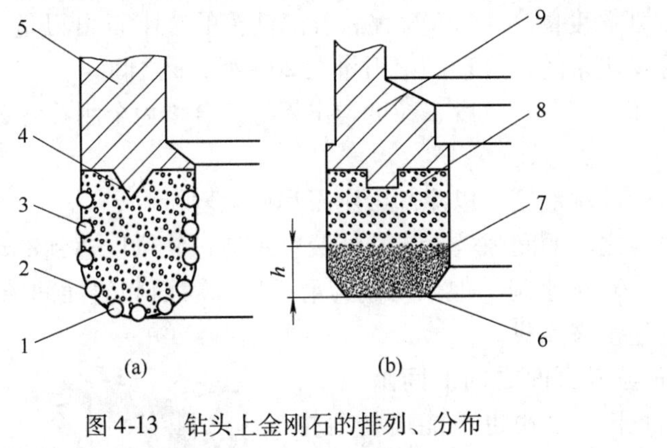

图 4-13 钻头上金刚石的排列、分布

（a）表镶钻头；（b）孕镶钻头

1—底刃金刚石；2—边刃金刚石；3—侧刃金刚石；4，8—胎体；5，9—钻头体；6—金刚石；7—工作层

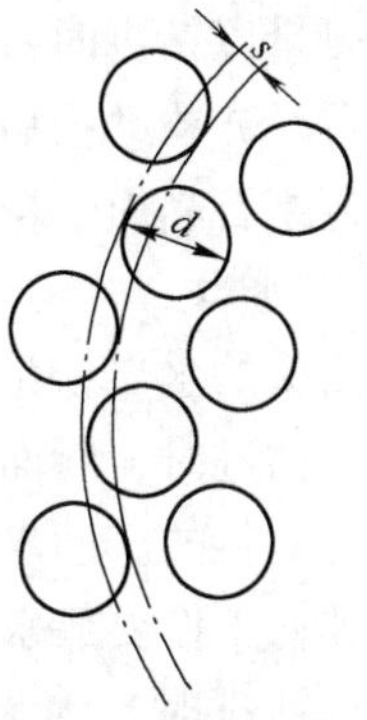

图 4-14 金刚石运行轨迹重叠示意图

（4）每颗金刚石工作量要相等。由于外边缘较内边缘的刻划线长，工作量大，因此，外缘要较内缘多布几颗金刚石。当前，常用的表镶钻头金刚石排列形式有以下几种：

1）金刚石分布在几个同心圆与径线的交点上，相邻径线上的金刚石互相错开，如图 4-15（a）所示。这种形式称为放射状排列，排法简单，定位精确，但各圆上的金刚石粒数相等，因此金刚石的磨损，外圆甚于内圆。

2）金刚石布于螺旋线上，称为螺旋状排列，如图 4-15（b）所示。

3）金刚石均距地分布在几个同心圆上，称为等距排列，如图 4-15（c）所示。这样的形式，每颗金刚石工作量基本相等，但显得没有秩序。

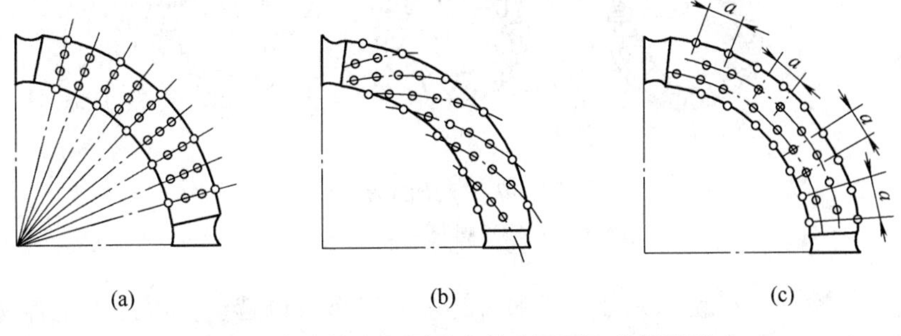

图 4-15 表镶钻头金刚石在钻头唇面上的排列形式

（a）放射状排列；（b）螺旋状排列；（c）等距排列

B 孕镶钻头

孕镶钻头的金刚石与胎体混合形成一定厚度的“工作层”，如图 4-13（b）所示。金

刚石均匀分布在工作层中，无所谓排列。

4.3.2.4 金刚石粒度

金刚石粒度主要根据岩石性质来选择，一般来说，岩石越硬越致密，金刚石颗粒应越小。表镶钻头所用天然金刚石的粒度在 10～100 粒/克拉之间，孕镶钻头所用人造金刚石的粒度在 60～100 目之间。

表镶钻头的金刚石出刃一般为其颗粒直径的 1/4～1/3，大约为 0.1～0.5mm；有的专家认为，出刃量以钻进时每转刻划深度的 3～4 倍为宜。孕镶钻头的金刚石出刃是在钻进时胎体被岩石、岩粉磨损后而裸露出来的，合理的出刃量在 20～40μm 之间。

通常把金刚石品质、排列分布、含量、浓度、粒度与出刃等，合称为金刚石参数。

4.3.2.5 水口

金刚石钻头的水口，是为流通冲洗液用，以冷却金刚石和排除岩粉。

表镶钻头钻进时，唇面与岩石之间的间隙较大，冲洗液容易通过，可以达到冷却金刚石、排除岩粉的目的。而水口则是辅助水道。但当切削刃磨损时，唇面和岩面间隙变小，这时的冷却排粉工作要靠水口的通水来完成。

孕镶钻头钻进时，因为唇面与岩石面之间的间隙很小，冲洗液不易流过。同时钻头唇面下的岩粉也不能通畅地排除，得靠水口流出的冲洗液来冲洗。就是说，金刚石的冷却和岩粉的排除主要是钻头工作面前进后由水口喷出冲洗液来完成的。因此，孕镶钻头的水口不宜太少、太小。

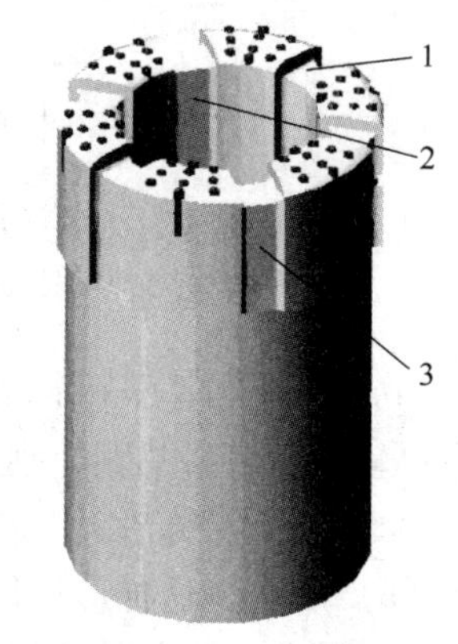

图 4-16 水口的构成
1—唇面槽；2—内侧槽；3—外侧槽

钻头水口由唇面槽 1、内侧槽 2 和外侧槽 3 构成，如图 4-16 所示。内外侧槽多按轴向开，深 2mm，宽 4～10mm；唇面槽多按径向开，把环状工作层分割成数块扇形体，槽深 4～6mm，宽 2～4mm；有的唇面槽开成螺旋形，这种槽利于冲洗液的流通，水压损失小，但其锐角部分容易损坏。有的厚壁钻头，以轴向孔代替内侧槽，称之为底喷式水口。水口槽形状如图 4-17 所示。

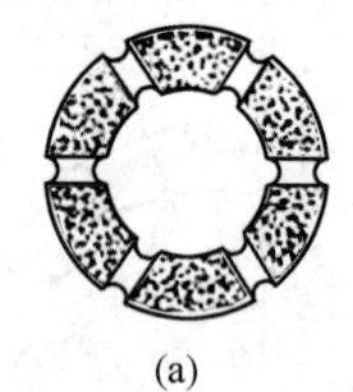
(a)

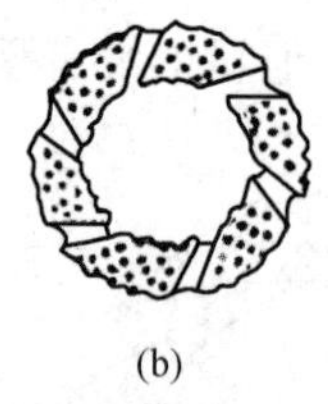
(b)

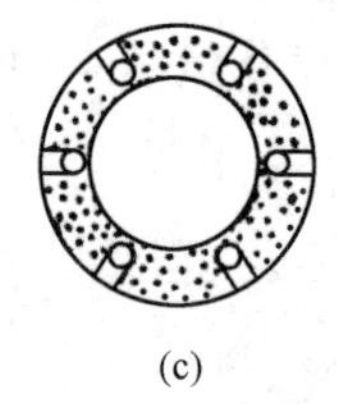
(c)

图 4-17 水口的形式
（a）直槽水口；（b）螺旋水口；（c）底喷水口

水口越多，冷却、排粉越充分，但水口越多，扇形体也越小，因此也越容易损坏。根据经验得知，扇形面平均弦长以 11～20mm 为宜，据此得出水口数如表 4-16 所示。

表 4-16 金刚石钻头的水口数

钻头标称直径/mm	36	46	59	75	91
水口数	4	4～6	6～8	8～12	12～16

4.3.2.6 保径、补强

如果孕镶钻头径向磨损过多，钻头便报废。为此，应采用“保径”措施来保护其内外径。方法是用硬质材料置于胎体内外缘上，增加其耐磨性，同时还起补强作用。保径材料有硬质合金、金刚石聚晶体、复合体及金刚石等。

用针状硬质合金或金刚石聚晶体等块状材料保径，是在钻头制造时把保径材料和金刚石同时烧结在胎体上。其位置分布在胎体内外壁或水口处，如图4-18（a）所示。

金刚石保径，是在钻头制造时把保径金刚石镶结在胎体内外壁上，如图4-18（b）所示。

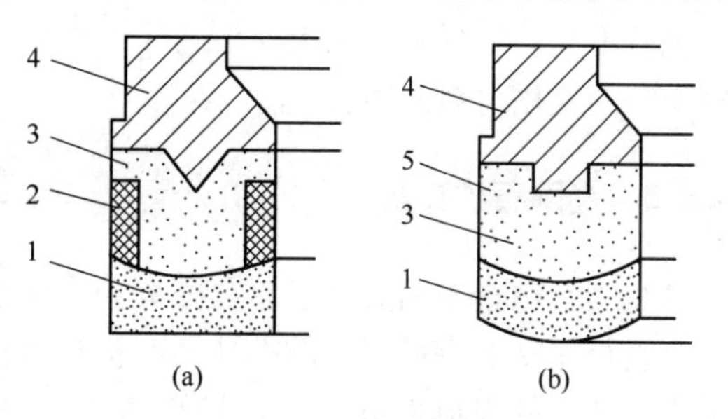

图4-18 金刚石保径示意图
（a）聚晶体保径；（b）金刚石保径
1—工作层；2—金刚石聚晶；3—胎体；4—钢体；5—保径金刚石

4.3.2.7 唇部形状

唇部形状是金刚石钻头的特殊要素。唇部形状根据岩石性质而定，形状之所以复杂化，目的是为了提高钻速、提高钻具回转稳定性和提高自身寿命。

常见唇部形状有矩形、弧边形、半圆形、阶梯形、锥形和锥齿形等，其多是以唇部断面几何形状特征命名的。

矩形唇面又称平底唇面，如图4-19所示，是孕镶钻头标准形。它加工方便，但在钻进时，内外边缘在应力集中情况下很快磨损变成弧形，之后在此形状下进行工作。因此，有的钻头直接把唇面制成弧形，如图4-20所示，称为弧形唇面，弧半径约等于壁厚。因为弧形接近自然磨损形状，边缘刃工作负担均匀，可以保持原形长期不变，所以也被定为标准形，应用较广，表镶钻头多用此形。适用于中硬（8～9级）、中等研磨性岩石。

弧边形弧的半径小到1/2壁厚时，则变为半圆形唇面，如图4-21所示。这样的唇面，内外边缘刃部得到加强，适用于坚硬（10～11级）、研磨性强的岩石。

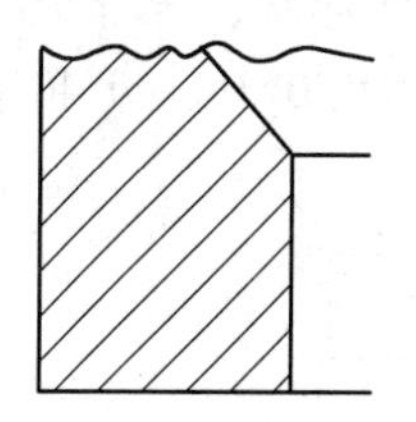

图4-19 平底唇面

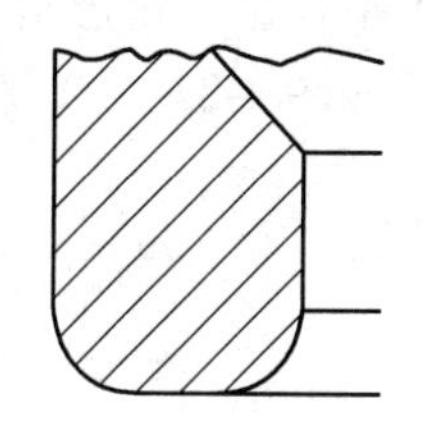

图4-20 弧形唇面

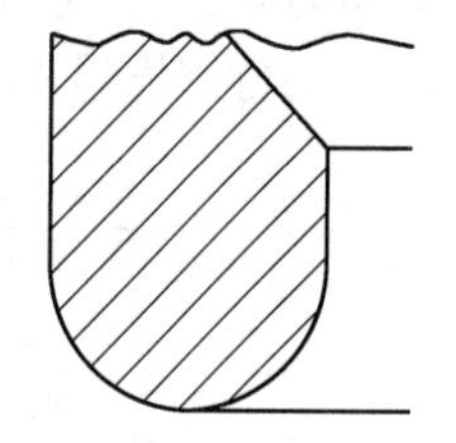

图4-21 半圆形唇面

锥形、阶梯形的厚壁钻头都用于绳索取心的钻进技术上。

钻进坚硬、致密（11～12级）的岩层时，会出现不进尺的所谓打滑现象。为了攻破这类岩石，试制了一种锯齿形钻头。此种钻头，有利于金刚石出刃，且可造成多自由面孔底，利于切削、剪切相结合的方式破碎岩石。如相邻扇形块齿尖交错（齿尖对邻齿根），则破碎岩石效果更好。

对于较易破碎的岩层，虽用双层岩心管，但钻头内唇壁处仍有急流冲洗液流过，对岩心尚有冲蚀作用。如用阶梯形底喷式钻头，冲洗液从竖孔流出，岩心不受冲洗，则可取得满意的取心率。必须指出，多数复杂唇面形状的孕镶钻头很难持久，因此它的特殊作用意义也就不大。另外，钻头工作层与非工作层的界面形状只有与唇面相适应，钻头才能得到更充分的使用（延长寿命）。

4.3.3 金刚石扩孔器

金刚石钻进中钻头外径总会因有一定的磨耗而使孔径不断缩小，为此在钻头上常常接一个直径比钻头直径略大的扩孔器。扩孔器位于钻头和岩心管之间，成为金刚石钻具组合中不可缺少的组成部分之一。扩孔器由钢体和含金刚石的胎体组成。

4.3.3.1 扩孔器的构造

扩孔器的构造如图4-22所示。它由钢体1、胎体2和金刚石3构成。两端丝扣用以接钻头和岩心管。镶金刚石部分称为工作带，带宽25～35mm，并制成条带槽，以通冲洗液。

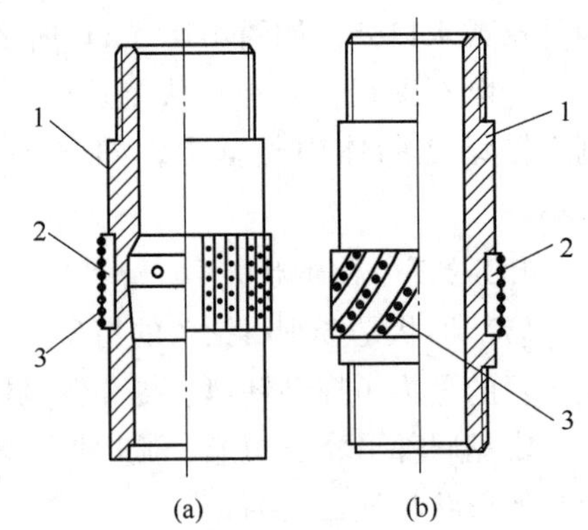

图4-22 扩孔器
(a) 单管扩孔器；(b) 双管扩孔器
1—钢体；2—胎体；3—金刚石

4.3.3.2 扩孔器的分类

扩孔器按金刚石的包镶形式不同，也有孕镶、表镶之分。孕镶的金刚石是天然品细粒或人造金刚石；表镶的金刚石是天然品粗粒。扩孔器按所接岩心管的不同，有单管、双管之分，单管扩孔器内壁呈锥形体，以便安装采岩心的卡簧。

扩孔器工作带水槽的形状有多种，常用的有密条状、宽条状和螺旋条状等。一般认为，螺旋条状水槽排水阻力小，是合理的形状，如图4-23所示。

不论水槽是什么形状，在钻进中，金刚石的工作量总是下端大于上端。因此，工作带将随着时间的增长逐渐变成锥形体。于是得出：锥形是工作带合理的形状，全部金刚石的工作量相等。特制锥形工作带的扩孔器如图4-23（d）所示，其锥角为0°35′～0°40′。

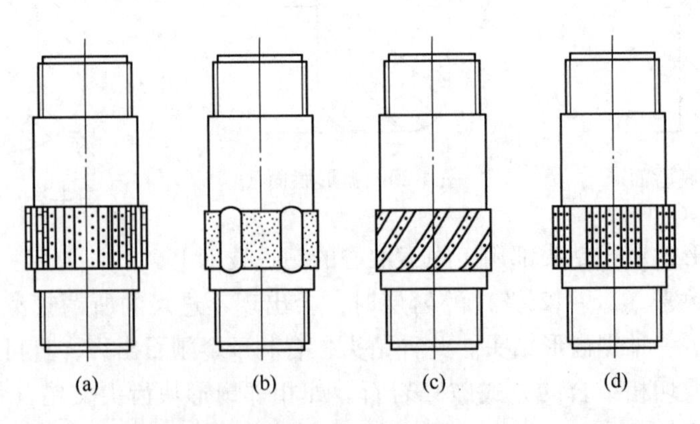

图4-23 扩孔器工作带水槽的形状
(a) 密条状；(b) 宽条状；(c) 螺旋条状；(d) 锥形工作带

扩孔器的标称规格与钻头相同。而实际尺寸比钻头直径大0.3~0.5mm。使用时必须与钻头精细配合才会发挥作用。一般情况下，一个扩孔器可配换3~5个钻头。

扩孔器的作用：修整孔壁，保证钻孔直径符合规定的尺寸要求；防止因钻头磨损而造成孔径逐渐缩小，从而减少新钻头下孔时的扩孔量；防止钻头早期磨损；保持孔内钻具的稳定性，使钻具在高速回转条件下保持良好的动平衡状态。必要时除在钻头与岩心管之间配置扩孔器外，也可在岩心管的上部加配扩孔器（稳定器），以延长钻头寿命。

现用扩孔器的样式很多，基本结构是在单管外面制成各种形状的凸起条形。扩孔器有接单管、双管、绳索取心的，有天然金刚石、人造单晶金刚石、人造聚晶金刚石的，有直棱、直条、螺旋条的，等等。

4.4 金刚石钻进工艺顺序

4.4.1 开孔

金刚石钻进应根据地层特点选择不同的开孔方法，如：

在冲积层、堆积层或松散的砂土层开孔时，可使用肋骨钻头、刮刀钻头，并使用泥浆作冲洗液，也可使用普通硬质合金钻头干钻。坍塌严重时，可从孔口灌注稠泥浆或分段投入黏土球，捣实后再钻进，也可使用聚丙烯酰胺低固相泥浆护壁。钻进预定深度后，及时下入孔口管。

在砾石层开孔时，可用冲击钻头钻进，也可在孔口挖坑灌注水泥后直接钻进，或先挖掘一定深度埋入孔口管后再钻进。钻进中除用泥浆护壁外，还可采用跟套管、注入快干水泥等方法，分段护壁，分段钻进。

在硬岩盘开孔时，应先用硬质合金钻头钻进300mm深度，然后用旧的孕镶金刚石钻头钻进。

4.4.2 金刚石钻头、扩孔器的选择和使用

金刚石的品级、金刚石钻头与扩孔器的规格及性能必须符合《新地质岩心钻探金刚石钻头、扩孔器》标准的要求。

（1）应根据岩石的可钻性、研磨性和完整程度来选择钻头、扩孔器的类型、金刚石粒度和浓度及胎体硬度。其方法如下：

1）在硬的、坚硬的、可钻性级别高的和裂隙、破碎的岩石中钻进时，应选用细粒表镶或细目数孕镶的钻头、扩孔器。在中硬的、可钻性级别低的和均质、完整的岩石中钻进时，应选用粗粒表镶或粗目数孕镶的钻头、扩孔器。

2）在研磨性强的岩石中钻进时，应选用硬胎体的钻头、扩孔器。在研磨性弱的岩石中钻进时，应选用软胎体的钻头、扩孔器。

3）钻头与扩孔器及卡簧之间要合理配合。扩孔器外径应比钻头外径大0.35~0.5mm，岩层坚硬时应采用下限数值；卡簧的自由内径应比钻头内径小0.3~0.4mm。

钻进时，应按钻头和扩孔器外径的大小，排好顺序轮换使用，即先使用外径大的，后使用外径小的；对于钻头来说，还应同时考虑先用内径小的，后用内径大的。

新钻头到达孔底后，必须进行“初磨”，即轻压（为正常钻压的1/3左右）、慢转（100r/min左右）钻进10min左右，然后再采用正常参数继续钻进。新钻头钻进的第一个回次进尺不宜过长，应及时提钻检查钻头的磨耗情况。

减压钻进倒杆时，必须先用升降机将孔内钻具拉紧（不得提离孔底），倒杆后用油缸减压并在小于正常钻压的情况下平稳开车。

钻头出现诸如以下情况时，均不得再下入孔内：表镶钻头内外径尺寸较标准尺寸磨耗0.15mm以上的；孕镶钻头内外径尺寸较标准尺寸磨耗0.3mm以上的；表镶钻头出刃尺寸超过金刚石颗粒直径1/3的；表镶钻头有少数金刚石脱落、挤裂或剪碎的；孕镶钻头出现石墨化现象的；钻头出现明显偏磨的；钻头水口和水槽小于标准尺寸的；胎体有明显裂纹、掉块，或沟槽严重被冲蚀的；钻头体变形、丝扣损坏的；等等。

（2）避免钻头非正常损坏的措施有：

1）孔底应保持清洁，当发现有硬质合金、胎块、金刚石、金属块、脱落岩心及孔壁掉块时应采用冲、捞、抓、粘、套、磨、吸等方法加以清除。不准在同一钻孔中交替采用金刚石钻进和钢粒钻进。

2）钻具通过换径、探头石、孔壁掉块等部位以及在斜孔和干孔中下钻时，必须放慢下降速度。

3）换径后应用锥形钻头修整换径台阶。地层由硬变软时应减压并控制钻进速度。钻进过程中应有专人定时观察冲洗液消耗情况。

使用金刚石钻头及扩孔器时，要填写使用卡片，及时记录每回次的各种有关数据及磨耗情况。钻头或扩孔器停用后，应及时作出评述。根据岩石物理力学性质选用金刚石钻头和扩孔器，可参考表4-17。

表4-17 钻头和扩孔器的具体选用

常见岩石举例			泥灰岩、页岩、泥质砂岩	石灰岩、泥灰岩、硬砂岩、		混合岩、硅卡岩、花岗岩、钠长岩		坚硬花岗岩、碧玉岩、含铁石英脉	
硬　度			软	中　硬		硬		坚　硬	
可钻性			1~3	4~6		7~9		10~12	
研磨性			弱	弱	中	中	强	强	弱
表镶钻头	人造聚晶			—	—	—			
	天然金刚石粒度/粒·克粒$^{-1}$	15~25		—	—				
		25~40			—	—			
		40~60				—	—		
		60~100					—	—	—
	胎体硬度（HRC）	Ⅰ（20~30）		—					—
		Ⅲ（35~40）			—	—			
		Ⅴ（>45）					—	—	

续表 4-17

常见岩石举例					泥灰岩、页岩、泥质砂岩	石灰岩、泥灰岩、硬砂岩、		混合岩、硅卡岩、花岗岩、钠长岩		坚硬花岗岩、碧玉岩、含铁石英脉	
孕镶钻头	人造金刚石网目数/目	>46	天然金刚石粒度/目	20~30		—	—				
		46~60		30~40			—	—	—		
		60~80		40~60				—	—	—	
		60~100		60~80					—	—	—
	胎体硬度（HRC）	0（10~20）									—
		Ⅰ（20~30）				—					—
		Ⅱ（30~35）					—	—			
		Ⅲ（35~40）						—	—		
		Ⅳ（40~45）							—	—	
		Ⅴ（>45）								—	
表镶扩孔器						—	—	—	—		—
孕镶扩孔器							—	—	—	—	—

4.4.3 金刚石钻进技术参数

4.4.3.1 钻头压力（钻压）

钻压应根据岩石的可钻性、研磨性、完整程度、钻头底唇面积以及金刚石粒度、品级和数量等参数进行选择。

（1）表镶钻头按每粒金刚石压力为14.5~24.5N计算，在金刚石质量较好、颗粒较粗、岩石坚硬完整的情况下，可采用较高的单粒压力；反之，应采用较低的单粒压力。钻进过程中随着金刚石的磨钝，钻压应逐步增大。

（2）孕镶钻头按单位底面积压力为392~784N/cm^{2}计算。

（3）在钻孔弯曲、超径的情况下或钻进强研磨性、破碎岩层时，钻压应适当降低。

（4）钻进过程中钻压应保持平稳，不得用升降机进行减压。

4.4.3.2 钻头转速（简称转速）

应根据岩石的可钻性、研磨性、完整程度及钻头直径选择转速，见表4-18。

（1）表镶金刚石钻头底唇面的线速度范围为1.0~2.0m/s；孕镶金刚石钻头底唇面的线速度范围为1.5~3.0m/s。

（2）正常钻进时，应在机械能力、管材强度允许的前提下，尽可能提高转速。

（3）在孔深、钻孔弯曲、超径的情况下或钻进强研磨性、破碎岩层时，转速应适当降低。

表4-18 金刚石钻进推荐转速 （r/min）

钻头直径/mm	46（46.5）	56（56.5）	66（66.5）	76（76.5）	91（91.5）
表 镶	500~1000	400~800	350~650	300~550	250~500
孕 镶	750~1500	600~1200	500~1000	400~850	350~700

4.4.3.3 泵量与泵压

应根据岩石的可钻性、研磨性、完整程度、钻进速度和钻头直径选择泵量，见表4-19。

（1）在转速较高、钻进速度较快、岩石研磨性较强、岩石颗粒较粗时，应选用较大泵量，反之则泵量应减少。

（2）金刚石钻进时泵压损失较大。正常情况下泥浆泵管路系统、双管和钻头的泵压损失为0.8MPa（8个大气压）左右，每百米钻杆约损失0.2MPa（2个大气压）左右。

（3）钻进时必须随时观察泵压变化，严防送水中断和钻具中途泄漏。

（4）不允许用三通水门调节泵量。

表4-19 金刚石钻进推荐泵量表 （L/min）

钻头直径/mm	56（56.5）	66（66.5）	76（76.5）	95（95.5）
表 镶	400～800	350～650	300～550	250～500
孕 镶	600～1200	500～1000	400～850	350～700

4.4.4 采取岩心

4.4.4.1 取心守则

（1）金刚石钻进必须用岩心卡簧卡取岩心，任何情况下都严禁干钻取心。

（2）卡取岩心时，必须先停止回转，用立轴将钻具慢慢提离孔底，使卡簧抱紧岩心。提断岩心以后不得再将钻具放到孔底试探。

（3）每回次都应尽量采净岩心，以免下个回次下钻时损伤钻头。残留岩心超过0.2m时，应用岩心捞取器专程捞取，严禁用金刚石钻头套扫。

4.4.4.2 使用绳索取心钻具时应遵守的规则

（1）下打捞器以前，必须在孔口钻杆上端拧上护丝；打捞器接近内管上端时，应放慢下降速度；反复捞取内管无效时，不得猛冲硬墩，应提钻查明原因。

（2）打捞内管在提升钢丝绳时，应注意孔口钻杆内是否有冲洗液涌出，以判断内管是否打捞上来。

（3）内管未到底前不准扫孔钻进。

（4）钻杆打断后，不准下入打捞器捞取内管。

（5）内管提上后，如发现管内无岩心，应立即提钻。

（6）打捞器上的钢丝绳应绑结牢固，并应装安全绳；当脱卡销超过250kg的拉力时应能被剪断，以保证打捞器安全脱卡。

4.4.5 金刚石钻进事故预防措施

预防钻具强烈振动的措施有：

（1）使用直的机上钻杆、轻型高压胶管和转动惯量小的水龙头。不得使用弯曲度超过规定的钻杆和粗径钻具。

（2）钻压、转速要与岩层相适应，不要盲目加压或提高转速；使用润滑冲洗液减阻。

（3）使用减震器、扶正器或稳定接头；适当减少泵量。

(4) 选择合理的钻具级配，如表4-20和表4-21所示。

表4-20 金刚石钻探钻具级配

钻孔直径（以扩孔器公称外径为准）/mm	钻杆外径/mm	钻杆与钻孔环状间隙/mm
56.5（60）	50	3.25
	53（54）	1.75（3）
66.5	53	6.75
	60	3.25
76.5（76.5）	60（71）	8.0（8.25）
（91.5）	（71）	（10.25）

表4-21 金刚石绳索取心钻具级配

钻孔直径（以扩孔器公称外径为准）/mm	钻杆外径/mm	钻杆与钻孔环状间隙/mm
56.5（60）	53（55.5）	1.75（2.75）
66.5	63	1.75
75.5（76.5）	71（73）	1.75（2.25）
（91.5）	（71）	（10.25）

金刚石双管应符合以下要求：

(1) 单动性能良好，各部件之间的同心度要好。

(2) 管材无伤裂。

(3) 丝扣要好。

(4) 装配好的钻具在垂直吊起时短节与卡簧座不得自由脱落。

(5) 装配好的钻具卡簧座底端与钻头内台阶的距离为3～4mm。

使用双管必须遵守的规则如下：

(1) 不得用管钳拧卸钻头、扩孔器和内外管，而应用多触点钳或摩擦式钳，同时还应注意钳牙不得触及钻头或扩孔器的胎块部位。

(2) 退出岩心时，要用橡胶槌、木槌敲打内管；不得用铁锤直接敲打双管的内外管，必要时可在管外垫钢质护套。

(3) 双管在移动时不能猛力拖拉或撞击；存放时要摆平，不得重压；运送时要套装；装卸时要轻放。

复习与思考题

4-1 简述金刚石钻进的钻具组成。

4-2 什么是聚晶金刚石、金刚石复合片？

4-3 影响单颗金刚石破碎岩石方式的因素有哪些？

4-4 分析金刚石钻头的各构造要素。

4-5 简述扩孔器的功用。

4-6 简述金刚石钻头的选择原则。

4-7 简述金刚石磨损的常见表现形式。

5 回转钻进工艺

目标要求： 了解回转钻进的发展及应用范围，了解回转器的种类；掌握钻头压力和钻头转速的选择；了解冲洗液泵量及其性能的选择；掌握钻进规程参数的选择；了解回转钻进操作方法及注意事项。

重点： 钻进规程参数的选择。

难点： 确定最优回次钻程时间的方法。

衡量钻进工艺效果的主要指标有钻速、每米钻孔成本、岩矿心采取率和钻孔方向等，它们受到多因素的影响和制约。这些因素包括不可控因素和可控因素。不可控因素指客观存在的因素，如所钻的地层、岩性及其埋深等；可控因素指通过一定的设备和技术手段可以进行人工调节的因素，如钻头类型、冲洗液性能、钻压、转速和泵量等。在这些因素中，钻速是一般情况下考核钻进工艺和生产管理水平的最重要依据。

5.1 钻进效果指标与规程参数关系

5.1.1 钻进效果指标和规程

5.1.1.1 钻进主要指标

根据不同的技术统计工作需要可求出下列钻速：

（1）平均机械钻速。平均机械钻速（m/h）表示在纯钻进时间内的平均钻进效果。

$$v_p = \frac{H}{t_c} \tag{5-1}$$

式中，H 为钻孔进尺，m；t_c 为纯钻进时间，h。

（2）回次钻速。从往孔内下放钻具→钻进→从孔内提起钻具为止，称为生产循环中的一个回次。虽然纯钻进是我们的主要任务，但随着钻孔加深和岩石可钻性级别提高，在一个回次中起下钻具的作业将占去很多时间。因此必须优选钻进参数，实现钻具升降作业机械化，以提高回次钻速（m/h）。

$$v_{hc} = \frac{H}{t_c + t_1} \tag{5-2}$$

式中，t_1 为接长钻杆、更换钻头和提取岩心必需的起下钻具时间和其他辅助作业（冲孔、扫孔等）时间，h。

（3）技术钻速。在生产中一般一个月计算一次考虑补充作业时间的技术钻速（m/h）。

$$v_j = \frac{H}{t_c + t_1 + T_1} \tag{5-3}$$

式中，T_1 为消耗在固孔、人工造斜、测量孔斜、钻孔注浆等工作中的补充作业时间，h。

（4）经济钻速。经济钻速（m/h）在国外也称商业钻速，一般按月、季计算。

$$v_s = \frac{H}{t_c + t_1 + T_1 + T_2} \tag{5-4}$$

式中，T_2 为用于钻机安装、大修、处理孔内事故等非生产性作业的时间，h。

（5）循环钻速。循环钻速（m/h）指的是从开孔到终孔整个生产大循环的平均钻速。

$$v_X = \frac{H}{t_c + t_1 + T_1 + T_2 + T_3} \tag{5-5}$$

式中，T_3 为用于安装和拆卸钻机平台、起拔套管、封孔等开孔准备和终孔作业的时间，h。

5.1.1.2 钻进规程

所谓钻进规程，是指为提高钻进效率、降低成本、保证质量所采取的技术措施，通常指可由操作者人为改变的参数组合。钻进参数包括钻压（钻头上的轴向载荷）、钻具转速、冲洗介质（水、钻井液或压缩空气）的品质、单位时间内冲洗介质的消耗量等工艺参数。在生产中可以采用不同的钻进规程：最优规程、合理规程、专用规程。

A 钻进最优规程

当地质技术条件和钻进方法已确定时，在保证钻孔质量指标（钻孔方向、岩矿心采取率等）的前提下，为获取最高钻速或最低每米钻进成本（见式（5-6））而选择的钻进参数搭配称为最优规程。实现钻进最优规程的条件是：钻机设备的功率、转速以及钻杆的强度、冲洗介质的品质等因素不限制钻进参数的选择。

每米钻进总成本（元/m）为：

$$C = \frac{C_b + C_r(t + t_1 + T_1 + T_2)}{H} \tag{5-6}$$

式中，C_b 为钻头价格，元；C_r 为钻机单位时间作业费用，元/h；H 为钻头进尺数，m。

对式（5-6）进行变换，可写成：

$$C = \frac{C_b}{v_p \cdot t} + \frac{C_r(1 + k + K_1 + K_2)}{v_p} \tag{5-7}$$

式中，v_p 为机械钻速，m/h；k 为辅助作业时间在纯钻进时间中所占的百分比，$k = t_1/t$；K_1 为用于固孔、测斜等补充作业的时间在纯钻进时间中所占的百分比，$K_1 = T_1/t$；K_2 为用于钻机安装、大修和孔内事故处理的时间在纯钻进时间中所占的百分比，$K_2 = T_2/t$。

而在式（5-7）中：

$$t = \frac{h}{v_d} \tag{5-8}$$

式中，h 为钻头切削具的允许磨损高度，mm；v_d 为钻头切削具的磨损速度，mm/h。

钻头切削具的磨损速度 v_d 往往又是钻进速度的函数，$v_d = f(v_p)$；钻头切削具的允许磨损高度 h 也往往是已知的，例如孕镶金刚石钻头的允许磨损高度为 2～3mm。于是，可建立每米钻探成本与钻速之间的关系式 $C = f(v_p)$，通过它可求出对应于最低成本 C_{min} 的最优钻速 v_p，并可由此确定最优的钻压、转速等规程参数。

B 钻进合理规程和专用规程

在给定的技术装备条件下，当钻进规程参数的选择受到某种制约时，如设备功率不足、钻机的转速达不到要求、钻具强度不够、冲洗液泵量不足等，在保证钻孔质量指标的同时争取最大钻速的钻进参数组合称为合理规程。为完成特种取心、矫正孔斜、进行定向钻进等任务所采用的参数搭配称为专用规程。这时，钻速已成为从属的目标。

确定钻进规程的一般步骤是:

（1）根据地层条件、钻头类型、设备条件和工人的技术水平等因素，查阅有关手册或标准，对每个工艺参数初选一个取值范围；

（2）在以往经验的基础上，初步确定规程参数的若干组取值；

（3）在生产实践中边钻进，边测算钻速和钻进成本，加以分析对比或借助计算机进行处理，找出使钻效高、成本低的参数组合。

5.1.2 钻进过程中各参数之间的影响

5.1.2.1 钻压对钻速的影响

钻进中钻头上的轴向压力（钻压）应为给进力（钻具质量 + 正或负的机械施加力）减去冲洗液浮力及孔内摩擦阻力后剩余的载荷。常用的钻压表示方法有:

（1）钻压 P，即整个钻头上的轴向载荷，它受钻头类型、口径和切削具数量影响，可比性较差；

（2）钻头唇面比压 p，即切削具与岩石接触单位面积上的轴向载荷，它涵盖了钻头口径和类型的影响，可比性较好。

实践证明，在一定的钻进条件下，钻压影响钻速的典型关系曲线如图 5-1 所示。由图可见，钻压在很大的变化范围内与钻速近似呈线性关系，当钻压取值在 1 点之前时，钻压太低，钻速很慢；在 2 点之后，钻压过大，岩屑量过多，甚至切削具完全切入岩层，孔底冷却和排粉条件恶化，钻头磨损也加剧，使钻进效果变差。因此，可按图中的直线段来建立钻压 P 与钻速 v 的定量关系，即:

$$v = K \cdot (P - P_0) \tag{5-9}$$

式中，P_0 为直线段在钻压轴上的截距，相当于切削具开始压入地层时的钻压，称为门限钻压，主要取决于岩层性质，不同地层的门限钻压各异。

5.1.2.2 转速对钻速的影响

图 5-2 为钻进不同岩石时测得的钻速 v_p 与转速 n 的关系曲线。

由图 5-2 可知，在黏岩类软而塑性大、研磨性小的岩层中钻进时（曲线Ⅰ），钻速 v_p 与转速 n 的关系基本呈线性关系；在中等硬度、研磨性较小的岩层中钻进时（曲线Ⅱ），钻速 v_p 与转速 n 的关系开始呈直线关系，但随着 n 继续增大而逐渐变缓，转速愈高，钻速增长愈慢；在中硬、研磨性强的岩层中钻进时（曲线Ⅲ），开始时类似于曲线Ⅱ，但钻速随转速增大而增大的速率较缓慢，当超过某个极限转速 n_0 后（n_0 的大小随岩性、钻压和切削具形状而异），钻速 v_p 还有下降的趋势。

曲线Ⅱ、Ⅲ反映了岩石破碎过程的时间效应问题。在钻压和其他钻进参数保持不变的情况下，钻速可表述为:

$$v_p = \lambda \cdot n^2 \tag{5-10}$$

式中，λ 为转速指数，一般小于1，其数值大小与岩性有关。

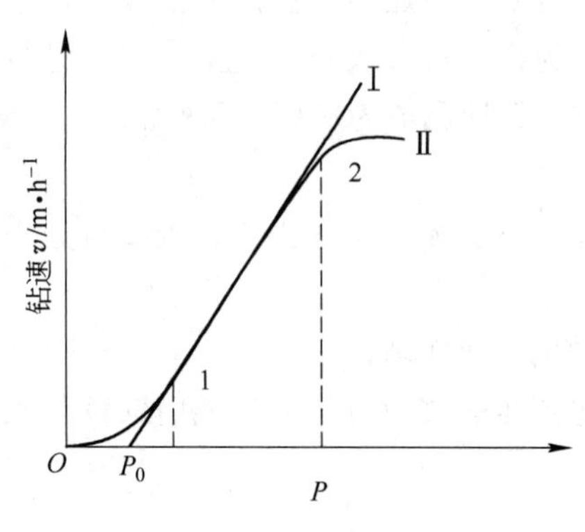

图5-1 钻压与钻速的关系曲线

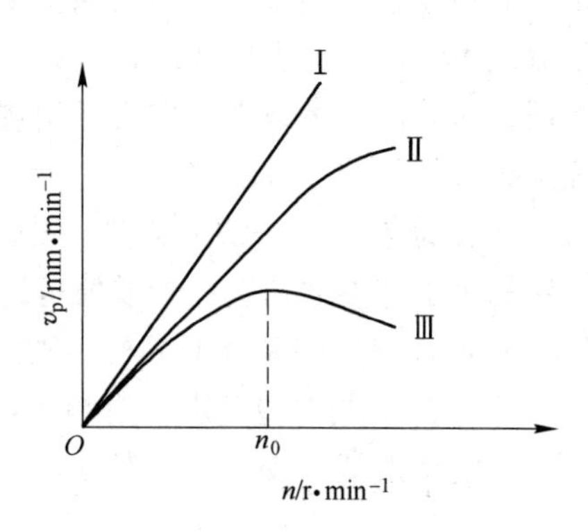

图5-2 钻速与转速的关系曲线

5.1.2.3 切削具的磨损对钻速的影响

在钻进过程中，随着切削具的磨钝，切削具与岩石的接触面积逐渐增大，若此时钻压值保持不变，则机械钻速 v_m 也必然逐渐下降。这一过程实质上是由钻头唇面比压 p 下降引起的，故仍可归结为钻压的影响。

5.1.2.4 水力因素对钻速的影响

在钻进过程中，及时有效地把钻头破岩产生的岩屑清离孔底，避免岩屑的重复破碎，是提高钻速的一项重要措施。孔底岩屑的清洗是通过钻头喷嘴（或水口）处形成的冲洗液射流来完成的。表征钻头及射流水力特征的参数统称为水力因素。在油气钻井的牙轮钻头、刮刀钻头及大口径表镶金刚石钻头中，水力因素的总体指标通常用孔底单位面积上的平均水功率（也称为比水功率）来表示。

在一定的钻速条件下，单位时间内钻出的岩屑总量一定，这些岩屑需要一定的水功率才能完全清除，低于这个水功率值，孔底净化就不完善，则钻速降低。

当然，对孕镶金刚石钻头和自磨式钻头而言，若遇到弱研磨性岩石，为了保持钻头唇面切削具的自锐能力，还必须在孔底保存一定的岩粉量，这时过大的水功率将导致钻速下降，甚至引起钻头被抛光。

水力因素影响钻速的另一种形式是对软岩的水力破岩作用。当实际水功率大于孔底净化所需的水功率后，由于水力参加破岩，机械钻速仍可能升高。这时可理解为是钻压钻速关系中的门限钻压值有所降低而造成的。

5.1.2.5 冲洗液性能对钻速的影响

冲洗液性能对钻速的影响比较复杂。大量的试验表明，冲洗液的密度、黏度、失水量和固相含量及其分散性都对钻速有不同程度的影响。

A 冲洗液密度对钻速的影响

冲洗液密度对钻速的影响，主要表现为由密度决定的孔内液柱压力与地层孔隙压力之间的压差对钻速的影响。实验室研究和钻进实践都表明，孔底压差对刚破碎下来的岩屑有压持作用，会阻碍孔底岩屑的及时清除，压差增大将使钻速明显下降。图5-3 给出了钻进

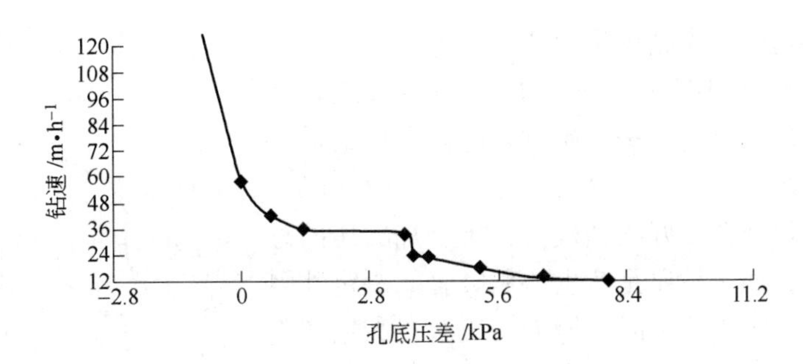

图 5-3　孔底压差与钻速的关系曲线

页岩时，孔底压差对实际钻速 v_p 的影响曲线。数据处理后可得出：

$$v_p = v_0 \cdot e^{-\beta \Delta p} \tag{5-11}$$

式中，v_0 为零压差时的钻速，m/h；Δp 为孔内液柱压力与地层孔隙压力之间的压差，MPa；β 为与岩层性质有关的系数。

B　冲洗液黏度对钻速的影响

冲洗液的黏度是通过影响孔底压差和孔底净化作用而间接影响钻速的。在其他条件一定时，冲洗液黏度的增大，将使孔底压差增大，并使孔底钻头获得的水功率降低，从而使钻速降低。

C　冲洗液固相含量及其分散性对钻速的影响

实践表明，冲洗液固相含量及其固相颗粒的大小和分散度对钻速和钻头寿命都有明显影响。一般应采用固相含量低于4%的低固相不分散冲洗液。由图5-4可见，固相含量相同时，分散性冲洗液比不分散冲洗液的钻速低。固相含量越少，两者的差别越大。

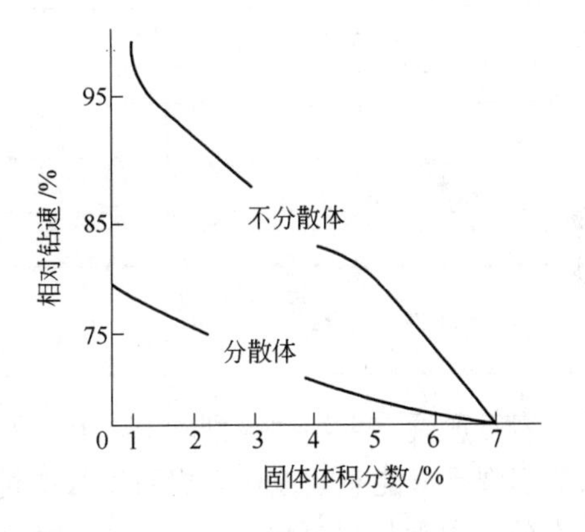

图 5-4　固相含量和分散性对钻速的影响

5.2　硬质合金钻进工艺

磨锐式硬质合金钻头在煤矿地质勘探、瓦斯地质钻孔中应用得最为广泛，故本节着重讲述磨锐式钻头的规程选择。

5.2.1　钻头压力和转速的选择

5.2.1.1　钻头的选择

钻压是决定硬质合金钻头机械钻速的最重要参数，在图5-1所示的钻压与钻速曲线中，如果在1点钻压的基础上继续增加钻压，其钻速将呈直线增长。钻压增大一倍时钻速增长率 A_n(%)的试验曲线也证明了这一点。如图5-5所示，对不同岩石而言，钻速增长率对钻压的敏感程度是不同的。其中以中硬—硬（6～7级）岩石最敏感，也就是说，这类岩石增大钻压最有效。而4～5级岩石如果钻压过大，将使孔底排粉和冷却条件恶化，从而阻碍钻速成比例上升；另外，8～9级岩石基本不适宜用硬质合金钻进，在钻杆强度允许的范围内很难通过增大钻压来使钻速呈直线增长。

在钻进中，应充分发挥切削具初刃的切入破岩优势。实践证明，硬质合金钻进开始时就应以允许的最大初始钻压钻进。如果初始钻压不足，在切削具磨钝后，再增大钻压也不可能获得好的钻效。分析增加钻压的意义在于：在岩石方面，钻压是产生体积破碎的决定性因素，尤其在中硬岩层中钻进时，增加钻压对提高钻速更为有效；在切削具方面，初始钻压应取合理的最大值，以充分发挥切削具初刃的优势。随着切削具被磨钝，应逐渐补充钻压。

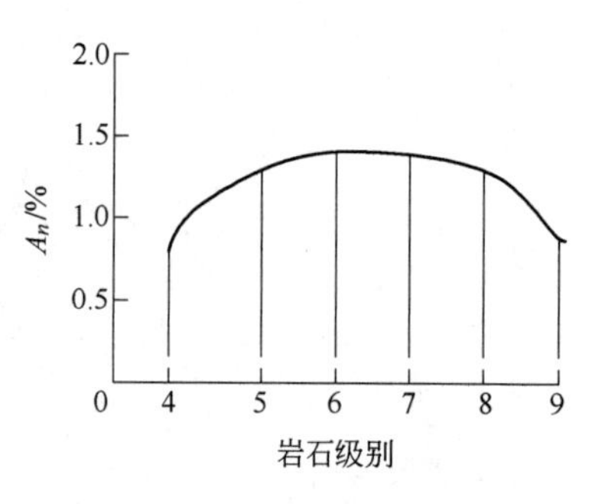

图 5-5 钻压与岩石级别关系

但必须注意，在钻进过程中频繁调整钻压可能导致岩心堵塞及钻孔弯曲。同时，由于孔内钻柱的振动等原因，钻头上的实际瞬时钻压值与地表的测量值有较大差距。

目前，还没有一个公认的能反映上述影响因素的钻压公式。在实际生产中，一般根据经验（见表 5-1）首先选择每颗切削具上的压力值 P，然后在钻进过程中根据钻速的变化情况，适时加以调整。钻头上的总压力为：

$$P_{总} = P \cdot m \tag{5-12}$$

式中，P 为每颗切削具上应有的压力；m 为钻头唇面上的切削具数目。

表 5-1 YG8 硬质合金切削具的单位压力推荐值

岩 层	切削具形状	单位压力推荐值 P/kN · 颗$^{-1}$
1 ~ 4 级 软—部分中硬岩石	片 状	0.40 ~ 0.70
5 ~ 7 级 中硬—部分硬岩石	方柱状	0.80 ~ 1.20
	中八角柱状	0.90 ~ 1.40
	大八角柱状	1.50 ~ 1.80
研磨性大的岩石	方柱状	1.20 ~ 1.40
	中八角柱状	1.20 ~ 1.70

岩石愈硬，可钻性级别愈高，P 值可取上限；岩石的研磨性愈高，P 值也应该愈大，以免切削具未能有效地切入岩石即被磨钝；对黏性大、易糊钻的软岩，应取比推荐值更小的 P 值，以免进尺过快，排粉、冷却困难酿成事故；对裂隙性岩石，也应取较小的 P 值，以免发生崩刃。

5.2.1.2 钻头转速的选择

人们长期习惯用转速 n 来表述钻头的回转速度，实际上用钻头切削具的线速度 v 更科学，因为它消除了口径的影响。两者的关系为：

$$v = \frac{1}{60}\pi Dn \tag{5-13}$$

式中，v 为线速度，m/s；D 为钻头平均直径，m；n 为钻头转速，r/min。

选择钻头转速的主要依据是岩石的性质和破岩的时间效应。图 5-2 所示的钻速与转速关系曲线已表明，在软岩层中钻进时（曲线Ⅰ）提高转速的效果最明显；而在另两类岩石中（曲线Ⅱ、Ⅲ），由于破岩的时间效应影响更显著，所以钻速随转速而增大的趋势明显下降。

5.2.1.3 时间效应

岩石在切削具作用下，从发生弹性变形→形成剪切体→跳跃式切入岩石至一定深度，需要一个短暂的时间 Δt，即要求承受载荷的切削具在即将发生破碎的岩石表面停留一个短暂的时间 Δt，才能使裂隙沿剪切面发育至自由面，形成剪切体。

如果转速超过临界值（$n > n_0$），则切削具作用于岩石的时间小于 Δt，岩层中的裂隙尚未完全发育载荷便已移走，从而造成破岩深度减少，甚至使岩石破碎状态转化为表面破碎。岩石的研磨性影响也从另一个角度说明了时间效应的重要性。当转速过高（$n > n_0$）时，不仅破岩深度减小，而且切削具在单位时间内与岩石的摩擦功明显加大，切削具快速被磨钝，造成接触面上比压降低，从而使得在岩石中裂纹发育所需的时间间隔更长，对破碎岩石更加不利。

对于较软的、研磨性较小的岩石，可以用增大转速的办法来提高钻效；而在硬的、研磨性较强的岩石中，转速过高不仅不能提高钻效，而且对钻进过程有害无益。

一般推荐的转速值用线速度表示，如表 5-2 所示。选择转速的取值范围时，还应考虑到钻头形式、冲洗液类型（有无润滑剂）、钻机能力、钻杆柱的强度和切削具的情况，通过综合分析来确定所需的转速值。

表 5-2 硬质合金切削具的线速度推荐值

岩石性质	线速度 v 取值范围/$m \cdot s^{-1}$	岩石性质	线速度 v 取值范围/$m \cdot s^{-1}$
软的弱研磨性岩石	1.24～1.63	中硬—硬的研磨性岩石	0.61～0.84
中硬的研磨性岩石	0.93～1.22	裂隙性岩石	0.32～0.61

5.2.2 冲洗液泵量及其性能的选择

在冲洗液的排粉、冷却、润滑和护壁诸功能中，以排粉所需的泵量最大，故应以孔底岩粉量的多少为主要依据来选择泵量。同时，还必须注意到液流的阻力与流速的平方成正比，如果泵量过大，引起的孔底脉动举力将抵消一部分钻压，造成在岩心管内、外环间隙中流速过高，就可能冲毁岩心或孔壁。因此，合理的泵量值应在满足及时排粉的前提下兼顾其他工艺因素。可根据下式来确定冲洗液的泵量（L/min）：

$$Q = m\frac{\pi}{4}(D^2 - d^2)v_1 \tag{5-14}$$

式中，v_1 为冲洗液在外环空间的返上速度，dm/min；D、d 分别为钻孔直径和钻杆外径，dm；m 为由孔壁、孔径不规则引起的返上速度不均匀系数，m 取 1.05～1.2。返上速度的推荐值为：清水时取 0.25～0.6m/s；泥浆时取 0.20～0.5m/s。

同时，必须兼顾的其他技术因素是：孔径、钻速、岩石研磨性和钻头水口。孔径大、钻速高、岩石研磨性强、钻头水口水槽宽者可取上限，反之亦然。

为了提高钻速，在可能的条件下应尽量选用清水作冲洗液；若用泥浆时，其黏度和密度值宜小不宜大，并尽量采用低固相不分散泥浆。

在实际钻进过程中，钻进规程的三个主要参数：钻压 P、转速 n 和泵量 Q，都不是单独起作用的，它们之间存在着交互影响。如果只是“单打一”地追求各参数的最优值，而不考虑其交互影响，则不仅达不到高钻速、低成本的效果，甚至可能导致相反的结果。关于 P、n、Q 参数间合理配合的一般原则可概括为：

（1）软岩石研磨性小，易切入，应重视及时排粉，延长钻头寿命，故应取高转速、低钻压、大泵量的参数配合；

（2）对研磨性较强的中硬及部分硬岩石，为保持较高的钻速并防止切削具早期磨钝，应取大钻压、较低的转速、中等泵量的参数配合；

（3）介于两者之间的中等研磨性的中软岩石，则应取两者参数配合的中间状态。

5.2.3 最优回次钻程时间确定方法

用磨锐式钻头钻进时，在规程未改变的条件下，其钻速是随切削具的磨钝而递减的。当钻速很低时，只有起钻换钻头才能在新回次中获得较高的钻速。但在起下钻的辅助作业中将消耗许多时间。如果早一点起钻，对提高平均钻速有利，但辅助作业时间所占比例加大；如果晚一点起钻，可减少起下钻次数，但钻头是在钻速很低的状态下继续钻进。因此，必须确定一个最佳回次钻程时间。最佳回次钻程时间的标准应是该回次的回次钻速达最大值。钻头在 t 时间内的进尺 H 为：

$$H = \frac{v_0 t}{1 + k_0 t} \tag{5-15}$$

式中，v_0 为钻进开始时的瞬时钻速；k_0 为表示钻速下降特征的系数，它主要取决于岩性、钻进规程和钻头类型。

把式（5-15）代入计算回次钻速的式（5-2），再用求极大值的方法可求出最佳回次钻程时间 t_0 为：

$$t_0 = \sqrt{t_1 / k_0} \tag{5-16}$$

于是，此时的最优回次钻速为：

$$v_{\mathrm{R}} = \frac{v_0}{1 + 2\sqrt{t_1 k_0} + k_0 t_1} \tag{5-17}$$

根据瞬时钻速 v_{m} 与进尺 H 的关系，把式（5-15）代入，可求出此时的瞬时钻速为：

$$v_{\mathrm{m}} = \frac{\mathrm{d}H}{\mathrm{d}t} = \frac{v_0}{1 + 2\sqrt{t_1 k_0} + k_0 t_1} \tag{5-18}$$

由式（5-17）和式（5-18）可知，在 t_0 时刻，瞬时钻速与回次钻速正好相等。这便为在现场用绘图法确定最佳钻程时间 t_0 提供了理论依据。如图5-6所示，在钻进过程中随时记录并作 v_{m} 和 v_{R} 曲线，当两条曲线相交时，它对应的就是最佳回次钻程时间 t_0，这时必须起钻结束回次钻程。

虽然以上分析从理论上解决了确定最佳回次钻程时间 t_0 的问题，但在现场实施中仍有很多困难，如：

（1）在复杂环境条件下仅靠手工实时测算并绘制两条曲线，并非易事；

（2）上述理论推导的基础为规程和岩性一定，但实际钻进过程很难保证岩性不变，加之其他随机因素的干扰，实际绘出的钻速曲线不可能像图5-6那样有规律。因此，目前在现场仍是凭经验，根据钻头类型和孔深的不同确定最佳起钻时间。

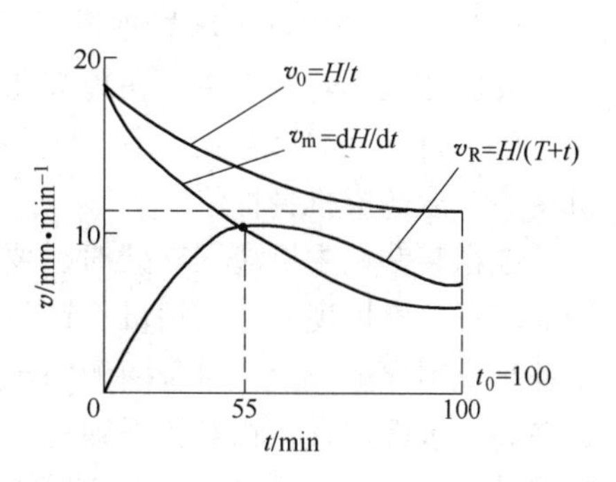

图5-6 最佳回次钻程时间 t_0 的确定

必须指出，随着计算机和自动检测技术的普及，上述确定最佳回次钻程时间的方法已经可以在现场自动实现。1983年苏联研制成功的微机自控钻进系统，在钻进过程中定期检测进尺量，每5s时间由微机计算一次瞬时钻速 v_m 和回次钻速 v_R 并存储起来，同时按式(5-19)判断是否需要终止回次钻程。

$$\frac{v_R}{v_m} < C_m \tag{5-19}$$

式中，C_m 的取值为1.1～1.2。

如果式（5-19）能满足，则钻进过程处于图5-6中 t_0 点的左边或刚过 t_0 点，可继续钻进；如果不满足，说明已稳定地超过 t_0 点。但为了防止因偶然因素或规程变化造成的虚假现象，还需继续观察5min。这时微机系统给钻压一个增量 ΔP，以便观察瞬时钻速 v_m 是否会继续增大而重新满足式（5-18），同时每秒钟测算一次 C_m 值，如果不满足式(5-19)的次数达60%，则发出“起钻”的命令。

5.3 回转钻进的操作工艺

5.3.1 钻场要求

目前坑道钻机正向大扭矩、大给进起拔力方向发展，其钻机的自重较大，钻机提供的系统参数较高，在钻进工作中提供的能力较大，因此要求钻场的地基要稳固，不能发生松软、破碎等情况。在钻进大直径、长距离钻孔时，钻场的地基还要作专项处理，确保地基的稳固。

5.3.2 钻机稳装要求

稳装钻机是保证较大孔径、中深钻孔实施钻进的首要条件，应确实保证钻机主机的动力头、夹持器、设计钻孔孔位在整个钻进中保持在同一直线上。钻场地基一般情况下存在三种状况：第一种是煤岩碴堆积地基；第二种是破碎底板软岩地基；第三种是较完整底板硬岩地基。在现场针对不同钻场地基的具体情况，应对地基做具体的处理，目前采用的办法为：

（1）针对煤岩碴堆积的地基，可在煤岩碴上埋设两根长方形枕木，将钻机主机架设在枕木上，并在机架底座前后的托盘上，用四根单体液压支柱顶牢顶板，机架前端用导链拉紧。该种方法在大多数煤矿使用较多。采用上述方法，基本能够满足钻机稳固的要求。若在实际钻进中发生钻机挪位现象，应及时进行修正，保证钻机动力头、夹持器、钻孔在一条直线上。

(2) 对于破碎底板软岩地基，要先进行软岩清理，然后铺垫煤岩碴和埋设长方形枕木，安放钻机。若有必要，在预知孔内瓦斯地质情况复杂时，还需打地锚压紧钻机主机。

(3) 底板条件较好时，钻机的稳固条件也相对较好和处理便利，但安装时需要防止钻机受力打滑造成机身移位。

在稳装钻机主机液压支架时，要处理好顶板，防止顶板因松动、浮石、破碎等情况，造成落石、垮塌现象，使钻机稳钻条件失常，发生事故。同时，钻机支架前后底梁要用方木顶牢或用导链拉紧，机身两侧用扒钉或道钉将钻机主机底座与枕木钉牢。动力机组应放置在高出水面位置，相对放平即可。操作台安置在便于观察钻场全部情况的位置。对于分体式钻机的总体布局以“品”字形布局为好。

5.3.3 开孔及钻进中的要求

5.3.3.1 非平衡条件钻探工艺

在非平衡条件下实施的钻探工艺，钻进压力必须克服钻具的重力、钻具与孔壁岩石的摩擦阻力、泥浆的反作用力、钻岩压力等才能实现钻进，因此在非平衡条件下的钻进过程是加压钻进过程，其钻探设备、泥浆、钻具、钻头等都要符合非平衡条件的工艺系统。

在实施沿煤层钻进、邻近层钻进中，整个钻进过程都是加压钻进过程，即给进压力必须克服钻具的重力、钻具与岩层的摩擦阻力、水力因素造成的反作用力、钻头切削岩石的压力等，才能实现钻进工作。

5.3.3.2 开孔要求

开孔三要素为：轻压、慢转、小水量。为克服钻头切削岩石产生的切向力，可在岩石上凿钻窝或用钎杆等反向施力克服切向力使钻孔开正。另外，钻机安装的位置不宜离岩层工作面太远，适当的距离可以减小钻杆的摆动和克服一定的切向力作用。

5.3.3.3 钻进中的要求

煤矿井下钻探，由于巷道中的钻场空间所限，采用的都是短钻杆。使用短钻杆钻进，必然会造成停水、停钻、换接钻杆频繁的操作过程，由此每一次的停钻、停水势必导致钻头要提离孔底，而孔底的残心、碎屑、复合片钻头切削岩石留下的台肩等，会对复合片钻头重新接触孔底时产生冲击碰撞阻碍作用，如果操作不当便会过早损坏复合片钻头的切削刃，使钻头的使用寿命大大降低。

因此，要求在每一次换接钻杆后重新开钻时，必须重复轻压、慢转的操作规程，待钻头和孔底岩石磨合均匀后，方可正常钻进，这一磨合的时间并不长，但次数较为频繁。判断孔底钻头与岩石面是否磨合完整的方法是，回转压力表的指针达到小幅均匀摆动即可。

复习思考题

5-1 何谓机械钻速、回次钻速、技术钻速？

5-2 试述硬质合金钻进的适用范围及优缺点。

5-3 试述硬质合金钻进中钻速与转速的关系，并说明确定硬质合金钻进规程的基本原则。

5-4 如何确定金刚石钻进的钻进规程？

6 复杂岩层钻孔成孔工艺

目标要求：了解岩石采样及力学特性的测试方法；了解计算机数值模拟的过程；了解钻孔围岩二次应力的分布；掌握侧压系数、岩层强度、采深、抽采负压、钻孔围岩强度弱化等对钻孔稳定性的影响；掌握抽采钻孔二次应力的弹性分布（钻孔二次应力、应变和位移的变化特性、钻孔的二次应力状态）、抽采钻孔二次应力的塑性分布；掌握钻孔成孔控制工艺。

重点：矿井试验区岩石力学性质；钻孔围岩弱结构破坏失稳过程控制；稳孔技术措施和方法。

难点：现场实测、理论分析和数值模拟；钻孔围岩复合岩性弱结构存在规律与失稳机理。

本章选用大变形 FLAC3D 数值模拟软件对谢一矿 -780 ~ -823m 水平 11(13)巷帮钻场钻孔和丁集煤矿 -910m 水平 11-2 西大巷、1412 切眼钻孔岩石力学性质和稳定性进行了计算机数值模拟，研究了复杂条件下深部煤岩弱结构钻孔失稳机理、力学特征，建立了相关的理论计算机数值模型。以工程实践为例，选择符合实际的模拟过程，将实际的三维问题转化为计算机三维模拟的动态过程问题。

6.1 试验场钻孔岩石采样及力学测试

针对目标试验区收集了谢一矿望井 -720m B11 煤石门、-823m C13 底板和丁集矿 -910m 西 11-2 底板、1412(1)切眼等岩心样本，对煤岩的单轴压缩强度及变形参数、抗拉强度、三轴压缩强度及变形参数、抗剪参数、弹性模量、泊松比、孔隙率等参数进行了综合测定与分析。

6.1.1 取样地点、加工及测试内容

6.1.1.1 谢一矿目标试验区

-720m B11 煤石门岩心样本如图 6-1 所示，-823m C13 槽底板巷岩心样本如图 6-2 所示。

6.1.1.2 丁集矿目标试验区

A 岩心采集

岩样取自丁集煤矿 -910m 水平 11-2 煤西翼底板穿层巷、1412 顺槽、切眼，两孔共取岩心 34 块，按岩石层位分为 4 组，如图 6-3 ~ 图 6-6 所示。

主要测定内容包括：

(1) 力学性质。岩石的单轴压缩强度及变形参数、抗拉强度、三轴压缩强度及变形参数、抗剪参数。

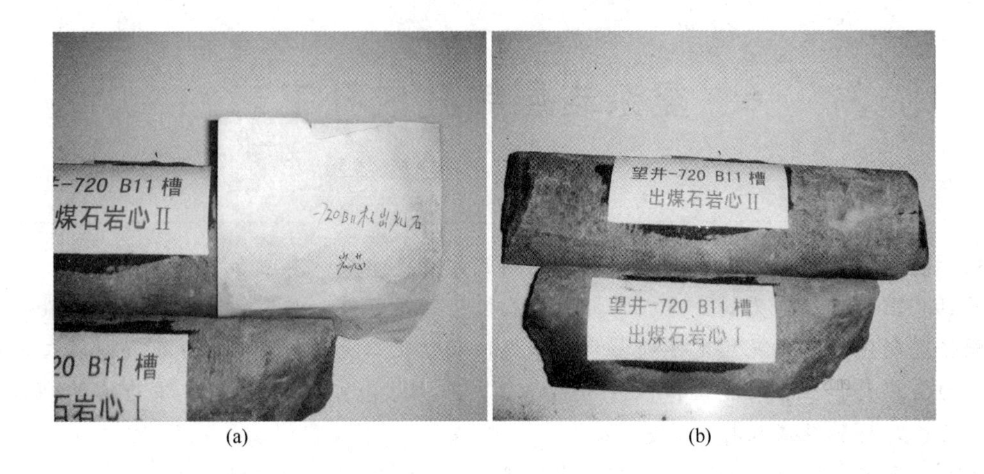

(a) (b)

图 6-1 －720m B11 煤石门岩心及岩样试块

（a）第一组岩心（砂质泥岩）；（b）第二组岩心（砂质泥岩）

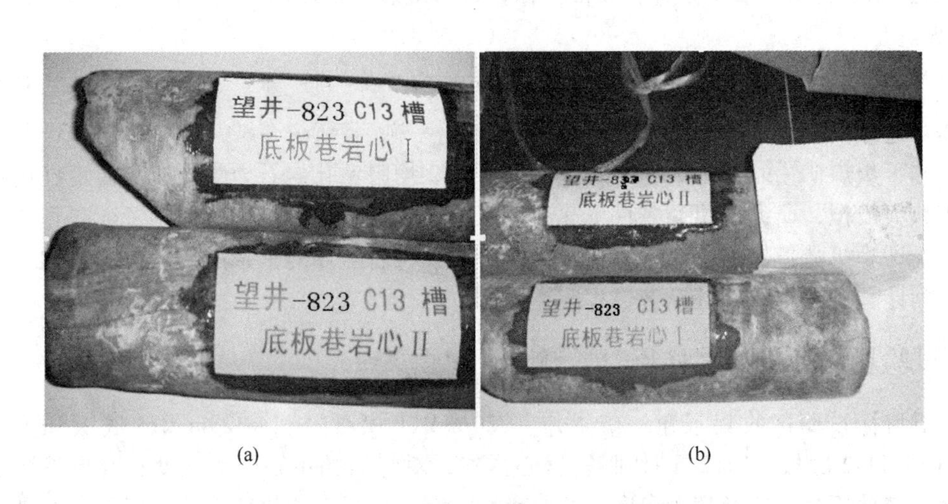

(a) (b)

图 6-2 －823m C13 底板巷岩心及岩样试块

（a）第一组岩心（砂质泥岩）；（b）第二组岩心（泥岩）

图 6-3 1412 切眼顶板页岩、砂岩岩心组图

图 6-4 －910m 西大巷 11-2 底板泥岩岩心组图

图6-5 －910m 西大巷11-2底板砂岩岩心组图

(2) 物理性质。颗粒密度（相对密度）、块体密度（堆密度）、孔隙率（详见附表1）。

岩石试件的采样按照中华人民共和国行业标准《煤和岩石物理力学性质测定的采样一般规定》MT 38—87的规定执行，并应注意以下几点：

(1) 在采样过程中，尽量使试样原有的结构和状态不受破坏，最大限度地保持岩样原有的物理力学性质。

图6-6 1412切眼煤层岩心组图

(2) 试样按岩性分层采取，每组试样都具有代表性。所采试样的长度和数量满足所做力学试验的要求。根据试验项目，按《煤和岩石物理力学性质测定方法》的规定执行或根据实际取样情况决定。考虑到试件加工时的损耗或其他因素，在取样条件许可的情况下，采样数量为上述规定有效长度的两倍采样，对于较软岩石采样数量应更大一些。

(3) 采样时有专人做好试样的登记制册工作。包括试样的编号、岩石名称、采样地点或钻孔名称和深度、采样时间等。岩样取出后立即封闭包好。

B 试件加工与测试

试件加工与测定遵照中华人民共和国煤炭行业标准《煤和岩石物理力学性质测定方法》MT 44—87、MT 45—87、MT 47—87、MT 173—87的规定执行。使用岩心钻取机1台、岩石切片机1台、双端面岩石磨平机1台、RMT岩石力学测试系统1套、岩石粉碎机1台、精密分析天平1台、恒温干燥箱1台、恒温电水浴器1台、50～100mL李氏比重瓶若干只。

试验过程按照原煤炭工业部标准《煤和岩石物理力学性质试验规程》中的要求进行。

岩石力学性质的测试全部在RMT岩石力学测试系统上进行，测试数据自动记录、处理。

C 加工和试验的部分测试试件

2009年12月在安徽理工大学RMT力学实验室加工和试验的部分测试试件如图6-7～图6-9所示。

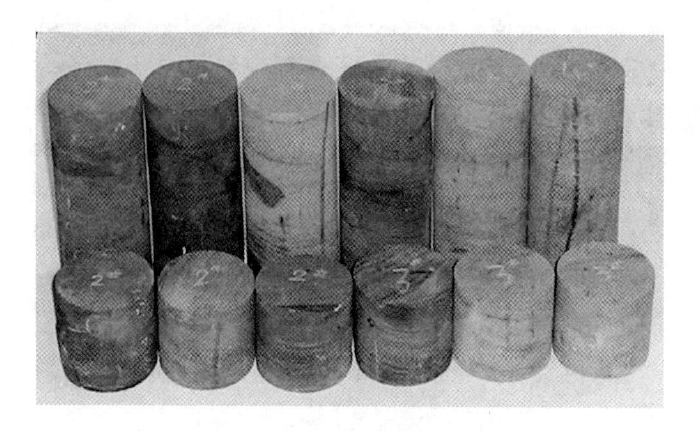

图 6-7 试验前的部分试件

图 6-8 单轴或三轴压缩试验后的部分试件

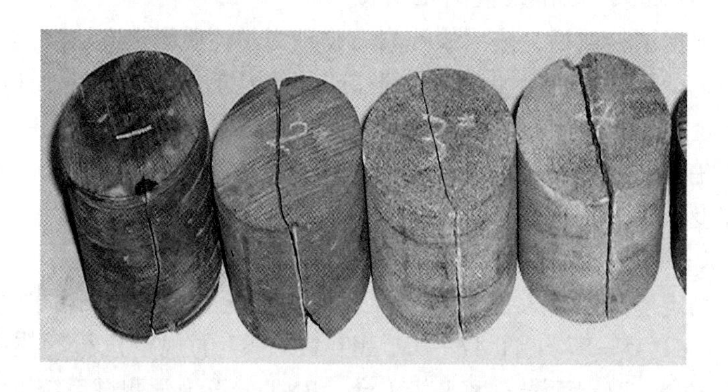

图 6-9 间接拉伸试验后的部分试件

6.1.2 岩石物理力学试验结果

6.1.2.1 谢一矿试验区岩样物理力学测试结果

单轴和三轴压缩试验是在室内温度 28℃、湿度 75% 条件下进行的。岩样物理力学测试主要内容包括：岩石的单轴压缩强度及变形参数、抗拉强度、三轴压缩强度及变形参数、抗剪参数、弹性模量、泊松比、黏聚力 C 和内摩擦力 ψ、颗粒密度（相对密度）、块体密度（堆密度）、孔隙率。

A －720m B11 煤石门岩心单向抗压强度及相关参数测试

试验岩样的有关参数如表 6-1 所示，测试计算结果如表 6-2 所示。

表 6-1 试验岩样参数

岩 样	平均直径/mm	试验岩高/mm	质量/kg	块岩密度/kg·m^{-3}	堆密度/kg·m^{-3}	孔隙率
－720m B11	74	35	5.3	2631.6	2579	0.29
－823m C13	73	32	4.8	2815.3	2759	0.29

表 6-2 岩石单轴压缩及变形试验记录表（$\sigma_2=\sigma_3=0$MPa）

岩石名称	试件编号	试件尺寸		取样地点	质量 m/kg	堆密度 ρ/kg·m^{-3}	变形模量/GPa	剪切参数		单轴抗压强度 σ/MPa	弹性模量 E/GPa	泊松比 μ
		直径 D/mm	高度 H/mm					内摩擦角/(°)	黏聚力/MPa			
砂质泥岩	1-1	70.00	132.00	－720m B11	5.3	2579	9.854	40.9	5.298	23.204	6.804	0.459
	2-2	68.00	110.00	－720m B11	4.8	2759	14.895	41.2	5.378	44.5	20.424	0.245

根据试验所得，岩石变形数据绘制应力与应变关系曲线如图 6-10 所示。

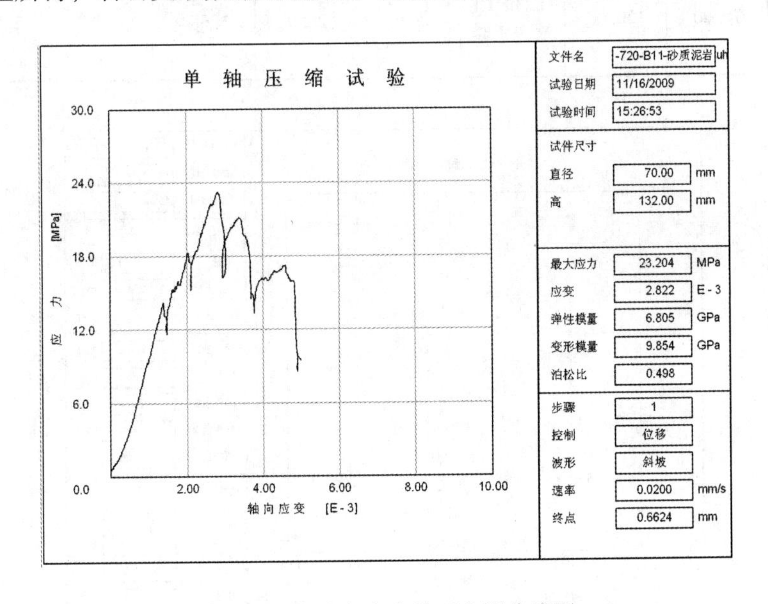

图 6-10 应力与应变关系实测曲线图

受压破坏后的岩心样本状态如图 6-11 所示。

B －823m C13 槽底板巷岩心单向抗压强度测试

－823m C13 槽底板巷岩心单向抗压强度测试记录及岩石应力应变数据计算结果如表 6-3 所示。根据岩石变形数据绘制应力与应变关系曲线如图 6-12 所示。岩心破坏后的状态如图 6-13 所示。

图6-11 受压破坏后的岩心样本

表6-3 岩石单轴压缩及变形试验记录表（$\sigma_2=\sigma_3=0\text{MPa}$）

岩石名称	试件编号	试件尺寸		取样地点	质量 m /kg	堆密度 ρ /kg·m^{-3}	变形模量 /GPa	单轴抗压强度 σ /MPa	弹性模量 E /GPa	泊松比 μ
		直径 D /mm	高度 H /mm							
砂岩	2-1	69.00	111.00	−823m C13槽底板巷	5.3	2838	5.433	43.163	6.592	0.238
砂质泥岩	2-2	70.00	120.00	−823m C13槽底板巷	5.6	2659	1.684	7.182	2.504	0.426

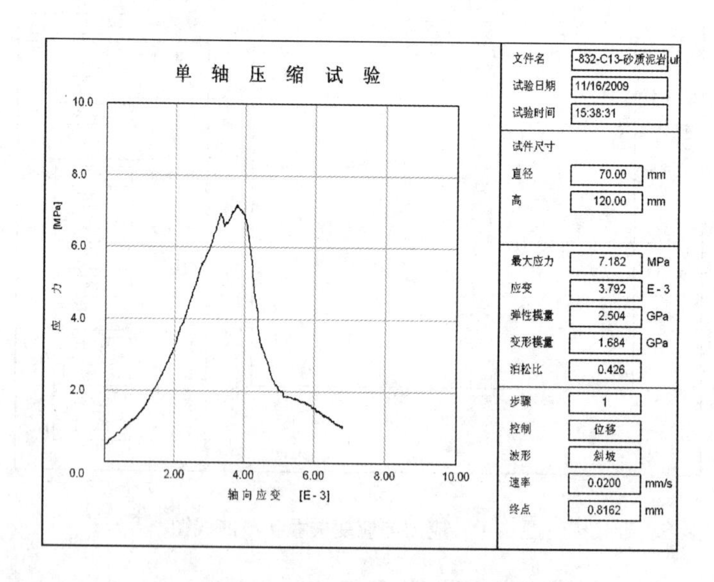

图6-12 应力与应变关系曲线图

C −720m B11 煤石门岩心单向抗拉强度测试

岩石抗拉强度试验记录及计算结果如表6-4 所示。岩心破坏后的状态如图6-14 所示。

图 6-13 岩心受压破坏后的状态

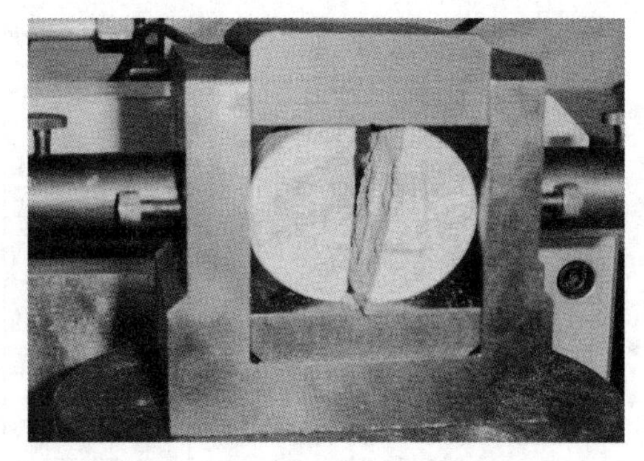

图 6-14 岩心抗拉破坏后的状态

表 6-4 岩石抗拉强度试验记录表

岩石名称	试件编号	试件尺寸		破坏载荷 P/kN	岩石抗拉强度 σ_t/MPa	备 注
		直径 D/mm	高度 H/mm			
砂质泥岩	1-1	70.00	132.00	100	3.225	
砂 岩	2-1	69.00	111.00	100	6.135	

D −720m B11 煤石门岩心三轴抗压强度测试

−720m B11 煤石门岩心的三轴抗压强度试验结果如表 6-5 所示。−720m B11 砂质泥岩三轴抗压强度及包络线关系曲线如图 6-15 所示。受压岩心破坏后的形态如图 6-16 所示。

表 6-5 岩石三轴压缩试验记录表（$\sigma_2=\sigma_3=10$MPa）

岩石名称	试件编号	试件尺寸		变形模量 /GPa	弹性模量 /GPa	轴向应力 σ_1 /MPa	备 注
		直径 D /mm	高度 H /mm				
砂质泥岩	1-1	70.00	132.00	4.52	4.722	71.06	−720m B11 出煤石门 1
	1-2	65	125	4.45	4.643	69.89	−720m B11 出煤石门 2
黏聚力 C：5.298MPa						内摩擦角 φ：40.9°	

E −823m C13 槽底板巷岩心三轴抗压强度测试

试验曲线与计算的岩石抗剪强度如图 6-17 和表 6-6 所示。−823m C13 槽底板巷砂质泥岩单轴和三轴抗压强度曲线图如图 6-18 所示。

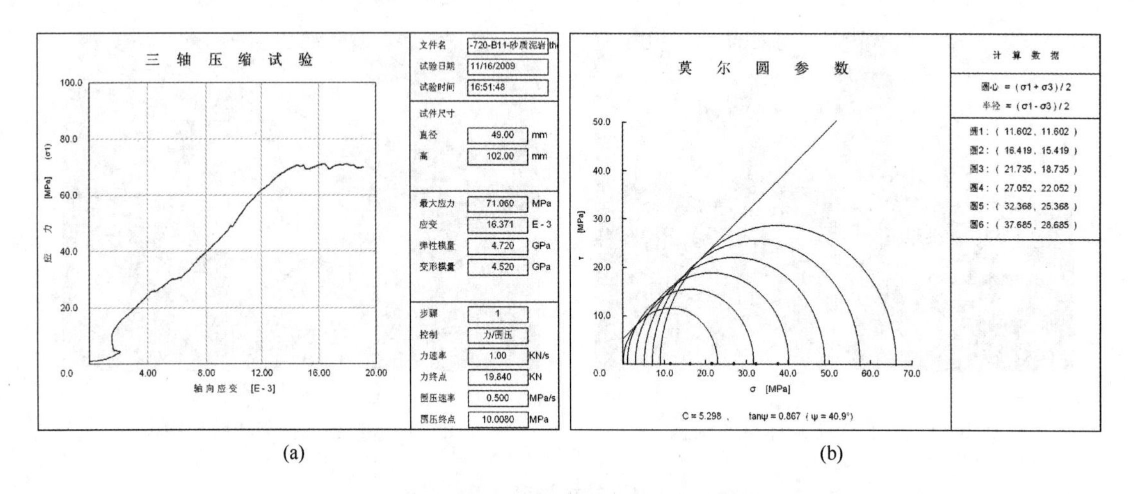

(a) (b)

图 6-15 －720m B11 砂质泥岩三轴抗压强度及包络线关系曲线图

（a）三轴压缩试验曲线；（b）莫尔圆参数曲线

(a)

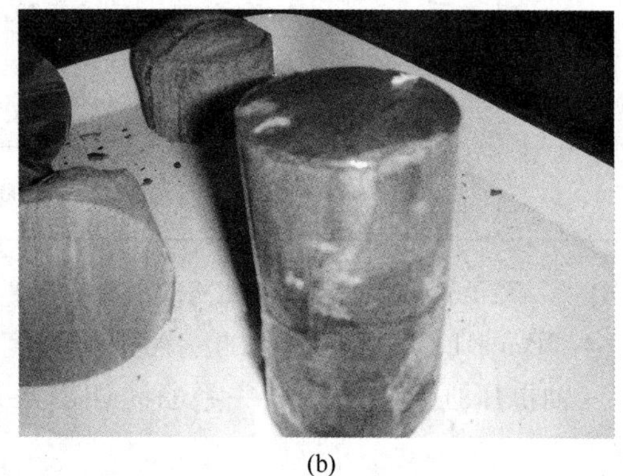

(b)

图 6-16 岩心破坏后的形态

（a）测试过程；（b）残余岩心

表 6-6 岩石三轴压缩试验记录表（$\sigma_2=\sigma_3=10$MPa）

岩石名称	试件编号	试件尺寸		变形模量 /GPa	弹性模量 /GPa	轴向应力 σ_1 /MPa	备 注
		直径 D /mm	高度 H /mm				
砂质泥岩	2-2	49.00	99.00	21.184	26.087	94.10	－823m C13 槽底板巷
	2-3	50.00	100.00	21.148	26.076	93.98	－823m C13 槽底板巷
黏聚力 C：12.008MPa					内摩擦角 φ：38.90°		

本次研究中，经过对观测钻孔岩块样本的测试，获得了煤系岩层的物理力学参数，同时类比邻近矿井的岩层物理力学参数，具体参数如表 6-7 所示。

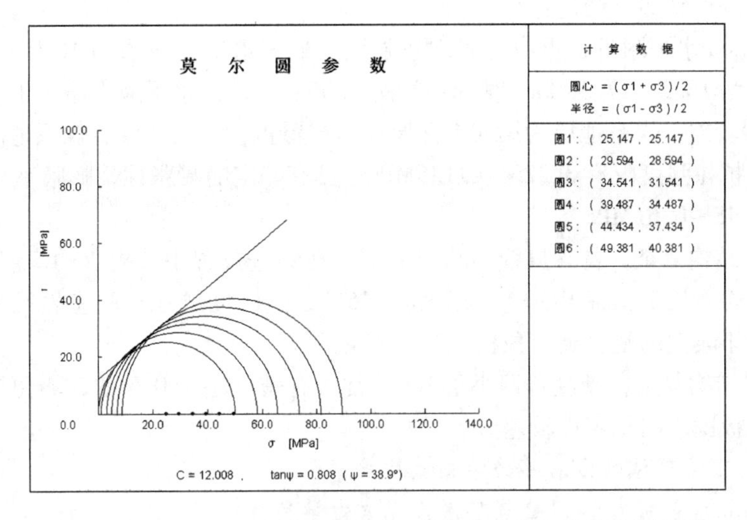

图 6-17 －823m C13 槽底板巷岩心抗剪强度包络线关系曲线图

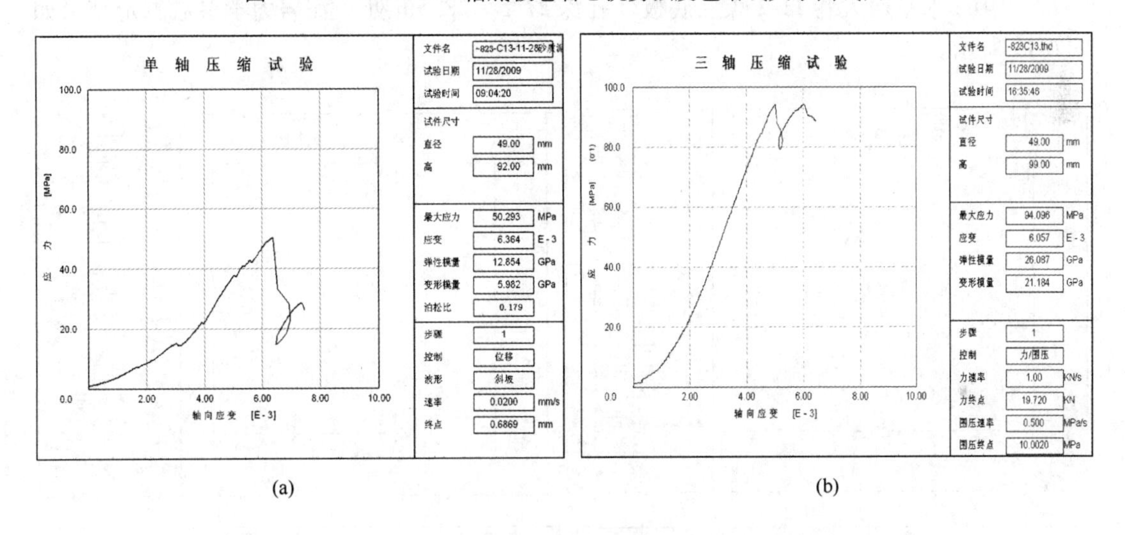

(a) (b)

图 6-18 －823m C13 槽底板巷砂质泥岩单轴和三轴抗压强度曲线图

（a）单轴抗压强度曲线；（b）三轴抗压强度曲线

表 6-7 工作面顶底板岩性参数

煤岩名称	堆密度 /kg · m^{-3}	弹性模量 /GPa	剪切模量 /GPa	抗拉强度 /MPa	内摩擦角 /(°)	黏聚力 /MPa
泥 岩	2640	20.114	10.848	5.648	66.919	13.83
11 煤	1380	4.9	1.33	0.15	18	2.4
泥 岩	2640	20.114	10.848	5.648	66.919	13.83
13 煤	1380	4.9	1.33	0.15	18	2.4
泥 岩	2640	20.114	10.848	5.648	66.919	13.83
细砂岩	2527	18.164	9.789	8.916	60.113	16.703

注：岩石质量指标（RQD）——用直径为 75mm 的金刚石钻头和双层岩心管在岩石中钻进，连续取心，回次钻进所取岩心中，长度大于 10cm 的岩心段长度之和与该回次进尺的比值，以百分比表示。

经现场实测得到如下结论：

（1）－823m水平附近自重应力表现较强烈；最大水平主应力为16.9～21.7MPa，最小水平主应力为16.2～17.3MPa，侧压系数为1.06～1.17，水平应力略大于垂直应力。

（2）岩性较差，煤系地层为第四系深厚冲积层覆盖，成岩较晚，煤系地层上覆岩体胶结压密不好，抗拉强度仅有3.225～6.135MPa；具有一定的膨胀性，膨胀率在4.5%左右，膨胀力达到0.48～0.61MPa。

（3）顶板结构复杂，富含煤线、软弱夹层。在钻进过程中，揭露的煤层顶板较破碎，取心率较低，岩石质量指标RQD仅为20%～35%，这一问题在试验室岩石力学试验中也比较突出，属于典型的复合破碎顶板。

（4）煤层结构复杂，硬度普遍小于1.0，常含有硬度小于0.5的软弱薄层，自稳时间较短，煤层顶板围岩的稳定性较差。

6.1.2.2 丁集矿试验区岩石力学测试结果

A －910m水平西大巷11-2煤层底板泥岩力学参数

－910m水平西大巷11-2煤层底板（孔深27.5～28.5m处）泥岩力学参数测定结果如图6-19所示。

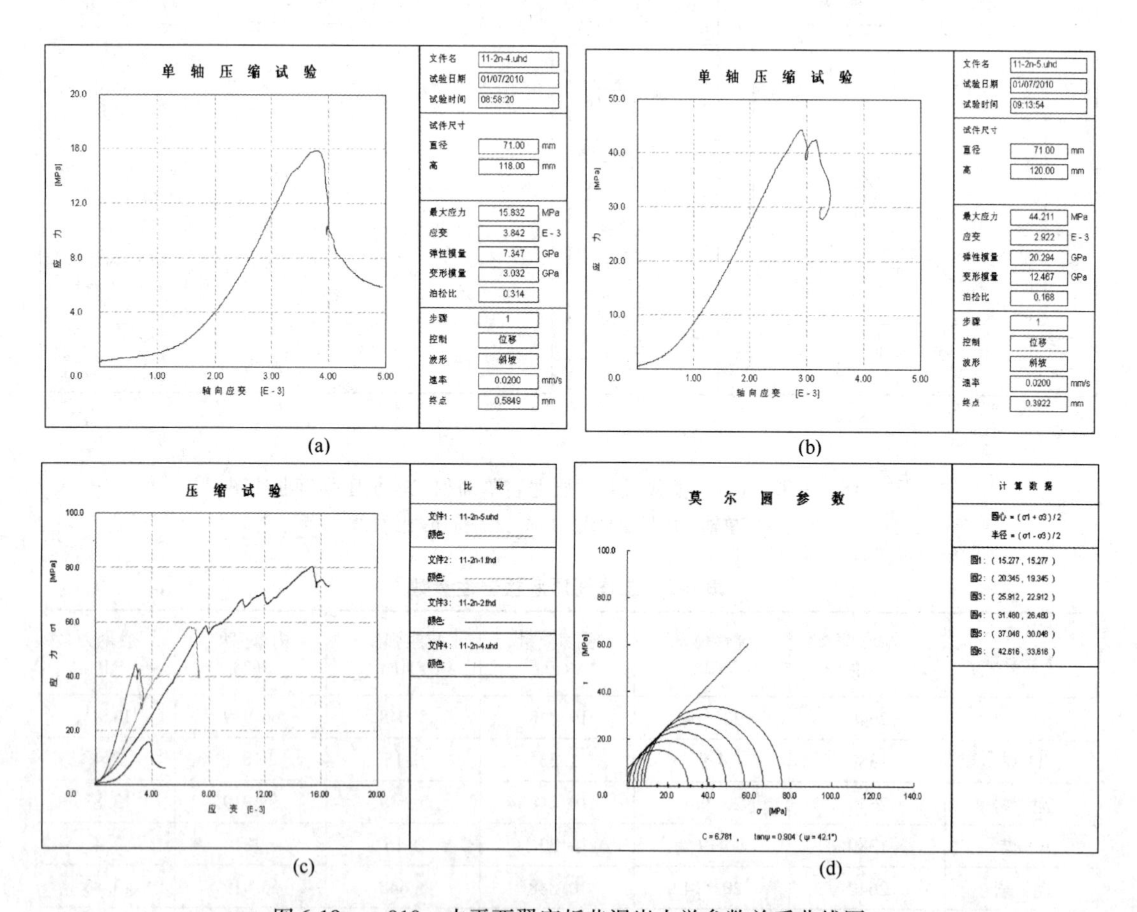

图6-19 －910m水平西翼底板巷泥岩力学参数关系曲线图

（a）11-2煤层底板泥岩4号岩样；（b）11-2煤层底板泥岩5号岩样；

（c）11-2煤层底板泥岩单、三轴压应力-应变曲线；（d）11-2煤层底板泥岩单、三轴抗压强度莫尔圆

B －910m 水平西大巷 11-2 煤层底板砂岩力学参数

－910m 水平西大巷 11-2 煤层底板砂岩力学参数测定结果如图 6-20 所示。

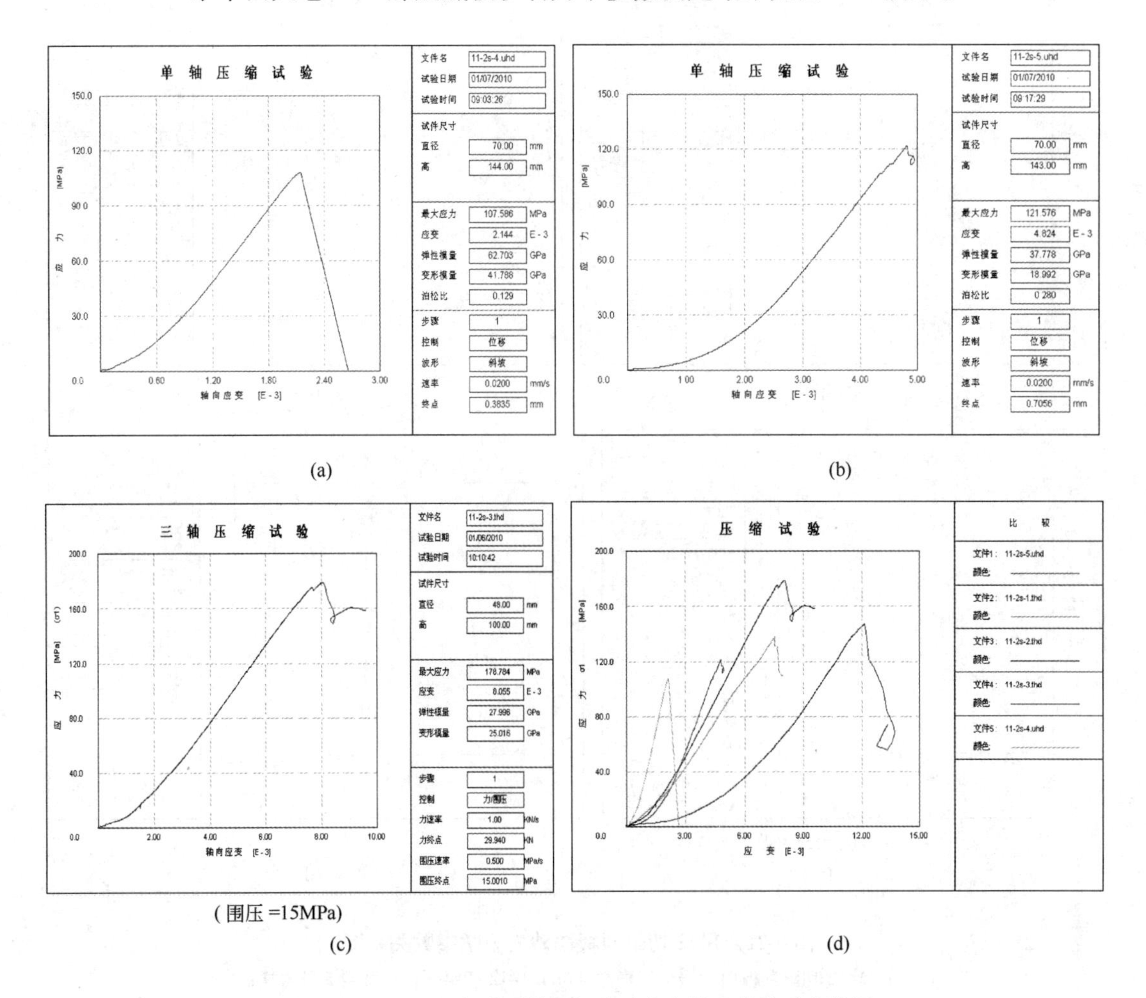

图 6-20 －910m 水平西翼底板巷砂岩力学参数关系曲线图

（a）11-2 煤层底板砂岩 4 号岩样；（b）11-2 煤层底板砂岩 5 号岩样；

（c）11-2 煤层底板砂岩 3 号岩样；（d）11-2 煤层底板砂岩单、三轴压缩曲线

C 1412 顺槽切眼顶板白砂岩力学参数

1412 切眼顶板（孔深 10.7～11.6m 处）白砂岩力学参数测定结果如图 6-21 所示。

D 1412 切眼顶板泥岩力学参数

1412 切眼顶板（孔深 14.5～15.5m 处）泥岩力学参数测定结果如图 6-22 所示。

丁集矿的岩石物理力学试验结果表明：

（1）接近－1000m 附近自重应力表现强烈；构造应力分布不均衡，有些开采区域构造应力强烈，剪接应力突出。

（2）岩性较破碎，抗拉强度为 1.533～9.703MPa，顶板结构复杂，富含煤线、软弱夹层，在钻进过程中，揭露的煤层顶板较破碎，取心率较低（按标准长度取），岩石质量指标 RQD 仅为 23%～39%，这一问题在实验室岩石力学试验中表现突出，属于典型的复合

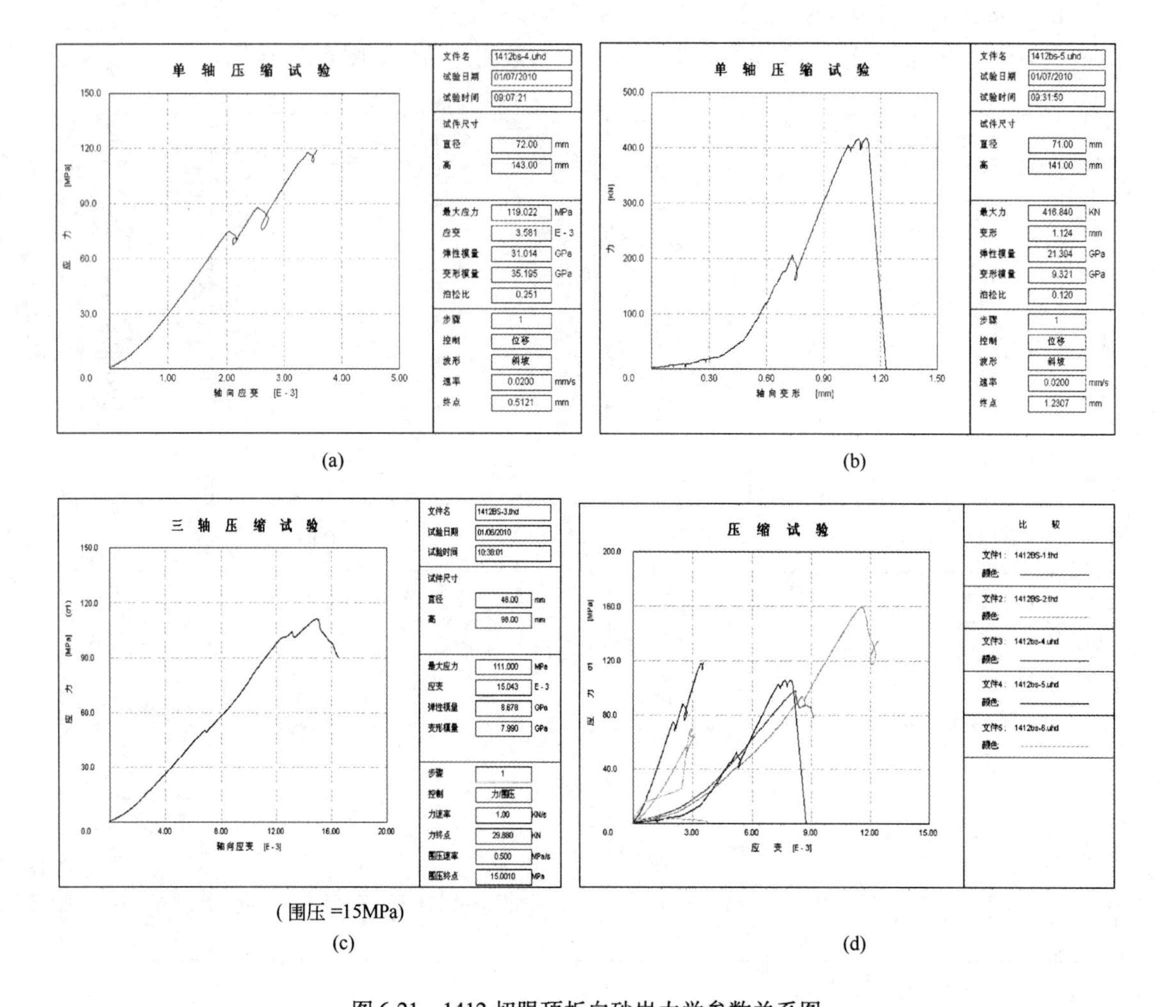

(a) (b)

（围压 =15MPa）

(c) (d)

图 6-21 1412 切眼顶板白砂岩力学参数关系图

（a）1412 切眼顶板白砂岩 4 号岩样；（b）1412 切眼顶板白砂岩 5 号岩样；

（c）1412 切眼顶板白砂岩 3 号岩样；（d）1412 白砂岩单、三轴压缩应力-应变曲线

破碎顶板。

（3）煤层结构较为复杂，煤的硬度小于 1.0、伴有硬度小于 0.5 的软分层的煤层，顶板围岩的稳定性较差。

丁集煤矿 −910m 水平 11-2 西翼底板巷穿层岩心、1412 顺槽切眼岩石物理力学试验结果见附表 1。

6.2 钻孔稳定性三维数值模拟分析

6.2.1 数值模型建立及结果分析

本研究选用大变形 FLAC3D 数值模拟软件对谢一矿 −780 ~ −823m 水平 11(13)巷帮钻场钻孔工艺条件和丁集煤矿 −910m 水平 11-2 西底板穿层大巷、1412(1)顺槽及切眼岩石钻孔力学性质进行计算机数值模拟，选择符合实际的模拟过程，将实际的三维问题转化

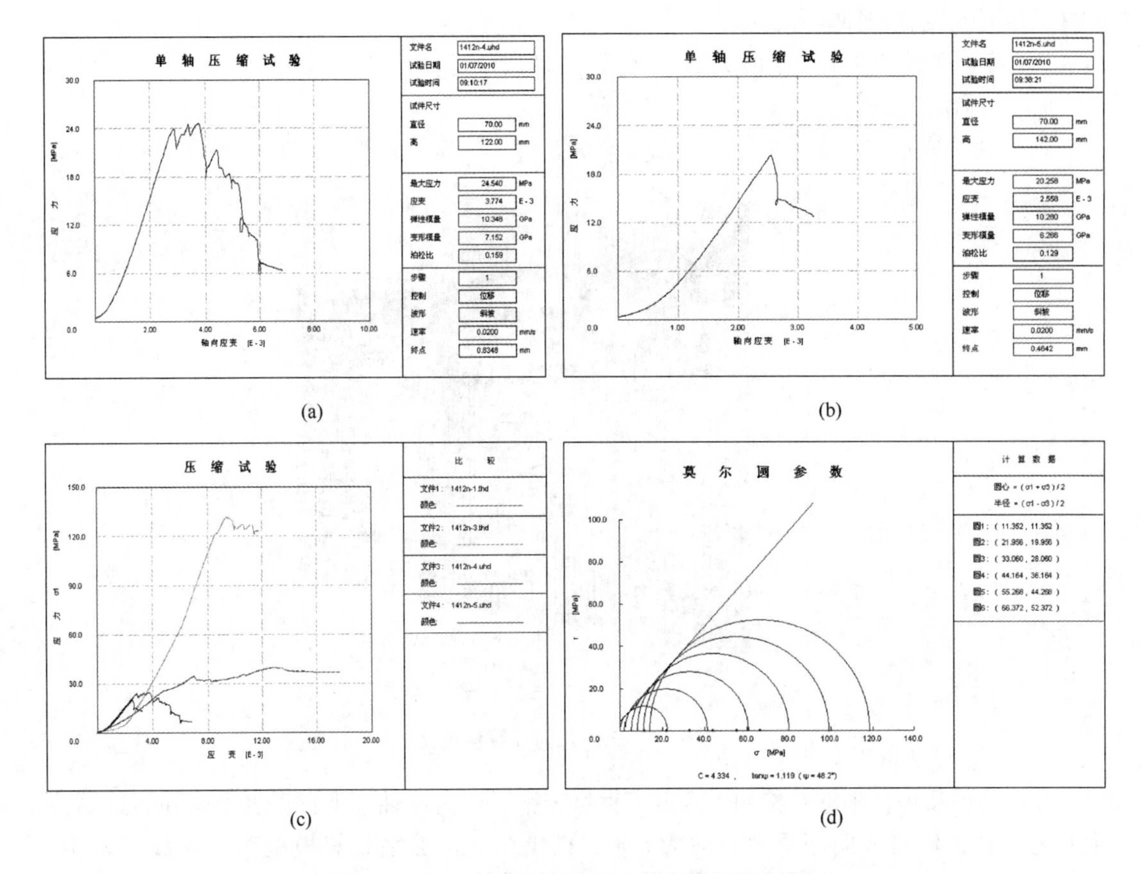

图 6-22 1412 切眼顶板泥岩力学参数关系曲线图

（a）1412 切眼顶板泥岩 4 号岩样；（b）1412 切眼顶板泥岩 5 号岩样；

（c）1412 切眼泥岩单、三轴压缩应力-应变曲线；（d）1412 切眼白砂岩单、三轴抗压强度莫尔图

为计算机三维模拟的动态过程问题。解算巷帮钻场钻孔的应力场、位移场和塑性破坏区的时空变化规律。

6.2.1.1 谢一矿试验场岩石力学参数计算及分析

A 数值模拟研究方法

对地下工程问题的分析，常用的数值方法有有限差分法、有限元法、离散元法和边界元法，以及半解析元法和无界元法等。这些数值方法都各有优劣，适用条件也存在差异。

岩土介质是一种为众多节理裂隙、各向同性材料等弱面所切割的地质体。覆岩移动破坏问题是一种非线性大变形问题。针对这一问题，本数值模拟选用国际岩土界十分推崇的非线性大变形程序 FLAC3D（Fast Lagrangian Analysis of Continua 3D）。

FLAC3D 程序是美国明尼苏达 ITASCA 软件公司编制开发的显式连续介质有限差分程序。程序建立在拉格朗日算法基础之上，主要适于模拟计算岩土类工程地质材料的力学行为，特别适于模拟材料大变形和扭曲。其基本原理与离散元相似，但它应用了节点位移连续的条件，可以对连续介质进行大变形分析，也可考虑结构面的不连续性，而且具有较强的前后处理功能，可用于边坡稳定、隧道、地下开采等的应力及覆岩破坏分析。因而，该程序适于研究谢一矿 -780 ~ -823m 水平 11(13)巷帮钻场钻孔的应力场、位移场和塑性

破坏区的时空变化规律。

B 模型设计与本构关系的确立

a 几何模型的确立

为了全面掌握钻孔完成后的力学位移特征，建立三维几何模型，如图 6-23 所示。

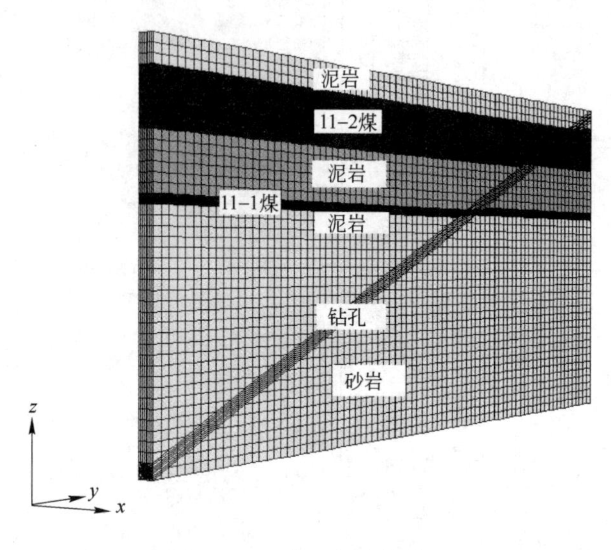

图 6-23 三维几何计算模型

在计算模型中，坐标系按如下规定：垂直于钻孔面为 y 轴，平行于水平面并通过钻孔中心为 x 轴，铅直方向即重力方向为 z 轴，向上为正。数值计算模型基本参数如表 6-8 所示。

表 6-8 数值计算模型基本参数 (m)

计算模型			
x 方向长	y 方向长	z 方向长	钻孔直径
0. 72	50	18. 72	0. 12

b 本构关系的确立

岩石力学弹塑性数值分析中，物理模型的选择具有较大的灵活性，不同类型的岩体应当采用不同类型的、最适宜的模型。模型是否正确及是否符合岩石的基本特性，直接影响到计算结果是否有价值。本研究确立煤系岩体的本构关系如下。

计算模型采用近似理想的弹塑性模型，破坏准则选用 Mohr-Coulomb 准则。Mohr-Coulomb 屈服准则判别表达式为：

$$\begin{cases} f_s = \sigma_1 - \sigma_3 N_\varphi + 2C\sqrt{N_\varphi} \\ f_t = \sigma_3 - \sigma_t \end{cases} \tag{6-1}$$

式中，σ_1、σ_3 分别为最大和最小主应力；C、φ 分别为材料的黏聚力和内摩擦角；$\sigma_t\left(\sigma_{tmax} = \dfrac{C}{\tan\varphi}\right)$ 为抗拉强度；$N_\varphi = \dfrac{1+\sin\varphi}{1-\sin\varphi}$。当 $f_s = 0$ 时，材料将发生剪切破坏；当 $f_t = 0$

时，材料产生拉伸破坏。

C 计算模型的建立与岩体参数的选取

a 计算模型建立的原则

建立数学模型是计算机数值模拟的首要任务，模型建立得正确与否是能否获得符合实际计算结果的前提。由于岩体及其结构的复杂性，模型的设计要完全考虑各种影响因素是绝对不可能的。为进行数值分析的需要而进行合理的抽象、概括是完全必要的。

模型的设计遵循的原则：模型的设计突出钻孔后孔壁破坏的主要因素，并尽可能地考虑其他因素；模型乃是实体简化且不失真的摹体，模型的设计能很好地反映材料的物理力学特性，如材料的均匀性、弱面影响、各向异性、低抗拉及非线性等；地下工程实际上是半无限域问题，但数值模拟的只能是有限的范围。因此，模型的设计要考虑其边界效应，选择适当的边界条件；模型的设计应便于数值模型计算。在模型范围及受力分析方面，满足弹塑性理论对应力分析的基本要求，同时顾及现有计算机的容量。按照上述建模原则，建立三维计算模型。

b x 方向位移

图 6-24 所示为钻孔在不同岩层位置 x 方向的位移云图。由图可知在各岩层中，通过孔径沿钻孔水平方向两侧的位移最大，向上和向下位移均逐渐变小，位移方向两侧相反，而且呈对称分布。在不同岩性的岩层中，11-1 煤、11-2 煤由于岩性较软，钻孔截面同一位置的水平位移相对其他岩层较大。岩层在 −800 ~ −900m 深度范围，位移主要受岩石性质的影响，受岩层所处深度的影响相对要小。

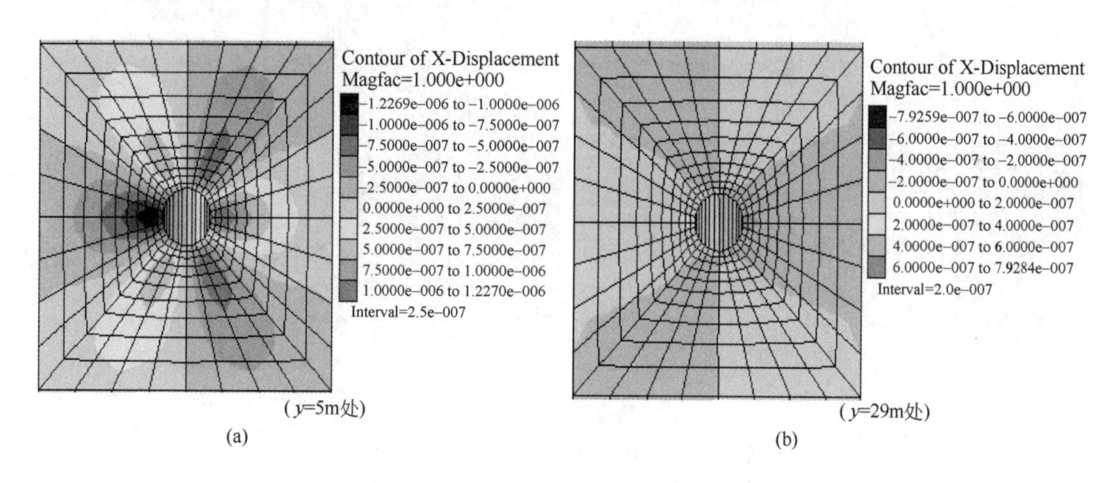

图 6-24 钻孔在不同岩层位置 x 方向的位移云图

（a）钻孔在底板砂岩中 x 方向的位移云图；（b）钻孔在底板泥岩中 x 方向的位移云图

c z 方向位移

图 6-25 所示为钻孔在不同岩层位置垂直方向的位移云图。由图可知在各岩层中，通过孔径沿钻孔垂直方向上方位移最大，下方次之，两侧位移最小，位移方向均为向下，终孔形状为向下的扁圆形。在不同岩性的岩层中，11 煤由于岩性较软，钻孔截面同一位置的垂直位移相对其他岩层较大。岩层在 −780 ~ −900m 深度范围，位移主要受岩石性质的影响，受岩层所处深度的影响相对较小。

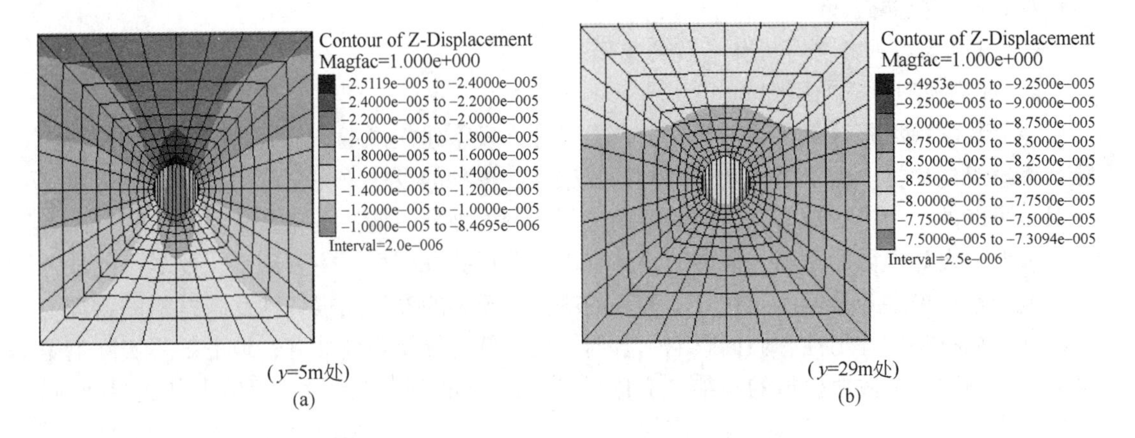

图 6-25 钻孔在不同岩层位置垂直方向的位移云图

（a）钻孔在底板砂岩中 z 方向的位移云图；（b）钻孔在底板泥岩中 z 方向的位移云图

d 主应力云图

图 6-26 所示为钻孔在不同岩层位置的主应力云图。由图可知在各岩层中，通过孔径沿钻孔垂直方向上方主应力最小，下方次之，两侧最大。在不同岩性的岩层中，11-1 煤、11-2 煤由于岩性较软，主应力较小；而偏硬的岩层应力较大，位移变形大的主应力值较小。

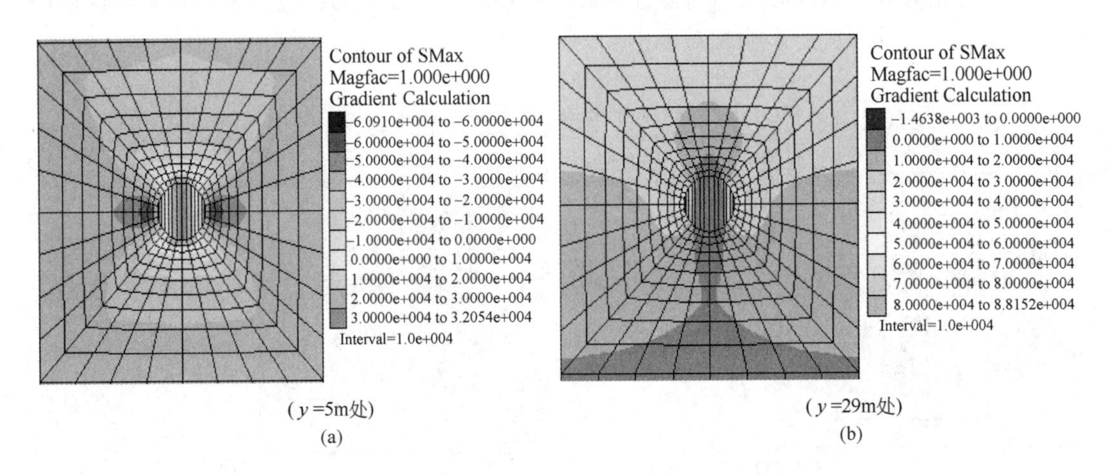

图 6-26 钻孔在不同岩层位置的主应力云图

（a）钻孔在底板砂岩中的主应力云图；（b）钻孔在底板泥岩中的主应力云图

（1）在不同岩性的岩层中，11 煤由于岩性较软，主应力较小；而偏硬的岩层应力较大，位移变形大的主应力值较小。

（2）在不同岩性的岩层中，11 煤由于岩性较软，钻孔截面同一位置，其水平位移相对其他岩层较大。

（3）岩层 -780 ~ -900m 深度范围，位移主要受岩石性质的影响，受岩层所处深度影响相对要小。

（4）各岩层中通过孔径沿钻孔垂直方向上方位移最大，下方次之，两侧位移最小，位移方向均为向下，终孔形状为向下的扁圆形。

（5）模型客观地反映出围岩强度的大小，为数值模拟提供了可靠的计算依据。

6.2.1.2 丁集矿试验场岩石力学参数计算及分析

A 模型的建立

根据研究需要，共建立了两个模型，模型1为单层岩层结构，由于抽采钻孔直径较小（目前一般为75～150mm），钻孔对四周围岩影响范围较小，所以模型范围也较小：2m×2m×0.01m，如图6-27（a）所示，模型总共3600个单元格、7440个结点。为了更好地模拟抽采钻孔遇到软弱岩层发生变形破坏过程，建立了模型2，模型2由两层不同力学属性的岩层组成，一层坚硬岩层，一层软弱岩层。模型范围：2m×2m×0.04m，如图6-27（b）所示，模型总共14400个单元格、22320个结点。钻孔长度远大于钻孔直径，所以将孔周边应力分布问题作为平面应变问题进行分析。

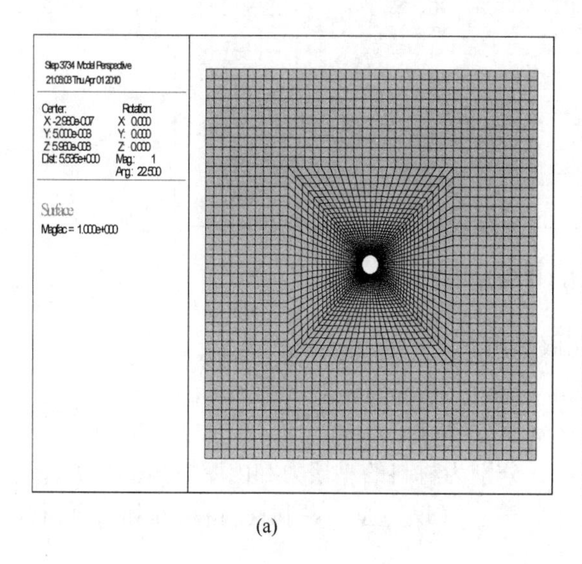

(a)

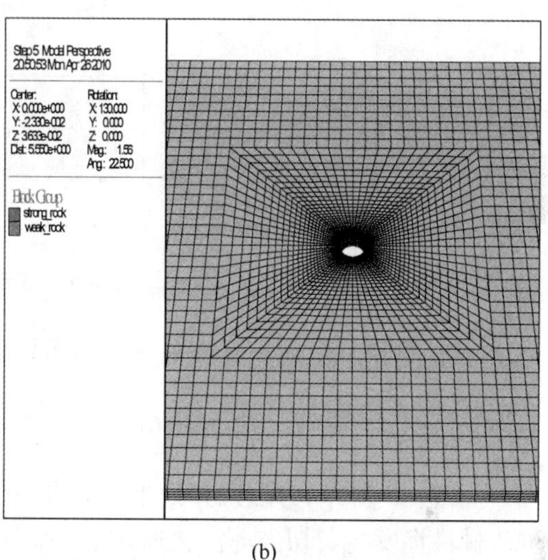

(b)

图6-27 数值计算模型

（a）模型1；（b）模型2

B 岩层力学属性

根据实验室煤岩物理力学属性测试，给相应层位岩体赋予煤岩物理力学参数，建立数值计算模型。岩石材料力学参数如表6-9所示。

表6-9 岩体力学参数

岩 性	体积模量/GPa	剪切模量/GPa	黏聚力/MPa	内摩擦角/(°)	抗拉强度/MPa
坚硬岩层	2.08	1.30	1.87	25	0.12
软弱岩层	1.04	0.065	0.93	20	0.06

C 模型边界条件

计算前按模型所在地层中的实际位置在深度方向对其施加自重载荷。计算时首先根据模拟的条件构成初始应力场，岩体垂直应力 σ_z 按岩体自重（$\sigma_z = rh$）计算；岩层的水平应力 σ_x、σ_y 根据现场地应力测量结果（一般 $\sigma_x = \sigma_y = \sigma_z$）计算；由于模型尺寸远小于钻孔埋深，所以钻孔影响范围内的岩石自重可以忽略不计，水平原岩应力可以简化为均布的，模拟采深为1000m，故模型上、下、左、右四边界施加25MPa的均布载荷，如图6-28所示。

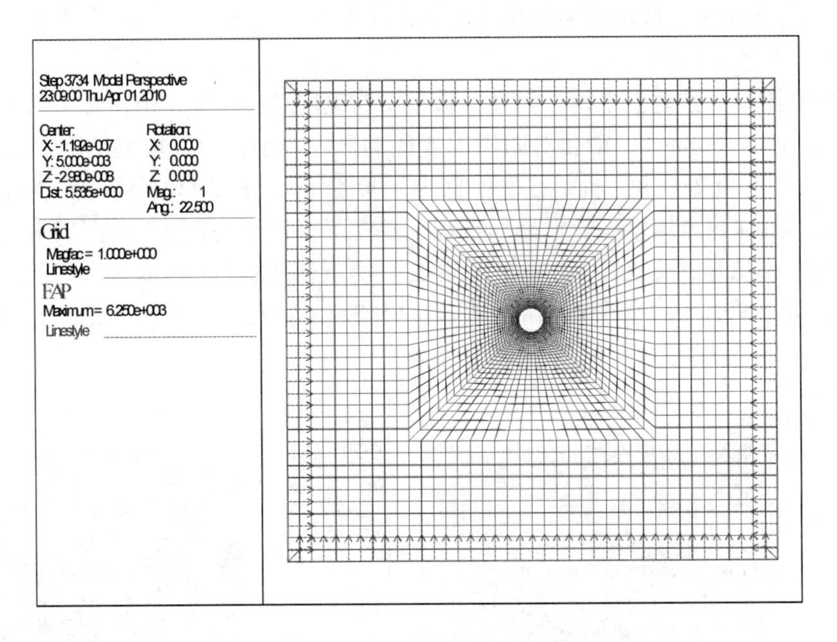

图6-28 模型边界载荷分布图

计算采用莫尔-库仑（Mohr-Coulomb）屈服准则：

$$f_s = \sigma_1 - \sigma_3 \frac{1 + \sin\varphi}{1 - \sin\varphi} + 2C \sqrt{\frac{1 + \sin\varphi}{1 - \sin\varphi}} \tag{6-2}$$

式中，σ_1、σ_3分别为最大和最小主应力；C、φ分别为材料的黏聚力和内摩擦角。当$f_s < 0$时，材料将发生剪切破坏。在通常应力状态下，岩石（煤）是一种脆性材料，因此，可根据岩石的抗拉强度判断岩石是否产生拉破坏。

6.2.1.3 钻孔围岩二次应力分布

A 钻孔二次应力弹性分布

当岩体自身强度比较高或者作用于岩体的初始应力比较低时，钻孔围岩处在弹性应力状态。图6-29（a）是材料本构模型为弹性模型下钻孔围岩主应力矢量图，图中短线方向代表了主应力方向，短线长短代表了主应力的大小。从图中可以看出：钻孔最大主应力方向为钻孔切向方向（即为切向应力），最大主应力随着与孔壁距离的增大而减小；而最小主应力方向为钻孔径向方向（即为径向应力），随着与孔壁距离的增大，最小主应力随之增大。并且在距孔壁较远处，最大主应力的大小等于最小主应力。

为了更详细地研究钻孔切向应力和径向应力分布特征，做出了钻孔切向应力等值线图6-29（b）和钻孔径向应力等值线图6-29（c），并从孔壁开始，沿钻孔径向做一条观测线，提取该观测线上的切向应力和径向应力，便得到钻孔二次应力分布图6-29（d）。钻孔切向应力和径向应力分布特征如下：

（1）在双向等压应力场中，圆孔周边全处于压缩应力状态（数值模拟中压应力为负值）。

（2）钻孔切向应力和径向应力等值线呈圆环状分布，表示围岩的二次应力状态与钻孔

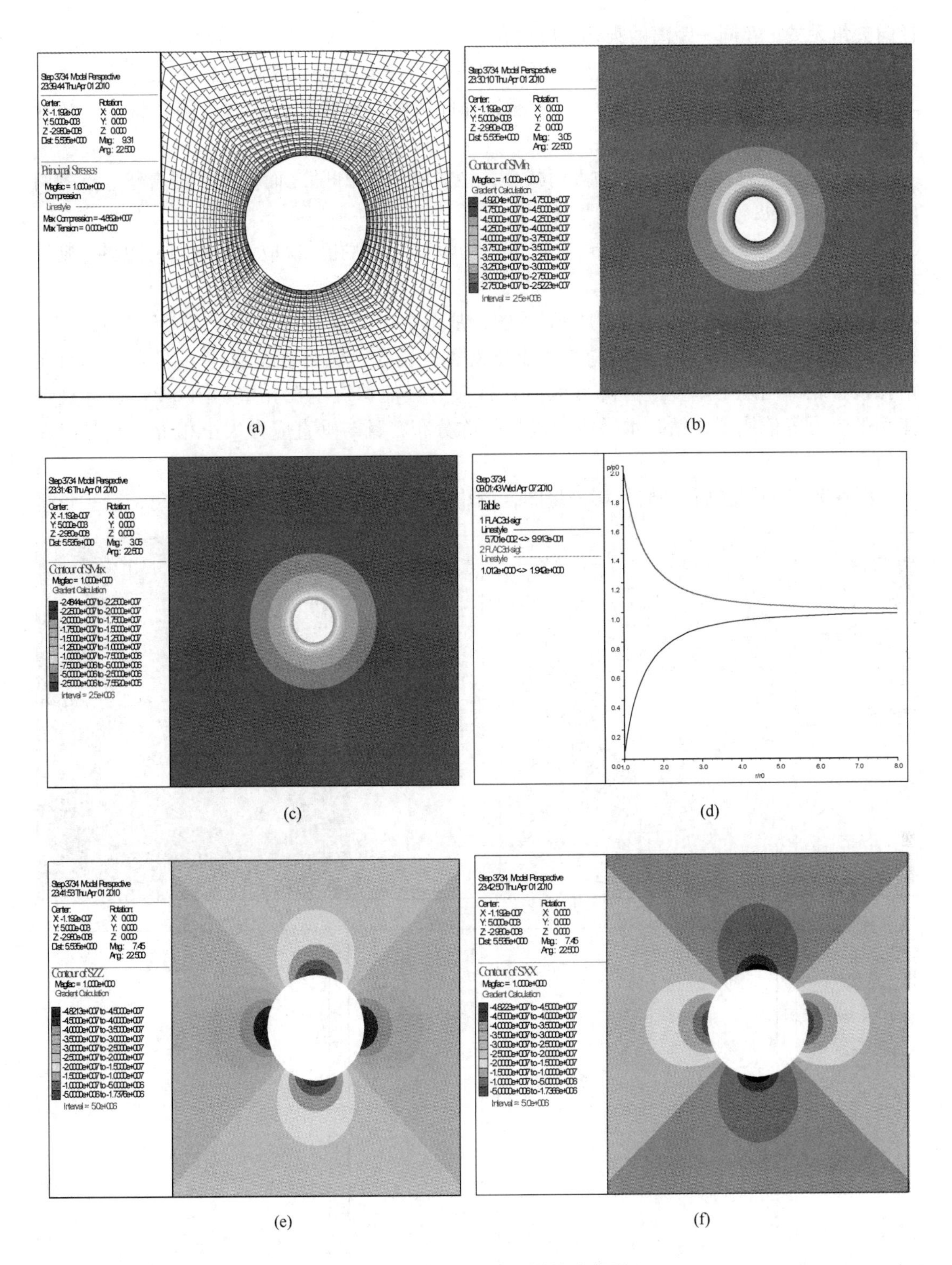

图 6-29 钻孔二次应力弹性分布图

(a) 钻孔围岩主应力矢量图；(b) 钻孔切向应力等值线图；(c) 钻孔径向应力等值线图；
(d) 钻孔二次应力变化曲线；(e) 钻孔垂直应力等值线图；(f) 钻孔水平应力等值线图

径向夹角无关，在同一距离的圆环上应力相等。

（3）双向等压应力场中，孔周边的切向应力为最大应力，其最大应力集中系数 $K=2$，且与孔径的大小无关。当 $\sigma_\theta = 2p_0$ 超过孔周边围岩的弹性极限时，围岩将进入塑性状态。

（4）切向应力 σ_θ 随着 r 的增大而减小，径向应力 σ_r 却随之而增大。围岩任意点的两应力之和为常数，且等于 $2\,p_0$。

（5）若定义以 σ_θ 高于 $1.05\,p_0$ 或 σ_r 低于 $0.95\,p_0$ 为钻孔二次应力影响圈的边界，则钻孔影响半径为 $5\,r_a$（钻孔半径）。

图 6-29（e）是钻孔垂直应力等值线图，从图中可以看出钻孔垂直应力呈对称分布，钻孔两侧应力为左右对称，顶底应力为上下对称。钻孔两侧出现垂直应力升高区，而在钻孔顶、底部出现了垂直应力降低区，并且应力极值均发生在孔壁。图 6-29（f）是钻孔水平应力等值线图，钻孔水平应力也呈对称分布，且与垂直应力大小相等，只是旋转了 90°。

图 6-30（a）是钻孔围岩位移矢量图，图中箭头方向代表了岩体运动方向，箭头长短

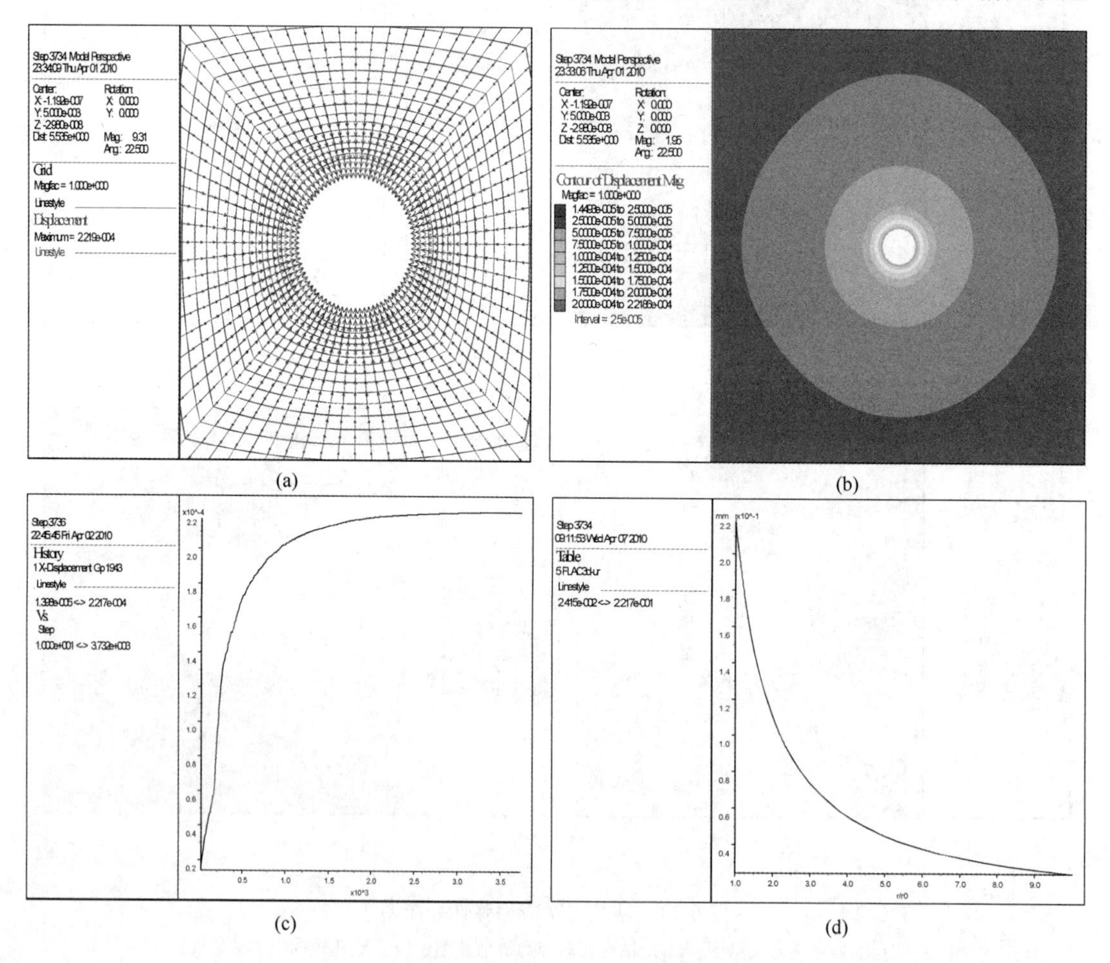

图 6-30 钻孔围岩位移分布图

（a）钻孔围岩位移矢量图；（b）钻孔位移等值线图；（c）孔壁位移历史值；（d）钻孔位移变化曲线

代表了运动距离的大小。从图中可以看出岩体运动方向均指向孔心，由此使得钻孔的切向位移为零，仅有径向位移。孔壁围岩位移量最大，向深部位移量逐渐减小。图6-30（b）是钻孔位移等值线图，在双向等压条件下，钻孔位移量呈圆环状分布，即同一半径 r 上的所有点的位移量均相等。

图6-30（c）表示了孔壁围岩径向位移历史值。在钻孔刚掘出后，孔壁径向位移逐渐增加，模型运算1000个时步之后开始收敛，并趋向于一常数2.2mm，即模型运算平衡后钻孔径向位移不再增加，钻孔处于平衡稳定状态。从孔壁开始，沿钻孔径向做一条观测线，提取该观测线上的径向位移，得到了钻孔位移变化曲线，见图6-30（d），可以看出当分析点距孔心的距离 r 大于5 r_a 时，围岩径向位移很小；当分析点距孔心的距离 r 小于5 r_a 时，围岩径向位移急剧增加，并在孔壁处岩体位移量达到最大，为2.2mm。

B 钻孔二次应力弹塑性分布

由于岩体自身强度比较低或者作用于岩体的初始应力较大，钻孔掘进后，孔壁部分岩体应力超出了岩体的强度极限，使岩体进入了塑性状态。图6-31是材料本构模型为塑性模型下钻孔围岩二次应力分布图，通过钻孔切向应力等值线图6-31（a）和钻孔径向应力

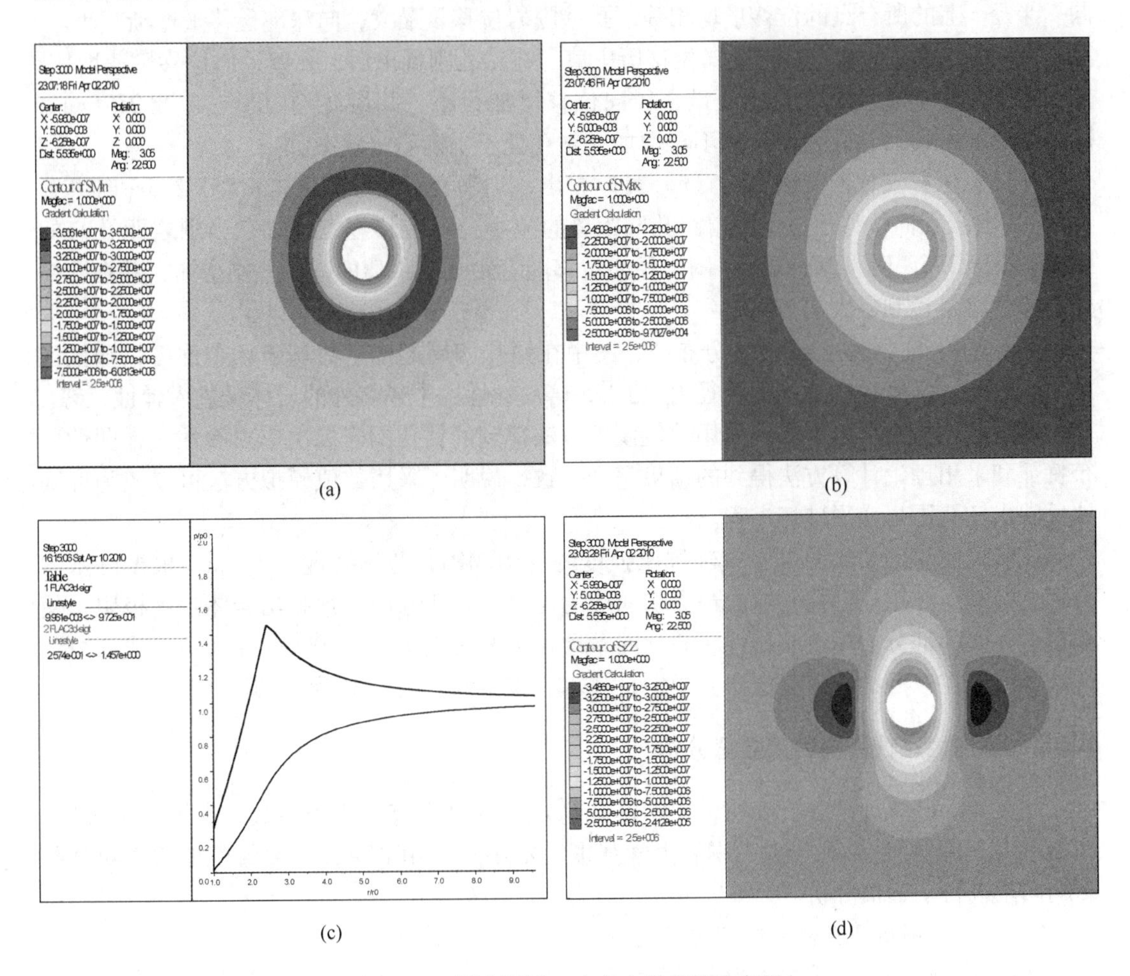

图6-31 钻孔围岩二次应力弹塑性分布图

(a)钻孔切向应力等值线图；(b)钻孔径向应力等值线图；(c)钻孔二次应力变化曲线；(d)钻孔垂直应力等值线图

等值线图6-31（b）可以看出，在双向等压应力场中，钻孔切向应力和径向应力等值线呈圆环状分布，表示围岩的二次应力状态与钻孔径向夹角无关，在同一距离的圆环上应力相等。径向应力 σ_r 随着距孔心距离 r 的增大而增大，切向应力 σ_θ 却随之先增大后减小。所以切向应力峰值不是发生在孔壁，而是发生在距孔壁一定距离的围岩中。钻孔二次应力分布图6-31（c）更清楚地反映出了这种变化，径向应力 σ_r 与弹性条件下的变化规律一致，应力大小随着距孔心距离 r 的增大，由0逐渐增大到 p_0；切向应力 σ_θ 不再是线形变化，而是出现了拐点，切向应力 σ_θ 随着 r 的增大开始由孔壁处的残余强度逐渐增大到最大值，之后又减小为 p_0，并且其最大应力集中系数 $K<2$。塑性区半径（切向应力拐点位置）约为钻孔半径的2.5倍。

图6-31（d）是钻孔垂直应力等值线图，从图中可以看出在双向等压条件下钻孔垂直应力为对称分布，钻孔两侧应力为左右对称，顶底应力为上下对称。钻孔两侧出现垂直应力升高区，应力峰值不是发生在孔壁，而是在距孔壁一定距离处；在钻孔顶、底部出现了垂直应力降低区，应力极值发生在孔壁。

图6-32（a）是钻孔位移等值线图。在塑性条件下，钻孔位移量仍呈圆环状分布，即同一半径 r 上的所有点的位移量均相等，孔壁围岩位移量最大，向深部位移量逐渐减小。

图6-32（b）为孔壁围岩径向位移历史值。在钻孔刚掘出后，孔壁径向位移迅速增加，模型运算800个时步之后开始收敛，径向位移增加很小，并最终趋向于一常数2.78mm，即模型运算平衡后钻孔径向位移不再增加，钻孔处于平衡稳定状态。

从钻孔位移变化曲线图6-32（c）可以看出，当围岩距孔心的距离 r 大于 $2.5r_a$ 时（弹性区），围岩径向位移很小，随着距孔壁距离的减小径向位移逐渐增加；当围岩距孔心的距离 r 小于 $2.5r_a$ 时（塑性区），围岩径向位移随着距孔壁距离的减小急剧增加，并在孔壁处岩体位移量达到最大2.78mm。

图6-32（d）是钻孔塑性区分布图，图中在钻孔四周形成了剪切破坏塑性区，塑性区是一个圆环，其半径约为钻孔半径 R_a 的2.5倍。塑性区半径之外的岩体又进入弹性状态。

通过对比分析可以看出，采用数值模拟方法得到的钻孔围岩二次应力弹性、弹塑性分布特征和采用理论计算方法得到的结果完全一致，说明了采用数值模拟方法可以较为准确地反映出钻孔围岩变形破坏过程。

试验表明煤体及软弱岩层单轴抗压强度约为10MPa，若钻孔埋深500m，根据静水压力理论计算，作用在钻孔孔壁的最大切向应力可以达到25MPa，远超出岩体强度极限，使得接近孔壁的部分岩体进入塑性状态。而本项目主要研究接近 -1000m 抽采钻孔成孔控制方法，所以在以后的数值模拟研究中，材料本构模型均采用莫尔-库仑塑性模型。

6.2.2 钻孔稳定性影响因素数值分析

钻孔变形破坏理论分析表明，影响钻孔稳定性的因素有：侧压系数、岩体力学强度、初始应力（埋深）、钻孔压力、围岩力学强度。本小节采用FLAC3D数值模拟软件对这些影响因素进行了数值分析。

6.2.2.1 侧压系数对钻孔稳定性的影响

通过理论研究、地质调查和大量的实测资料统计，垂直应力基本上等于上覆岩层的重量，水平应力 σ_h 普遍大于垂直应力 σ_z，最大水平应力 $\sigma_{h,max}$ 与垂直应力 σ_z 的比值，一般

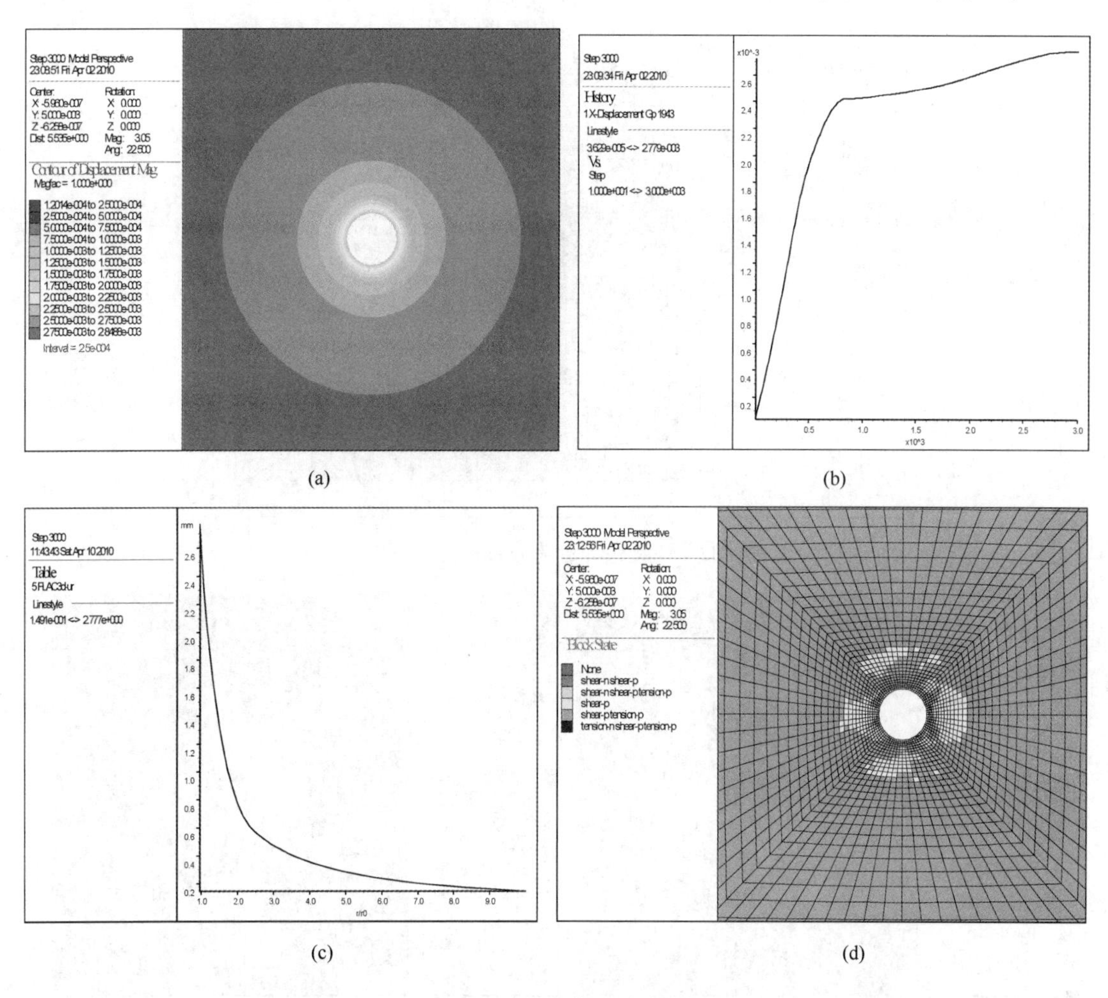

图 6-32 钻孔位移分布图

(a) 钻孔位移等值线图；(b) 孔壁位移历史值；(c) 钻孔位移变化曲线；(d) 钻孔塑性区分布图

为0.5～5.5，很多情况下比值大于2。以初始模型为基础，分析钻孔稳定性随侧压系数变化时的情况。模型边界载荷重新调整原则为：按垂直应力25MPa保持不变，水平应力分别为25MPa（已在初始模型中模拟）、50MPa、75MPa时的情况进行模拟。

图6-33为侧压系数$\lambda=2$时模型边界载荷分布图，图中箭头方向代表了载荷方向，箭头长短代表了载荷的大小。箭头均匀分布，表明了模型四周作用着均布载荷，模型两侧水平箭头的长度为垂直箭头的2倍，表明水平载荷为垂直载荷的2倍。

图6-34是侧压系数$\lambda=2$时钻孔围岩二次应力分布图，与侧压系数$\lambda=1$时应力分布最显著的不同之处是应力等值线不再呈圆环状分布。通过钻孔切向应力等值线图6-34（a）和钻孔径向应力等值线图6-34（b）可以看出，在钻孔顶、底距孔壁一定距离的部位出现切向应力升高区，应力峰值达到72.45MPa，在钻孔两侧出现应力降低区。钻孔径向应力呈马鞍形分布，在钻孔四个角形成应力降低区，而在钻孔顶、底距孔壁一定距离的部位出现径向应力升高区，应力峰值达到29.61MPa。图6-34（c）是钻孔围岩塑性破坏区分布图，钻孔塑性破坏区也呈马鞍形分布，在钻孔四个角形成剪切破坏塑性区。

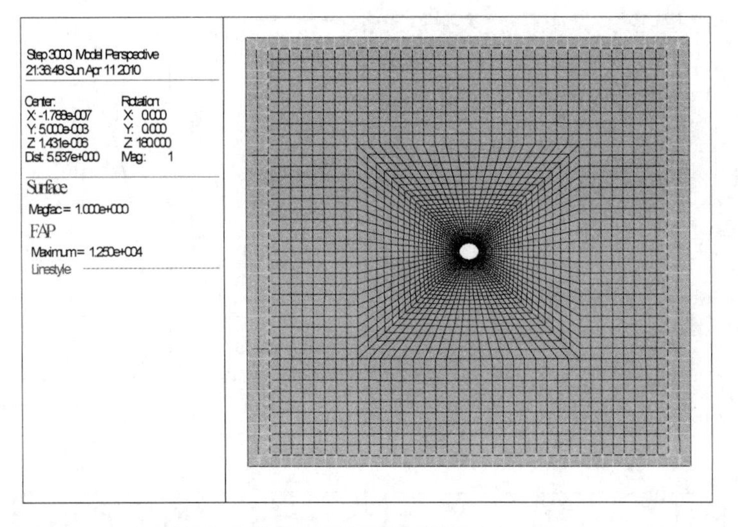

图 6-33 模型边界载荷分布图（λ = 2）

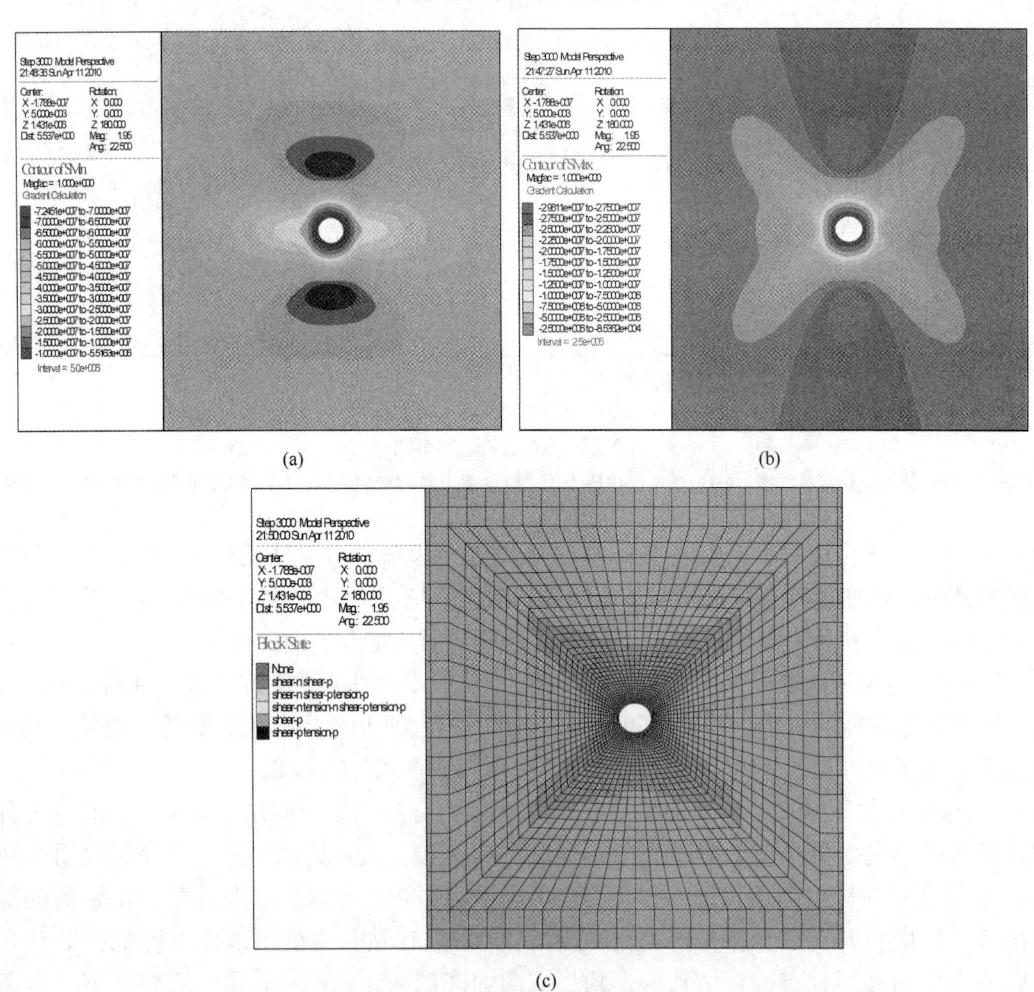

图 6-34 钻孔二次应力分布图（λ = 2）

（a）钻孔切向应力等值线图；（b）钻孔径向应力等值线图；（c）钻孔围岩塑性区分布图

钻孔塑性破坏区与最小主应力分布图基本一致，说明钻孔围岩稳定性由最大和最小主应力共同决定。

图6-35（a）是侧压系数 λ = 2 时钻孔位移等值线图，位移等值线也不再呈圆环状分布，但是钻孔位移呈对称分布，钻孔两侧位移为左右对称，顶底位移为上下对称。孔壁围岩在钻孔两侧位移量较小，在钻孔顶、底部位移量达到最大11.36mm。而距孔壁较远的钻孔两侧位移量较大，钻孔顶、底部位移量较小。

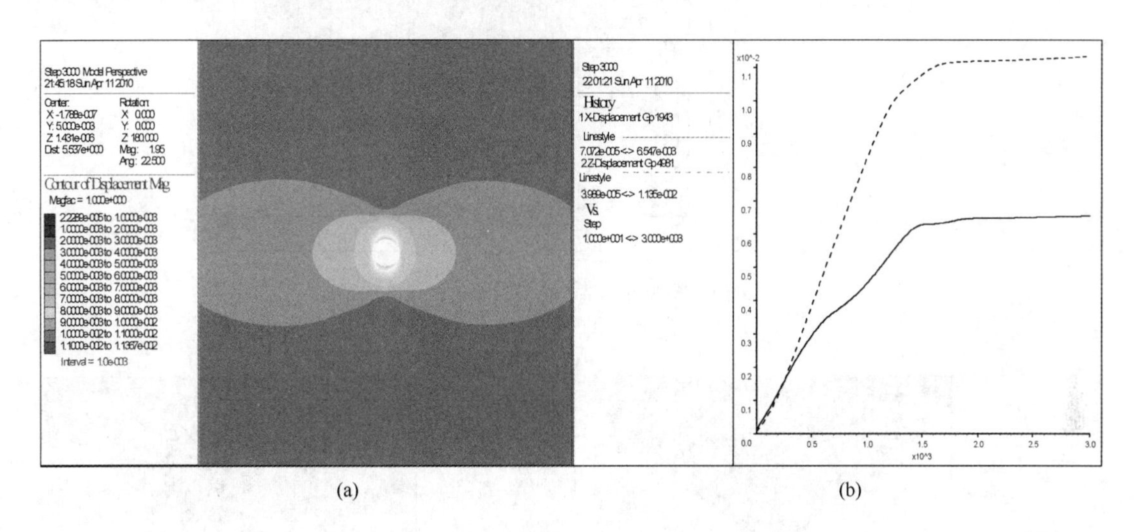

(a) (b)

图6-35 钻孔位移分布图（λ =2）

（a）钻孔位移等值线图；（b）孔壁位移历史值

（注：虚线为底部孔壁垂直位移，实线为左侧孔壁水平位移）

根据钻孔位移对称性可知，在钻孔两侧及顶、底部位仅存在径向位移。图6-35（b）为底部孔壁围岩径向位移历史值和左侧孔壁围岩径向位移历史值。从图中可以看出在模型运算1500个时步之后开始收敛，钻孔径向位移量不再增加，并最终趋向于一常数，即模型运算平衡，钻孔处于平衡稳定状态，顶、底部位孔壁位移量约为两侧孔壁位移量的2倍。

图6-36为侧压系数 λ = 3 时模型边界载荷分布图，模型两边水平箭头的长度为垂直箭头的3倍，表明水平载荷为垂直载荷的3倍。模型在运算到2000步时，钻孔围岩发生破坏，运算终止。

图6-37（a）、(b）是侧压系数 λ = 3 时钻孔围岩二次应力分布图，与侧压系数 λ = 2 时应力分布一样，应力等值线不再呈圆环状分布。在钻孔顶、底部距孔壁一定距离的部位出现切向应力升高区，应力峰值达到96.95MPa，在钻孔两侧出现应力降低区。钻孔径向应力也呈马鞍形分布，在钻孔四个角形成应力降低区，而在钻孔顶、底部距孔壁一定距离的部位出现径向应力升高区，应力峰值达到37.32MPa。通过对比可以看出，侧压系数 λ =3 时钻孔围岩二次应力分布与侧压系数 λ = 2 时的分布很相似，不管是最大主应力还是最小主应力均有所升高，影响范围更大，应力集中程度更高。

图6-37（c）是钻孔围岩塑性破坏区分布图，钻孔塑性破坏区已经不再收敛，而是呈发散状态，在钻孔孔壁形成拉伸塑性区，而在钻孔两侧形成大面积的剪切破坏塑性区。

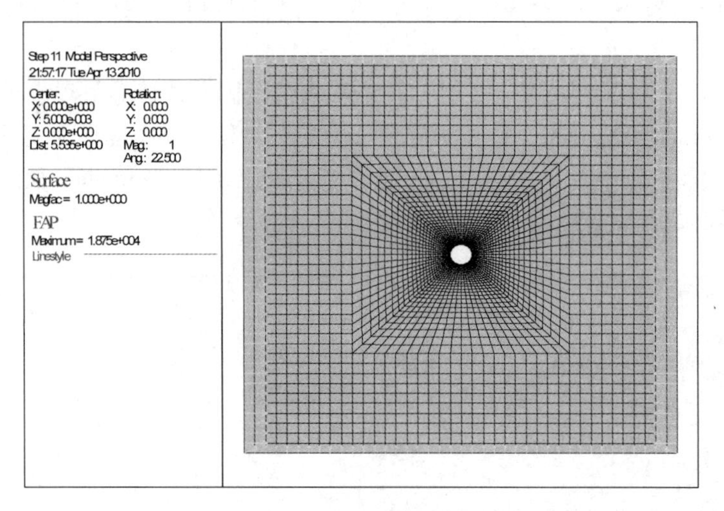

图 6-36 模型边界载荷分布图（$\lambda = 3$）

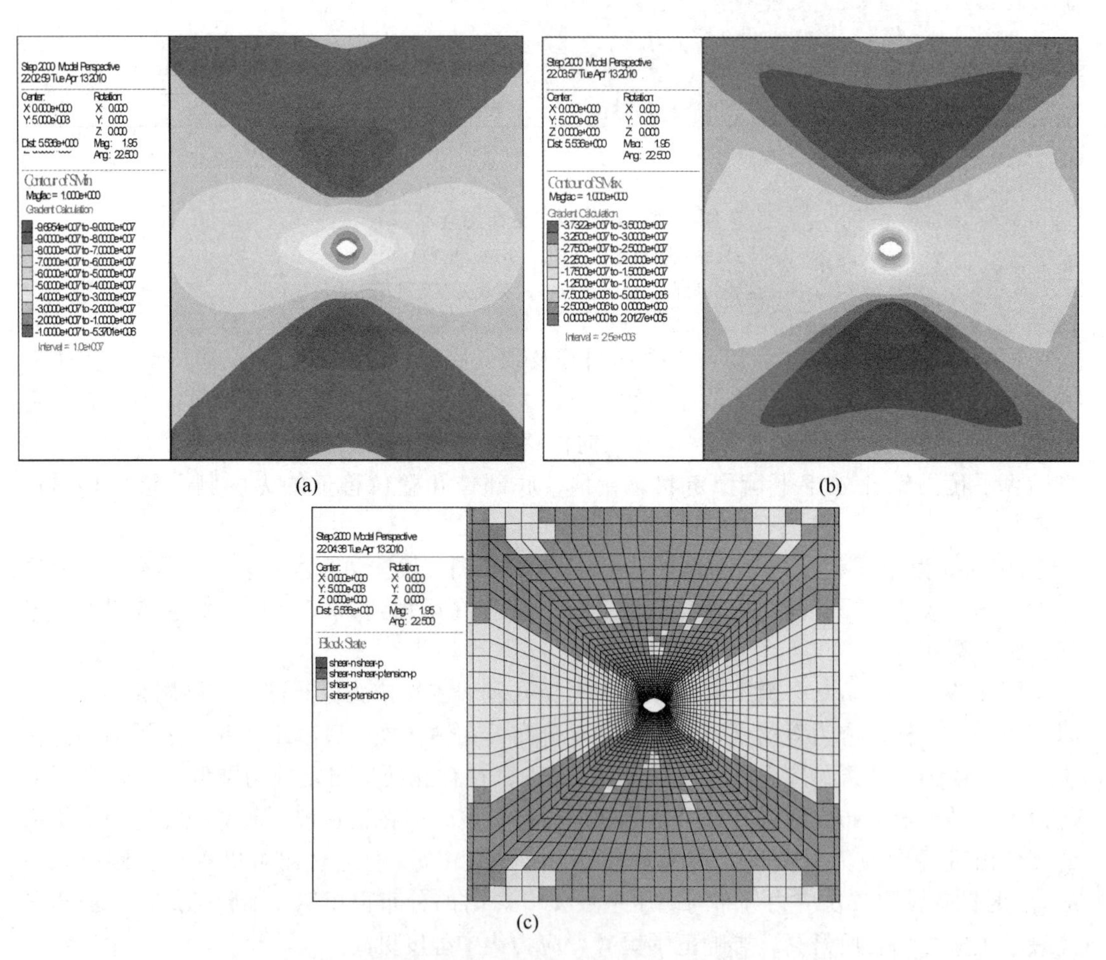

图 6-37 钻孔二次应力分布图（$\lambda = 3$）

（a）钻孔切向应力等值线图；（b）钻孔径向应力等值线图；（c）钻孔围岩塑性区分布图

图6-38（a）是侧压系数 $\lambda=3$ 时钻孔位移等值线图，与侧压系数 $\lambda=2$ 时的位移分布图大体一样，位移等值线不再呈圆环状分布，但是钻孔位移呈对称分布，钻孔两侧位移为左右对称，顶底位移为上下对称。孔壁围岩在钻孔两侧位移量较小，在钻孔顶、底部位移量达到最大，为28.27mm。

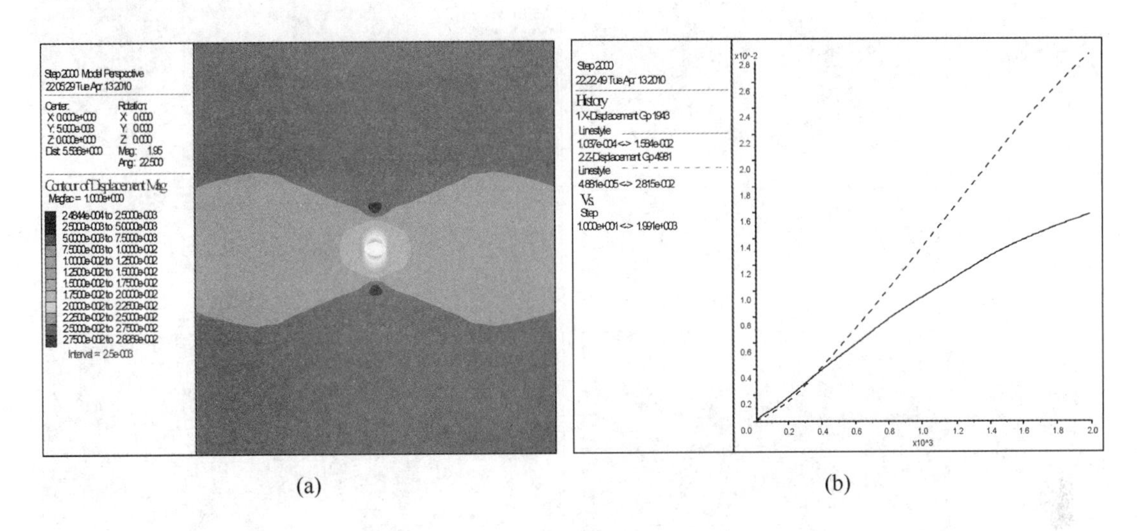

(a) (b)

图6-38 钻孔位移分布图（$\lambda=3$）

（a）钻孔位移等值线图；（b）孔壁位移历史值

（注：虚线为底部孔壁垂直位移，实线为左侧孔壁水平位移）

同样做出了底部孔壁围岩径向位移历史值和左侧孔壁围岩径向位移历史值，如图6-38（b）所示，可以看出钻孔径向位移不收敛，尤其是顶、底部位孔壁位移量随运算时步的增加呈线形增加，直到模型发生破坏失稳。顶、底部位孔壁位移量约为两侧孔壁位移量的2倍。

通过对比可以看出，当侧压系数 $\lambda=1$、$\lambda=2$ 时钻孔围岩处于稳定平衡态，当侧压系数 $\lambda=3$ 时钻孔发生变形破坏。随着侧压系数的升高，钻孔围岩应力集中程度升高，钻孔径向位移增大，围岩塑性区面积增大，钻孔稳定性降低。

6.2.2.2 岩层强度对钻孔稳定性的影响

为了更好地对比研究抽采钻孔遇软弱岩层发生变形破坏的过程，建立了模型2。模型2由一层坚硬岩层和一层软弱岩层组成，软弱岩层力学强度约为坚硬岩层强度的一半。当模型运算1360步后，软弱岩层钻孔孔壁径向位移达到25mm，钻孔面积缩小3/4，可以认为钻孔已经发生破坏。

图6-39（a）是坚硬岩层钻孔切向应力等值线图，图6-39（b）是软弱岩层钻孔切向应力等值线图，在双向等压应力场中，无论是坚硬岩层还是软弱岩层，钻孔切向应力和径向应力等值线均呈圆环状分布，径向应力 σ_r 随着距孔心距离 r 的增大，由0逐渐增大到 p_0；切向应力 σ_θ 随着 r 的增大开始由孔壁处的残余强度逐渐增大到最大值，之后又减小为 p_0；切向应力峰值不是发生在孔壁，而是发生在距孔壁一定距离的围岩中。软弱岩层中钻孔的二次应力影响范围更大，切向应力峰值距离孔壁更远，应力峰值达到31.78MPa，而坚硬岩层中钻孔二次应力影响范围较小，切向应力峰值距离孔壁较近，应力峰值达到

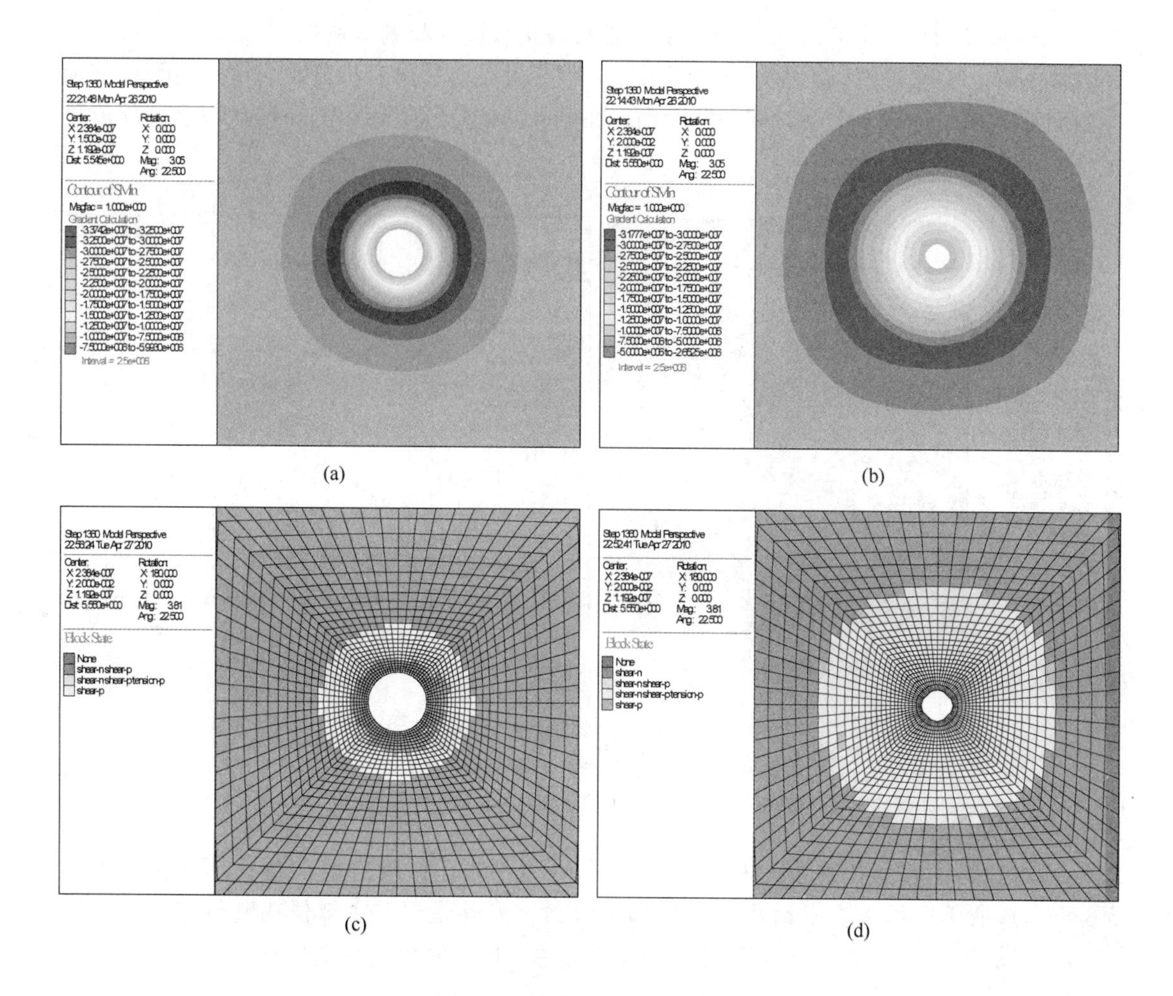

图 6-39 钻孔二次应力分布图
（a）坚硬岩层切向应力等值线图；（b）软弱岩层切向应力等值线图；
（c）坚硬岩层塑性区分布图；（d）软弱岩层塑性区分布图

33.74MPa，应力集中系数更高。

图 6-39(c)和图 6-39(d)是坚硬岩层和软弱岩层塑性区分布图。塑性区也呈圆环状分布，在钻孔四周形成剪切破坏塑性区。软弱岩层塑性区半径约为坚硬岩层的 2 倍。

图 6-40（a）是沿钻孔对称轴取一平面得到的围岩位移矢量图，箭头所指方向为岩体位移方向，箭头长短代表位移大小。通过对比可以看出，软弱岩层中钻孔位移量明显大于坚硬岩层，并且在钻孔孔壁处的径向位移最大，向深部位移量逐渐减小。在剖面图上还可以看出软弱岩层在径向位移作用下，钻孔直径明显减小。

图 6-40（b）为坚硬岩层和软弱岩层孔壁围岩径向位移历史值。坚硬岩层在钻孔刚掘出后，孔壁径向位移逐渐增加，模型运算 800 个时步之后开始收敛，并趋向于一常数 2.4mm，即模型运算平衡后坚硬岩层钻孔径向位移不再增加，钻孔处于平衡稳定状态。而软弱岩层孔壁径向位移急剧增加，在模型运算 1360 步后，仍不会收敛，此时孔壁径向位移 25mm，约为坚硬岩层的 10 倍。

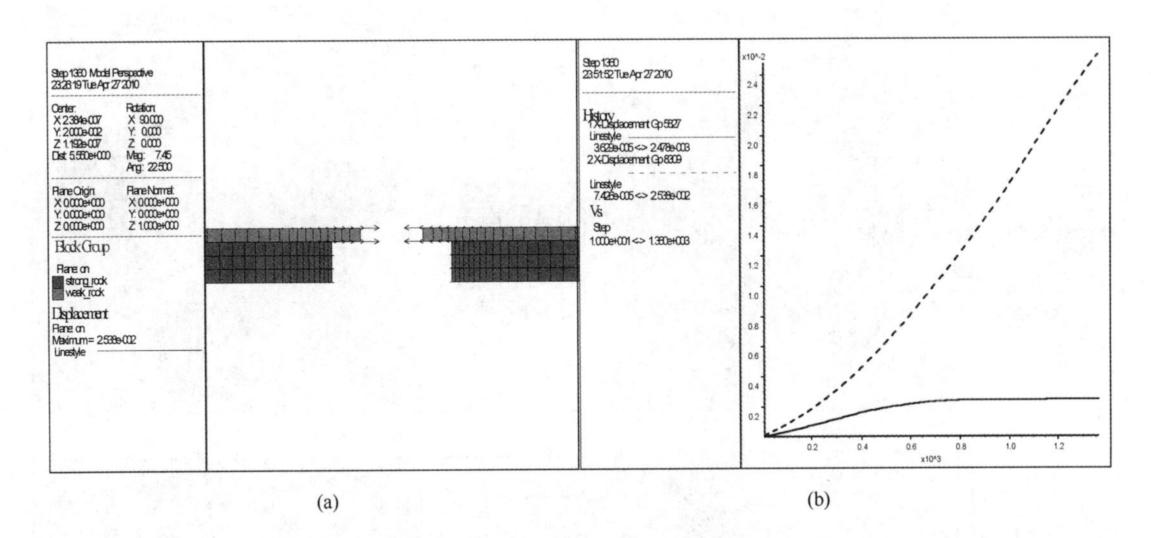

(a) (b)

图6-40 不同岩性钻孔位移对比图
（a）钻孔位移矢量剖面图；（b）孔壁位移历史值
（注：虚线为软岩层，实线为坚硬岩层）

6.2.2.3 采深对钻孔稳定性的影响

随着开采深度的增加,原岩应力场随之增加,抽采钻孔稳定性也会发生变化,为此采用数值模拟模型1,通过改变边界应力条件,研究了软弱岩层不同采深条件下的钻孔稳定性。

图6-41（a）是软弱岩层在采深500m，即原岩应力 $\sigma_x = \sigma_y = \sigma_z = 12.5\text{MPa}$ 时钻孔切向应力等值线图，钻孔切向应力峰值达到16.55MPa，应力集中系数为1.32。图6-41（b）是软弱岩层在接近采深1000m时钻孔切向应力等值线图，切向应力峰值达到31.78MPa，应力集中系数为1.27。可以看出，随着开采深度的增加，原岩应力场、钻孔切向应力峰值均成正比增加。

图6-41（c）、图6-41（d）分别是软弱岩层在浅部、深部的钻孔塑性区分布图，在深部时钻孔塑性破坏区范围更大，并且在孔壁处形成拉伸破坏塑性区。

图6-42（a）、图6-42（b）分别是软弱岩层在浅部、深部的孔壁围岩径向位移历史值。浅部软弱岩层在模型运算1200个时步之后孔壁径向位移开始收敛，并趋向于一常数6.67mm，即模型运算平衡后软弱岩层钻孔径向位移不再增加，钻孔处于平衡稳定状态。而深部软弱岩层的孔壁径向位移急剧增加，在模型运算1360步后，仍不会收敛，此时孔壁径向位移25.35mm，约为浅部时的3.80倍。

通过对比分析可以看出，随着开采深度的增加，原岩应力场、钻孔切向应力峰值均成正比增加，钻孔塑性破坏区范围增加，钻孔径向位移急剧增加。对于相同力学强度的岩层，在浅部时钻孔处于稳定状态，而在深部时，钻孔可能就处于非稳定状态。

6.2.2.4 抽采负压对钻孔稳定性的影响

淮南矿区的C13、B11等煤层瓦斯涌出量大都在30m^3/min，仅靠风排瓦斯难以解决工作面的瓦斯超限问题。淮南矿区先后进行了多种抽放瓦斯技术的试验研究，如采用底板穿层钻孔抽放瓦斯技术、沿煤层钻孔抽放瓦斯技术、埋管抽放采空区瓦斯技术。

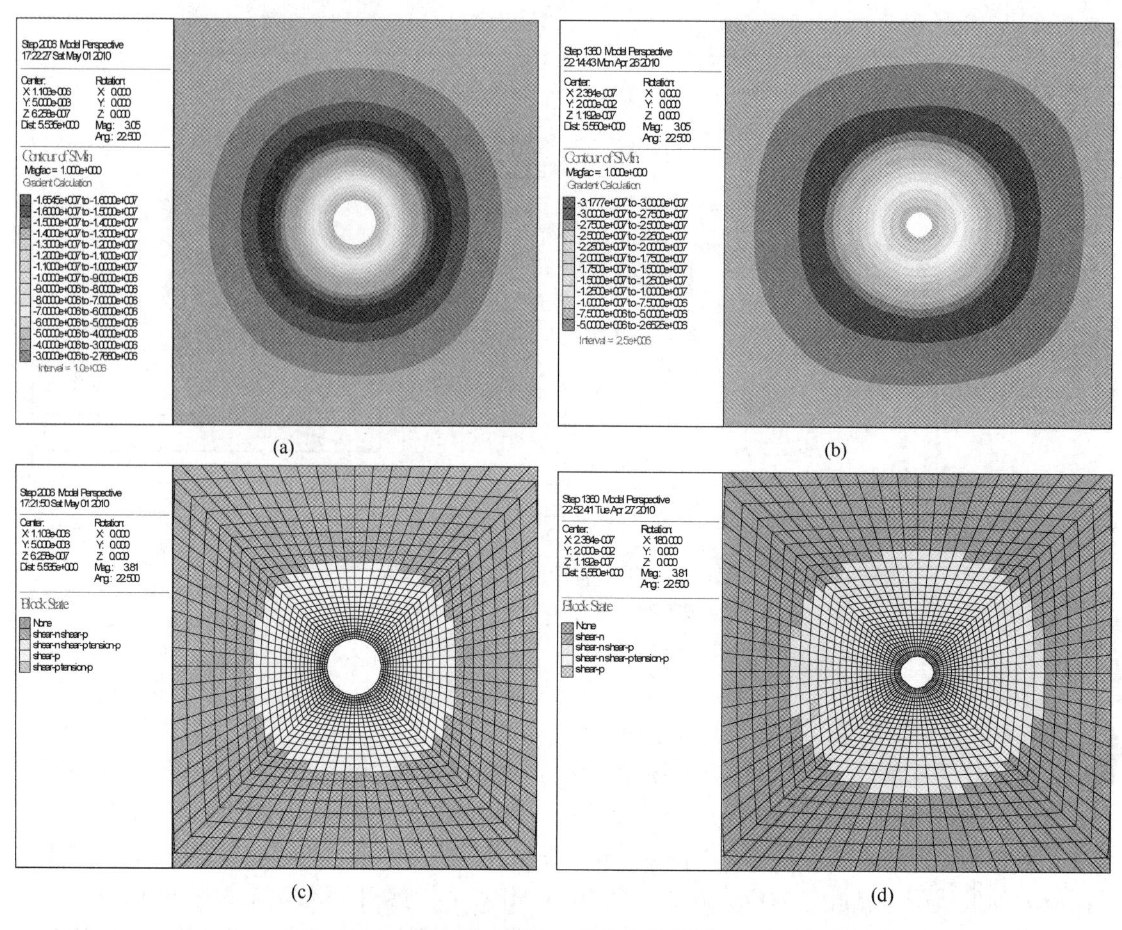

图 6-41 钻孔二次应力分布图

（a）浅部软弱岩层切向应力等值线图；（b）深部软弱岩层切向应力等值线图；

（c）浅部软弱岩层塑性区分布图；（d）深部软弱岩层塑性区分布图

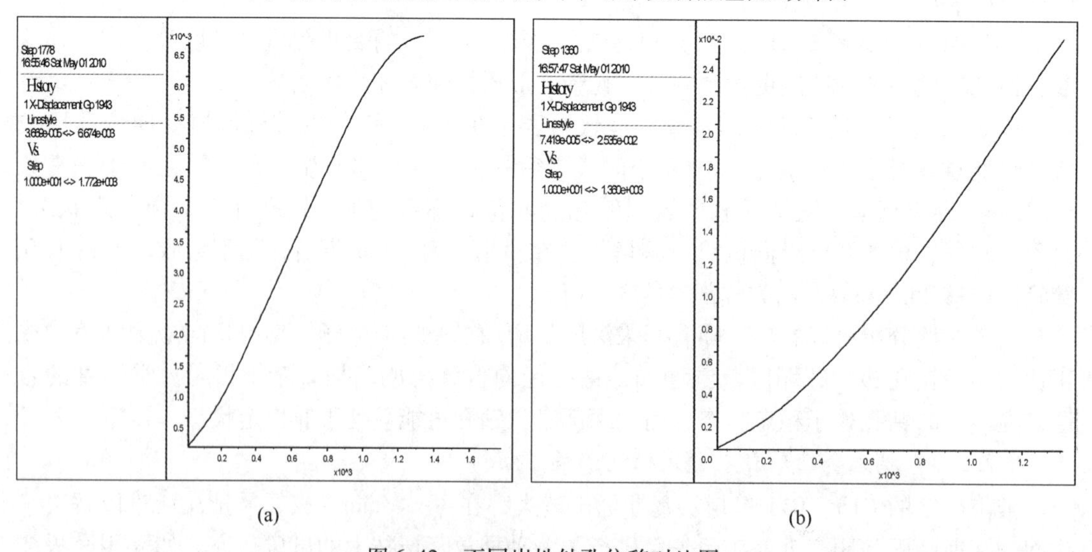

图 6-42 不同岩性钻孔位移对比图

（a）浅部孔壁位移历史值；（b）深部孔壁位移历史值

同时考虑钻孔工程量与经济效益的问题，经反复试验得出了最佳钻孔数量为1个钻场内8～10个孔，最佳抽采负压16～20kPa。为此，研究了钻孔抽采负压为20kPa时的钻孔稳定性。图6-43为钻孔边界载荷分布图，钻孔负压均匀分布，载荷方向指向孔心。

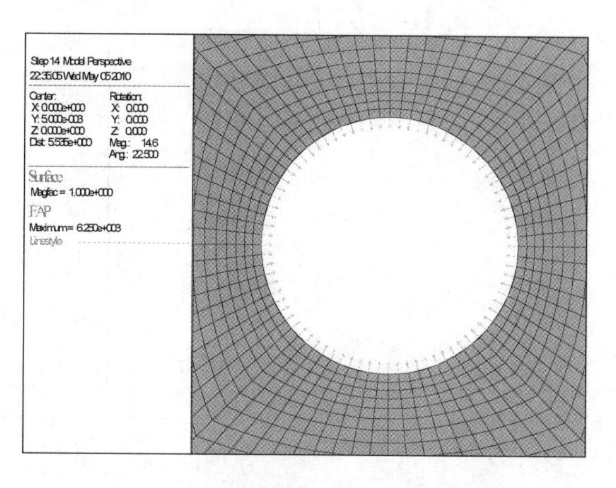

图6-43　钻孔边界载荷（负压）分布图

图6-44(a)、(b)分别是坚硬岩层在无抽采负压和有抽采负压影响下的钻孔切向应力等值线图。通过对比可以看出，两种情况下钻孔切向应力等值线图很相似，二次应力影响范围基本一致，切向应力峰值大小基本相同，约为35MPa，应力集中系数为1.4。说明目前抽采负压对钻孔二次应力分布的影响很小。

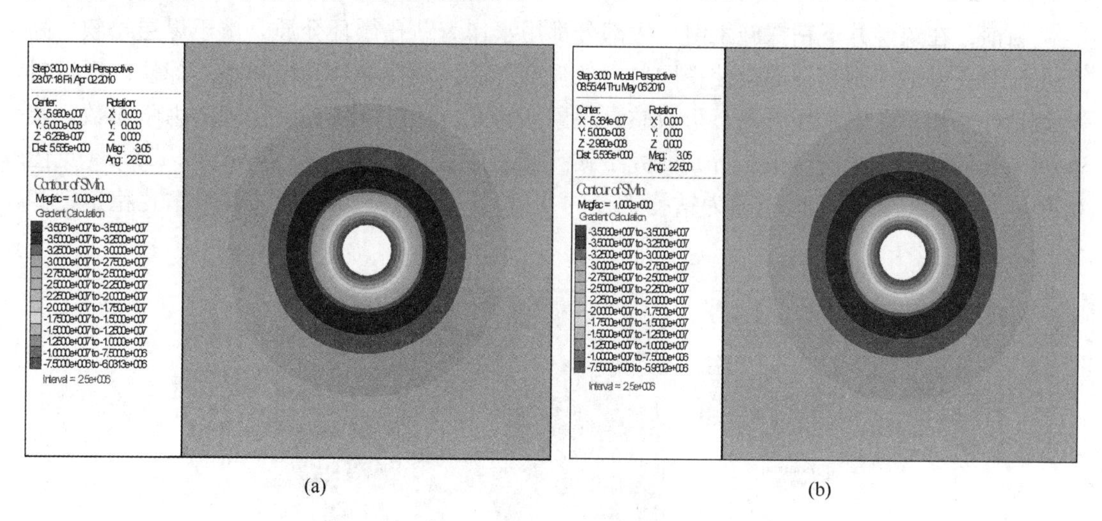

图6-44　抽采负压对钻孔切向应力的影响

（a）钻孔切向应力等值线图（无抽采负压）；（b）钻孔切向应力等值线图（有抽采负压）

图6-45(a)、(b)分别是坚硬岩层在无抽采负压和有抽采负压影响下的钻孔孔壁位移历史值。在钻孔刚掘出后，两种情况下孔壁径向位移均迅速增加，模型运算800个时步之后开始收敛，径向位移增加很小，并最终趋向于一常数，即钻孔处于平衡稳定状态。在无抽采负压影响下钻孔孔壁径向位移2.78mm，在有抽采负压影响下钻孔孔壁径向位移

2.81mm。通过对比可以看出，在抽采负压影响下孔壁径向位移不仅增量很小，而且其数值也很小，说明抽采负压对钻孔径向位移的影响很小。

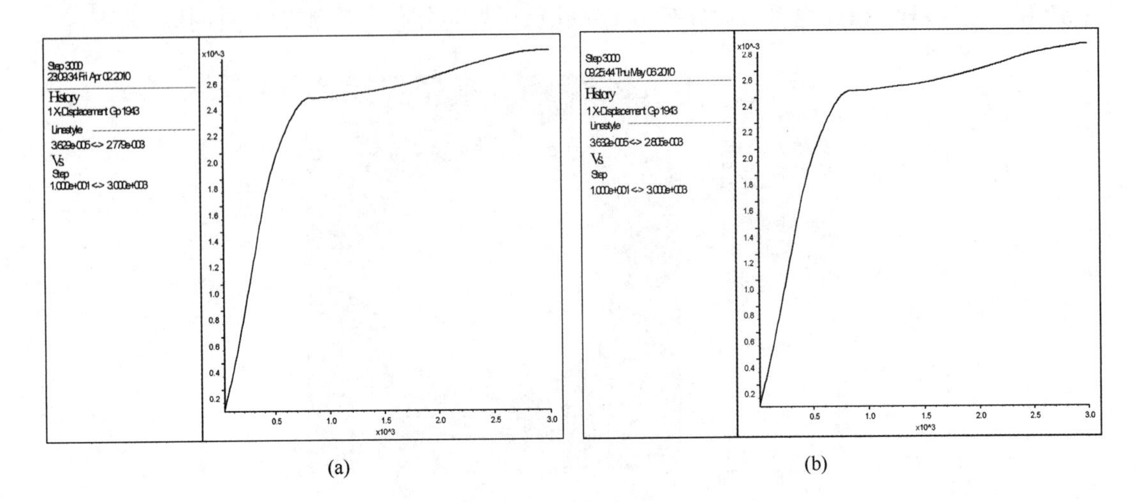

(a)　　　　　　　　(b)

图 6-45　抽采负压对钻孔位移的影响

(a) 孔壁位移历史值（无抽采负压）；(b) 孔壁位移历史值（有抽采负压）

通过研究抽采负压对钻孔应力分布和位移的影响可以看出，目前煤矿抽采负压所能达到的压力大小对钻孔稳定性的影响很小。

6.2.2.5　钻孔围岩强度弱化对钻孔稳定性的影响

目前，在煤矿井下钻探施工时，大部分都用水作为钻孔循环介质，由于煤层松软，高压水流对孔壁的冲刷和浸泡会使得围岩力学强度降低，从而导致孔壁坍塌、掉块，严重时导致钻杆卡死，孔底水压升高，形成憋泵现象。为此，通过降低钻孔围岩的力学参数，实现对钻孔强度弱化区的模拟，分别研究了钻孔围岩强度弱化区半径为 0m、0.125m（见图 6-46）、0.25m，即弱化区半径为钻孔半径的 0 倍、2.5 倍、5.0 倍时，其对钻孔稳定性的影响。

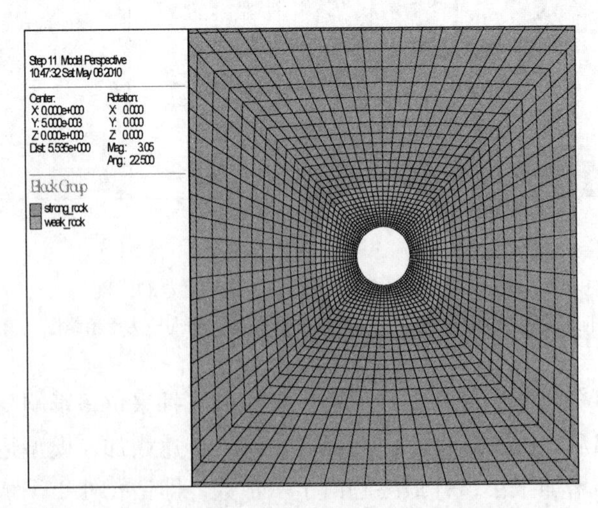

图 6-46　钻孔围岩强度弱化区分布图

图6-47(a)、(b)分别是钻孔围岩强度弱化区半径为钻孔半径的0倍、2.5倍时钻孔切向应力等值线图。通过对比可以看出，随着强度弱化区范围的增大，钻孔的二次应力影响范围也在增大，切向应力峰值距离孔壁更远，而应力峰值却在逐渐减小。例如，当强度弱化区半径为钻孔半径的0倍时，切向应力峰值为35.06MPa；强度弱化区半径为钻孔半径的2.5倍时，切向应力峰值降为34.05MPa；强度弱化区半径为钻孔半径的5.0倍时，切向应力峰值降到30.55MPa。

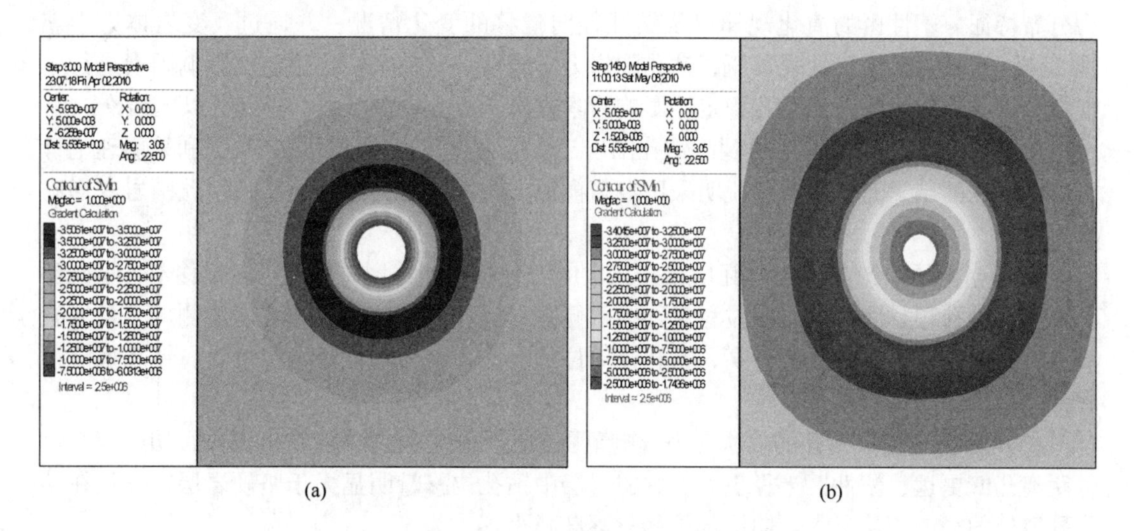

图6-47 围岩强度弱化对钻孔切向应力的影响

(a) 强度弱化区半径为钻孔半径的0倍；(b) 强度弱化区半径为钻孔半径的2.5倍

图6-48是坚硬岩层在不同钻孔围岩强度弱化区影响下的钻孔孔壁位移历史值。在钻孔刚掘出后，两种情况下孔壁径向位移均迅速增加。在不考虑强度弱化区时，模型运算800个时步之后开始收敛，径向位移增加很小，并最终趋向于一常数2.78mm，即钻孔处

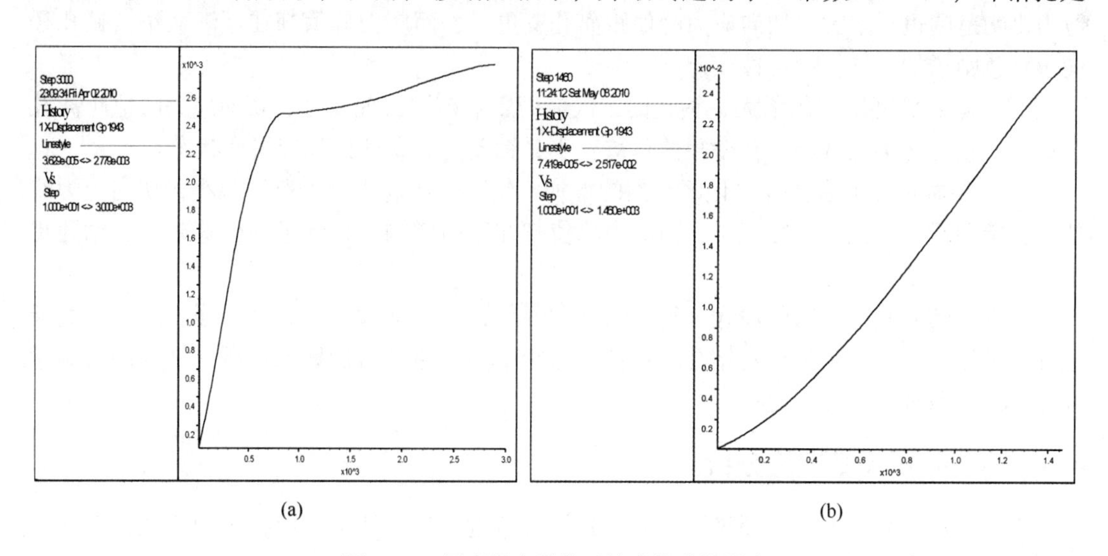

图6-48 围岩强度弱化对钻孔位移的影响

(a) 强度弱化区半径为钻孔半径的0倍；(b) 强度弱化区半径为钻孔半径的5.0倍

于平衡稳定状态；强度弱化区半径为钻孔半径的 5.0 倍时，模型运算 1460 个时步后，仍不会收敛，孔壁径向位移 25.17mm，约为不考虑强度弱化区时的 9.05 倍，可以认为钻孔已经发生破坏。

通过对比分析可以看出，随着钻孔围岩强度弱化区范围的加大，以及围岩强度弱化程度的加大，钻孔径向位移急剧增加，钻孔围岩稳定性变差。

采用 FLAC3D 数值模拟软件，首先分别模拟了在弹性、弹塑性状态下瓦斯钻孔二次应力分布特征、塑性区的演化规律以及钻孔径向位移的变化情况。并通过改变岩体力学属性、侧压系数、采深、抽采负压、钻孔围岩力学属性，对抽采钻孔稳定性影响因素进行了模拟分析。最后根据瓦斯钻孔稳定性影响因素提出了成孔控制方案。得到了以下结论：

（1）采用数值模拟方法得到的钻孔围岩二次应力弹性、弹塑性分布特征和采用理论计算方法得到的结果完全一致，说明采用数值模拟方法可以较为准确地反映钻孔围岩变形破坏过程。

（2）当侧压系数 $\lambda \neq 1$ 时瓦斯钻孔二次应力分布、塑性区、钻孔径向位移不再呈圆环状分布，钻孔顶、底部位孔壁位移量约为两侧孔壁位移量的 2 倍。随着岩体侧压系数的升高，钻孔围岩应力集中程度升高，钻孔径向位移增大，围岩塑性区半径增大，钻孔稳定性降低。

（3）软弱岩层中钻孔的二次应力影响范围要比坚硬岩层中的影响范围大，切向应力峰值距离孔壁更远，塑性区半径更大。软弱岩层中钻孔位移量明显大于坚硬岩层，并且在钻孔孔壁处的径向位移最大，向深部位移量逐渐减小。

（4）随着开采深度的增加，原岩应力场、钻孔切向应力峰值均成正比增加，钻孔塑性破坏区范围增加，钻孔径向位移急剧增加。对于相同力学强度的岩层，在浅部时钻孔处于稳定状态，而在深部时，可能就处于非稳定状态。

（5）目前煤矿抽采负压所能达到的压力大小对钻孔稳定性的影响很小。

（6）随着钻孔围岩强度弱化区范围的加大，以及围岩强度弱化程度的加大，钻孔二次应力影响范围也在增大，切向应力峰值距离孔壁更远，而应力峰值却在逐渐减小。钻孔径向位移急剧增加，钻孔稳定性变差。

（7）随着钻孔围压的增大，钻孔的二次应力影响范围反而减小，切向应力峰值距离孔壁更近，塑性区半径减小。孔壁径向位移减小，钻孔更容易达到稳定平衡状态。

（8）随着钻孔围岩强度强化区范围的增加，钻孔二次应力影响范围减小，切向应力峰值向孔壁靠近，塑性区半径减小，而应力峰值却在逐渐增加。孔壁径向位移减小，钻孔更容易达到稳定平衡状态。

所以，随着侧压系数的增大、岩层强度的降低，采深加大，钻孔围岩强度降低，瓦斯钻孔稳定性变差。抽采负压对钻孔稳定性的影响很小。通过增加钻孔围压、钻孔围岩力学强度可以提高抽采钻孔稳定性。

6.3 钻孔破坏失稳理论分析

随着煤矿开采深度的不断增加，矿井延深已接近千米，使得每年都要为治理瓦斯在地上与地下钻掘大量不同类型的抽采钻孔或钻井（每年均在 2000km 左右）。这些钻孔或钻井多数处于岩体强度较低的沉积地层中。淮南矿区属高瓦斯突出矿井，目前主要采用钻孔瓦斯抽放技术来解决深部瓦斯问题，要求对近 -1000m 水平钻孔成孔率、改进钻孔抽放工艺参数、提高瓦斯抽放量等做深入的研究。

6.3.1 抽采钻孔二次应力的弹性分布

岩体经人工钻掘成孔之后，孔壁的部分应力被释放，使钻孔周围的岩体进行应力重新调整。由于岩体自身强度比较高或者作用于岩体的初始应力比较低，钻孔周边的应力状态都在弹性应力的范围内。因此，这样的围岩二次应力状态被称作弹性分布。

关于圆形钻孔围岩的力学分析，这里采用平面应变状态下 $\lambda=1$ 时，圆形钻孔的二次应力以及相对应的应变、位移计算公式：

$$\begin{cases} \sigma_r = p_0\left(1 - \dfrac{r_a^2}{r^2}\right) \\ \sigma_\theta = p_0\left(1 + \dfrac{r_a^2}{r^2}\right) \\ u = \dfrac{1+\mu}{E}p_0\left[(1-2\mu)r + \dfrac{r_a^2}{r}\right] \\ \varepsilon_r = \dfrac{1+\mu}{E}p_0\left[(1-2\mu) - \dfrac{r_a^2}{r^2}\right] \\ \varepsilon_\theta = \dfrac{1+\mu}{E}p_0\left[(1-2\mu) + \dfrac{r_a^2}{r^2}\right] \end{cases} \tag{6-3}$$

式中，σ_r、σ_θ 分别为径向应力和切向应力；u 为径向位移；ε_r、ε_θ 分别为径向应变和切向应变；p_0 为初始应力；r_a 为钻孔半径。

6.3.1.1 钻孔二次应力、应变和位移的变化特性

利用式(6-3)可计算以 p_0 为其初始应力状态，钻掘了以 r_a 为半径的钻孔，在岩体的二次应力处在弹性范围时，在围岩中距离钻孔中心为 r 的任意一点的应力、应变和位移。为了了解围岩的应力、应变和位移的分布规律，有必要对其各种特性及分布规律作进一步的分析。

A 钻孔的二次应力分布

根据式（6-3）中的第一、第二式可知，开挖圆形钻孔后，其应力状态可用一组极为简单的公式表示。该公式具有以下特点：随着距离 r 的变化，σ_θ、σ_r 的分布如图 6-49 所示。σ_θ 随着 r 的增大而减小，σ_r 却随之而增大。此外，若取定任意距离，将两应力相加得：

$$\sigma_\theta + \sigma_r = 2p_0 \tag{6-4}$$

这是在 $\lambda=1$ 的条件下，围岩的二次应力为弹性应力分布的一个比较特殊的结论。由式（6-3）可知，围岩的二次应力状态与岩体的弹性常数 E、μ 无关，且与径向夹角 θ 无关，这表示在同一距离的圆环上应力相等；二次应力值的大小仅与钻孔的半径和任意一点距离 r 的比值以及初始应力值 p_0 的大小有关。

B 钻孔的径向位移

由于开挖的圆形钻孔和荷载对称，钻孔的切向位移为零，仅有径向位移存在，其表达式为：

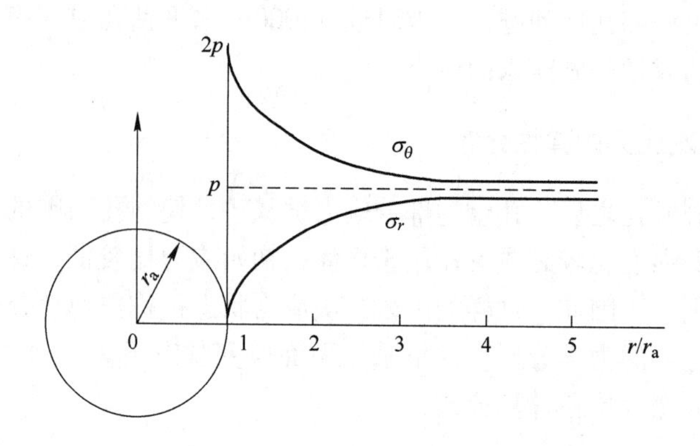

图6-49 钻孔二次应力弹性分布图

$$u = \frac{1+\mu}{E}p_0\left[(1-2\mu)r + \frac{r_a^2}{r}\right] \tag{6-5}$$

从式（6-5）可知，圆形钻孔的径向位移由两部分组成，一部分与开挖钻孔的半径有关，而另一部分则与钻孔半径无关。

若令 $r_a=0$（其物理意义表示钻孔尚未钻掘），则式（6-5）为：

$$u_0 = \frac{1+\mu}{E}p_0(1-2\mu)r \tag{6-6}$$

根据 u_0 的物理意义可知，这部分位移是由于初始应力 p_0 的作用，在未开挖前已产生的位移。那么，这部分位移在开挖前早已完成，因此，它并不是实际工程中所给予关心的位移。而与工程直接有关的开挖后所产生的位移 Δu，可用下式求得：

$$\Delta u = u - u_0 = \frac{1+\mu}{E}p_0\frac{r_a^2}{r} \tag{6-7}$$

由于钻掘了圆形钻孔，岩体经过应力调整后会使围岩产生位移增量 Δu 。Δu 不仅取决于岩体的弹性常数 E、μ ，还与岩体的初始应力 p_0 、钻孔半径 r_a 和分析点距钻孔轴线的距离 r 有关。

C 孔周的应变

圆形钻孔周边岩体的应变特性与位移特性比较接近。由式（6-3），也可将应变分成两部分，一部分为开挖前的应变，公式中不包含 r_a 的一项，同样，这部分应变是由于初始应力的作用，在开挖前已经完成，其表达式如下：

$$\varepsilon_{r0} = \varepsilon_{\theta 0} = \frac{1+\mu}{E}p_0(1-2\mu) \tag{6-8}$$

两个方向上的应变值相等，表明了在开挖前岩体在初始应力作用下，仅产生体积压缩。而由于开挖所产生的应变可按下式求得：

$$\begin{cases}\Delta\varepsilon_r = \varepsilon_r - \varepsilon_{r0} = -\dfrac{1+\mu}{E}p_0\dfrac{r_a^2}{r^2} \\ \Delta\varepsilon_\theta = \varepsilon_\theta - \varepsilon_{\theta 0} = \dfrac{1+\mu}{E}p_0\dfrac{r_a^2}{r^2}\end{cases} \tag{6-9}$$

由式（6-9）可知，切向应变与径向应变的绝对值大小相等，符号相反，切向应变是压应变，径向应变是拉应变。这表明了在 $\lambda=1$ 且为弹性分布的条件下，岩体的体积不发生变化的特点。

D 孔壁的稳定性评价

煤岩体软弱结构的单轴抗压强度可通过试验得到，则孔壁的稳定性可以用下式进行评价：

$$\sigma_\theta \leqslant [\sigma_c] \tag{6-10}$$

式中，$[\sigma_c]$ 为岩石的允许单轴抗压强度。

当孔壁的切向应力 σ_θ 满足式（6-10）时，则孔壁的岩体是稳定的。根据孔壁的应力分布可知，当 $r=r_a$ 时，$\sigma_\theta=2p_0$，$\sigma_r=0$。显然，孔壁岩体的应力可看成单向压缩状态（对于平面问题而言）。因此，可用以上判据简单明了地评价岩体的稳定性。

6.3.1.2 侧压力系数 $\lambda\neq1$ 时钻孔的二次应力状态

当侧压力系数 $\lambda\neq1$ 时，即外荷载为垂直应力 p_0，水平应力为 λp_0，可求得孔壁任意一点的应力状态为：

$$\begin{cases}\sigma_r=\dfrac{p_0}{2}\left[(1+\lambda)\left(1-\dfrac{r_a^2}{r^2}\right)-(1-\lambda)\left(1-4\dfrac{r_a^2}{r^2}+3\dfrac{r_a^4}{r^4}\right)\cos2\theta\right]\\[2ex]\sigma_\theta=\dfrac{p_0}{2}\left[(1+\lambda)\left(1+\dfrac{r_a^2}{r^2}\right)+(1-\lambda)\left(1+3\dfrac{r_a^4}{r^4}\right)\cos2\theta\right]\\[2ex]\tau_{r\theta}=-\dfrac{p_0}{2}\left[(1-\lambda)\left(1+2\dfrac{r_a^2}{r^2}-3\dfrac{r_a^4}{r^4}\right)\sin2\theta\right]\end{cases} \tag{6-11}$$

而其位移计算公式为：

$$\begin{cases}u=\dfrac{(1+\mu)p_0}{2E}\cdot\dfrac{r_a^2}{r}\left\{(1+\lambda)+(1-\lambda)\left[2(1-2\mu)+\dfrac{r_a^2}{r^2}\right]\cos2\theta\right\}\\[2ex]v=\dfrac{(1+\mu)p_0}{2E}\cdot\dfrac{r_a^2}{r}\left\{(1-\lambda)\left[2(1-2\mu)+\dfrac{r_a^2}{r^2}\right]\sin2\theta\right\}\end{cases} \tag{6-12}$$

由式（6-12）可知，孔周的应力状态不仅与距孔轴线中心的距离 r 有关，且与任意点到中轴连线与 x 轴的夹角 θ 以及侧压力系数 λ 有关。为了分析其所具有的特点，先简化式（6-9）。当 $r=r_a$ 时，应力公式可简化为：

$$\begin{cases}\sigma_\theta=p_0[(1+2\cos2\theta)+\lambda(1-2\cos2\theta)]\\[1ex]\sigma_r=0;\quad \tau_{r\theta}=0\end{cases} \tag{6-13}$$

当 $\lambda=0$ 时，其孔壁的应力分布为最不利状态。此时，孔顶（$\theta=90°$）的切向应力 $\sigma_\theta=-p_0$，将承受拉应力；而在孔的侧壁中腰（$\theta=0°$）将承受最大的压应力 $\sigma_\theta=3p_0$。$\lambda=3$ 是中腰是否出现拉应力的分界值：若 $\lambda>3$，则中腰将产生拉应力；若 $\lambda<3$，中腰将表现为压应力；若 $\lambda=3$，则 $\sigma_\theta=0$。

位移状态的表达式要比应力复杂得多。当 $r=r_a$ 时，孔壁的位移公式经简化后，表示如下：

$$\begin{cases} u = \dfrac{1+\mu}{2E}p_0 r_a[(1+\lambda)+(1-\lambda)(3-4\mu)\cos2\theta] \\ v = \dfrac{1+\mu}{2E}p_0 r_a[(1-\lambda)(3-4\mu)\cos2\theta] \end{cases} \tag{6-14}$$

影响孔壁位移的因素很多，有岩体的弹性常数 E、μ，初始应力状态 p_0，掘进钻孔的半径 r_a。由于 $\lambda \neq 1$，位移与径向夹角对其 θ 也有一定的影响。此外，从量级来说，径向位移要比切向位移稍大些，因此径向位移对钻孔的稳定性来说仍起着主导作用。

6.3.2 抽采钻孔二次应力的塑性分布

岩体经开挖，破坏了原有岩体自身的应力平衡，促使岩体进行应力调整。经重新分布的应力往往会出现超出岩体屈服强度的现象，这时接近孔壁的部分岩体将进入塑性状态，随着距孔轴中心距离 r 的增大，二次应力逐渐向弹性状态过渡，使得二次应力状态将出现弹、塑性状态并存的应力分布特点。

当孔壁的二次应力超出岩体的屈服应力，则孔壁岩体将产生塑性区。就岩石的力学特性而言，多数的岩石属脆性材料，其屈服应力的大小不太容易求得。因此，近似地采用莫尔-库仑判据作为进入塑性状态的判据。该起塑条件为：

$$\sigma_1 = \varepsilon\sigma_3 + \sigma_c \tag{6-15}$$

当 $\lambda = 1$ 时，可认为切向应力 σ_θ 为最大主应力，而径向应力 σ_r 为最小主应力，则式(6-15)可改写为：

$$\sigma_\theta = \varepsilon\sigma_r + \sigma_c \tag{6-16}$$

由此可求得塑性区应力表达式为：

$$\begin{cases} \sigma_{rp} = \dfrac{q}{\varepsilon-1}\left[\left(\dfrac{r}{r_a}\right)^{\varepsilon-1}-1\right]+p_i\left(\dfrac{r}{r_a}\right)^{\varepsilon-1} \\ \sigma_{\theta p} = \dfrac{q}{\varepsilon-1}\left[\varepsilon\left(\dfrac{r}{r_a}\right)^{\varepsilon-1}-1\right]+\varepsilon p_i\left(\dfrac{r}{r_a}\right)^{\varepsilon-1} \end{cases} \tag{6-17}$$

式中，$\varepsilon = \dfrac{1+\sin\varphi}{1-\sin\varphi}$；$\varphi$ 为内摩擦角；$q = 2C\sqrt{\varepsilon}$；C 为黏聚力；p_i 为钻孔内压力；r_a 为钻孔半径。

塑性区内的应力随 r 的变化如图 6-50 中 σ_{rp} 和 $\sigma_{\theta p}$ 段曲线。此时的径向应力和切向应力均随 r 的增大而增加。根据塑性判据可知，在塑性区内的应力都应满足 $\sigma_{\theta p} = \varepsilon\sigma_{rp} + R_c$ 的强度条件。图 6-50 中的两个莫尔圆与强度线相切，表示了塑性区内应力的这一特性。在进行塑性区内的应力计算时，可利用该条件简化计算或校核计算结果。

由上述分析可知，随着 r 的增大，径向应力 σ_{rp} 也将增大。根据三向应力作用下岩体的强度特性可知，岩体的强度也将随 σ_{rp} 的增加而提高，由此使岩体中的应力逐渐向弹性应力状态过渡。因此，在岩体内必定存在着某一点的应力为弹塑性应力的交界点，该点的应力既满足塑性应力的条件又满足弹性应力的条件。通常将此弹塑性分界点称为塑性区半径（R_p）。塑性区半径 R_p 的计算式为：

$$R_p = r_a\left[\frac{2}{\varepsilon+1}\cdot\frac{p_0(\varepsilon-1)+q}{p_i(\varepsilon-1)+q}\right]^{\frac{1}{\varepsilon-1}} \quad (6\text{-}18)$$

塑性区边界上的应力计算式为：

$$\sigma_{rR} = \frac{1}{\varepsilon+1}(2p_0 - q) \quad (6\text{-}19)$$

弹性区应力表达式为：

$$\begin{cases}\sigma_{re} = p_0\left(1-\dfrac{R_p^2}{r^2}\right)+\sigma_{rR}\dfrac{R_p^2}{r^2}\\[2ex] \sigma_{\theta e} = p_0\left(1+\dfrac{R_p^2}{r^2}\right)-\sigma_{rR}\dfrac{R_p^2}{r^2}\end{cases} \quad (6\text{-}20)$$

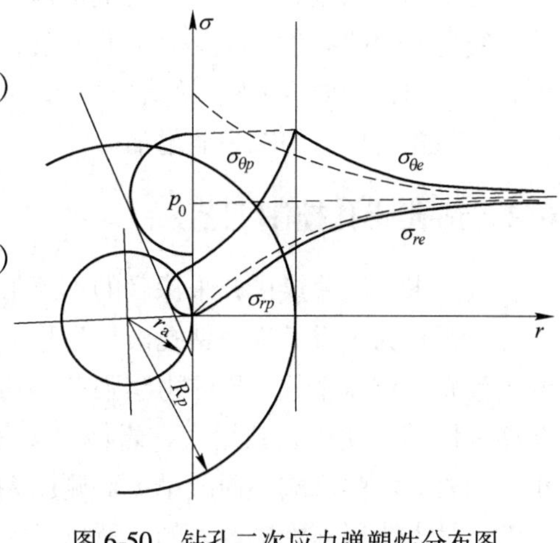

图 6-50　钻孔二次应力弹塑性分布图

弹性区位移表达式为：

$$u_r = \frac{1}{2G}(p_0+\sigma_{rR})\frac{R_P^2}{r} \quad (6\text{-}21)$$

塑性区位移表达式为：

$$u_R = \frac{p_0}{2G}r\cdot x\left(\frac{r}{r_a}\right) \quad (6\text{-}22)$$

式中　$x\left(\frac{r}{r_a}\right) = (2\nu-1)\left(1+\frac{q}{p_0}k_p\right)+\frac{(1-\nu)(\varepsilon^2-1)}{\varepsilon+k_{ps}}\left(\frac{p_i}{p_0}+\frac{q}{p_0}k_p\right)\left(\frac{R_p}{r_a}\right)^{\varepsilon+k_{ps}}\left(\frac{r}{r_a}\right)^{-k_{ps}-1}+$

$$\left[(1-\nu)\frac{\varepsilon k_{ps}+1}{\varepsilon+k_{ps}}-\nu\right]\left(\frac{p_i}{p_0}+\frac{q}{p_0}k_p\right)\left(\frac{r}{r_a}\right)^{\varepsilon-1}$$

$$k_{ps} = \frac{1+\sin\psi}{1-\sin\psi};\ k_p = \frac{1}{\varepsilon-1}$$

其中，ν 为泊松系数，ψ 为膨胀角，G 为剪切模量。

深部抽采钻孔二次应力弹塑性分布特性小结：

（1）当钻孔掘进后，孔壁的切向应力 $\sigma_\theta = 2p_0 > R_c$，孔周将产生塑性区。

（2）在 $\lambda=1$ 的条件下，塑性区是一个圆环。塑性区内的应力 σ_{rp}、$\sigma_{\theta p}$ 将随 r 的增大而增大，且塑性区内的应力应该满足 $\sigma_{\theta p} = \varepsilon\sigma_{rp} + \sigma_c$。

（3）影响钻孔稳定性的因素很多，侧压系数、初始应力、岩体力学强度、钻孔内压力均能导致钻孔破坏失稳。

因此，在弹性应力状态下，钻孔切向应力 σ_θ 随着距孔心距离 r 的增大而减小，径向应力 σ_r 却随之而增大。二次应力值的大小仅与钻孔的半径、距孔心距离、初始应力值 p_0 的大小有关。钻孔径向位移不仅取决于岩体的弹性常数 E、μ，还与岩体的初始应力 p_0、钻孔半径 r_a 和分析点距钻孔轴线的距离 r 有关。

当侧压力系数 $\lambda \neq 1$ 时，孔周的应力状态不仅与距孔心距离 r 有关，且与任意点到孔轴连线与 x 轴的夹角 θ 以及侧压力系数 λ 有关。弹塑性应力状态下，钻孔径向应力随 r 的增大而增加，切向应力随 r 的增大先增加后减小。塑性区半径随着钻孔半径、原岩应力的增加和钻孔内压力的减小而增加。

6.4 钻孔成孔控制工艺

近年来，随着煤矿开采深度的不断加大，钻孔与弱结构的大变形、高地压、难成孔的工程问题较为严重。抽采钻孔破坏失稳的理论分析、数值模拟研究表明，影响钻孔稳定性的因素有：侧压系数、岩体力学强度、初始应力（埋深）、钻孔围压、围岩力学强度。钻孔稳定性随着侧压系数增大、岩体力学强度降低、初始应力（埋深）增大、钻孔围压减小、围岩力学强度减小而减小。而侧压系数、岩体力学强度、初始应力（埋深）属于自然条件，是人为因素无法改变的，所以只能通过改变钻孔围压、围岩力学强度来提高抽采钻孔成孔率。

6.4.1 抽采钻孔成孔控制方案 I ——增加钻孔围压

通过理论证明可以看出，钻孔径向应力会随着钻孔内压力的增大而增大，径向应力的提高，相当于提高了围岩的力学强度。塑性区半径 R_p 与钻孔内压力成反比，钻孔内压力越大。塑性区半径 R_p 越小，钻孔就越稳定。孔壁径向位移随着钻孔内压力的增大而减小。

目前，在抽采钻孔设计中，对于软弱岩层，为了防止钻孔变形坍塌，已经开始下套管，并注浆加固钻孔。而对于煤层段钻孔则采用下筛管的方法，既能防止钻孔坍塌，又能保证瓦斯通过管道周边间隙和筛管孔进入钻孔。无论是下套管还是下筛管，都相当于给钻孔提供了一个正围压，为了研究钻孔围压对钻孔稳定性的影响，模拟了钻孔围压为1MPa、2MPa、3MPa时的钻孔二次应力分布及钻孔径向位移。图6-51为钻孔边界载荷分布图，图中钻孔围压均匀分布，载荷方向由孔心指向孔壁。

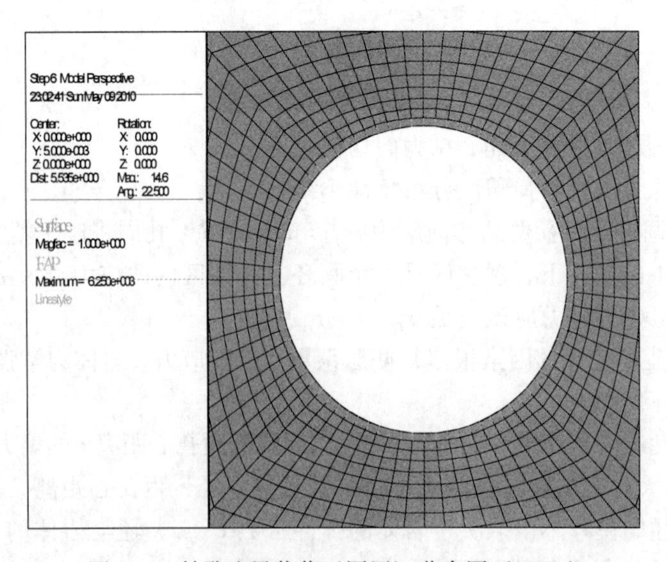

图6-51 钻孔边界载荷（围压）分布图（3MPa）

图 6-52 是钻孔围压为 1MPa、3MPa 时的钻孔二次应力分布图，其中图 6-52（a）为钻孔切向应力等值线图，图 6-52（b）为沿钻孔径向得到的钻孔切向应力和径向应力变化曲线。通过对比可以看出，随着钻孔围压的增大，钻孔的二次应力影响范围反而减小，切向应力峰值距离孔壁更近，应力峰值为 32. 90MPa，基本保持不变。切向应力变化曲线可以清楚地反映出切向应力峰值即塑性区半径由 3. 5 倍的钻孔半径减小为 2. 7 倍。

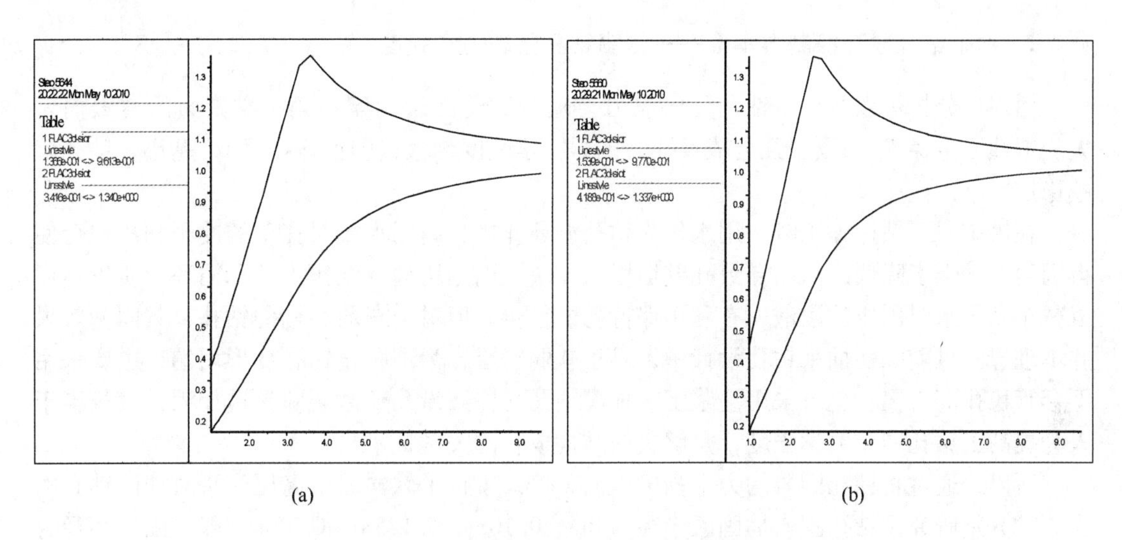

图 6-52 钻孔围压对钻孔二次应力的影响

（a）钻孔围压 1MPa；（b）钻孔围压 3MPa

图 6-53 是钻孔围压为 0MPa、1MPa 时的钻孔孔壁位移历史值。由图中可以看出，对于软弱岩层若不采取其他措施加固孔壁，则孔壁径向位移急剧增加，在模型运算 1360 个时步后，仍不会收敛，此时孔壁径向位移达到 25mm。如果采用下套管或筛管等孔壁加固措

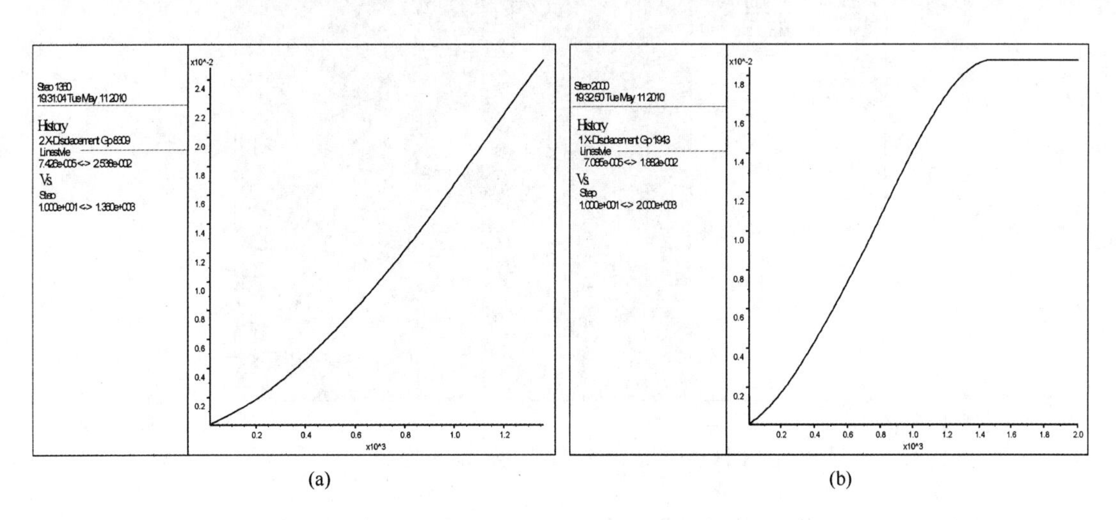

图 6-53 钻孔围压对钻孔位移的影响

（a）钻孔围压 0MPa；（b）钻孔围压 1MPa

施，当作用钻孔围压为1MPa时，模型运算1400个时步开始收敛，钻孔径向位移不再增加，模型运算平衡，钻孔径向位移为18.82mm。可以看出，随着钻孔围压的增加，孔壁径向位移减小，模型只需要更少的运算时步即可达到平衡，钻孔更容易达到稳定状态。

通过对比可以看出，随着钻孔围压的增大，钻孔的二次应力影响范围反而减小，切向应力峰值距离孔壁更近，塑性区半径减小。孔壁径向位移减小，钻孔更容易达到稳定平衡状态。

6.4.2 抽采钻孔成孔控制方案Ⅱ——提高钻孔围岩力学强度

由理论分析可以看出，钻孔径向应力会随着钻孔围岩内摩擦角、黏聚力的增大而增大。塑性区半径 R_p 与围岩强度成反比，围岩力学强度越大，塑性区半径 R_p 越小，钻孔就越稳定。

在煤矿井下钻探施工时，用水作为钻孔循环介质，高压水流对孔壁的冲刷和浸泡会使得围岩力学强度降低，从而导致孔壁坍塌、掉块。而用压缩空气作为钻孔循环介质虽然可以减小高压水对围压的浸泡，有利于保持孔壁稳定，但对于遇弱结构的钻孔，其固壁效果并不理想。目前，在抽采钻孔设计中，对于软弱岩层，为了防止钻孔变形坍塌，主要采用下套管稳孔等工艺；也可采用注浆工艺加固钻孔。注浆沿孔壁微裂隙渗透加固，其相当于人为提高了钻孔围压力学强度，是解决弱结构成孔的关键技术之一。

所以，通过将钻孔围岩的力学强度提高1倍，模拟了软弱岩层高压注浆对加固钻孔的作用。分别研究了钻孔围岩加固区半径为0m、0.10m、0.125m、0.25m，即加固区半径为钻孔半径的0倍、2.0倍、2.5倍、5.0倍时，对钻孔稳定性的影响。钻孔围岩强度强化区分布图如图6-54所示。

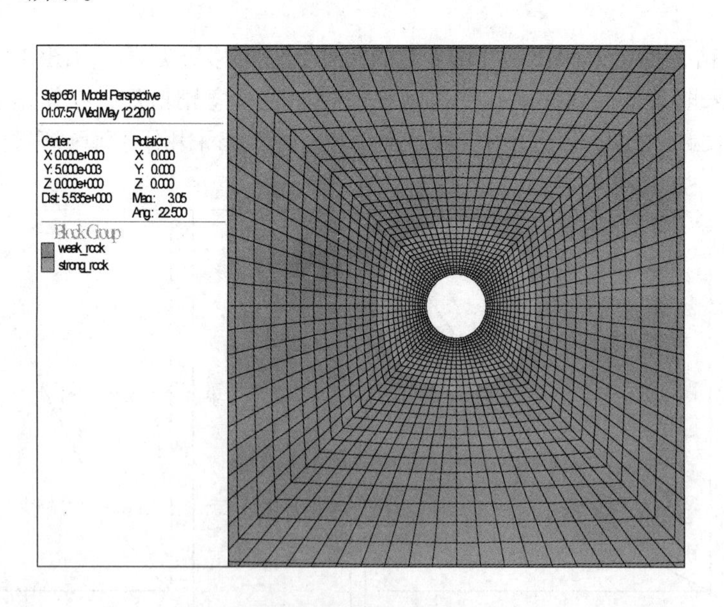

图6-54 钻孔围岩强度强化区分布图

图6-55分别是钻孔围岩强度强化区半径为钻孔半径的2.0倍、2.5倍、5.0倍时钻孔切向应力等值线图。通过对比可以看出，随着强度强化区范围的增大，钻孔的二次应力影

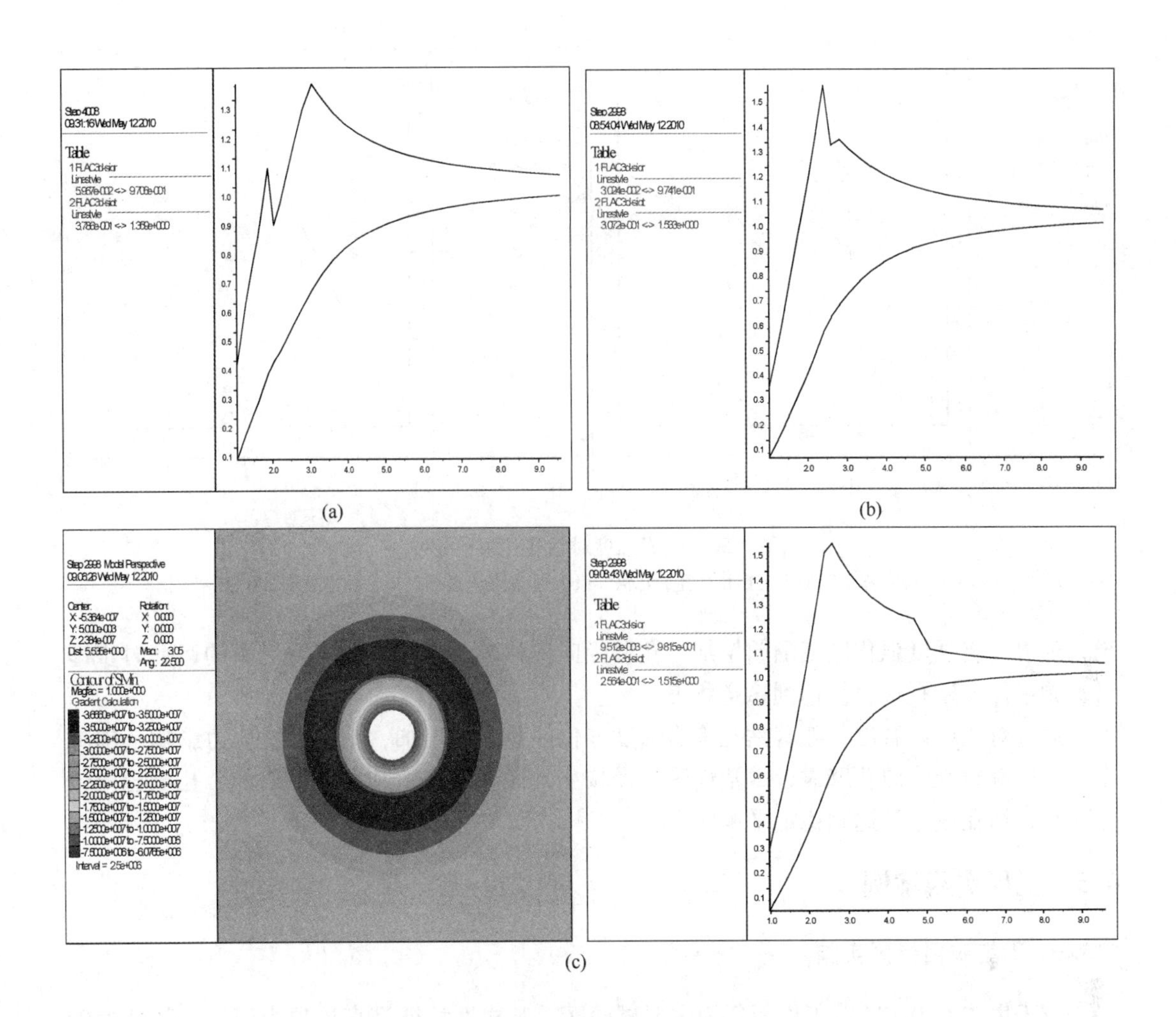

图 6-55 围岩强度对钻孔二次应力的影响

(a) 强度强化区半径为钻孔半径的 2.0 倍；(b) 强度强化区半径为钻孔半径的 2.5 倍；
(c) 强度强化区半径为钻孔半径的 5.0 倍

响范围在减小，切向应力峰值向孔壁靠近，塑性区半径减小，而应力峰值却在逐渐增加。例如，当强度强化区半径为钻孔半径的 2.0 倍时，切向应力峰值为 32.81MPa，塑性区半径为 3.10 倍钻孔半径；强度强化区半径为钻孔半径的 2.5 倍时，切向应力峰值升为 34.69MPa，塑性区半径为 2.40 倍钻孔半径；强度强化区半径为钻孔半径的 5.0 倍时，切向应力峰值为 36.66MPa，塑性区半径为 2.30 倍钻孔半径。

图 6-56 分别是钻孔围岩强度强化区半径为钻孔半径的 0 倍、2.0 倍时钻孔孔壁位移历史值。通过对比可以看出，对于软弱岩层若不采取其他措施加固孔壁，则孔壁径向位移不会收敛，在模型运算 1360 个时步时，孔壁径向位移达到 25mm，模型仍不会平衡。如果注浆加固孔壁，当强度强化区半径为钻孔半径的 2.0 倍时，模型运算 1500 个时步开始收敛，钻孔径向位移不再增加，模型运算平衡，孔壁径向位移为 7.25mm；当强度强化区半径为钻孔半径的 2.5 倍时，模型运算 1320 个时步开始收敛，孔壁径向位移为 4.80mm。可以看

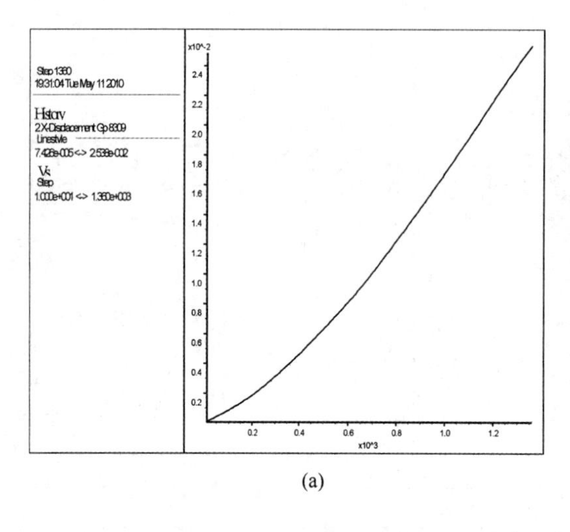

(a)

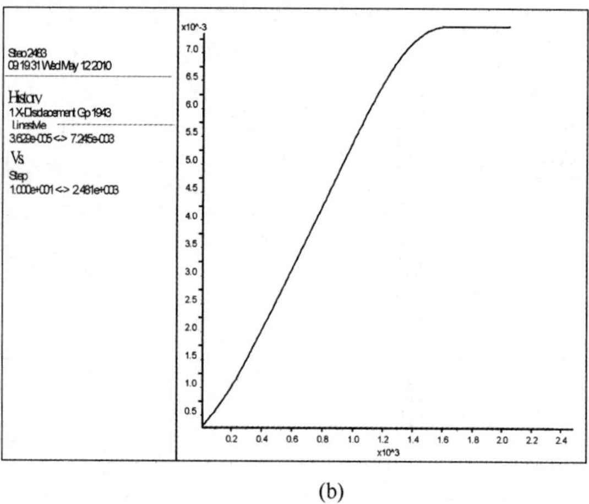

(b)

图 6-56 围岩强度对钻孔位移的影响

（a）强度强化区半径为钻孔半径的 0 倍；（b）强度强化区半径为钻孔半径的 2.0 倍

出，随着围岩强度强化区范围的增加，孔壁径向位移减小，模型只需要更少的运算时步即可达到平衡，钻孔更容易达到稳定状态。

通过对比可以看出，随着钻孔围岩强度强化区范围的增加，钻孔二次应力影响范围减小，切向应力峰值向孔壁靠近，塑性区半径减小，而应力峰值却在逐渐增加。孔壁径向位移减小，钻孔更容易达到稳定平衡状态。

6.5 工程实践案例

6.5.1 丁集矿目标区实施

将丁集矿的 1412(1)工作面作为主要试验区，其岩性特征是直接顶为泥岩，部分为砂质泥岩和 11-3 煤，厚度为 4.0 ~ 7.28m，$f<0.5$，灰色，含少量植化碎片，断面形状为矩形，采用锚网索梁综合支护方式。钻场及钻孔布置如下：

在距工作面起始位置为 50m 处布置一组巷帮钻场，呈对称布置，钻场间距为 50m。在钻场内采用钻机沿巷道掘进方向施工顺层超前长钻孔进行抽采，孔径 91 ~ 153mm，孔深一般为 70 ~ 80m，钻孔控制范围为巷道两侧轮廓线外 5 ~ 10m，钻孔压茬 20m。钻孔终孔间距为 3 ~ 5m。1412(1)顺槽巷帮钻场预抽钻孔布置如图 6-57 所示，工作面巷帮钻场长钻孔参数如表 6-10 所示。

工作面巷帮钻场长钻孔区域两侧钻场间距 5m，每钻场内布置 5 个抽采钻孔，迎头抽采 5 个，巷道轴线方向投影孔深 75m，控制到巷道两侧 15m，钻孔施工完毕后立即封孔合茬抽采，钻孔做到打、封、合、抽；钻孔采用直径不小于 108mm 的钻头施工，残余瓦斯压力测定布置钻孔 3 个，两帮钻场及迎头各 1 个，测定期间停止抽采，测定结束评价合格后钻场继续抽采。评价合格后巷道掘进方向留 20m 的抽采钻孔超前循环验证进尺，巷道掘进期间两帮钻场保持连续抽采。钻孔倾角可根据煤层实际起伏作适当调整。

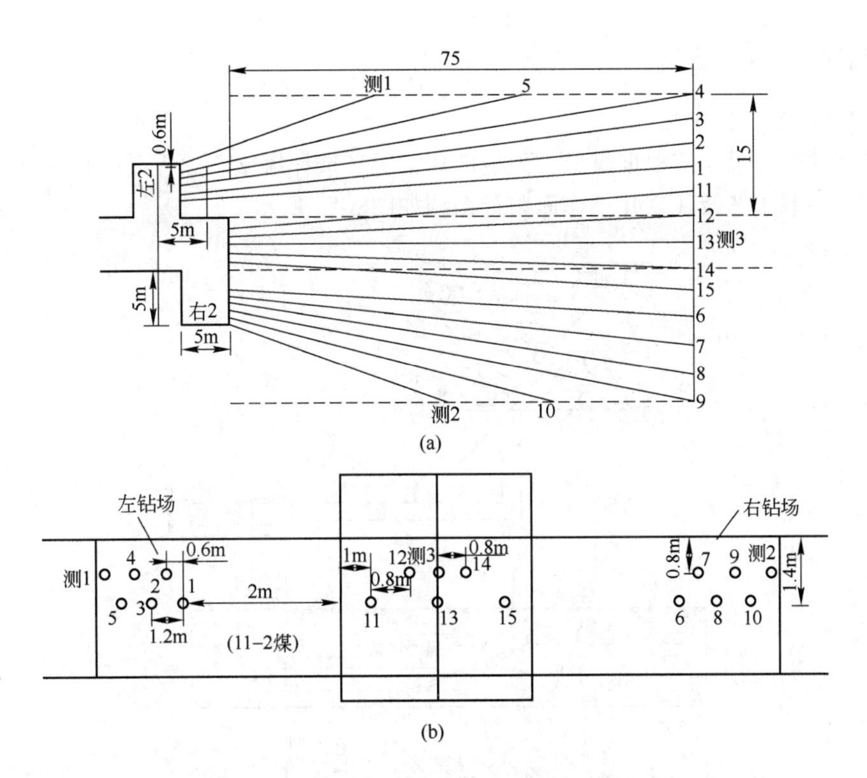

图 6-57 1412(1)顺槽巷帮钻场预抽钻孔布置

表 6-10 工作面巷帮钻场长钻孔参数

钻孔编号	1#	2#	3#	4	5	6#	7#	8#	9	10	11	12	13	14	15
开孔距巷中线/m	4.6	5.2	5.8	6.4	7.1	4.6	5.2	5.8	6.4	7.1	1.6	0.8	0	0.8	1.6
开孔距煤顶板/m	1.4	0.8	1.4	0.8	1.4	1.4	0.8	1.4	0.8	1.4	1.4	0.8	1.4	0.8	1.4
与巷中线偏角/(°)	左2.9	左4.6	左6.3	左8.0	左11.6	右3.1	右4.9	右6.7	右8.5	右12.0	左3.1	左1.4	0	右1.4	右3.1
钻孔倾角/(°)	0	0	0	0	0	0	0	0	0	0	0	0	0	0	0
孔深/m	80.1	80.3	80.5	80.8	53	75.1	75.3	75.5	75.8	51.2	75.1	75.1	75	75.1	75.1
钻孔类型	左侧钻场抽采孔					右侧钻场抽采孔					迎头抽采孔				

注：1#、2#、3#、6#、7#、8#为试验钻孔。

6.5.2 钻孔固孔工艺方法

6.5.2.1 注浆孔布置

为提高注浆效果，应根据煤壁、顶板破坏情况，选择煤壁、顶板破碎部位作为注浆加固的区域。注浆工艺及注浆孔工作面布置系统如图6-58所示。

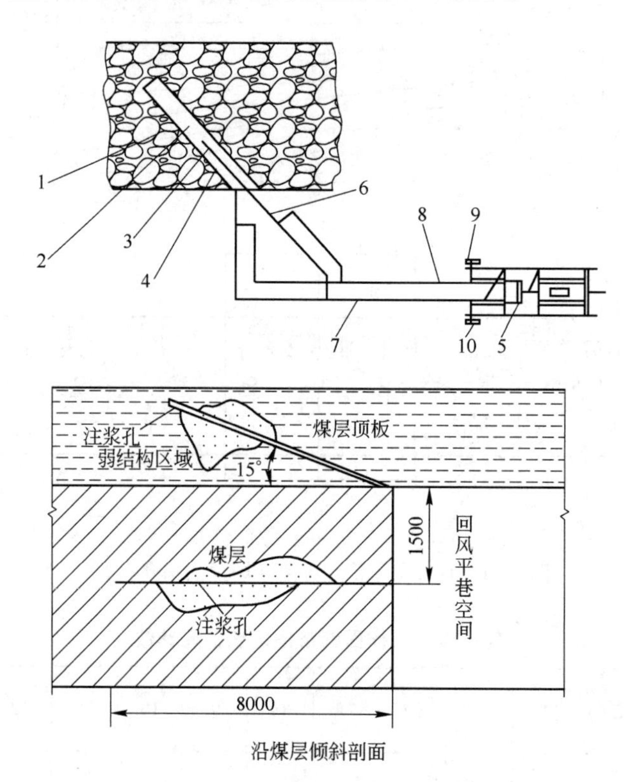

图6-58 注浆工艺及注浆孔工作面布置系统

1—煤、岩体；2—钻孔；3—注浆管；4—封孔器（封孔布包）；5—风压管；6—注液三通；7—异氰酸酯（树脂）排液管；8—聚醚（催化剂）液桶；9—异氰酸（树脂）液桶；10—压注泵（复合气泵）

6.5.2.2 注浆方法选择

注浆采用排间间隔交替和单孔位复注浆，保证注浆效果。注浆压力差异较大，注浆压力过小，浆液渗透范围小，注浆压力过大，浆液渗透范围大，但要防止较大的注浆压力破坏煤孔，尤其在强度较低的围岩内注浆时。在煤层中注浆，围岩严重破碎时可选用0.5~1MPa的注浆压力，裂隙较小时取1~2MPa，最高不超过3MPa。当工作面注浆孔深度大于15m时，考虑注浆压力选取2~3MPa。水灰比可视煤岩弱结构发育程度而定，通常可取1.8∶1。

6.5.2.3 注浆材料选择及用料量计算

根据理论分析比较和现场施工经验，选择威德克作为注浆材料，采用波雷因材料封孔，用NST-2（威德克）型单液浆进行注浆加固。NST-2（威德克）性能如表6-11所示，其突出优点是反应速度可调、黏度低（50~75MPa·s）、渗透性好。波雷因材料性能参数如表6-12所示。

表 6-11 威德克（NST-2）浆液性能

产品名称	性　能	凝固时间/s	拉压强度/MPa	黏结力/MPa
威德克	快速反应、不发泡	40～1800	11.5	0.53

表 6-12 波雷因材料性能参数

黏结强度/MPa	乳化时间/s	不粘手时间/s	固结体密度/$t \cdot m^{-3}$	抗压强度/MPa
3～5	5～10	30～40	4	30～50

实际布置钻孔 12 个，钻孔总长度 211.20m，其中煤层注浆段总长度 58.60m。注浆量计算如下。

煤体中注浆材料（威德克）用量 Q_1 为：

$$\begin{aligned} Q_1 &= \pi R^2 \times L \times \gamma_1 \times 0.5\% \\ &= 3.14 \times 1.5^2 \times 58.60 \times 1.35 \times 0.005 \\ &= 2.8\mathrm{t} \end{aligned}$$

式中，Q_1 为注浆材料威德克用量，t；R 为浆液在煤层中的渗透半径，m；L 为注浆长度，m；γ_1 为浆液密度，t/m^3；浆液中，威德克材料的浓度（质量分数）配置为 0.5%。

岩层及钻孔中浆液（波雷因）用量 Q_2 为：

$$\begin{aligned} Q_2 &= Q_{2,1} + Q_{2,2} = \pi r_1^2 L\gamma_2 + \pi r_2^2 L\gamma_1 \times 0.3\% \\ &= 3.14 \times 0.035^2 \times 58.60 \times 0.4 + 3.14 \times 1^2 \times 58.60 \times 1.35 \times 0.3\% \\ &= 1.01\mathrm{t} \end{aligned}$$

式中，Q_2 为封孔材料波雷因用量，t；$Q_{2,1}$ 为岩层中波雷因用量，t；$Q_{2,2}$ 为钻孔中波雷因用量，t；r_1 为波雷因在岩层中的渗透半径，m；γ_2 为波雷因固结体密度，t/m^3；浆液中，波雷因材料的浓度（质量分数）为 0.3%。

则总的注浆量为：威德克（NST-2）约 3t；波雷因材料约 1t。

复习思考题

6-1 简述试验场钻孔岩石采样及力学测试方法。

6-2 岩石物理力学试验的主要测定内容包括哪些？

6-3 针对丁集矿的岩石物理力学试验结果表明了什么？

6-4 简述钻孔围岩二次应力分布规律。

6-5 简述岩层强度对钻孔稳定性的影响。

6-6 简述采深对钻孔稳定性的影响。

6-7 简述抽采负压对钻孔稳定性的影响。

6-8 简述钻孔围岩强度弱化对钻孔稳定性的影响。

6-9 抽采钻孔二次应力的弹性分布规律是什么？

6-10 抽采钻孔二次应力的塑性分布规律是什么？

6-11 抽采钻孔成孔控制方案有几种？

7 钻孔定向施工及安全

目标要求：了解确定钻孔空间位置的三个要素及钻孔弯曲的危害；了解钻孔弯曲在地质构造方面、工艺技术方面及钻具结构方面的原因；了解钻孔弯曲的测量原理，掌握几种常用测斜仪的测量方法；掌握预防和纠正钻孔弯曲的常用方法；掌握钻孔定向施工与设计方法。

重点：钻孔定向施工技术。

难点：钻孔弯曲的测量方法。

在钻孔施工过程中，由于自然因素和技术因素的影响，经常会使钻孔轴线偏离既定的空间位置，发生程度不同的钻孔弯曲。在钻探（井）工程中，为了达到一定的地质目的或工程目的，只有根据地质、地形条件和技术条件合理设计钻孔的轨迹，才能准确地钻到预计的空间位置或矿体部位。钻孔弯曲程度是评价钻探质量优劣的重要指标之一，了解钻孔弯曲情况，分析钻孔弯曲原因，找出钻孔弯曲规律，采取一切措施防止钻孔弯曲或将钻孔弯曲控制在一定范围内，是钻探工作需要面对的一项艰巨任务。

7.1 钻孔轨迹要素与空间位置

钻孔轴线在空间的位置称为钻孔轨迹。钻孔轨迹可能是直线、曲线或直线和曲线混合。直线分垂直线、倾斜线和水平线；曲线分平面曲线和空间曲线。在地质勘探中，常涉及直线型和平面曲线型钻孔。为了解钻孔在地下空间的位置，表征钻孔轨迹的空间形态，必须了解和控制钻孔轨迹要素。

7.1.1 钻孔轨迹的基本要素

钻孔轨迹的基本要素包括：钻孔的顶角、方位角和对应的钻孔孔深。如图 7-1 所示，在三维坐标系中原点 O 代表开孔点，x 轴代表南北方向，y 轴代表东西方向，z 轴代表地下方向。$OABC$ 是钻孔的空间轨迹。其基本要素为：

（1）顶角。钻孔轨迹上某点的顶角是该点的切线与铅垂线之间的夹角，一般用 θ 表示。顶角的余角（$90° - \theta$）称为该点的倾角。顶角变化的范围是 $0° \sim 90°$。

（2）方位角。钻孔轨迹上某点的方位角是该点的切线在水平面上的投影与真北方向之间的夹角，一般用 α 表示，并且从真北方向开始按顺时针方向计算。用罗盘测量方位角时，测得的数值是磁方位角，应该加入钻孔所在地的磁偏角，才能得到真方位角。方位角变化的范围是 $0° \sim 360°$。

（3）孔深。钻孔轨迹上某点的孔深是孔口到该点的钻孔轴线的长度。如果钻孔轨迹某

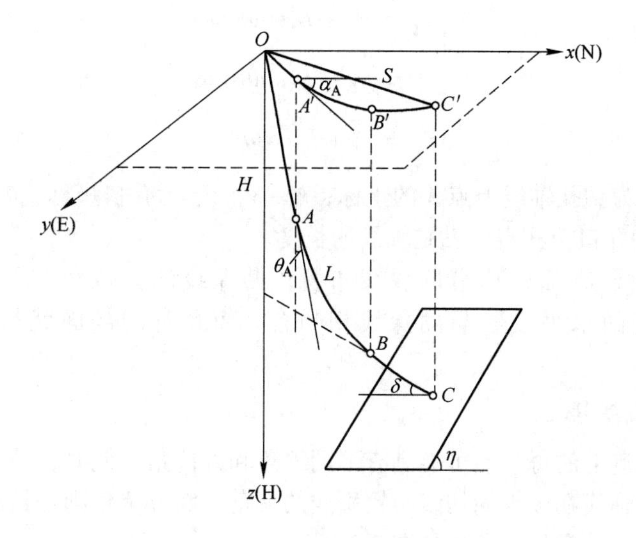

图 7-1 钻孔轨迹

段是直线，则其顶角和方位角不变；如果钻孔轨迹某段是曲线，则在曲线上的每一点可能有不同的顶角和方位角。

7.1.2 钻孔的空间位置

7.1.2.1 直线型钻孔

在钻探工程中，研究钻孔的空间位置通常采用三维空间坐标系。对于直线型钻孔来说，钻孔的孔口坐标、开孔顶角和方位角三者就完全决定了钻孔轨迹，利用钻孔轨迹的基本要素，可以计算出轨迹上每一点的空间坐标。直线型钻孔轨迹如图 7-2 所示。钻孔孔口位置通常由矿山测量确定，假设钻孔轨迹为一斜直线，坐标系的原点为孔口，x 轴取正北方向，y 轴取正东方向，z 轴铅垂向下，借助测斜仪，测出钻孔各个深度测点上的顶角和方位角。测斜的孔深是指孔口到测点钻孔轴线的长度。在直线型钻孔情况下，钻孔轨迹轴线上任一点空间坐标按下式计算：

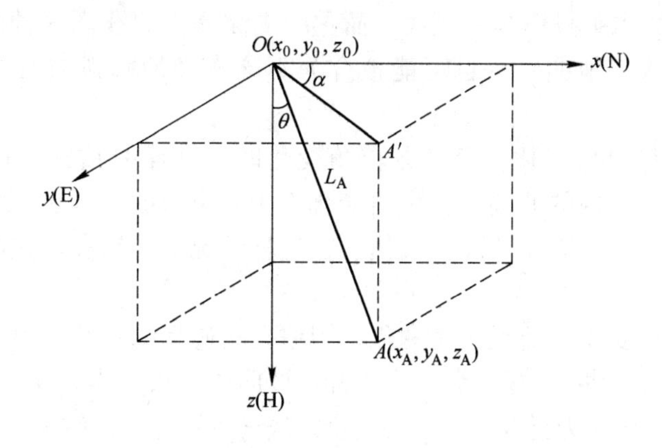

图 7-2 直线型钻孔轨迹图

$$\begin{cases} x_A = x_0 + L_A\sin\theta\cos\alpha \\ y_A = y_0 + L_A\sin\theta\sin\alpha \\ z_A = z_0 + L_A\cos\theta \end{cases} \tag{7-1}$$

式中，x_A、y_A、z_A 为钻孔轴线上点 A 的坐标；x_0、y_0、z_0 为孔口坐标；θ 为开孔顶角；α 为开孔方位角；L_A 为孔口至测点沿钻孔轴线的长度。

在钻探地层时，通常钻孔沿勘探线布置，勘探线的方位角与钻孔开孔方位角一致，这时钻孔轨迹的水平投影与勘探线相吻合，而孔身的剖面就代表钻孔的真实位置。

7.1.2.2 曲线型钻孔

曲线型钻孔轨迹上的每一点可能具有不同顶角和方位角。此时，钻孔轨迹上任一点的顶角应理解为钻孔轴线在该点的切线与铅垂线的夹角；而方位角则是钻孔轴线在该点的切线的水平投影与正北方向的夹角，如图 7-3 所示。

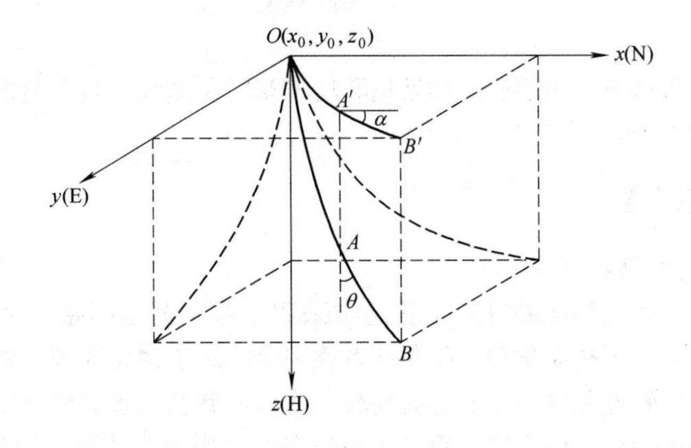

图 7-3 曲线型钻孔轨迹图

当钻孔轨迹只有顶角变化，而无方位角变化时，这样的钻孔轨迹是垂直平面内的曲线。顶角变化亦称为顶角弯曲。顶角增大时称顶角上漂；顶角减小时称顶角下垂。在这种情况下，钻孔轨迹的水平投影是一直线，而它的剖面是一曲线。这种曲线可能拟合为单一的圆弧、抛物线或其他曲线；也可能拟合为不同直径的圆弧或其他曲线组成的复杂曲线。

当钻孔轨迹既有顶角变化，又有方位角变化时，这样的钻孔轨迹既可能是空间曲线，也可能是倾斜平面内的曲线。方位角变化称为方位弯曲。方位角增大时，方位弯曲为正值；方位角减小时，方位弯曲为负值。在这种情况下，钻孔轨迹的水平投影和孔身剖面都是曲线。

如果只有方位角变化，而无顶角变化，则钻孔轨迹呈螺旋状，为一空间曲线。

对于曲线型钻孔，钻孔轨迹上每一点坐标可按曲线形状具体计算。为了方便起见，在生产实践中有时把曲线化为折线，再用均角全距法进行计算。曲线型钻孔轨迹坐标按折线计算如图 7-4 所示。

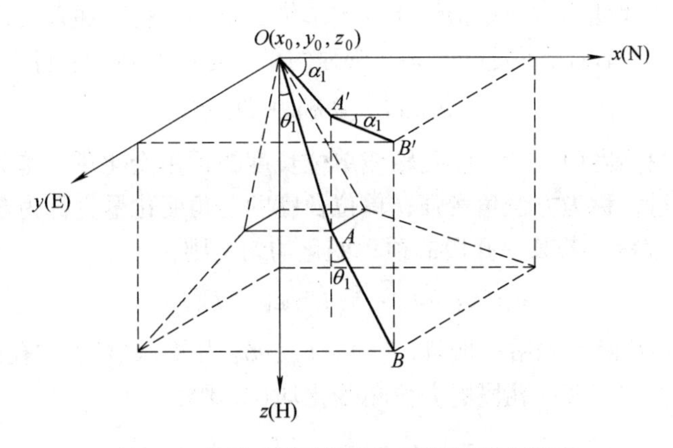

图7-4 曲线型钻孔轨迹坐标按折线计算图

$$\begin{cases} x_n = x_0 + l\sum_{i=0}^{n-1}\sin\dfrac{\theta_i + \theta_{i+1}}{2}\cos\dfrac{\alpha_i + \alpha_{i+1}}{2} \\ y_n = y_0 + l\sum_{i=0}^{n-1}\sin\dfrac{\theta_i + \theta_{i+1}}{2}\sin\dfrac{\alpha_i + \alpha_{i+1}}{2} \\ z_n = z_0 + l\sum_{i=0}^{n-1}\cos\dfrac{\theta_i + \theta_{i+1}}{2} \end{cases} \tag{7-2}$$

式中，x_0、y_0、z_0 为孔口坐标，m；l 为测点间距，m；θ_i 为测点的顶角，(°)；α_i 为测点的方位角，(°)；i 为测点编号；n 为测点数。

7.1.3 钻孔轨迹弯曲强度

钻孔轨迹通常是空间变化的曲线，钻孔轴心线上任一点的空间坐标，由孔深（L）、顶角（θ）、方位角（α）三个参数确定。自然地质因素及钻探工艺因素会造成钻孔弯曲，使钻孔偏离原来设计的顶角与方位角。钻孔弯曲又称孔斜，它不仅会给施工带来困难，降低钻探效率，易诱发孔内事故，而且会歪曲矿体形态与产状，影响勘探结果的准确程度。所以，按一定距离测斜和防斜在钻探施工中是非常重要的。

钻孔纠斜是钻探行业内基本的作业方法，一般的纠斜主要是纠正超过质量指标的孔段或者岩层。造成孔斜的原因很多，但是总的归纳起来不外乎两大因素：一是地质因素，二是所采用的钻进工艺和钻探技术欠妥。

在井巷钻孔施工过程中，凡是钻孔实际轴线偏离了设计的钻孔轴线（包括顶角和方位），都称为钻孔弯曲，亦称为孔斜。钻孔弯曲度就是实际钻孔轴线偏离设计钻孔轴线的角度或程度。它是衡量钻探质量的重要指标之一。在施工过程中，各种类型的钻孔轴心线允许偏离的范围是根据各项工程的性质与要求确定的。

地质岩心钻探操作规程规定：钻孔顶角的最大允许弯曲度，在每100m间距内，直孔不得超过2°，斜孔不得超过3°，随着钻孔的加深可以递增计算。钻孔方位角的最大允许偏离度，应根据钻孔的深度和矿床的类型等情况确定。如勘探煤矿的钻孔，其方位角的偏离规定为：不超过设计方位20°的为甲级钻孔，不超过30°的为乙级钻孔，也以见煤点不超过勘探网距±1/3～±1/4为标准来衡量。

钻孔轨迹的弯曲程度实质上是指钻孔轨迹单位长度上钻孔弯曲角度的变化量，可用曲率 k 或弯强 i 表示。曲率的单位是 rad/m，弯强的单位是(°)/m。它们的关系是：

$$i = k \times 60/(2\pi) = 9.55k \tag{7-3}$$

钻孔轨迹的弯曲强度可分为：钻孔轴线单位长度的顶角变化量，称为顶角弯强；单位长度的方位角变化量，称为方位角弯强；单位长度的全角变化量，称为全弯强。

顶角弯强用 i_θ 表示，若某一孔段的顶角变化均匀，则：

$$i_\theta = (\theta_B - \theta_A)/(L_B - L_A) \tag{7-4}$$

式中，θ_A、θ_B 为 A、B 两点的钻孔顶角，(°)；L_A、L_B 为 A、B 两点的孔深，m。

i_α 为方位角弯强，若某一孔段的方位角变化均匀，则：

$$i_\alpha = (\alpha_B - \alpha_A)/(L_B - L_A) \tag{7-5}$$

式中，α_A、α_B 表示 A、B 两点的钻孔方位角，(°)。

如果某一孔段既有顶角，变化又有方位角变化，则产生全弯曲角 γ，与之对应的全弯强用 i 表示。

$$i = (\gamma_B - \gamma_A)/(L_B - L_A) \tag{7-6}$$

式中，γ_A，γ_B 表示 A、B 两点的钻孔全弯曲角，(°)；其他符号的意义同前。

钻孔轨迹上 A、B 两点的全弯曲角 γ 可用下式计算：

$$\gamma = \cos\theta_A \cdot \cos\theta_B + \sin\theta_A \cdot \sin\theta_B \cdot \cos(\alpha_B - \alpha_A) \tag{7-7}$$

钻孔全弯强对于校核钻杆柱工作的安全性和粗径钻具入孔的可通过性有实际意义，也是设计定向钻孔轨迹的一个重要参数。

例如，有一钻孔的轨迹为空间曲线，上测点的顶角 $\theta_A = 4°$，方位角 $\alpha_A = 30°$；下测点的顶角 $\theta_B = 7°$，方位角 $\alpha_B = 45°$；两测点间孔身长度 $\Delta L = L_B - L_A = 22\text{m}$；则该段钻孔的顶角弯强、方位角弯强和全弯强分别为：

$$i_\theta = \frac{\theta_B - \theta_A}{\Delta L} = \frac{7° - 4°}{22} = 0.136°/\text{m}$$

$$i_\alpha = \frac{\alpha_B - \alpha_A}{\Delta L} = \frac{45° - 30°}{22} = 0.45°/\text{m}$$

$$i = \frac{\cos^{-1}(\cos\theta_A\cos\theta_B + \sin\theta_A\sin\theta_B\cos\Delta\alpha)}{\Delta L}$$

即：
$$i = \frac{\cos^{-1}[\cos4°\cos7° + \sin4°\sin7°\cos(45° - 30°)]}{22} = 0.045°/\text{m}$$

7.1.4 钻孔弯曲及其规律性

7.1.4.1 钻孔弯曲的条件

造成钻孔弯曲的根本原因是粗径钻具轴线偏离钻孔轴线。粗径钻具轴线偏离钻孔轴线的方式，可能是偏倒，也可能是弯曲。产生钻孔弯曲必要而充分的条件主要包括：

（1）存在孔壁间隙，为粗径钻具提供偏倒（或弯曲）的空间。

（2）具备倾倒（或弯曲）的力，为粗径钻具轴线偏离钻孔轴线提供动力。

（3）粗径钻具倾斜面方向稳定。

粗径钻具倾斜面是指偏倒（或弯曲）的粗径钻具轴线与钻孔轴线所决定的平面，孔壁间隙和倾倒（或弯曲）力是实现钻孔弯曲的必要条件；而粗径钻具倾斜面方向稳定是产生钻孔弯曲的充分条件。

钻具倾斜面稳定在某一方向时，钻杆柱只作自转而不作公转运动。可以推知，钻孔弯曲是在钻杆柱自转的情况下发生的。如果钻杆柱公转，则必定带动偏倒或弯曲的粗径钻具围绕钻孔轴线转动，使钻头在不同的时刻朝着不同的方向钻进，这只能产生扩壁作用，而不导致钻孔弯曲。

7.1.4.2 钻孔弯曲的规律性

在钻进过程中，钻孔弯曲往往与某些地质剖面的特性有关。钻孔弯曲的规律性不是绝对的和一成不变的，而是表现为一种趋势，并且这种趋势经常被各种各样因素引起的偶然性偏斜所复杂化。通常可以列出以下一些趋势：

（1）在变质岩（如结晶片岩、片麻岩等）中钻进时，钻孔弯强大于在沉积岩（如页岩）中钻进时的弯强，更大于在岩浆岩（如花岗岩、辉绿岩）中钻进时的弯强。

（2）在均质岩石中钻进时，钻孔弯强小于在不均质岩石中钻进时的弯强，并且岩石的各向异性程度越高，则钻孔弯强越大。

（3）在层理、片理发育和软硬互层的岩石中钻进时，钻孔朝着垂直于层理面、片理面的方向弯曲。钻孔遇层角大于临界值时，若钻孔方位垂直于层面走向，则顶角上漂而方位角稳定；若钻孔方位与层面走向斜交，则既有顶角上漂又有方位角弯曲，方位变化趋向于与层面走向垂直。钻孔遇层角小于临界值时，则钻孔沿层面下滑，方位角变化不定。

（4）钻孔穿过松散非胶结岩石、大溶洞时，钻孔趋向下垂直位置，孔身变陡；钻孔碰到硬包裹体时，可能朝任意方向弯曲。

（5）如无工艺技术因素影响，在水平或接近水平的层理发育岩石中钻进垂直孔时，即使岩石各向异性很强，软硬不均程度很大，钻孔也不会产生较大弯曲。

7.1.5 钻孔弯曲的危害与影响因素

钻孔之所以发生弯曲，是粗径钻具在回转碎岩过程中偏离设计钻孔轴线方向而引起的。一般促使粗径钻具偏斜的因素有两个：一是钻头底面受到偏斜力矩或粗径钻具受到与设计钻孔轴线不一致的斜向力；二是孔壁对粗径钻具导向不够或粗径钻具刚性差。造成粗径钻具偏斜的条件主要有岩层的岩性及产状、地质构造以及某些特殊地层等，钻探设备的质量及安装、开孔钻进以及粗径钻具结构尺寸等，钻进方法、钻进技术参数及操作技术等。

7.1.5.1 钻孔弯曲的危害

（1）地质成果危害。钻孔弯曲有可能歪曲矿体产状、打丢矿体、遗漏断层或改变勘探网度，从而影响对矿体的评价、构造的判断和储量计算的精确程度。

（2）钻探施工危害。由于孔身偏斜或过分弯曲，钻具在孔内弯曲变形严重，钻具与孔壁摩擦阻力增加，钻压传递条件恶化，钻杆磨损加剧，钻杆折断事故增多，升降钻具困难，钻进功耗增加和钻进速度下降。钻孔弯曲超差时，则需要纠斜或重新钻孔，这会耗费大量人力、物力和时间，增加经费开支。

1）钻孔弯曲过大，钻具回转阻力增大，造成钻具在孔内回转困难。

2）钻孔弯曲过大，容易引起钻具折断，同时升降钻具、起下套管也很困难。

3）因钻具的一部分紧贴孔壁，难以确定合理的真实的孔底钻压，压力损失大，不仅增大了动力消耗，而且金刚石钻进开不出高转速。

4）弯曲严重的孔段，倘若岩（矿）层破碎不完整，受钻具的强烈敲击，极易引起孔壁坍塌、掉块，从而造成卡、埋钻事故。

5）在弯曲的钻孔中发生孔内事故不易处理，往往使孔内事故更加复杂化。

6）因钻孔弯曲而达不到地质设计要求，就必须纠斜，从而增加工作量，影响施工进度。

（3）其他方面的危害。水文水井钻探中，由于钻孔弯曲，可能会造成深井泵无法下入钻孔中，即使下入钻孔中，也会引起深井泵的过早损坏。在钻孔桩施工中，会引起桩基倾斜，严重影响桩基承载力。

综上所述，钻孔弯曲既影响钻探施工的速度，又关系到矿产储量计算、矿体空间位置和岩层构造确定的准确性。因此，在钻探工作中必须根据引起钻孔弯曲的原因，积极预防钻孔弯曲，并按规定要求及时准确地测量钻孔弯曲度，掌握钻进中孔身的空间位置；如果钻孔偏斜的方向和角度超过地质设计要求，就应采取措施进行矫正，将钻孔弯曲度控制在允许范围内。要完全避免钻孔弯曲是很困难的，但是应当采用一切可能的措施，把钻孔弯曲程度控制在允许的范围之内。

从钻探工艺与技术角度出发，了解钻孔在地下空间的位置，研究钻孔弯曲的原因、机理和规律性，从而采取相应的对策，进行防斜和纠斜，或者利用钻孔弯曲趋势，进行人工造斜与保直，实现定向钻进。

7.1.5.2 影响钻孔弯曲的因素

影响钻孔弯曲的因素大致可分为三类，即地质构造因素、施工技术因素和钻进工艺因素。

A 地质因素

地质因素是指促使钻孔弯曲的地质条件，如岩层的产状、物理力学性质，以及由于构造运动所产生的劈理、片理、层理等。研究和分析由地质条件促使钻孔弯曲的原因，一方面是为了在技术上采取相应预防措施来限制钻孔弯曲，另一方面是为合理设计钻孔提供依据，尽量减少地质条件对钻孔弯曲的影响，利用地质条件的促斜规律来进行初级定向钻孔钻进。

生产实践证明，岩石的软硬互层、岩层的倾角大、岩层的片理发育等是促使钻孔弯曲的普遍原因，这种情况下钻孔弯曲都有一定的规律性；断层、破碎带、卵石、砾石层、流砂层、溶洞、老窿等，是促使钻孔弯曲的特殊原因，这种情况下钻孔弯曲没有一定的规律，这是因为：

（1）钻进流砂层时，因为流砂层具有流散性，孔径往往较大，尤其是斜孔，流砂层厚时，钻孔很容易下垂，直孔无此现象。

（2）钻进卵石、砾石层时，由于卵石、砾石很不规则，活动性很大，给钻具的挤压力及回转阻力差异很大，钻孔最容易弯曲，并且没有什么规律。

（3）当钻孔遇到溶洞和老窿时，钻孔严重超径，窿（洞）底又不规则，钻进时粗径钻具易偏离钻孔轴线，造成钻孔弯曲。

（4）当钻孔穿过具有一定倾角的软硬岩互层时，钻孔的顶角和方位角均会发生变化。

岩石层理走向及倾角过大，钻头在破取岩石时，会顶着走向打；地质情况复杂，钻孔地层软硬间错，变化性极大，也会使钻具的配合、钻进参数的设定出现偏差。例如：

（1）当钻头由软层进入硬岩层时，因孔底软、硬岩石抵抗破碎能力不同，会产生不均匀破碎（软岩石破碎快、硬岩石破碎慢），促使钻孔弯曲；钻孔弯曲方向和程度，取决于钻孔与岩层层面的夹角大小和软、硬岩层的硬度差。当钻孔轴线与岩层层面夹角小于20°~25°时，钻孔沿硬岩层层面下滑；当钻孔轴线与岩层层面夹角大于55°~60°时，钻孔趋向垂直于岩层层面弯曲；当钻孔轴线与岩层层面夹角在20°~55°时，钻孔弯曲没有一定规律；在钻头处于换层面时，钻头同时破碎软层和硬层，但在软层中钻头回转阻力要比硬层中小，如钻头顺时针方向回转则促使钻孔向右（顺时针方向）偏斜；如钻头逆时针方向回转则促使钻孔向左（逆时针方向）偏斜。

（2）当钻孔由硬层向软层钻进时，如岩层层面倾角较大，将使钻孔趋向硬岩方向弯曲，但在一定情况下，因在硬岩层中钻进形成的孔壁间隙较小，即使孔底不均匀破碎，粗径钻具因受孔壁限制也不易发生偏斜，故钻孔弯曲甚微或不发生弯曲。

（3）当钻孔穿过片状岩层时，如钻孔轴线与岩层层面呈锐角相交，因岩石的各向性，将使钻孔趋向垂直于层面方向弯曲，同时钻孔的方位角因钻具回转方向不同而向不同方向倾斜；如钻头顺时针方向回转，则钻孔方位向右偏斜。

综上可以证明，影响钻孔弯曲的地质因素主要是岩石的各向异性和软硬互层。地质因素是客观存在的，只能通过工艺技术措施来减弱甚至抵消它的促斜作用。

对有层理和片理构造的岩石，当外力垂直其层面或平行其片理作用时，它们表现的力学性质指标是不一致的，这称为岩石的各向异性。在层理和片理构造的岩石中钻进，由于层状岩石的各向异性，钻头会朝着钻进阻力最小的垂直于层面方向偏斜。因此，钻孔的顶角和方位角都趋向垂直岩层层面方向弯曲。异向性越强的岩石，钻孔弯曲的程度越大。一般来说，火成岩的各向异性不明显，钻孔弯曲程度小些；变质岩类（如片麻岩）和层理发育的沉积岩（如片岩、页岩等）的各向异性强，钻孔弯曲程度也大。

目前，衡量岩石各向异性的指标尚未统一。表7-1所列是按照可钻性、压入硬度、夹层特点将岩石分类，作为按孔斜弯曲程度划分的岩石分类。

表7-1 按孔斜弯曲程度划分的岩石分类

岩石分类	岩石成分均匀程度	岩石物理力学性质			不同岩性的夹层		
		各向异性强弱	各向异性系数		换层程度	夹层硬度差	
			按可钻性	按硬度		压入硬度/MPa	可钻性等级
Ⅰ	成分极不均匀，变化大	强各向异性（片理等）	1~0.5	1.25~2.0	频繁（层厚数毫米至数厘米）	1960~4900	2~6级之差
Ⅱ	成分不均匀	各向异性	1~0.8	1.06~1.25	中等（层厚几米至数十米）	490~1960	1~2级之差
Ⅲ	成分均匀	弱各向异性或均质的	1~0.95	1~1.05	少量（层厚至数百米）	0~490	小于1级之差

对Ⅰ类岩石，孔底钻速差最大，其对钻具产生多种偏斜力，使孔斜率的变化最大。对Ⅱ类岩石，孔底存在钻速差，孔斜率有所增大，但变化较平稳。对Ⅲ类岩石，由于成分均一，各向异性不明显，故孔斜率小。若遇偶然情况，如局部裂隙带、硬夹层、砾石层等，会引起孔斜率增大，但穿过上述层位之后，钻孔方向又趋稳定。

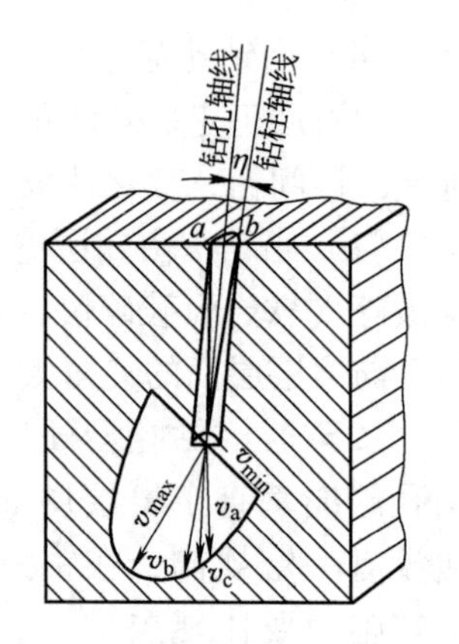

图 7-5 在各向异性岩层中钻进示意图

a 岩石（体）的各向异性

某些具有层理、片理等构造特征的岩石，其可钻性具有明显的各向异性。如图 7-5 所示，钻头沿垂直于岩层方向钻进的岩石破碎效率最高，而平行于层理方向的效率最低，倾斜方向的破岩效率居中。因此，在倾斜岩层中钻进时，极易产生钻孔向垂直于层面的方向弯曲（俗称顶层进）。

钻孔弯曲强度与岩石各向异性强弱和钻孔遇层角的大小有关。所谓钻孔遇层角就是钻孔轴线与其在层面上的正投影的夹角。当遇层角约为45°时，钻孔弯强最大。

b 软硬互层

钻孔以锐角穿过软硬岩层界面，从软岩进入硬岩时，由于软、硬部分抗破碎阻力的不同，使钻孔朝着垂直于层面的方向弯曲；而从硬岩进入软岩时，则钻具轴线有偏离层面法线方向的趋势。但由于上方孔壁较硬，限制了钻具偏倒，结果基本保持着原来的方向；钻孔通过硬岩进入软岩又从软岩进入硬岩时，最终还是沿层面法线方向延伸。

由软岩层向硬岩层钻进的情况如图 7-6 所示，顶角的变化随遇层角 δ 的大小及软硬岩层的硬度差而有不同。当遇层角 δ 小于 15°，且互层的软硬相差较大时，钻孔则沿硬岩层上盘弯曲，俗称“顺层跑”（见图 7-6（a））；当遇层角 δ 大于 30°时，钻孔将向与硬岩层层面相垂直的方向弯曲，俗称“顶层进”（见图 7-6（b））。当遇层角 δ 在 15°～30°之间时，钻孔弯曲一般没有规律，可能沿岩层接触面弯曲，也可能沿相反方向弯曲。

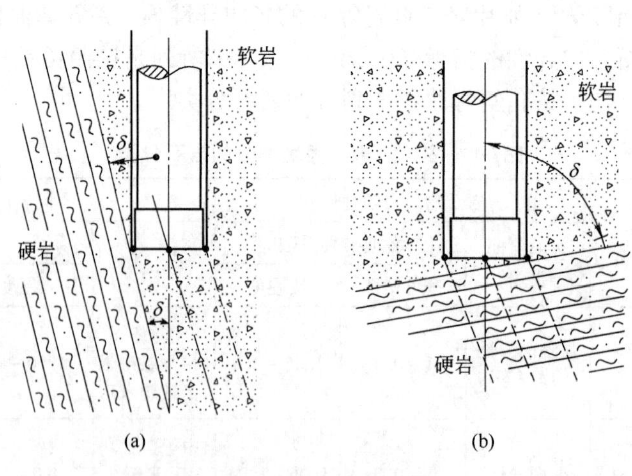

图 7-6 软硬互层示意图
(a) $\delta<15°$；(b) $\delta>30°$

钻孔遇层角存在着临界值。超过此值时，钻孔顶层进；低于此值时，钻孔将沿硬岩的层面下滑（俗称顺层跑）。这也说明钻进中粗径钻具倾斜面方向稳定是客观存在的。

钻进软硬互层，由硬岩层再进入软岩层，当后面两岩层的硬度差小，且硬岩的厚度较大时，钻孔顶角不再弯曲，仍是顶层进；当后面两岩层的硬度差大，硬岩层厚度较小时，钻孔顶角也可能向下弯曲，如图7-7所示。

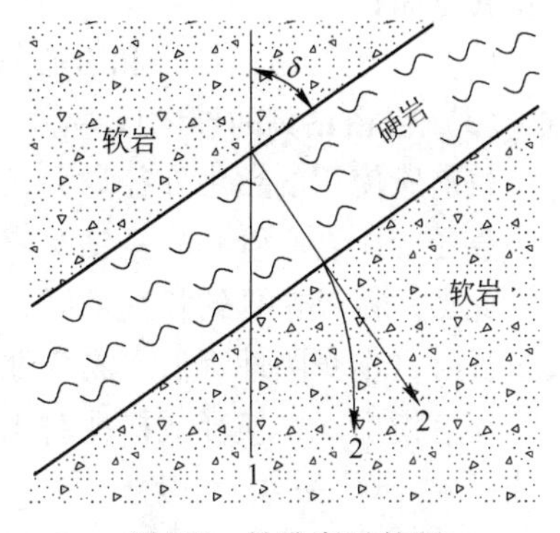

图7-7 钻孔穿过软硬互层的弯曲情况

c 复杂地质构造和自然破碎的地层

在地质构造复杂和自然破碎的地层钻进，钻孔也会发生顶角和方位角的变化。在松散的流砂层或破碎层钻进斜孔时，因其具有流散性，故在钻具的自重作用下，钻孔极易下垂；遇大溶洞时，斜孔钻进由于重力作用，钻孔顶角会急剧缩小而向下弯曲，直孔钻进由于孔底不规则，粗径钻具也易偏离钻孔轴线而发生弯曲；钻进中，遇到大的裂隙或断层，其方向和角度又与钻孔的方向和角度相近似时，钻孔会沿裂隙或断层的方向和倾角发生弯曲；在松散的地层中遇到大的砾石、卵石等坚硬的包裹体时，钻孔会沿其斜面弯曲。

B 技术因素

开孔时，钻机基础不平，立轴安装不正确，未下孔口管或孔口管方向不合要求都会使钻孔轨迹偏离设计的空间位置。这些因素主要是在开孔阶段起作用，但钻孔一旦开始偏斜就会对以后的钻孔继续延伸产生严重的影响。钻孔较深时，即使顶角偏差不大，也会导致很大的水平偏距。

a 机械设备

若所用的钻机回转给进部件导向性能差，如立轴导管松旷、油压钻机滑道松旷时，钻头破取岩石就会形成立轴和钻机的晃动，使钻具回转不稳定，导致钻孔弯曲。

b 安装质量

安装工作马虎、安装质量不高对钻孔弯曲影响很大，主要表现在以下几方面：

（1）地基（地盘）不坚实，填方过多，经水浸、震动及承受载荷后下沉，使钻塔钻机偏斜，导致钻孔弯曲；

（2）基台安装不平整，钻机不正、不稳、摇动大，立轴、孔口、天车三点不在一直线上等，均易造成开孔偏斜；

（3）孔口管的作用除加固孔壁保全孔口外，还起开孔导向作用，如果孔口管下得不正或固定不牢而偏斜，都易在开孔钻进时使钻孔弯曲。

c 开孔不正

开孔是关键，“上面不正下面歪”，可以说明开孔与孔斜的关系，开孔不正的原因有：

（1）开孔前对安装质量检查不严不周；

（2）开孔时使用的钻具不直或钻具连接后不同心；

（3）开孔时没有随钻孔加深加长导向钻具；

（4）开孔时技术操作不当，压力、转速、水量等不合理。

d 钻具结构不合理

钻具结构是否合理，对钻孔弯曲影响最大，主要影响如下：

(1) 钻杆直径与粗径钻具直径相差较大，钻杆柱在轴心压力、自重及离心力等作用下，呈波形弯曲，必然给粗径钻具外端一个较大的偏斜力，使粗径钻具偏离钻孔轴线，造成钻孔弯曲；

(2) 使用弯曲的钻杆和岩心管，或钻具连接后同心度差，钻具的稳定性差；

(3) 粗径钻具的导向性差。

目前所使用的钻头外径均大于岩心管和异径接头的直径，尤其是采用肋骨式钻头时，钻头直径会比岩心管和异径钻头直径大一级，这样大大地降低了粗径钻具的导向作用。

此外，粗径钻具的长度不同，其导向作用也不同。粗径钻具过短导向性能差，粗径钻具过长时，本身刚性降低，易弯曲，也降低了导向性能。

还应指出，在换径或扩孔时未采用导向钻具，或导向钻具结构不合理，均易造成钻孔弯曲。

现行的一切钻进方法中，为了保证冲洗液畅通、排除岩屑，钻具直径往往大于粗径钻具直径，同时钻头在钻进过程中不可避免地还要产生一定程度的扩壁，所以孔壁与粗径钻具之间的空隙必然存在。钻进过程中必须对钻头施加轴向压力，由于存在孔壁间隙，而钻杆柱为一细长柔性杆件，在压力的作用下，钻杆柱将产生弯曲变形，轴向压力将沿弯曲钻杆产生水平分力，当粗径钻具直径较大、长度较小时，钻具为一刚体，因而使粗径钻具偏倒。所以，使粗径钻具倾倒或弯曲的力也是客观存在的。粗径钻具在孔底的偏倒角 ε 取决于孔壁间隙和粗径钻具长度，即：

$$\varepsilon = \arcsin \frac{b}{L}$$

式中，b 为孔壁间隙，m；L 为粗径钻具长度，m。

粗径钻具越长，钻具的偏倒角越小，但直径小而长度过大，会引起刚度不足的问题，在轴向压力作用下会被压弯，即使孔壁间隙不大也会使钻孔产生较大的弯曲。粗径钻具的临界长度 I_{cj}(m)可按下式计算：

$$I_{cj} = K \cdot \sqrt{\frac{EJ}{P}} \tag{7-8}$$

式中，P 为轴向压力，N；E 为钢的弹性模量，Pa；J 为粗径钻具截面的轴惯性矩，m^4；K 为动载系数，$K = 0.65 \sim 0.85$。

C 工艺因素

a 钻进方法选择不合理

在相同的地质条件下，采用不同的钻进方法，会产生不同的环状间隙，且粗径钻具的导向效果和钻孔弯曲的程度也不同。生产实践证明：钢粒钻进产生的环状间隙大，所以钻孔容易弯曲；合金和金刚石钻进，钻孔环状间隙小，钻孔弯曲度就小。采用不同钻进方法，钻孔弯曲的情况不同。不同钻进方法的理论环状间隙弯曲程度：金刚石 1 ~ 1.5mm 不易弯曲；合金 3 ~ 5mm 少量弯曲。

b 钻进技术参数不合理

不根据地质条件和设备条件，盲目采用强化规程（大的压力、转速、冲洗液量）片面追求进尺是促使钻孔弯曲的重要原因。

（1）钻进压力过大，钻杆柱承压部分呈波形弯曲严重，迫使粗径钻具上端偏向孔壁一侧而偏离钻孔轴线，造成钻孔弯曲。这种情况在孔壁间隙过大时更为严重和突出。

（2）采用弯曲的钻具时，过高的转速使钻具离心力增大，从而增大了钻具的横向力，增大了扩壁作用，加大了孔壁间隙，降低了粗径钻具的导向作用，造成钻孔弯曲。

（3）在松散易坍塌地层中钻进，使用不合要求的冲洗液或冲洗液量过大，会冲塌孔壁，造成钻孔超径，引起孔斜。

（4）在换径前未清除孔底残留岩心，换径时采用强化外进技术参数，均易造成钻孔弯曲。

（5）钻孔深度超过一定域值后，钻具本身的周期性弹性振动所产生的俯冲压力，改变了钻头的运行轨迹，钻头依重力惯性，在孔底面某一较低的方位较多地破取岩石，造成孔斜或加大孔斜。另外钻具搭配不合理，钻杆与岩心管的级差过大，在相同的孔深下，细径钻具在回转钻进中，因周期性弹性振动产生的伸缩性要高于粗径钻具，所以产生的俯冲压力也大，从而也会增加钻孔的孔斜。

钻进方法不同时，孔径与钻具（主要是粗径钻具）之间的间隙也不相同，而两者之间的间隙，是造成钻具在孔内偏斜的重要条件。如图 7-8 所示，间隙越大，则钻具轴心线与钻孔轴心线的夹角越大，钻具偏斜也越严重。其关系如下：

$$\theta = \arctan\frac{\Delta D}{L}$$

式中，ΔD 为孔与粗径钻具轴线之偏差；L 为粗径钻具长度。

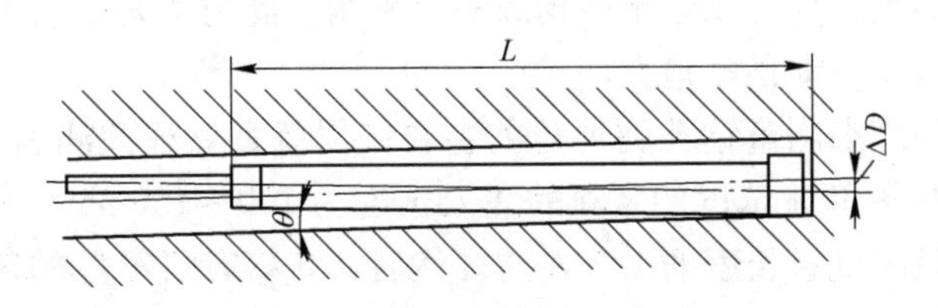

图 7-8 钻具在孔内偏斜示意图

一般来说，钻进扩孔现象为：硬质合金钻进，钻孔直径为钻头直径的 1.1～1.3 倍；金刚石钻进的孔壁间隙最小，在 7～8 级岩石中，间隙为 1.0～3.0mm，在 11～12 级岩石中，间隙仅为 0.2～0.5mm。

通常硬合金钻进比金刚石钻进可能引起的钻孔弯曲度大。钻孔的弯曲与粗径钻具的刚度有密切的关系。小口径金刚石粗径钻具刚度相对比较小，因而对易孔斜地层，小口径金刚石钻进的孔斜率也会增大。

此外，在处理孔内事故时，由于技术措施和操作不当，也可能造成孔斜。

7.2 钻孔弯曲测量

为了随时掌握与控制钻孔空间位置的变化，预防与纠正钻孔弯曲，在钻进中必须测量钻孔轨迹各孔段上的基本参数，即顶角、方位角和孔深。此项工作称为钻孔弯曲度测量，简称测斜。

在钻进过程中，必须按规定的测点间距及时测量钻孔弯曲度，不应只在终孔后对各测点一起连续测量，一般要求直孔每50m测一点，斜孔每25m测一点，但在易于孔斜的复杂地层中钻进，或钻进定向孔和特殊工程孔时，则应根据设计要求，适当加密测点。此外，在下套管前后，换径钻进一段距离和穿过溶洞等之后应进行测斜。钻孔弯曲的测量原理包括顶角测量原理和方位角测量原理，孔深测量一般只是借助电缆（测绳）或钻杆将测斜仪下入指定深度来测量。

7.2.1 顶角测量原理

根据钻孔顶角定义，测量顶角度必须符合两个条件：一是该角度代表测点钻孔轴线与铅垂线的夹角；二是该角度在钻孔弯曲平面内。目前，顶角测量原理是利用地球重力场有液面水平原理和悬锤原理等。为了得到完全切合实际的钻孔资料，必须随时掌握与控制钻孔空间位置的变化，以便预防和纠正钻孔的偏斜。应按要求及时进行钻孔顶角和方位角的测量工作。

孔深、顶角和方位角三个测斜参数要齐全、对应，测斜记录要正确、完整，必要时应选用精确的作图方法，按测点画图以指导防斜、治斜等工作。测量钻孔顶角和方位角的仪器称为测斜仪。随着我国科学技术的发展，生产和使用的测斜仪种类较多且各有特点。

7.2.1.1 液面水平原理（氢氟酸测斜仪）

液面水平原理是把氢氟酸溶液装入圆玻璃试管中，根据液面始终保持水平的原理，当试管垂直放置时，氢氟酸在管壁上腐蚀出的印迹为圆形，圆形印痕平面的垂直线与试管的轴线平行，试管的顶角为0°，把试管倾斜放置时，氢氟酸液面仍然保持水平，在管壁腐蚀出椭圆形印痕平面的垂直线与试管轴线构成一个夹角，此角就是试管的顶角，椭圆形的长轴愈长，试管倾斜愈大，即顶角愈大。

利用液面水平原理来测量钻孔的顶角的主要仪器就是氢氟酸测斜仪。倾斜仪如图7-9所示。首先，把25%～30%浓度的氢氟酸注入长度为100～150mm、内径为15～25mm的玻璃试管中，注入量为试管长度的1/3左右。然后，将盛有氢氟酸的玻璃试管装在特制的接头内，用橡胶塞加以密封。测量时，将测斜接头下入钻孔预定位置，静止一段时间（约15～25min，由氢氟酸的浓度来定，浓度越大，静止时间越短），待氢氟酸将试管腐蚀出印痕后，提钻取出试管，将酸倒掉，用水冲洗试管，量出印痕最高点和最低点，以及试管直径，按下列公式计算出钻孔测点的顶角 θ：

$$\theta = \arctan \frac{h_2 - h_1}{D} \tag{7-9}$$

式中，h_2 为蚀痕最高点至基准线的距离；h_1 为蚀痕最低点至基准线的距离；D 为试管内径。

由于有毛细管的作用，试管形成了如图7-9所示的蚀痕曲面。由此测出的顶角必须校正，按下式可求出实际顶角 θ：

$$\theta = \theta' + E \tag{7-10}$$

式中，θ 为钻孔的实际顶角；θ' 为玻璃试管上实测顶角；E 为校正角，对内径15～24mm的试管，$E = (8 \sim 12)''/(^\circ)$。

为了避免计算和校正上的麻烦，可以利用倾斜仪来直接测定。

氢氟酸测顶角时的注意事项：

（1）试管不应有气泡和条痕，测量前应把油污洗净。

（2）氢氟酸浓度要适宜，浓度大在孔内静止停留时间短，蚀痕不清晰；浓度小蚀痕清晰，易度量，但需停留时间长。

（3）起下钻具要稳、快，尽量避免震动。

（4）试管要注明孔号、机班号及孔深，使用多次的旧玻璃管还应注明蚀痕位置。

（5）配制氢氟酸时，应先倒入氢氟酸，再倒入清水；氢氟酸属强腐蚀性液体，应注意安全，严防撒在皮肤、衣服、脸、眼等身体暴露部位，如沾上应用大量的清水清洗，或到附近的医疗机构清理。

（6）放置试管时应使玻璃管轴线与接头轴线重合，以保证测量精度。

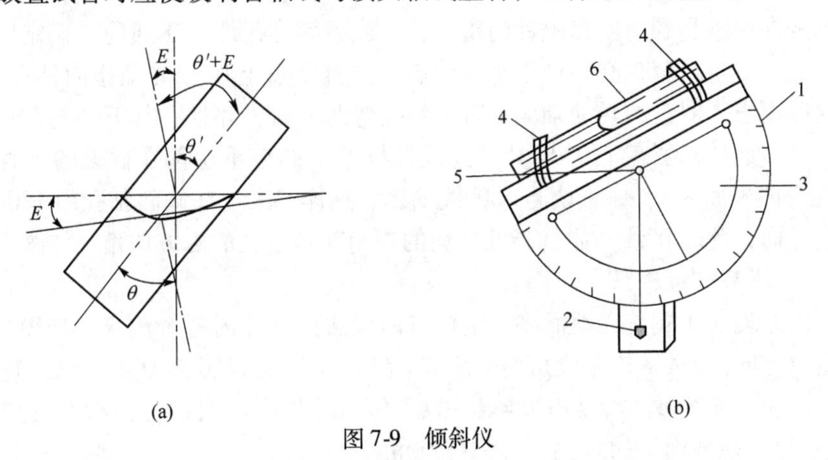

图 7-9 倾斜仪

（a）顶角校正关系；（b）倾斜仪盘面

1—量角器；2—悬锤；3—半圆盘；4—固定架；5—转动轴；6—玻璃管

7.2.1.2 悬锤原理

悬锤测量钻孔顶角的原理如图 7-10 所示。悬锤框架可绕 a 轴灵活转动，b 轴与 a 轴垂直相交，在 b 轴中点 o 悬挂一能灵活转动的弧形刻度盘，刻度盘转动面与钻孔弯曲平面一致，刻度盘因重力作用永远下垂。当仪器在垂直孔内时，刻度盘上的 0°正对准弧形竖板上

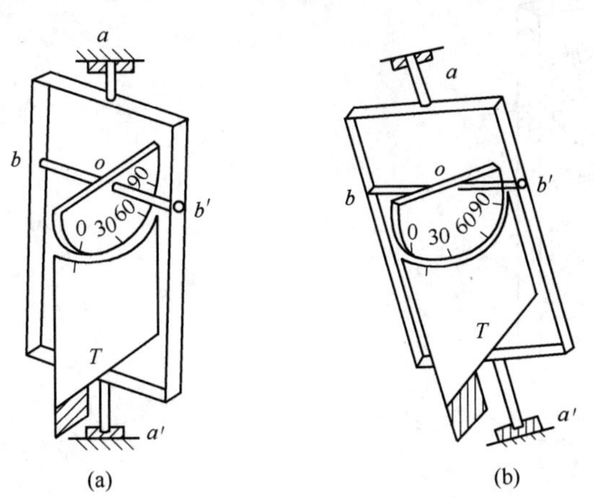

图 7-10 悬锤测量钻孔顶角的原理示意图

（a）在垂直孔内；（b）在倾斜孔内

的标线，即顶角为0°；当仪器在倾斜孔内时，弧形竖板倾斜一个角度，此角度就是钻孔顶角 θ。

7.2.2 方位角测量原理

根据钻孔方位角的定义，方位角的测量必须满足两个条件：一是该角度必须是钻孔轴线上某点的切线方向与真北方向的夹角；二是该角度必须是水平面上的角度。在无磁性干扰或干扰很小的孔段中，可利用地磁场定向原理；在有磁屏蔽（如在套管内）或磁干扰较大（如存在磁性矿体）的孔段中，因为磁针失去定向能力，可利用地面定向原理。

7.2.2.1 地磁场定向原理

地磁场定向原理是利用罗盘磁针的指北特性或磁敏感元件（磁通门）确定倾斜钻孔的方位角。因此，测量时罗盘必须处于水平状态，并且罗盘上0°线必须指向钻孔弯曲方向。为了满足这些要求，罗盘的转动轴应垂直于钻孔弯曲平面，并且在其下部装有重块，以使罗盘保持水平。此外，罗盘上0°与180°连线及框架上的偏重块都在框架的垂直平分平面内（即钻孔弯曲平面内），偏重块与180°线同侧。这样一来，在倾斜钻孔中180°线必定指向钻孔弯曲方向，此时0°线与磁针指北方向的夹角就是钻孔的磁方位角，如图7-11所示。

7.2.2.2 地面定向原理

地面定向原理的实质是在地面将一定位方向设法传到孔内各个测点。如图7-12所示，若取地面定位方向为 OA，其方位角为 α_0，OA 在圆 O' 上的投影为 $O'A'$。钻孔弯曲平面的方向为 OB，其方位角为 α_1，令 $\angle AOB=\alpha_1-\alpha_0$，$OB$ 在圆 O' 上的投影为 $O'B'$。若令 $\angle A'O'B'=\varphi$，则此在钻孔横截面上的 φ 角，即为终点角。

根据投影几何，可有以下关系：

$$\tan\alpha=\tan\varphi\cos\theta \tag{7-11}$$

式中，α 为已知定位方向与钻孔倾斜方向间的方位角差；φ 为终点角；θ 为测点处钻孔顶角。

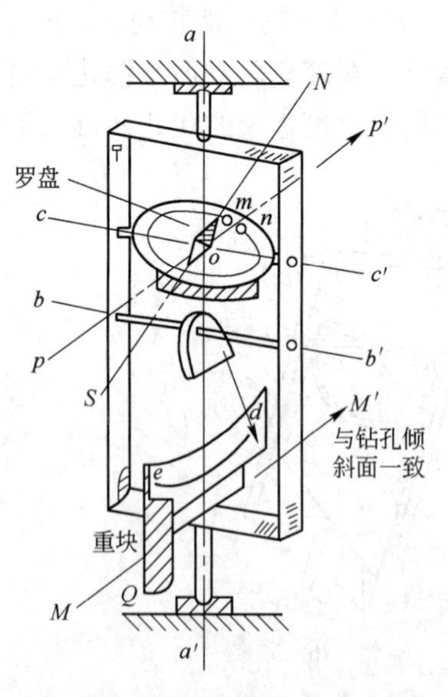

图7-11 地磁场定向原理测量钻孔方位角示意图

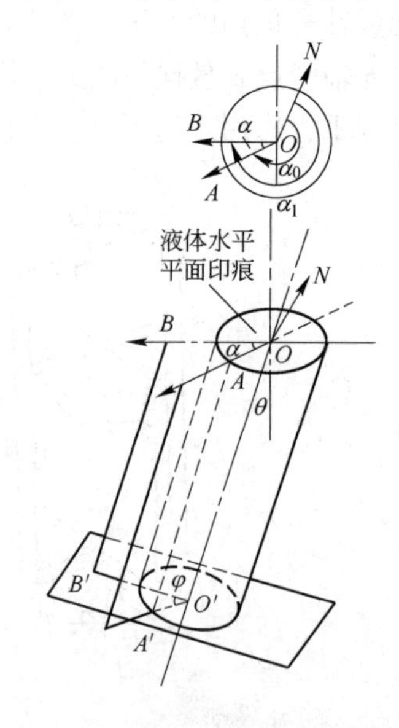

图7-12 地面定向原理测量钻孔方位角示意图

目前采用地面定向原理测量钻孔方位角的具体方法有钻杆定向法、环测定向法和陀螺惯性定向法。

7.2.3 钻孔测斜

使用专用的测量仪器测出钻孔深度、顶角、方位角的数据，经计算、作图，得出钻孔各测点的空间坐标及其轨迹图形，简称测斜。

测量方法：钻孔顶角可利用地球重力场，以铅垂线为基准，采用液面水平、悬锤、摆锤等方法测量；高精度测量可采用闭环式加速度计。钻孔方位角可利用地球磁场，以地球磁子午线为定向基准，用磁罗盘测量；高精度测量可采用磁通门；在强磁性矿区的钻孔内，要采用以惯性定向原理的陀螺仪测量。

在钻探施工中，如发现钻孔偏离设计方向时，应调整测斜间距，增加测点，精确测出方位角和顶角的变化值，弄清钻孔弯曲部位，以便采取必要措施进行矫正工作，使钻孔弯曲保持在允许范围内。

为了能随时掌握与控制钻孔孔身的变化，以便预防和纠正钻孔的偏斜，应按要求及时、准确地进行钻孔顶角和方位角的测量工作。钻孔开孔后，遇下列情况需进行测斜：

（1）按规定要求，一般直孔每50m、斜孔每25m进行一次测斜，根据本矿区的地质条件和技术条件亦可适当调整测斜间距；

（2）在下定向管或套管前后，以及换径钻进后均应测斜；

（3）钻进遇见主矿脉或钻进到设计见矿深度而未见矿，以及终孔后均应测斜。

现行规程规定，钻孔顶角的最大允许弯曲度，在100m间距内不得超过2°~3°，随着钻孔加深，允许递增计算：

孔深0~100m，顶角允许最大弯曲度不超过2°~3°；

孔深100~200m，顶角允许最大弯曲度不超过4°~6°；

孔深200~300m，顶角允许最大弯曲度不超过6°~8°；

孔深300~400m，顶角允许最大弯曲度不超过8°~12°；

孔深400~500m，顶角允许最大弯曲度不超过10°~15°。

……

以上是允许弯曲度的最大限度，按照此规定，对于某些勘探线距小的矿床，在深孔时，就可能从一个勘探线偏离到另一个勘探线上去，以致无法满足地质要求。因此，不同矿区应根据钻孔深浅和矿床类型，相应地制定适合本矿区的具体要求。

7.2.4 矿区常用测斜仪

7.2.4.1 JDL-1型陀螺测斜仪

JDL-1型陀螺测斜仪仍是利用重锤原理来测量顶角，但方位角测量是利用陀螺惯性定向原理来测量的。该仪器可用于磁性矿体和磁屏蔽情况下测量钻孔弯曲度，其工作原理如图7-13所示。陀螺是一个高速旋转的电动机，支撑于自身的转轴及内、外环的支撑轴上，三个轴在空间相互垂直并交于一点，该点与陀螺的重心重合，内、外环可绕自身的支撑轴灵活转动，使陀螺电动机具有三个方向的自由度。

高速旋转的三自由度陀螺的转子轴，在轴承无摩擦的情况下，在空间的方向保持不变，这个特性称作陀螺仪的定轴性。无论外管在孔内怎样转动，转子轴在空间的方向始终保持不变。陀螺还具有进动性，即外框架转轴上有干扰力矩时，内框架转轴进动，使陀螺轴发生倾斜，因此要进行水平修正；而内框架转轴上有干扰力矩时，外框架转轴转动，使陀螺轴产生漂移，因此要进行漂移量修正。

测量时，必须使陀螺 G_1（水平仪）的自转轴 z_1 位于钻孔弯曲平面内。为此，采用了由水银开关 KA 和力矩控制器 MA 组成的修正装置。当陀螺 G_1 的自转轴 z_1 偏离钻孔弯曲平面，亦即它的外框平面与钻孔弯曲平面不垂直时，安装在外框架上的水银开关 KA 中触点被接通，给安装在内框轴上的力矩器 MA 以控制电流，该力矩器产生绕内框轴 y 作用的修正力矩，使陀螺 G_1 绕外框轴 x 进动，直至它的自转轴 z_1 处于钻孔弯曲平面内。陀螺 G_2（方位仪）的自转轴 z_2 则预先调整在子午面内。因此，陀螺 G_1 外框轴 x 和自转轴 z_1 组成的平面，与陀螺 G_2 外框轴 x 和自转轴 z_2 组成的平面的夹角便可确定，即 α 角。

测量时，还必须使陀螺 G_1（水平仪）的自转轴 z_1 处于水平位置。为此，采用了由水银开关 KB 和力矩器 MB 组成的另一修正装置。当陀螺 G_1 的自转轴 z_1 偏离水平位置时，安装在内框架上的水银开关 KB 中触点被接通，给安装在外框轴上的力矩器 MB 以控制电流，该力矩器产生绕外框轴 x 作用的修正力矩，使陀螺 G_1 绕内框轴 y 进动，直至它的自转轴 z_1 处于水平位置。由于陀螺 G_1 的外框轴 x 与钻孔轴线重合，而自转轴 z_1 位于钻孔弯曲平面且与水平面重合，所以根据外框轴与自转轴 z_1 之间的夹角，便可确定孔轴相对垂线的偏角，即 β 角。

该仪器结构示意图如图 7-14 所示，主要分三个部分。上半部是一组由电容和电感组成的

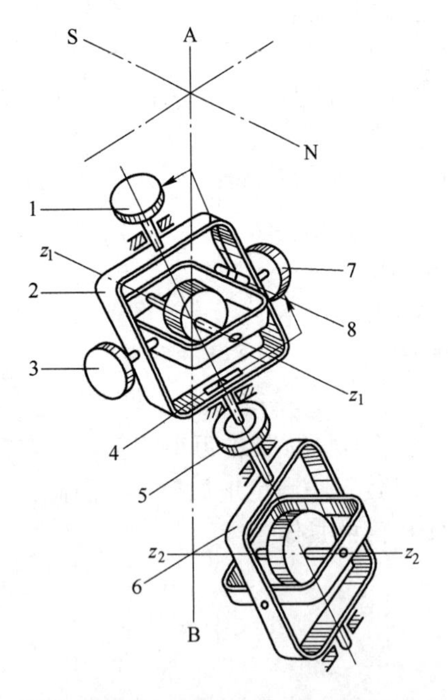

图 7-13 陀螺仪原理示意图

1—力矩器 MB；2—陀螺 G_1；3—角度传感器 SB；4—水银开关 KA；5—角度传感器 SA；6—陀螺 G_2；7—力矩器 MA；8—水银开关 KB

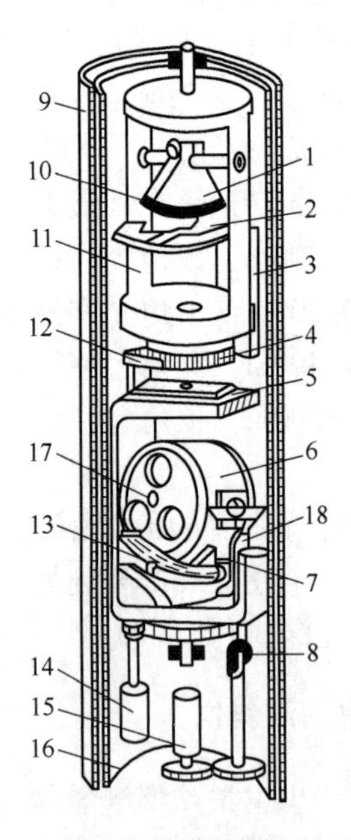

图 7-14 JDL-1 型陀螺测斜仪孔内仪器结构示意图

1—顶角重锤；2—电刷；3—偏心重块；4—方位电位计；5—陀螺外框架；6—陀螺电动机；7—摆锤；8—滑轮；9，16—仪表外壳；10—顶角电位器；11—顶角框架；12—方位电刷；13—接触摆；14—伺服电动机；15—自由电动机；17—陀螺轴；18—顶卡杆

滤波网络，此外还装有一组稳压电源，这是测量系统的供电电源（图中未画出）。下半部上方是由两个自由框架组成的测量系统，下方是锁紧系统和修正系统。它由两个伺服电动机、两套减速齿轮以及正反向继电器和限位接触器等组成。

除孔内探管外，全套仪器还包括：地面测量面板，用以控制和监测孔内仪器的工作状态，并利用电位补偿原理、度盘读数方式测出钻孔顶角和终点角；整流稳压器，用以将交流电经整流、滤波和稳压后，输出 11V 及 20～25V 两挡直流电压，提供给仪器测量面板和变流器；仪器测量面板和变流器，用以将整流稳压器提供的直流电源转变成三相 400Hz 的交流电，驱动陀螺电动机。

7.2.4.2 CX-6 型陀螺测斜仪

A 概述

CX-6 型陀螺测斜仪外径 40mm，进口传感器，电子陀螺，可测定强磁性地区及有铁套管的钻孔的方位角及顶角；精度：顶角 0.1°，范围 0°～60°；方位角 2°，0°～360°（适合于各类钻孔）。陀螺测斜仪采用电子式陀螺仪，具有体积小、寿命长、零点漂移小、价格较低等优点，是磁性矿地区及在铁套管中测量钻孔方位角较理想的传感器。CX-6 型陀螺测斜仪外形结构如图 7-15 所示。

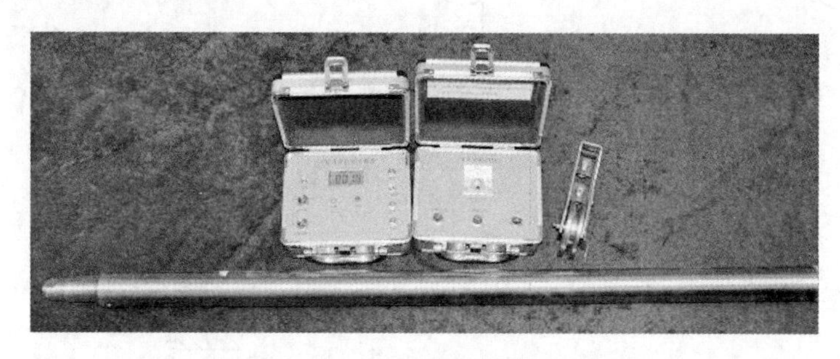

图 7-15 CX-6 型陀螺测斜仪外形结构

CX-6 型陀螺测斜仪整个测试过程由单片机及一台笔记本电脑控制，全部采样过程的分析计算、曲线及成果表的显示及打印均由软件自动完成。工作界面采用 VB 语言编制，中文菜单，操作简便。

B 基本工作原理

仪器工作原理如图 7-16 所示。x 方向伺服加速度计传感器用于测量钻孔在 x 方向的倾斜偏移量，y 方向伺服加速度计传感器用于测量钻孔在 y 方向的倾斜偏移量。如图 7-16（d）所示，当钻孔在 x 轴方向倾斜偏移为 x'，在 y 轴方向倾斜偏移为 y'时，其平行四边形的对角线长度 R 即是该点的顶角水平投影偏移量，$R=\sqrt{x'^2+y'^2}$。方位角的测量原理如前所述（见图 7-16（e））。仪器放入钻孔之前，在孔口上做一个标记，作为方位角起始点。将仪器测管外的起始标记对准孔口标记，假设测斜仪放入孔中无自转，只有倾斜，则图 7-16（d）中的 α 即是钻孔方位角，但实际测量中测斜仪放入孔内后不可避免地会任意转动，此时经陀螺仪测出其旋转角度，剔除无效转角后，再与由 x、y 两个传感器测定的 R 相加减，即得到实际方位角 α'。

C 主要技术指标

（1）顶角测量范围：0°～60°；精度：0.1°。

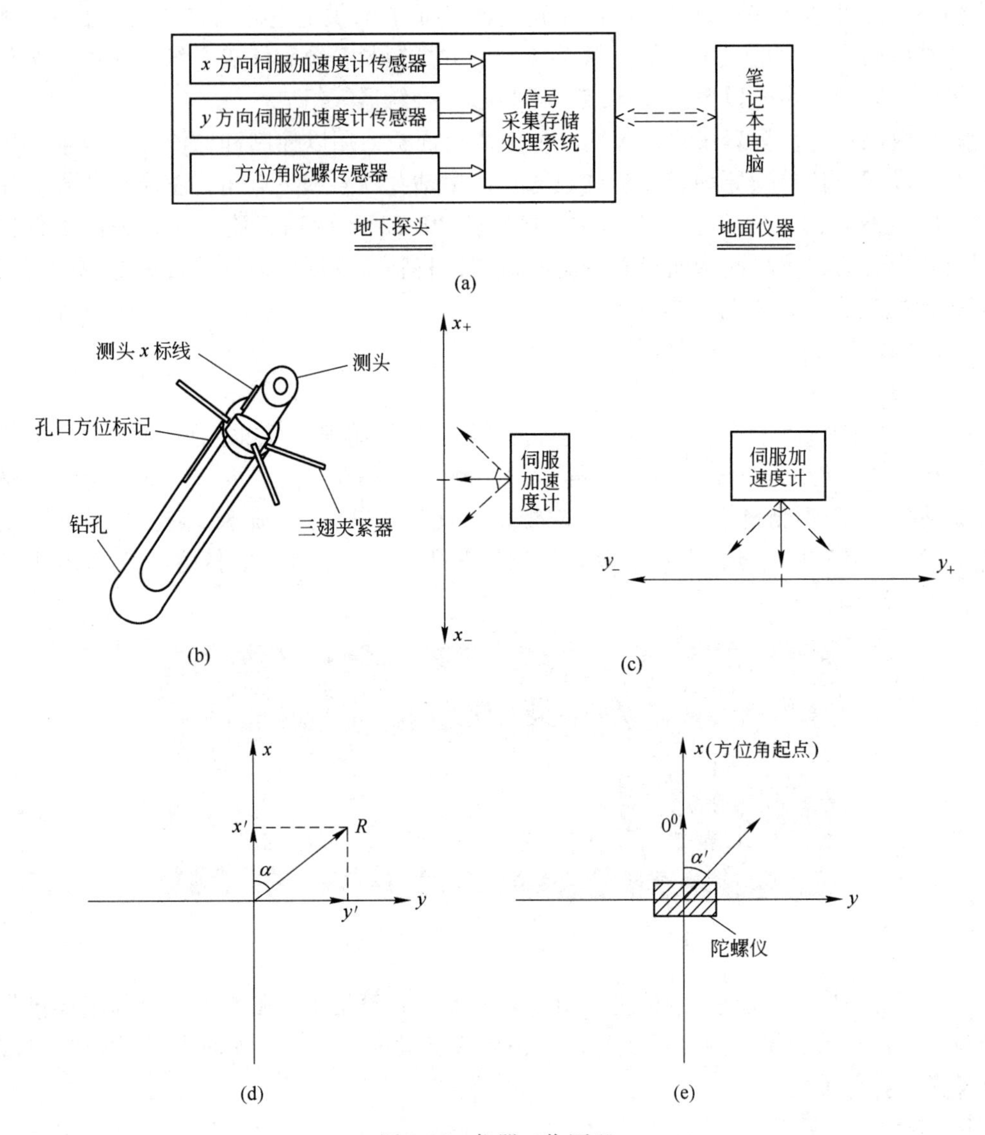

图 7-16 仪器工作原理

（a）系统框图；（b）安装示意图；（c）参数测量；（d）顶角水平投影偏移量；（e）方位角的测量原理

（2）方位角测量范围：0°～360°；精度：±2°；漂移：0°。

（3）测头外径：ϕ47mm；测头长度：1.2m。

（4）适应钻孔范围：$\phi \geq$51mm；深度：0～1000m。

（5）导正环尺寸：70～120mm。

（6）工作温度：－10°～＋60°。

（7）工作电压：直流（带可充电池）。

D 仪器操作方法

（1）将测头上的信号电缆与仪器上的“信号输入”插孔连接，用通信电缆将面板上采集器的接口与电脑打印机并口互连起来。

（2）将测头底部堵头卸开，合上内部电源开关，再将堵头装入并加密封。将仪器面板上的两个电源开关按钮拨至“供电”位置。

(3) 启动电脑，运行“深孔测斜”程序，点击弹出界面中“主菜单”/“控制”/“显著系统电压”选项，并在弹出的对话框中点击“确定”，之后屏幕对话框中会显示系统的三个通道电压值。此时，通道一显示值应为2.5左右，通道二和通道三显示值应为非零值，表明仪器工作正常。

(4) 在测头放入钻孔之前，必须在孔口做一个标记，该标记作为方位角的初始点。将测头外壁上的方位起始标记对准孔口上所做的标记。点击“测量”按钮，当屏幕上出现“校对方位传感器”提示时，必须确保测头稳定不动，方可点击“确定”按钮。

(5) 在弹出的界面“文件”栏中输入钻孔文件名，并选择相应路径加以保存。

(6) 将测头放入孔内的待测深度进行测试。在测头下放的过程中，应随时观察状态栏中“旋转角速度”的显示数据，要求不超过800~1000rad/s。“旋转角速度”的数据大于规定，测量数据误差将增大且所做测试无效。

(7) 当测头到达预定深度后，查看主界面左下角状态栏的“旋转角速度”数据，其值不大于10rad/s时，按“停止”按钮，在弹出的对话框中，输入测量深度后，点击“确定”。先后出现“测量x方向斜度”和“测量y方向斜度”，均点击“确定”加以确认（当发现“测量x方向斜度”和“测量y方向斜度”存在误操作时，可按“重新测量”按钮重测）。

(8) 当某测点测试完毕时，点击“下一个”按钮，即可将测头放入下一个测点进行测试，操作过程同上。

(9) 在测试结束或测试过程中，如需观察钻孔偏斜情况，可点击主界面上的“测量数据”按钮，在“钻孔测斜数据表”中会立刻出现钻孔倾斜数据。点击“显示图形”还可看到钻孔倾斜示意图。

(10) 当整个钻孔测试完成后，若需对另一个钻孔进行测试，点击“工具栏”中的“新建”图标，或主菜单“文件”中的“新项目”，屏幕会弹出“保存信息窗口”，点击“是”按钮，出现下一个界面后，再点击“保存”按钮，系统将更新主界面进行下一个钻孔的测试。

(11) 调用已测的钻孔数据，点击“工具栏”中的“打开”图标或选择主菜单中“文件”/“打开项目”选项，钻孔的测量结果就会显示出来。

(12) 修改测试数据。打开文件，将光标移至要修改数据的单元，输入新的数据后，将光标移出被改动的单元格，再点击“工具栏”中的“保存”图标。若修改数据后未进行“保存”，系统仍将显示原先的数据。

观察修改数据后的“钻孔测斜测量数据表”，应点击主界面的“计算数据”按钮。

E 仪器使用说明

(1) 若需进一步了解“深孔测斜软件”的功能，可查看主菜单中“帮助”下的“使用说明”选项，打开其下的“深孔测斜软件”即可。

(2) 在测试过程中，当屏幕上弹出“系统电压过高或过低，请检查系统电压”时，应检查测头电源情况，若电量不足，应进行充电以保证系统正常工作。

(3)“深孔测斜软件”的安装方法：将测斜软件光盘放入光驱中，运行“我的电脑”，调出光驱中的内容，点击“setup”图标，接下来只需按屏幕提示点击“确定”，直至安装完毕。

(4) 仪器长久未用需重新校对初始值时，应将校核后的 x、y 通道（即二、三通道）电压值填入对应栏中并加以保存。具体操作是：将测头在校准台上保持垂直状态，点击主菜单中的“控制”/“显示系统电压”，读取二、三通道的电压值。再点击主菜单下的“参数”/“设置传感器转换参数”，在弹出的窗口中输入密码，在之后出现的“传感器转换参数设置窗口”中，将通道二的电压值填入“斜度计零点系数 X(mV)”栏内，将通道三的电压值填入“斜度计零点系数 Y(mV)”栏内，并点击“保存系数数据”按钮。

F 仪器保养维修

(1) 测试完毕后，应将测头底部堵头卸开，关闭内部电源开关。

(2) 地面仪器正常情况下可连续工作 6～7h，测头正常情况下可工作约 8h。当地面仪器充电时，先将充电插头接入“充电插座”中，接通交流 220V 电源，再将电源按钮拨至“充”的位置即可。充电时间应不大于 8h。

测头充电时应将其底部堵头取下，将专用电缆的单个插头插入地面仪器上的“充电电源”端口，将另一端的三个插头依次插入测头上的充电插孔中。充电时间应不大于 8h。

(3) 测头严禁碰撞，应避免测头在阳光下暴晒。

(4) 测试时应为钢丝绳受力，不要用力拉电缆。

(5) 测试完成，应清洗测头表面，活动处应上机油使其润滑，以备下次使用。

G 仪器配件清单

测头（主机）1 套（电缆 500m，绞车 1 台）；笔记本电脑 1 台；“深孔测斜程序”光盘 1 个；测斜仪使用说明书 1 份；专用扳手 1 对；密封圈、绝缘胶等若干；深度计数器 1 台。

7.2.4.3 其他类型测斜仪

A JJX－3 型测斜仪

适用区域：非磁性矿区；

测量范围：顶角 0°～50°，方位角 0°～356°；

允许测量误差：顶角 < ±30″，方位角 2°～50°时 < ±4°；

承受最大液压：≤50MPa；

井下仪器最高工作温度：≤100℃；

电源：90V 直流电源（或 90V 干电池）；

井下仪器尺寸：直径 65mm，长度 1450mm；

质量：井下仪器不包括伸长管为 20kg。

B JXX－1 型小口径测斜仪

适用区域：非磁性矿区；

测量范围：顶角 0°～45°；

允许测量误差：顶角 < ±30″，方位角 >3°时 < ±4°；

承受最大液压：<100MPa；

井下仪器最高工作温度：0～60℃；

电源：井下为 15V 直流延时电路，6V 直流电动机电路；面板为 3V 直流电桥电源；

定时装置：从锁紧到自由状态的延时时间为 3min、5min、8min、10min、12min、14min、16min、18min 及 20min 共 9 挡，从自由状态到锁紧状态为 2min；

井下仪器尺寸：直径 40mm，长度 1800mm；

质量：井下仪器重 11kg。

C JXX－2 型小口径测斜仪

适用区域：磁性和非磁性矿区；

测量范围：顶角 0°～50°，方位角 4°～356°、终点角 0°～356°；

允许测量误差：顶角 < ±30″；方位角 3°～50°时 < ±4°，≥50°时 < ±1°；

承受最大液压：≤15MPa；

井下仪器最高工作温度：≤60℃；

电源：测量用 67.5V，电动机用 9V；

定向钻杆：接头直径 40mm；钻杆直径 34mm，长 5m 的 4 根，长 3.75m 的 1 根；

井下仪器尺寸：直径 40mm，上仪器长 1500mm，下仪器长 845mm；

质量：井上仪器重 8kg，井下仪器重 5kg；

其他：下井电缆抗拉断力不小于 6000N。

D JGC－40 型感光记录测斜仪

适用区域：非磁性矿区；

测量范围：顶角 0°～45°，方位角 0°～360°；

允许测量误差：顶角 0°～30°时为 30″，35°～45°时为 1°；方位角≥4°时为 ±4°；

承受最大液压：≤10MPa；

电源：6 节 1 号电池串联输出；以两只串联的 3.8V/0.3A 灯泡同时工作为准；

定时装置：第一测点前的辅助时间有 5min、10min、15min、20min；4 挡记录时间 5min 等于间隙时间 5min；

井下仪器尺寸：直径 40mm，长度 1500mm；

质量：井下仪器重约 7kg。

E JTL－50 小口径陀螺测斜仪

适用区域：磁性矿区；

测量范围：顶角 0°～50°，方位角 0°～360°；

允许测量误差：顶角 ±30″，方位角≥2°时 < ±6°；

方位漂移：< ±15°/h；

承受最大液压：≤20MPa；

井下仪器最高工作温度：－10～45℃；

电源：交流 220V ±22V，50Hz，耗用功率 120W；

井下仪器尺寸：直径 50mm，长度 1900mm；

质量：井下仪器重 12kg；

其他：井下电缆为抗拉断力不小于 3000N，内阻不大于 40Ω 的三芯电缆。

F JXT－1 小口径陀螺测斜仪

适用区域：磁性矿区；

测量范围：顶角 0°～35°，方位角 0°～360°；

允许测量误差：顶角≥2°时 ±30″，方位角≥3°时 < ±6°；

方位漂移：2°～5°时≤ ±12°/h，5°～25°时≤ ±15°/h，25°～35°时≤ ±30°/h；

承受最大液压：≤15MPa；

井下仪器最高工作温度：-10~45℃；

电源：交流220V±22V，50Hz，或交流380V±38V，耗用功率70W；

井下仪器尺寸：直径50mm，长度1870mm；

质量：井下仪器重10kg；

其他：井下电缆为抗拉断力不小于5000N，内阻不大于50Ω的三芯电缆。

7.3 钻孔弯曲的预防与纠偏

布置钻孔时，应尽量使钻孔垂直于岩层层面及岩层走向；对于松软、疏松、破碎地层、厚覆盖层，裂隙及溶洞发育地层应尽可能设计垂直孔，因为在这些地层中，常因钻具自重而使斜孔产生铅垂方向的弯曲。

7.3.1 按钻孔弯曲规律设计钻孔

对孔斜规律明显的地层或岩层倾角较大、钻孔轴线无法与之垂直相交的地层，应充分利用造斜地层的自然弯曲规律，辅以人工控制弯曲措施，设计“初级定向孔”。

若已知钻孔弯曲规律是方位角基本稳定而顶角偏离设计值较大时，应改变顶角的设计，使之能达到预定见矿点的位置。设计方法通常有沿勘探线平移法和增大开孔倾角法两种。

7.3.2 按方位角变化规律调整钻孔设计

若已知钻孔弯曲规律是顶角基本稳定而方位角变化较大时，应按方位角变化规律调整钻孔设计。

（1）离线平移法。根据周围钻孔的弯曲规律，钻孔实际钻穿矿体的位置 b 与设计见矿点 a 的水平偏距为 ba，然后在地表沿勘探线方向并按方位偏移的相反方向移动与 ba 相等的距离 OO'，按 Oa 方位钻进，便可以在预定见矿点钻穿矿体。离线平移法如图7-17所示。

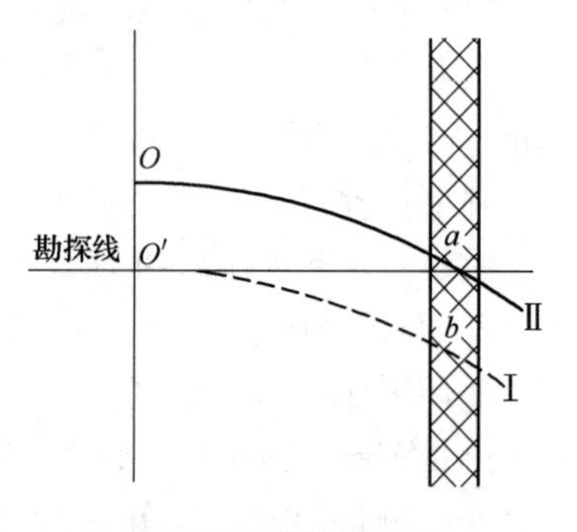

图7-17 离线平移法

（2）立轴扭转安装法。立轴扭转安装法实质上是使开孔方位按周围钻孔的方位弯曲规律向相反方向偏移。偏移的方法是扭动钻机立轴，右偏左移，左偏右移，以此使钻孔达到预定见矿点。

7.3.3 采用合理的钻具结构

采用合理的钻具结构，是为了保证较高的同心度，提高钻具的刚性，减小钻具与孔壁的间隙，实现孔底加压，增强钻具的稳定性和导正作用，以此改善下部钻具的弯曲形态，提高钻进时的防斜能力。钟摆钻具、偏重钻具和满眼钻具等形式的组合钻具对防止和纠正钻孔弯曲有明显的效果。

7.3.3.1 钟摆钻具

钟摆钻具的结构如图7-18所示。钻具中，岩心管的长度较短，约1.5~2m，其上接钻铤。钻铤质量大于孔底所需的钻压，中和点落在钻铤上。从图7-18中可知，在钻具与孔壁的切点 T 以下，由钻具质量引起的横向分力将钻头推向孔壁下方，此力称为钟摆力（减斜力）F_d。

$$F_d = W\sin\theta \cdot \frac{l}{L} \tag{7-12}$$

式中，W 为切点以下钻铤的质量；θ 为钻孔顶角；L 为孔底与切点的距离；l 为切点以下钻具的重心与切点的距离。

由式（7-12）可以看出，当钻孔顶角一定时，增大减斜力的途径是：加大切点以下钻具的质量，如选用厚壁钻铤等；在略高于切点的位置上装一扶正器，提高切点的位置，或以增大切点以下钻铤长度的方法来增大钻具的质量。此外，采用扶正器还可以减小下部钻具的倾斜角和增斜力，从而进一步加大钻具的防斜能力。

7.3.3.2 偏重钻具

偏重钻具是在普通钻铤的一侧钻一排浅窝，造成钻铤偏重（见图7-19）。当钻具回转时，偏重产生离心力，转速愈高离心力愈大。钻进时，当偏重朝向孔壁下侧时，离心力与钟摆力方向一致，可以对孔壁产生较大的冲击纠斜力，使钻孔倾角逐渐减小。同时，这种周期性的旋转不平衡会使下部钻柱发生强迫振动，这种弹性的横向振动，会增大钻头切削孔壁下侧的能力。此外，由于离心力的作用，偏重钻铤的重边在旋转时永远贴向孔壁，这样就使下部钻柱具有“公转”的特性，由此消除了自转对孔斜的影响，使其在直孔中更具防斜作用。

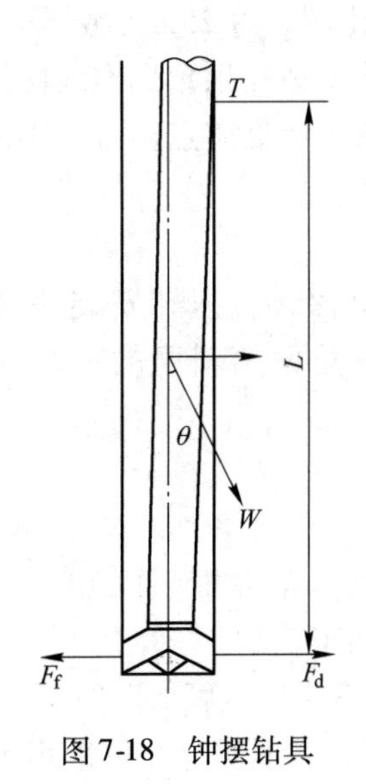

图7-18 钟摆钻具

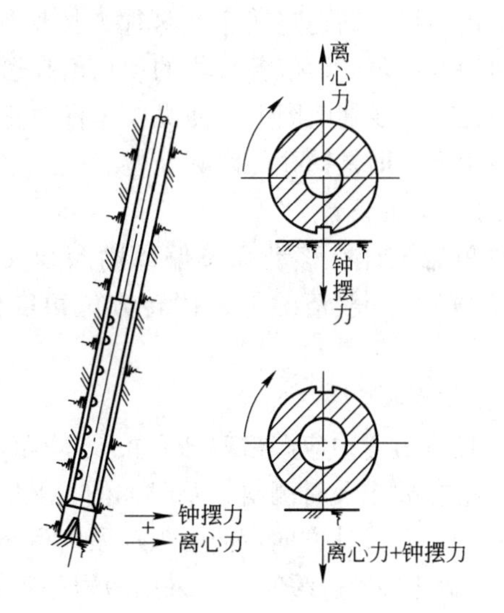

图7-19 偏重钻铤的减斜作用

为了发挥偏重钻铤的防斜作用，宜采用高转速。同时，在组合钻具中，应把质量差集中在钻具下部，尽量接近钻头，并使偏重钻铤减重部分的质量位于距轴线尽可能远的部分，这样才能有效发挥其作用。钻铤重边和轻边的质量差推荐为钻铤总重的0.5%～5%。实践表明，偏重钻铤的长度一般在9m左右就能起到良好的纠斜作用。

7.3.3.3 满眼钻具

满眼钻具是由3～5个直径与钻头直径相近的扶正器和外径较大的钻铤（如方钻铤）组成，可以增大钻具的刚度，减小钻头倾斜角，保持钻具在孔内居中。因此，其能限制由钻柱弯曲而产生的增斜力。

使用满眼钻具时，要注意计算扶正器的安装位置，并经常检查扶正器的磨损情况，一般应保证扶正器与孔壁的间隙小于1mm，若大于4mm则扶正器完全失去“满眼”的作用。满眼钻具用于垂孔钻进时，虽然可以消除或限制工艺技术因素对孔斜的影响，削弱地质因素的促斜作用，但并不能完全避免孔斜的发生和及时了解钻进过程中的孔斜情况与防斜效果，属被动垂孔钻进系统。

7.3.4 预防钻孔弯曲的措施

为了保证钻孔质量，在钻探施工过程中，贯彻预防为主方针，加强对钻孔弯曲的预防工作是十分必要的。由于促使钻孔弯曲的原因比较复杂，在不同条件下，各种因素对钻孔弯曲的影响也不同，因此我们必须根据每个地区和钻孔的具体条件进行具体分析，找出促使钻孔弯曲的主要矛盾，有针对性地确定预防孔斜的措施。

7.3.4.1 设计初级定向钻孔

在掌握矿区内不同岩层、不同孔径及不同孔段的自然弯曲规律资料的基础上，设计初级定向钻孔，是实现优质高产的重要途径。

A 顶角的设计

顶角的设计有移动孔位法、改变钻孔顶角法和钻孔标准设计曲线法。按设计钻孔的顶角、方位角，根据钻孔自然弯曲规律，按勘探线剖面图的比例，每25m（或50m）孔段，定出顶角和方位角值，依各孔段的顶角值在透明方格纸上绘出钻孔顶角标准线图，再将透明图覆盖在勘探线剖面图上，使纵横坐标对正，曲线终点与设计见矿点重合，则曲线起点与地平面相交处即是钻孔的实际孔位。

B 方位角的设计

方位角的设计有移动孔位偏离勘探线安装法和在原勘探线上扭转安装法（即改变设计方位角）。一般情况下，扭转方位角度值为钻孔方位角偏离斜度的一半（递增度数）。

C 注意事项

(1) 钻进过程中应严格遵守有关技术操作规程；

(2) 应按要求及时测斜，及时作图，及时分析研究，以指导钻进工作；

(3) 当钻孔设计方向弯曲时，应及时采取措施，加以纠正。

1) 当钻孔上漂过缓时，可采用短岩心管钻进，若效果不明显，可加以纠正；

2) 当钻孔上漂过急时，可采用带扶正器钻具钻进，若效果不明显，可采用5～7m钢粒钻头一端连接取粉管接头，一端锯水口后直接钻进；

3) 当钻孔方位角增大过急时，可采用反转纠斜；

4) 当钻孔方位角变化过缓时，可采用活楔子导斜器纠斜；

5) 当钻孔方位角与顶角同时变化过缓时，可采用大钻头、小径岩心管钻具纠斜；

6) 当钻孔方位角增大过急、顶角上漂过缓时，可采用大钻头、小径岩心管钻具反转钻进纠斜。

7.3.4.2 保证设备及安装质量

(1) 检修好机械设备，做到回转器无毛病，油压钻机在滑轨上不松不旷，钻机在轻载荷下不沉头，也不仰头。

（2）把好安装关。为了确保设备安装平衡、正确，应做到地基坚实、平整，基台铺设水平、周正、牢固；钻机安装必须水平、周正、稳固，天车、立轴和孔口三点必须成一直线；严格按设计要求检查立轴方向、角度。

（3）把好开孔关。把好开孔关是防斜的基础，开孔钻进时应做到：开孔时用的钻具要直，粗径钻具要随钻孔加深逐次加长，直至正常长度（7m）以上；最好使用短机上钻杆，紧上下卡盘时要注意保持钻具居中心，使用合金钻头以轻压慢转钻进。孔口管要下正，即方位和顶角要完全符合设计要求，孔口管一定要下牢，上端管壁要填塞紧；起下钻具应防强力冲打孔口管，避免孔口管偏斜变形。

7.3.4.3 做好换径和扩孔工作

换径前应清除孔底残留岩心，最好用磨孔平面钻头带捞渣清理孔底；换径时一定要用导向钻具，导向钻具要同心，导向管应适当加长，小径钻具要短，随着小径钻孔的加深小径钻具应逐次加长，直至6m以上才可去掉导向钻具；换径后应进行测斜检查。扩孔时要带小径导向钻具；导向钻具要同心，小径导向管要保持一定长度。

7.3.4.4 增强钻具的导向性和稳定性

根据目前普通孔径钻进所用的管材条件，为了增强钻具的导向性能，钻具结构应符合“长、刚、粗、重、支、反、直”等要求。

长：系指粗径钻具要有一定长度，以增加导向作用，一般粗径钻具长为7~10m左右为宜。

刚：要求岩心管要有一定刚度，以保证在大压力、大扭矩负荷下不发生变形，最好采用高频表面淬火岩心管或厚壁无缝钢管做岩心管。

粗：系指适当地增大岩心管接箍和异径接头的直径，以增大粗径钻具的导向性，异径接头的直径可根据具体情况确定；为增大异径接头的抗磨性，可用莱利特合金补强。

重：要求粗径钻具有一定重量，或用钻铤加压，以改善整套钻具的工作条件。

支：系指在钻杆上加胶箍以扶正钻杆，减少钻杆弯曲和磨损，或在粗径钻具上方适当位置接扶正器，以增强钻具回转时的稳定性，扶正器可用短岩心管，两头接导径接头制成；为了增加耐磨性，可在异径接头表面堆焊莱利特合金补强。

反：合金或钢粒钻进时，可采用孔底喷射式反循环钻具钻进，以减小孔壁环状间隙，增加钻具导向性。

直：要求所用钻杆、岩心管要笔直，连接后要同心，以增加回转时的稳定性。

7.3.4.5 采用合理的钻进方法和钻进工艺

（1）正确地根据地层特点选择钻进方法，在可用合金的地层尽可能不用钢粒钻进；坚硬的地层，有条件时应采用金刚石钻进以减少钻孔弯曲。

（2）合理地确定钻进技术参数及操作技术。根据岩层的研磨性、软硬程度、体积破碎性能、抗压能力等，选择水量、转速和轴向压力；在不同的岩层，合理采用不同的回次进尺长度；合理选择内外径，尽可能地减小岩心管与孔壁的间隙。

1）当岩石换层时，钻孔最容易弯曲，根据换层时钻孔弯曲的一般规律，在岩层由软变硬时，轴心压力要适当减轻，一般为正常钻进压力的2/3，钻具转速也应适当降低；当岩层由硬变软时，轴心压力也要适当降低，一般为正常给进钻压的1/3，并适当加长粗径钻具。

2）在钻进松散地层或破碎带时，要加长粗径钻具，采用优质泥浆，并严格控制冲洗液量，以保护孔壁，使孔径不致过大；在换径或扩孔时，也应采用小的技术参数钻进。

（3）采用反正转钻进。实践证明，采用反转与正转交替钻进来控制钻孔方位的变化是很有效的方法；因反转转正转时，钻头的回转阻力相反，钻孔方位的变化也相反，因此采用反转与正转交替钻进，可控制钻孔方位的变化。

（4）正确选择钻具的配合。钻杆与岩心管的选择应考虑回转钻进中的弹性振动对钻孔的影响，一般深度大于500m的钻孔，直径较细的钻杆柔性增强，伸缩性增大，钻具回转钻进中因周期性弹性振动所产生的俯冲压力也大；选择合理的钻具组合搭配，可以减小钻具的伸缩性，减轻对钻头的俯冲压力，降低钻孔的弯曲度。

而绳索取心，钻杆与岩心管同径，所以弹性振动的俯冲压力相对于早先的细直径钻杆带动粗径岩心管钻进时要小得很多，钻孔的空间稳定性也较好。但是绳索取心钻具在复杂地层中也有其局限性，比如在难以取心的泥岩混合地层中，由于需要无泵钻进，这时采用金刚石钻进的绳索取心钻进，就不得不改用一般合金钻进，以取得较高的岩矿心回采率。

（5）冲击回转钻进对防止钻孔弯曲也有效果。冲击回转钻进所产生的脉冲压力瞬间爆发，在同等的钻进参数下，钻头能更多地钻取破碎岩石，由于没有或只有极少的俯冲压力，所以对于预防钻孔弯曲、提高钻效来说是个不错的选择，但是在低硬度地层中不宜使用。

（6）选择更新的钻探工艺，控制钻孔弯曲。利用新工艺、新技术，采用综合手段，使钻孔按照设计方案和路线行进。但对于新技术不能一味地崇拜，也要有所取舍，钻探应以满足工程目的为首要任务，但也要兼顾其他。

7.4 坑道定向钻进技术

地下坑道钻探简称坑道钻探，是指用专用钻机以地质、工程、安全、采矿等为目的在矿山坑道中钻凿各种不同角度和方位钻孔的钻探工作。用坑道钻探代替坑道掘进，可加速勘探速度，降低成本，因而日益为人们所重视。

7.4.1 坑道钻探的特点和钻孔类型

坑道钻探的特点有：通风、通水、通电、排水和运输困难，施工条件较地面恶劣；主要施工不同角度的上仰孔和下斜孔，增大了施工难度；受钻进空间和防爆要求等条件限制，所有设备和仪器不仅重量和体积受限，而且必须采取防爆措施。

关于钻孔类型，按施工目的可分为：

（1）地质孔，即为了满足地质要求，达到探察煤层厚度、走向、倾角和倾向变化或地质构造等目的而施工的钻孔。

（2）瓦斯抽放孔，即为了安全，在煤层中施工穿层孔和沿煤层钻孔，用于煤层开采前的瓦斯层抽放，或在邻近层施工岩石孔进行采动抽放。

（3）工程孔，即为了达到地质或安全目的而施工的特殊钻孔，如矿井物探槽波地震钻孔、排水孔和煤层注水孔等。

按钻孔倾角可分为：上、下垂直孔，近水平孔，上仰、下斜孔。

7.4.2 近水平定向钻进技术

近水平定向钻进是利用自然弯曲规律或采用专用工具使近水平钻孔按设计轨迹要求延伸到预定目标的一种钻进方法，即有目的地将钻孔轴线由弯变直或由直变弯。使用定向钻进的方法完成的钻孔称为定向钻孔。

7.4.2.1 定向钻孔分类

（1）自然弯曲定向钻孔（初级定向孔）。根据钻孔地层自然弯曲规律进行钻孔轨迹的设计或通过移动空位、改变钻孔顶角和方位角、调整钻进工艺参数，使钻孔基本按设计轨迹钻进延伸或达到钻进目的的钻孔。

（2）人工弯曲定向钻孔（受控定向孔）。采用专用钻具和技术措施，使钻孔基本按设计轨迹钻进延伸，以达到钻进目的的钻孔。

7.4.2.2 定向钻进专用钻具

目前，国内使用的定向钻进专用钻具效果比较好的主要有以下几种：

（1）稳定组合钻具。稳定组合钻具主要由钻杆（普通钻杆、细钻杆、加重钻杆）、钻头（造斜钻头、稳斜钻头、阶梯钻头）和稳定器组成。按其对钻孔顶角的影响可分为使钻孔上仰（使用 ϕ42mm 外平钻杆造斜钻进，钻孔顶角最大弯曲强度达到 0.97°/m；使用 ϕ71mm 绳索取心钻杆造斜钻进，钻孔顶角最大弯曲强度达到 1.09°/m）、下斜（使用 ϕ42mm 外平钻杆造斜钻进，钻孔顶角最大弯曲强度达到 1.08°/m；使用 ϕ71mm 绳索取心钻杆造斜钻进，钻孔顶角最大弯曲强度达到 0.87°/m）和保直（在 200 余米的保直钻进中，钻孔顶角基本没有变化，可以使钻孔轨迹偏差控制在孔深的 1% 以内）三种类型。

因结构简单、便于操作、使用效果好和价格低廉，所以目前国内多用该钻具进行近水平受控走向钻进。其缺点是只能用于调整钻孔顶角。

（2）螺杆钻具。螺杆钻具主要由溢流阀、螺杆发动机、万向联轴节、驱动轴及轴承等组成。通过选用 0°、1°和 1.5°三种不同的定向弯接头和下万向节，可达到不同的造斜效果。选用 0°定向弯接头作连接和定向件，1°和 1.5°下万向节外管作为造斜件，选用 ϕ42mm 外平钻杆造斜钻进，钻孔倾角最大弯曲强度达到 0.59°/m；使用 ϕ71mm 绳索取心钻杆造斜钻进，钻孔倾角最大弯曲强度达到 1.08°/m。对于 150m 以内的钻孔，可利用 MK 系列钻机的联动功能对钻具进行定向；对较深的钻孔可使用钻孔监测系统测量钻具工具面向角进行定向。该钻具既可调整钻孔的顶角，也可调整钻孔的方位。因钻具价格较高，定向方法不理想，国内没有较大规格的配套泥浆泵等，所以只用于造斜钻进。

（3）多级组合钻具。多级组合钻具由两种以上规格的钻头和钻杆组成，主要用于瓦斯富集、强突条件下的钻孔钻进。其作用原理是通过钻具前端一级钻头先钻一个小孔，释放一部分瓦斯，再用后面连接的二级或三级钻头跟着扩孔，释放另一部分瓦斯，通过使瓦斯分期释放，达到抑制喷孔和减弱瓦斯突出强度的目的。该钻具在四川芙蓉矿区井下采用后效果很好。实钻表明，减小钻头级差或加长钻头之间的距离，可抑制喷孔强度。

（4）活接头钻具。活接头钻具由侧出刃较大的侧出刃钻头、钻杆、活接头和稳定器组成，是用于下调钻孔顶角的理想钻具之一，其造斜强度取决于活接头个数，活接头多（不得超过 3 个），造斜强度大，反之亦然。该钻具用于穿层瓦斯抽放孔下调造斜钻进时，最大弯曲强度可达到（0.68°~0.9°）/m。

7.4.2.3 钻进成孔工艺

（1）一次成孔。钻进中不需扩孔一次就可成孔。主要用于煤矿井下地层条件好且孔径小于150mm的钻孔施工。

（2）二次或多次成孔。钻孔受直径和周围地层卸压的影响，不能一次成孔，而需要先用稳定组合钻具完成先导孔，然后再通过一次或多次扩孔使钻孔达到所要求的孔径尺寸。多用于直径在150mm以上或孔深600m以上的瓦斯抽放孔、横贯孔和大直径救援孔等钻进。

7.4.2.4 排屑方法

（1）水力排屑。这是常用的一种排屑方法。排屑效果好，经济方便，适用于地质勘探孔和工程孔，以及非瓦斯高密集、强突、易坍塌及构造复杂的瓦斯抽放孔钻进。水源分静压水和压力水。

1）静压水（地面水）。通过钢管或软管将地表水引到钻杆内至孔底。由于水量和水压的损失与管路的长度成正比，不宜保证，所以不适合用于直径大于75mm、孔深在100m以上的孔钻进。优点是不需要配置输送泵。

2）压力水。通过泥浆泵将水输送到钻杆内至孔底。泥浆泵的大小根据钻孔的直径和孔深所需泵压和泵量配置。一般300m以内的钻孔用BW-250型泥浆泵就可满足要求。

（2）风力排屑。采用井下的动力风进行排屑，适用于瓦斯高密集、强突、煤层薄、裂隙发育易坍塌及构造复杂的预抽瓦斯顺煤层长钻孔回转钻进，且为一次性成孔。1996年芙蓉矿务局白皎矿在瓦斯强突、松散坍塌的煤层中施工顺煤层近水平孔，先用水力排屑，由于喷孔，均未达到设计孔深；后改用风力排屑，成孔53个，累计进尺4656m，最大孔深158m。2000年10月淮南矿业集团谢二矿施工顺煤层钻孔，采用高压风排屑时，钻深最大的118.8m瓦斯抽放孔只用了21h。情况允许时，使用移动空压机排粉，比动力风排粉效果更好。

（3）螺旋钻杆排屑。适用于机械排粉且岩石可钻性比较低的浅孔钻井。

7.4.3 定向钻进技术的应用

7.4.3.1 地质勘探

（1）综合探测地质条件。1996~1998年，综合探测徐州夹河井田深部未采区机采地质条件，使用MK-3型全液压坑道钻机、BW-250型泥浆泵、ϕ42mm外平钻杆、螺杆钻具和稳定组合钻具，共施工沿煤层受控定向钻孔14个。经综合探测，修改了工作面回采巷道设计。

（2）测煤厚，圈定采煤工作面。2006年11月，为探测淮南谢桥矿某区域煤层倾角和厚度变化，圈定工作面，使用MKG-5型全液压坑道钻机、BW-250型泥浆泵、ϕ71mm取心钻杆、螺杆钻具和稳定组合钻具，钻了两个ϕ80mm、孔深300m的沿煤层受控定向钻孔（其中一个钻孔分别在孔深35m和185m处钻了深度为81m和303m的定向分支孔），取得了煤层倾角和厚度的可靠资料，节约了500m的探巷工程。

7.4.3.2 瓦斯抽放

针对原有瓦斯防治技术中巷道抽放和钻孔抽放存在的弊端，且从国外引进大型设备以大直径钻孔取代巷道瓦斯抽放技术的应用不适合国内矿井的复杂地质条件的状况，相继开发了 MK 系列坑道钻机及其配套施工工艺，将其投入高产高效的煤矿生产中效果很好。

（1）顺煤层瓦斯抽放。2008 年 6 月，为抽放铜川陈家山矿本煤层的瓦斯，使用 MK-7 型全液压坑道钻机、BW-320 型泥浆泵、ϕ89mm 外平摩擦焊接高强度钻杆、ϕ113mm 稳定组合钻具、ϕ113 ~ 193mm 复合片钻头，以二次成孔方式，钻进孔深分别为 806m 和 875m 的两个沿煤层受控走向钻孔，对该煤层的瓦斯进行抽放。

（2）邻近层瓦斯抽放。2009 年 10 月，以岩石大直径钻孔代替高抽巷抽放瓦斯，用 MK-6 型全液压坑道钻机、BW-320 型泥浆泵、ϕ89mm 外平钻杆、ϕ113mm 稳定组合钻具、ϕ94 ~ 193mm 复合片钻头，以二次成孔方式，在淮南丁集矿某工作面顶板砂岩层中，施工 503m 和 508m 钻孔各一个，成孔直径 ϕ153 ~ 193mm，终孔位置偏差小于孔深 1%。

（3）穿层瓦斯抽放。1998 ~ 2000 年，针对鹤壁矿务局提出的延长穿层瓦斯抽放孔见煤孔段的长度，以缓解矿井采掘接替紧张的局面，达到降低吨煤成本的目的，使用 MK-3 型全液压坑道钻机、ϕ42mm 外平钻杆、稳定组合钻具和活接头钻具，以 1.08°/m 的弯曲强度造斜前进，使见煤孔长度由原来 25.5m 增加到 95m，提高了单孔瓦斯抽放量，将用于瓦斯抽放钻孔的费用减少了 85%。

7.4.3.3 防治水

（1）排放采空区积水。2006 年 5 月，徐州新集矿为排放采空区积水，使用 MKD-5S 型全液压坑道钻机、ϕ63.5mm 外平钻杆、ϕ94mm 稳定组合钻具，钻了一个 ϕ94mm、孔深 150m 的穿层定向孔（上仰 50°）至水源，钻具在孔底未提出时测出水量约 130m^3/h，2 个月中排放积水近 14 万立方米。

（2）封水。2007 年 3 月，为了给张集矿某工作面治水，使用 MKD-5 型全液压坑道钻机、ϕ71mm 绳索取心钻杆，采用近水平定向分支孔钻进技术，施工了一个 ϕ80mm、孔深 200m 近水平定向钻孔至水源后注水泥浆，达到了封水的目的。

7.4.3.4 煤层注水

近年来，随着煤矿综采技术的发展以及对采煤工作面环境的更高要求，多个矿务局在采煤前对煤层进行提前注水作业，防止采煤时粉尘污染。

2004 ~ 2008 年，徐州矿务局为了改善采煤工作面环境，在下属各大矿使用 MK-4 型全液压坑道钻机、ϕ50mm 外平钻杆，采用近水平钻进技术，施工 ϕ73 ~ 94mm、孔深 100 ~ 150m 近水平上仰或下斜钻孔后进行注水封孔，效果很好。

7.4.3.5 横贯通风

2008 年 9 月，阳泉新景矿使用 MKD-5S（4000N · m）型全液压坑道钻机、ϕ89mm 外平钻杆、ϕ450mm 螺旋钻杆以及 ϕ200mm、ϕ450mm 和 ϕ600mm 硬质合金钻头，以机械排屑、多次成孔的方式，施工了 3 个 ϕ600mm、孔深 35 ~ 55m 的横贯钻孔。

7.5 淮南矿区钻探工程实例

7.5.1 谢桥煤矿抽排区突出煤层顺层长钻孔施工技术

7.5.1.1 问题提出

根据掘进过程中突出危险性预测预报结果，确知该面具有突出危险性，如何消突已成为该面能否顺利投产的关键。1151(3)综放工作面走向长1674m，倾斜长231.8m，煤层倾角12.8°，厚度约5.4m，于2009年1月16日贯通。煤炭科学研究总院重庆分院给出的消突方案是在工作面上、下顺槽相应区域施工一定数量的顺层长钻孔，提前对煤层进行预抽和卸压（本煤层预抽率须大于30%）。为了提高钻孔施工深度，推荐采用空压机供风排碴法从切眼向收作线位置依次施工，钻孔深度：上顺槽100m，下顺槽120m。然而，现实中钻孔施工存在很多问题。1151(3)工作面平面图如图7-20所示。

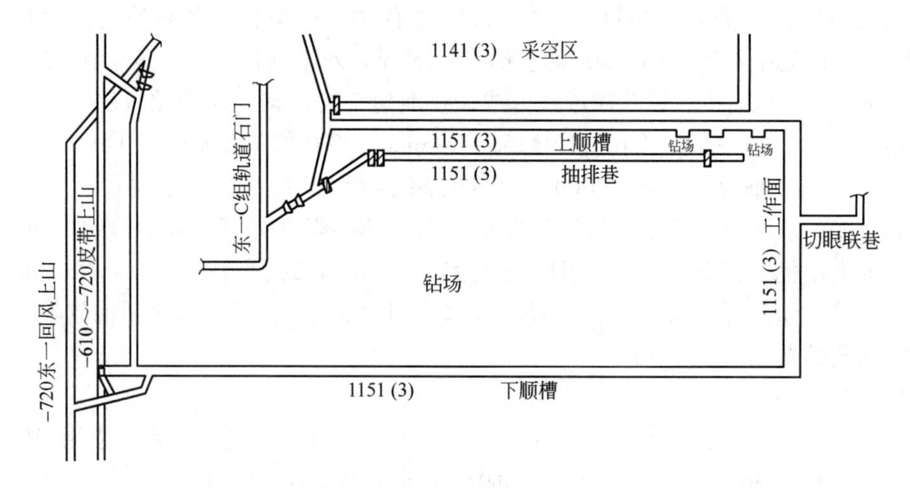

图7-20 1151(3)工作面平面示意图

A 采用移动空压机前后钻孔

1151(3)工作面从掘进至贯通这段时间内，防突措施一直采用麻花钻杆系统压风排碴法钻进，施工孔深多在17～80m，而且由于种种原因还出现钻杆断裂及钻具脱扣现象，进尺较为缓慢。

2009年1月17日起，上、下顺槽均实现了移动式空压机（VFY-9/7-KB型）供风，配合ϕ50mm平光钻杆施工，但施工速度及深度并没有得到明显提高，至1月25日，上、下顺槽累计只施工出46个钻孔，且钻孔深度多在70～80m之间，与设计要求相差甚远，如此下去，该面消突工作将成为空谈。空压机在该面并不能发挥理想作用。

B 使用空压机存在的问题

（1）不利于搬运。空压机组重2.5t，体积2490mm×1300mm×1415mm，采用平板车运输，由于该面扩面安装任务繁重，不能直接放在轨道上，需放在专用硐室内，进出硐室搬运十分困难。

（2）不能实现连续供风。空压机采用风冷式冷却，由于硐室空间有限，散出的热量来不及排出，又重新随空气吸入空压机，如此循环造成空压机出风温度较高，最高可达100℃以上，既不利于空压机工作，又是较大安全隐患，需要开一会儿、停一会儿，以便于冷却，不能连续供风。

（3）容易埋钻。若孔内出现不均匀破碎，大块煤屑不能顺利地被压风排出孔外，容易造成钻孔堵塞或埋钻。

（4）灭尘难。由于孔内风压较大（0.6～0.7MPa），干粉尘随风压从孔口可排到巷道另一侧，粉尘弥漫整个巷道空间，需增加孔口喷雾用于降尘，这势必造成钻场处巷道内积水较多，水与煤泥难以排出，使得作业环境十分恶劣。

C 施工工艺上存在的缺陷

由于采用三翼合金片钻头，钻进时易产生大块煤屑，压风不易将其排除，从而给排碴造成困难；钻机稳固性时好时坏，直接影响钻进质量；人员操作技术还不够熟练，存在盲目加压进尺现象；因粉尘较大，作业环境差，工人怨言较多，劳动积极性不高，配合不默契；钻杆进货渠道不统一，钻杆质量有好有坏，容易造成孔内事故；钻孔开孔参数与钻机摆放位置参数存在较大误差，人为造成钻机负荷大，难以实现长钻孔施工。

7.5.1.2 主要解决方法

由于消突任务重，如何增加上、下顺槽钻孔施工深度已成为消突工作的首要任务。经过对 SGZ-IB 钻机的性能和现场施工情况分析总结，决定仍采用 ϕ73mm 麻花钻杆、SGZ-IB 型钻机、井下系统压风排碴法钻进，并从技术源头抓起，通过技术创新，实现进尺突破。

A 钻杆的使用

（1）规范进货渠道，采用正规厂家生产的质量可靠的钻杆。

（2）加强钻具保养，所有钻杆丝头在使用前抹黄油，接钻杆时，钻杆上紧前在丝头上缠盘根油线，即减少钻杆接头间隙漏风，又利于起钻，节省人力和时间。使用钻杆时精挑细选，有弯曲损扣现象的坚决剔除不用。

B 钻头的选取

以前常采用 ϕ75mm 钻头配合 ϕ73mm 麻花钻杆钻进，因孔内排屑空间小，容易造成卡钻、埋钻事故，钻进困难。后来及时改用 ϕ91mm 三翼合金片钻头，增加了排屑空间，压风也容易返出，既减少了埋钻次数，又提高了打钻速度。不同规格钻头对钻孔深度的影响如表 7-2 所示。

表 7-2 不同规格钻头对钻孔深度的影响

钻杆类型	钻头规格/mm	孔口钻屑最大直径/mm	施工最大孔深/m
平光钻杆	ϕ75	9	61
	ϕ91	15	106.6
麻花钻杆	ϕ75	6	57
	ϕ91	7	122.6

C 增加钻机稳固性

钻机的稳固性直接关系到成孔的质量和施工的难易程度。安置钻机前必须将钻场浮煤杂物清理干净，以见巷道实底为准，并将稳固钻机的丝杠由 4 根增加到 6 根，在钻机四角各打上 1 根，对角再垂直打上 2 根，各丝杠均要迎山有力，施工过程及时用牙钳上紧，保证钻机在施工过程中稳固不动。

D 钻机距开孔点距离适中

以前工人为了节约上钻杆的时间，将钻机与煤壁距离拉大到加两根麻花钻杆（约 2m），但在实际开孔及进尺过程中，由于钻杆钻头摆动幅度大，钻头不能按照设计角度开孔，钻进过程中容易增加钻机负荷，严重影响施工质量。另外，外露钻杆过长也容易造成孔口煤体破碎。现在严格控制钻机与煤壁距离，使得孔口距立轴距离控制在 1.5m 以内，有利于钻孔施工。

E 规范操作

（1）加强钻工操作技能培训和钻机的维修保养工作，做到能合理熟练操作，各部分紧固件连接可靠，运转灵敏。

（2）停钻前钻头要退离孔口一个行程，做到先停机后停风，先开风后开机。

（3）操作人员要动作协调，停钻卸钻加尺动作要快，尽量减少停风时间。另外，为了便于计尺，可一次拿 10 根钻杆作为一组施工，这样很容易计算总进尺。

（4）钻进时应随时注意孔口返风情况，压力表的指示有异常时要停止钻进，并且反复进退旋转排屑，待孔内正常后方可继续钻进，严禁在钻孔堵塞或排屑不畅情况下盲目加压进尺。

（5）孔内有钻具时实行现场交接班作业，歇人不停机。

F 解决孔口降尘

由于采用系统压风，孔口设两个 5 芯喷雾头基本上即可解决粉尘问题，降尘效果比使用空压机时大为提高。同时，喷雾积水再被干钻屑吸收，作业环境得到改善。但须防止孔口喷雾降尘用水进入钻孔内。

G 确定最佳钻进参数

转速：开孔采用 140r/min，开好孔后采用 235r/min；

钻进速度：0.5 ~ 0.7m/min；

给进压力：1.0 ~ 1.5MPa；

采用风压：0.31 ~ 0.48MPa；

单孔需风量：0.3 ~ 1.0m^3/min。

H 改进封孔工艺

顺层孔成孔后下 5cm（1.5 寸）套管 8m，采用压风排聚氨酯法封孔工艺，即用井下压风将装在特制容器内的聚氨酯混合液，在没有发泡前压进待封钻孔内。用这种方法封孔，长度可达 6m 以上，孔口负压最大达 50kPa。

7.5.1.3 应用及推广

通过技术创新，1151(3)工作面上顺槽从 2009 年 1 月 26 日早班、下顺槽从 2 月 16 日中班起，打钻进尺均取得了重大突破：上顺槽单孔进尺突破 100m，下顺槽单孔进尺突破 120m。1151(3)综放面上、下顺槽首个顺层长钻孔施工时间如表 7-3 所示。至 2009 年 11 月上旬，该面消突钻孔按照设计要求全部顺利施工完毕（见表 7-4），评价区域内煤层平均预抽率达到 32.4%。煤炭科学研究总院重庆分院对打钻及预抽结果评价后，认为预抽区域已经达到了消突效果，可以采用放顶煤法回采。回采期间，消突效果非常明显，各项预测指标无一超标。

表 7-3 1151(3)综放面上、下顺槽首个顺层长钻孔施工时间

地 点	施工日期	用时统计				孔深/m
		进 钻	起 钻	钻机挪移安装	合 计	
上顺槽	2009-01-26	5h50min	6h54min	2h27min	15h11min	101.5
下顺槽	2009-02-16	10h33min	6h38min	2h58min	20h8min	121.0

表 7-4 消突钻孔按照设计要求施工情况统计（2009 年）

地 点	时 间	孔 数	累计孔深/m	平均孔深/m	最大孔深/m
1151(3)上顺槽	01-01～01-25	31	2081	67.1	75
	01-26～11-10	411	42349	103.1	108
1151(3)下顺槽	01-17～01-26	25	1799.9	72.1	106.6
	02-16～10-09	419	49588	118.3	122.6

注：孔深不满足设计要求的在原孔附近重新补孔。

经过顺层钻孔预抽，不但消除了该面的突出危险性，而且每月还可节约近 8 万千瓦·时的电耗。该面没有出现因瓦斯问题而制约生产的情况，顺利地实现了放顶煤回采，较普通综采可解放煤量 105 万吨，创经济效益 2 亿元以上，实现了高产高效，在安全上和经济上均取得了巨大效益。

7.5.2 潘一矿 1721(3)运输上山水文孔施工安全技术

为保证潘一矿东翼 11 采区的顺利回采，根据潘一矿东翼水文地质条件资料，严格按照“有疑必探，先探后掘，先治后采，预测预报”的防治水十六字方针进行疏水降压，根据地测科设计，特制定本施工安全技术措施。

7.5.2.1 技术要求及施工方案

（1）全孔无心钻进，但要分回次、分班次详细记录岩性变化，及时实测钻孔涌水量及水压大小并做准确记录，及时将井下钻探原始日报表上交队部，钻孔结束后按规定技术要求及规定时间将钻孔施工总结上交地测科。

（2）钻场内须配有 2 个防喷装置（高压闸阀 DN100-40），钻场附近须配有专用电话以便及时联系。

（3）设备的选择：

1）钻机选用 ZDY-1900S（MKD-5S）型煤矿用全液压坑道钻机；

2）钻头选用直径 153mm 的三翼钻头开孔，下好一级地质套管后选用直径 113mm 三翼钻头施工，下好二级地质套管后选用直径 75mm 三翼钻头施工；

3）钻杆选用直径 63.5mm 的钻杆；

4）井下固孔注浆选用 2TGZ-60/210 型双液高压调速注浆泵；

5）机电设备选用 QBZ-80 电磁启动器。

（4）设备电源：在东翼轨道大巷临时配电点搭接生产电源。

（5）注浆材料的选择：选择 325 号普通硅酸盐新鲜水泥。

（6）注浆参数的选择：水灰比 1∶1 ～ 0.8∶1。

（7）注浆压力：当套管注浆加固养护达到一定要求后，再扫孔至套管下 0.5m 处，做清水耐压试验，一级管要求其耐压值不小于 6.0MPa，二级管耐压值不低于 10MPa，并能稳定 30min，孔口周围无渗漏，孔口管牢固可靠为合格，否则必须重新加固，直到合格为止，方可继续施工。

（8）配有与钻机相适应的水源（供水量 $Q>200$L/min，供水水压 $p>3$MPa）、电源及相应的配套设备。

(9) 钻场配备MSZ/8型手提式贮压干粉灭火器、梯子，悬挂瓦斯便携仪，安装钻机远程操作按钮，悬挂钻机操作规程，确保安全生产。

(10) 排水系统：提前施工好泵窝（沉淀池），规格为长×宽×高=2000mm×1200mm×1500mm，现场根据水流的趋势做一条宽×深=200mm×300mm的水沟引水，两个沉淀池用长×宽×高=400mm×200mm×200mm的水沟连接。钻场附近配2台75kW同等能力的排水设备，一套工作，另一套备用；备用排水设备必须处于热备用状态。

排水路线：钻场→泵窝→下顺槽1219排水管→东翼皮带巷1315排水管→东翼总回风巷1315排水管→井底水仓→泵房→地面。

7.5.2.2 设备的运输与安装

A 设备运输

(1) 做好钻场搬家前的准备工作，包括钻机解体、运输用工具材料等相关准备。

(2) 整个搬家过程中必须有一名跟班副队长现场指挥、协调，并负责现场的安全及措施的贯彻执行及监督检查。

(3) 钻机解体成动力头、滑移导轨、四根立柱、底座四部分，解体后钻机的各部件要特别保护好，防止钻机部件的丢失和损坏。

(4) 装卸机器设备时，严禁摔、碰、撞、击。钻探设备的起吊必须使用手拉葫芦，起吊设施必须安全可靠。

(5) 人工运输钻探设备时，电缆、设备必须保护好，以防破坏，装卸长物料、重设备时必须由班组长亲自指挥，口令一致，行动一致，匀速行进，以防脚底侧滑，确保运输安全。

(6) 人工搬家运输时，用棉纱缠好、铁丝拧紧抬运工具，以防止在肩扛运输过程中前后滑动伤人，确保运输人身安全。

(7) 解体时各胶管应卷成盘，固定在相应的部件上，弯曲不要过大，所有外露孔要包裹或加帽罩，防止脏物进入液压元件和高压胶管内。拆下的各紧固件和连接件应带在相应的零部件上，以免丢失或混淆。

(8) 解体后的各部件应固定在运输设备上（内），运输过程中应避免各部件的碰撞和跌落。装卸钻探设备时，严禁摔、碰、撞、击。机器设备装入矿车时，要垫上木板，以防损坏。搬运钻探设备时，要使设备处于正常状态，不得倾斜或倒置，并要装稳、捆扎牢固。

搬家运输时，按《煤矿安全规程》操作的同时，各种材料必须装牢固，用铁丝拧紧，以防脱落伤人；在运送较长的管材时，要同时装上比管材略长的圆木，以保护管材。设备搬运时，不得磕碰各操纵手把，更不得硬性扳扭。

在陡坡斜巷中搬运机器设备时，斜巷的上、下方不得同时作业，坡下方不得有人停留。坡上人员不得向坡下滚放任何物体。机器设备分装、分运时、要对油管及接头、液压阀、滑移导轨等易损部分采取特殊保护措施，运输时不允许在地上拖拉。运输设备及钻探材料时，由专管运输线路的区队协助运输，钻探人员不得擅自作业。

B 设备安装

(1) 安装钻机前，首先清理好钻场。钻场周围的岩层应安全可靠，且具有足够的空间，通风良好。钻场位于煤层中时，钻场中央按照2000mm×2000mm×1000mm打钻机基础，预埋18mm×2000mm的锚杆，其他地方按照厚200mm打地平。

（2）选择适当位置安放钻机。钻场位于岩层中时，机组底座用八根 18mm × 2000mm 的锚杆，3 根树脂药卷进行锚固或使用 4 根液压支柱稳固钻机，钻机起吊点使用钻机上方支护锚杆、锚索，使用 3t 手拉葫芦。

（3）将操作台和泵站安放在既安全又利于操作和观察钻机工作情况的地方，泵站电动机应置于进风侧。经空气滤清器网加入 46 号抗磨液压油至油计上标位，开机试车后油位会下降，应及时补至上标位。

（4）连接电源，电动机接线电压应与电源电压相符合，电动机的旋转方向应与油泵标注的方向一致。

（5）确定开孔高度、倾角操作。跑道可以在抱箍松开时顺着支撑四柱上下移动，以满足对不同开口高度的要求。将给进油缸的两支油管拔下接到升降油缸上，操作操纵台上的给进手把并缓慢调节节流阀，使跑道绕着旋转轴转动，以适应钻孔的要求。如果需要更大的钻孔倾角，可将上方耳环换到跑道后端的升降油缸上，若需要调节负的倾角，只需将上机架调换 180°，再按照上述步骤就可以得到理想的倾角。调整好开孔倾角后用拉杆和抱箍将跑道固定；钻机及机架必须稳定牢固，安装使用的起吊设备及其附属设施要牢固。

C 注浆泵的安装

（1）注浆泵应尽可能水平放置，并将其固定在适当位置。

（2）吸排浆管路、混合器及浆桶的布置要合理，应避免管路扭曲、打折、交叉等。

（3）吸浆笼头至注浆泵的处置距离（即吸程）应不超过 1m，注浆孔至注浆泵中心的处置距离应不超过 50m，吸浆管长度应不超过 5m，排浆管长度应不超过 100m。

7.5.2.3 电气设备的安装

（1）电气设备必须检验合格方可入井，杜绝失爆。接电前必须将电缆挂好，电缆吊挂必须使用电缆勾吊挂，并吊挂整齐，杜绝“鸡爪子”、“羊尾巴”、“明接头”。接电前应检查电源电压与电动机电压是否相符，电缆有无漏电现象。并了解电缆截面积、电动机功率，严禁超负荷使用电缆。

（2）钻探注浆设备安装完毕后，应报告给机电科，由机电科安排，调度室与附近作业单位联系好停、送电时间，然后接电。安装完毕搬开动力设备旁边的物体、有关人员远离动力设备后，方可送电。在安装、检修电气设备时，必须先切断电源，不得带电作业；作业时必须有两人以上在场。严格执行停电、检查瓦斯、验电、放电、短路、闭锁、挂牌、专人看管规定，并执行“谁停电，谁送电”的原则；电源开关必须独立使用，不得与其他区队共用。

7.5.2.4 钻探施工前的准备

（1）每个班次都应有专人检查顶板是否牢固，当确认安全可靠后，方能进行工作。检查场地安全设施，防水、防火、通风设施是否齐全完好。

（2）开机前，首先检查电气装置是否漏电。每班工作前，必须检测钻场瓦斯是否超限，确认安全后方可进入工地。检查机组安装是否平衡，防护装置是否完好，各部件连接是否可靠，油管连接是否正确无误。检查油箱油面是否在限定位置以上，并向各油嘴及润滑部位加注适量的润滑油。检查各操纵手把是否灵活，定位是否准确可靠。检查钻机各旋转件转动是否灵活，方向是否正确，有无阻力过大或声音异常情况。检查钻机移动装置是否可靠。当钻机移动到位后，固紧斜块楔，方可提升和钻进。扳动立轴给进与钻机移动操纵手把，使活塞来回运动，以排除液压系统的空气。操作液压手把，检查各接头是否漏油，观察压力表是否在规定的技术参数内工作，严禁无表操作。在钻机开钻前应对钻机进行全面检查，试运转正常后，方可开钻。钻机就位前接通钻场的供水及供电。风水管路距迎头不超过10m。

（3）施工前应对该水平排水系统进行一次全面检查，确保排水畅通。

7.5.2.5 钻探施工

（1）安装钻头操作：使用后置水辫，动力头退至机架后端，松开卡盘，放入一根钻杆在动力头内，钻杆外螺纹置于动力头前端，再旋接一根钻杆在动力头内，钻杆内螺纹露出动力头后端，卡盘夹紧钻杆，松开夹持器，动力头旋转并徐徐前进，当钻杆外螺纹通过夹持器后停止旋转和推进，将钻头旋接在钻杆上，动力头后面钻杆旋接后置水辫，接上水辫供水管。

（2）开孔操作：修平开口处的煤岩，保证钻头接触平稳，打开供水阀门给冷却器和水辫供水，动力头慢转，并慢慢推进，当钻进一定深度且钻机、钻具运转平稳后，用正常旋转和给进速度钻进。

（3）加钻杆操作：

1）先停止推进，再停止旋转，关闭供水阀门。

2）人工用管钳卸下后置水辫。

3）根据动力头后面空间大小，在动力头后面加一根或几根钻杆。

4）夹持器夹紧钻杆，松开卡盘，动力头后退或快速后退至机架后端。

5）卡盘加紧钻杆，松开夹持器，打开水辫供水阀门，向钻孔供水，待水从孔中流出后，再进行正常钻进。

（4）拆卸钻杆操作：

1）将动力头置于适当的位置（卡盘前进后能夹住要拆卸的钻杆）。

2）夹持器夹紧钻杆，操作正常进退手把至后退位置即浮动位，动力头反转，使水辫轴钻杆与第一根钻杆分离一段距离，将正常进退手把推至正常后退位，使推进油缸正常后退。

3）松开卡盘，取下后置水辫和钻杆。

4）动力头前进至能夹住钻杆处停止前进。

5）卡盘夹紧钻杆，松开夹持器，动力头正转（在起拔钻杆需钻具旋转时）并后退至适当位置（即从卡盘取下第一根钻杆时卡盘能夹住后一根钻杆），停止旋转和后退。

6）夹持器夹紧钻杆，操作正常进退手把至最后位置（浮动位），动力头反转，松开钻杆间连接螺纹将正常进退手把向前推进一位，使进退油缸正常后退。

7）松开卡盘，取下第一根钻杆。

8）再按上述操作，即可卸下第二根、第三根直至卸下最后一根钻杆。

7.5.2.6 操作注意事项

（1）在钻机钻进过程中，动力头绝不能反转。只有加接或拆卸钻杆时夹持器夹住钻杆后方可反转。

（2）注意各运动部件的温升情况。钻机表面温升和变速箱中的油液温升不大于40℃，外表面最高温升不大于75℃，泵站油箱出油口处的最高温升不大于50℃，否则应停机检查并加以处理。

(3) 观察各压力表所提示的压力，判断钻机是否过载。出现过载现象应调节节流阀，降低钻进速度，减少钻进负荷；当发现回油压力超过 0.8MPa 时，应停机清洗或更换过滤器滤芯。

(4) 观察钻机在钻进过程中的运动状态，若发现有异常声响、动力头振动过大、机架有摆动、立柱框有晃动，应停机检查并加以处理。

(5) 各操作手把应按照规定的标识和规定的程序操作。换向不能过快，以免造成液压冲击，损坏机件；观察油箱的油位，当油位下降到标定位以下时，应停机加油。

(6) 开孔时要轻压慢转，待钻头进入岩石后方可给压钻进，正常钻进施工时每次开机应待钻机启动后方可逐渐加压，压力不宜超过 2MPa，严禁先加压后开钻。

(7) 每次下钻具前要检查提引器、钻杆接头、岩心管丝扣等有无磨损，对磨损较严重的和不合格的钻具严禁其入孔。

(8) 钻机运转期间，不准靠近动力头及钻具，如发现异常，须先停钻，再查找原因。钻机运转时，工作人员不准在钻机附近来回走动；更不准站或坐在动力头及钻具后方，以防高压水射出伤人。钻进期间，操作工应时刻观察各种油压表指数及钻机声音，如发现异常，立即停钻，查找原因。接班时和起吊前都要检查起吊装置是否牢固，有问题及时解决，确保起吊装置牢固可靠。

(9) 起下钻期间要停电，牙钳未取下前，不得开钻机。起下钻具时，开停车要缓慢，刹车要平衡，钻头通过变径和破碎带要放慢速度，遇阻力时，不准墩钻具，提升时不准猛刹车，防止造成岩心脱落或跑钻事故；钻头距孔底 0.5m 处应给水，待孔口返水后轻压慢转至孔底，防止残留岩心崩落钻头合金或岩块堵塞以及发生卡钻事故。

(10) 钻进施工时，钻机司机要集中精力，精心操作，对钻机要经常检查，发现异常情况应立即停机检修，钻进时要注意观察孔口返水情况，出现憋钻或返清水以及钻孔内有异常声音，应及时处理，以防事故进一步扩大。

(11) 正常钻进时，如遇停电或停止运转时，应确保孔内正常供水，如遇停水或需要长时间停钻时必须将钻头撤离钻孔；全孔采用清水钻进，钻进中若遇破碎岩石无法正常钻进时，可采用泥浆护壁或采用注浆加固后再进行钻进。钻进过程中，水压较大时，起拔钻杆，应根据钻孔内水压大小和钻杆射出速度控制手把，做好防护工作，以防钻杆外射，高压水及碎石伤人。

(12) 发现钻孔水压、水量突然增大等异常时，必须停止钻进，但不得拔出钻杆，并迅速制动住钻机卡瓦，检查钻机四个立柱保证立柱有力，钻杆和顶板之间要用木梁和木楔顶死、背实，防止钻杆射出。同时，要派人监视水情。如果情况危急，水量较大时，必须立即向调度室汇报，要立即切断电源，组织人员按避灾路线撤离到安全地点，然后采取措施进行处理。

(13) 更换钻具和出现异常情况需停钻时，应把操作手把打到停电位置然后再停电。

7.5.2.7 注浆固孔施工前的准备

(1) 当电源和吸浆管接通后变速箱先置于空挡，启动电动机运转正常后，打开高压管路上的泄压阀，对四个挡位分别进行吸清水试验，检查泵的运转和吸排浆管路的通畅情况，发现异常及时处理。应特别注意的是：压力表有明显的压力显示时，表明高压管内有杂物堵塞，必须及时处理，只有一切正常后方可根据注浆孔涌水量和压力的大小，确定开始注浆挡位。

（2）将吸浆管置于浆液桶内（尽量避免浆管吸入空气），将注浆嘴装入水眼即可开泵注浆。

7.5.2.8 注浆操作

（1）按照设计要求配置浆液，随时掌握注浆孔和注浆泵的运转状态。关闭注浆孔与排浆管连接部分的泄压阀，注意观察注浆孔周围的变化，发现跑浆及时处理。

（2）注浆过程中随时观察压力表的变化和吸排浆管路的跳动情况，出现异常及时停泵处理。当注浆压力达到规定的注浆终压或该挡速最大注浆压力时应及时停泵，开泄压阀，更换低一级速度。待电动机启动后，关闭泄压阀，继续注浆，直到最低挡位为止。整个注浆结束后，将两个吸浆管同时吸清水，开泄压阀，用四挡速运转 10min 左右，把整个管路和泵体冲洗干净，然后检查吸、排浆阀并把浆桶冲洗干净。

7.5.2.9 注浆安全注意事项

（1）压力表和安全阀必须安装在排浆管路上，安装压力表前表内应充填适量的黄油，以防止损坏压力表和造成安全阀失灵。

（2）安装高压管路和泵头各部件时，各丝扣的连接必须紧密。

（3）泵正常运转注浆中禁止现场人员在注浆泵附近停留，防止封水管受高压跑出，或阀门破裂时伤人。

（4）每次注浆前，要检查安全阀的灵敏度，并调整到规定注浆终压（可大 0.1 ~ 0.2MPa）的位置。

7.5.2.10 安全技术措施

（1）施工前认真贯彻施工措施，让施工人员明确本次的施工目的、施工方案、施工顺序。水泵开关必须置于施工地点附近最高处；物料运输要慢行，矿灯照明应能看清前方障碍物或人员，防止运输事故。

（2）人员上下班途中，经过轨道巷要严格执行“行车不行人、行人不行车”的规定，红灯亮时躲避要及时。

（3）在施工地点配备便携式瓦斯检测仪，并根据实际情况悬挂在施工钻孔的最上方（瓦斯便携仪距顶不超过 200mm，距帮不超过 300mm），当钻探附近的有害气体含量有升高趋势时，必须停止钻进，并加强通风。

（4）使用压风作业时，必须提前安装好降尘设备，施工前仔细检查各风管接头连接情况；施工过程中，保护好瓦斯监控设备及周围电气设备。

（5）施工前必须进行岗位描述，确保施工前排除完危险源及存在的安全隐患，做到小隐患不过班，大隐患不过天；施工过程中严格执行“手指口述”，做好安全确认。

（6）进入钻场施工前必须执行“敲帮问顶”制度，发现问题及时处理；开钻前认真检查各油管接头是否连接可靠，防止出现油管脱节伤人。

（7）钻探过程中注意的事项：钻进过程中动力头不能反转，时刻观察各种液压表指数，仔细倾听钻机声音，严禁先加压后开钻，不准在钻机周围来回走动，时刻观察孔口返水情况。严禁人员上钻机作业，认真吸取事故教训。

（8）注浆过程中，制浆人员要严格按照标准配比浆液，并根据实际情况及技术人员的要求及时调整浆液的配比参数，施工人员要认真做好记录；排水管、水沟要保持畅通，备用泵要保持热备用状态。

7.5.2.11 钻孔内事故的预防及处理措施

A 烧钻事故

（1）烧钻事故的预防：保证水压正常冲洗岩粉，各水管管路畅通，不漏水；认真检查钻具，下钻前要认真检查各种管接头是否畅通，各种钻具有无破裂现象，严禁使用内孔不通、半通或破裂的钻杆，防止半路跑水；保持孔内清洁，每次起下钻，距孔底有一定距离时先开水冲洗，然后扫孔钻进；要及时发现和处理岩心堵塞，根据返水量的变化、钻进速度的快慢等情况，一旦发现岩心堵塞，应及时处理，可稍微抽出一点钻具，用慢速空转1~2min，或适当加大钻压，强迫钻头进尺顶活岩心，若无效，则立即起钻。

（2）烧钻事故的处理措施：一旦发现烧钻事故，应立即停止钻进，提引钻具，调整压力调整阀，快速空转1~2min，但不能停水；适当加大钻压，慢速钻进，顶活岩粉；以上两种方法若无效，必须立即起钻。

B 卡钻事故的预防及处理措施

（1）卡钻事故的预防:钻进时,由于钻具稳定性差,回转对孔壁产生敲帮现象,加上压力水的冲洗,增加了掉块和探头石夹钻的可能性,因此应在钻具上每隔一段距离加一根稳定器。在破碎岩层钻进时,不能盲目采用大压力、高转速钻进,以防钻杆对孔壁震击过强。

（2）卡钻事故的处理措施：一旦发现卡钻异常，应立即起钻至一级管处，严禁盲目采用大压力、高转速钻进；起完钻，应对钻孔进行注浆，护住已钻进的钻孔孔壁，待水泥浆凝固后再正常钻进。

C 钻杆脱落、折断的预防及处理措施

（1）钻杆脱落、折断的预防：正确控制钻头压力，不得盲目加大钻压；要均匀加压，不应忽大忽小，在破碎、裂隙发育岩层，应降低压力和转速；孔内岩粉过多，下钻阻力过大时不得贸然开钻，应冲洗后再开钻；在施工过程中，必须加稳定器，以防止钻机孔内弯曲；不得使用过度磨损、过度弯曲、有缺陷或裂纹、不同心的钻具；钻具各连接部分丝扣要对正，并拧紧。

（2）钻杆脱落、折断的处理措施：发现钻杆脱落或折断，应先起钻，确定钻杆脱落或折断的位置，再配备相适应的公（母）锥进行捞钻。人工用牙钳拧紧钻杆丝扣，直至拧不动，再开启钻机进行捞钻，严禁盲目用钻机拧丝扣。

D 压钻、埋钻事故的预防及处理措施

（1）压钻、埋钻事故的预防：保证水压正常冲洗岩粉，各水管管路畅通，不漏水；认真检查钻具，下钻前要认真检查各种管接头是否畅通，各种钻具有无破裂现象，严禁使用孔内不通、半通或破裂的钻杆，防止半路跑水；注意孔口反水情况、排岩粉情况，发现异常立即停止钻进；发现有压钻、埋钻预兆时及时活钻、起钻。

（2）压钻、埋钻的处理措施：发现压钻现象应立即停止钻进，及时起钻，来回多活钻，充分排除岩粉；采用2TGZ-60/210型双液压调速高压注浆泵，向孔内压水，一旦返水，立即进行活钻，待返水正常，钻机给进、旋转压力正常时方可继续钻进；若压钻严重，可采用向孔内压水和在钻机后方采用倒链牵引相结合的方法进行处理，在处理过程中，倒链和钻杆的连接要可靠，使用倒链过程中用力要均匀。

E 孔内高压水喷出伤人的预防

二级管试压合格后，孔口必须安装高压闸阀；钻进至二级管深度后，严禁作业人员站在正对着孔口的位置。

7.5.3 顾桥矿1115(1)轨道顺槽掘进排放钻孔施工技术

7.5.3.1 工作面概况

1115(1)轨道顺槽沿11-2煤层掘进，采用U形棚进行支护（当顶板比较完整时采用锚梁网进行支护）。巷道设计宽5.0m，高4.1m，净断面17.8m^2，巷道跟11-2煤层顶板施工，掘进方式为综掘。

工作面绝对瓦斯涌出量预计在2.0m^3/min左右。工作面采用1台2×30kW和1台2×55kW局部通风机通风，1路ϕ800mm和1路ϕ1000mm的胶质阻燃风筒向工作面供风。另设置1台2×30kW和1台2×55kW局部通风机搭另一路电源进行备用。局部通风机与1115(1)轨道顺槽巷道内的电气设备实现“三专两闭锁”。

该区域的11-2煤层煤的坚固性系数f为0.45~1.13，突出综合指标K为2.65~8.89，放散初速度为266.6~799.8Pa(2~6mmHg)。为保障该段巷道安全掘进，在掘进期间进行区域性防突参数测定。如果出现异常情况：（1）瓦斯参数测定时，钻屑指标$k_1 \geqslant 0.5$mL/(g·min$^{1/2}$)或$S_{max} \geqslant 6.0$kg/m；（2）工作面出现煤炮声，顶帮来压，打钻喷孔、顶钻，煤层层理变得紊乱，煤变软、暗淡、无光泽，煤层厚度急剧变化、倾角变陡、见断层等；应停止掘进，施工深孔深30m的瓦斯排放钻孔。钻孔施工完毕必须对排放效果进行检验，只有效验结果始终有$k_1 < 0.5$mL/(g·min$^{1/2}$)、$S_{max} < 6.0$kg/m，则可保持2m效果检验孔超前距和10m排放钻孔超前距继续掘进。掘进到允许位置后，停止掘进，再施工一次排放钻孔，排放钻孔施工结束后再进行排放效果检验，效验确认安全后，保持2m预测钻孔超前距恢复正常掘进。若效验结果出现$k_1 \geqslant 0.5$mL/(g·min$^{1/2}$)或$S_{max} \geqslant 6.0$kg/m，则重复上述瓦斯排放钻孔施工、效检孔施工，并保持10m排放钻孔超前距掘进。

工作面出现断层等需施工前探孔时，根据地测部门提供的资料进行参数设计和施工。

7.5.3.2 工作面瓦斯地质情况

该工作面内11-2煤层厚度2.0~2.6m，平均厚度为2.35m，倾角3°~8°，煤层结构简单，厚度稳定，局部变化较大，含1~2层夹矸。11-2煤层黑色，块状至粉末状，局部少量片状，半亮型煤。煤层直接顶为泥岩及砂质泥岩，老顶为砂岩及砂质泥岩，直接底为泥岩及砂质泥岩。

7.5.3.3 施工工艺及钻孔布置

施工主要设备：

SGZL-ID型液压钻机	1台
煤电钻	1台
ϕ91mm三翼刮刀合金钻头	2枚
ϕ42mm两翼合金钻头	2枚
ϕ42mm螺旋钻杆	2.0m×10根
ϕ74mm螺旋钻杆	1.5m×30根
5t手拉葫芦	2台

施工工艺：

（1）排放钻孔施工采用 SGZL-ID 液压钻机，效果检验钻孔采用煤电钻。

（2）排放孔钻进时采用 ϕ91mm 三翼刮刀合金钻头钻进，压风排碴（在岩层中钻进时采用 ϕ94mm 复合片三翼钻头钻进，水力排碴）。

（3）效果检验钻孔采用 ϕ42mm 两翼合金钻头钻进，螺旋钻杆排屑。

排放钻孔布置：

（1）布置瓦斯排放钻孔 16 个，终孔位置为巷道两帮外 5m。

（2）布置效果检验钻孔 3 个，巷中 1 个，巷道两帮各 1 个（开孔位置布置在两排孔之间，左右两孔距巷帮 500mm，终孔位置为巷道轮廓线外 2m）。

钻孔效果检验严格按照《1115(1)轨道顺槽掘进瓦斯参数测定措施》执行。1115(1)轨道顺槽掘进瓦斯排放钻孔参数如表 7-5 所示。1115(1)轨道顺槽掘进瓦斯效果检验钻孔参数如表 7-6 所示。

表 7-5 1115(1)轨道顺槽掘进瓦斯排放钻孔参数

孔 号	钻孔与巷中夹角（左偏为正，右偏为负）	钻孔倾角	距巷中距离/m	距巷道底板高度/m	孔深/m
1	11°3′	与煤层倾角一致	1.75	1.8	30
2	8°10′	与煤层倾角一致	1.25	1.8	30
3	5°18′	与煤层倾角一致	0.75	1.8	30
4	2°26′	与煤层倾角一致	0.25	1.8	30
5	-2°26′	与煤层倾角一致	0.25	1.8	30
6	-5°18′	与煤层倾角一致	0.75	1.8	30
7	-8°10′	与煤层倾角一致	1.25	1.8	30
8	-11°3′	与煤层倾角一致	1.75	1.8	30
9	11°3′	与煤层倾角一致	1.75	0.5	30
10	8°10′	与煤层倾角一致	1.25	0.5	30
11	5°18′	与煤层倾角一致	0.75	0.5	30
12	2°26′	与煤层倾角一致	0.25	0.5	30
13	-2°26′	与煤层倾角一致	0.25	0.5	30
14	-5°18′	与煤层倾角一致	0.75	0.5	30
15	-8°10′	与煤层倾角一致	1.25	0.5	30
16	-11°3′	与煤层倾角一致	1.75	0.5	30

表 7-6 1115(1)轨道顺槽掘进瓦斯效果检验钻孔参数

孔 号	钻孔与巷中夹角/(°)（左偏为正，右偏为负）	钻孔倾角	孔口水平位置	钻孔距巷道底板高度/m	孔深/m
1	15	与煤层倾角一致	距巷帮 500mm	1.2	10
2	0	与煤层倾角一致	巷中，工作面煤层中部	1.2	10
3	-15	与煤层倾角一致	距巷帮 500mm	1.2	10

当煤层赋存变化时，钻孔参数应根据工作面具体情况进行调整。

7.5.3.4 钻孔施工安全措施

（1）施工排放钻孔前，施工负责人应先检查施工地点支护及通风等安全情况并清除施工地点20m范围内的杂物，确认支护到迎头，找净迎头浮矸，背实帮顶，防止掉矸（煤）伤人。迎头风量满足《1115(1)轨道顺槽掘进作业规程》要求，不得在无风及微风环境下施工。

（2）将施工电气设备纳入工作面风电闭锁，局部通风机实行“三专”供电。信息中心负责将施工电气设备纳入瓦斯电闭锁。

（3）施工前，施工单位须对施工地点所有电气设备进行一次全面检查，杜绝失爆失保，并定期进行检查、维修，保证完好，电气设备有专人维护。

（4）严禁带电挪移、搬迁、检修电气设备，需检修时必须切断电源，悬挂停电牌，并有专人监护。钻机用按钮开关控制。测定前将综掘机退至距迎头至少8m位置并停电闭锁。

（5）钻机机座要用道木垫平实，用单体将钻机机座压实、压牢固。钻机机座两侧各使用2根压车柱稳固，压车柱顶部要用10号以上铁丝固定在巷顶上，压车柱要坚实有力；起吊钻机时必须使用5t手拉葫芦和锚链进行起吊，手拉葫芦要用锚链牢稳固定在专用起吊锚杆上。

（6）打钻时在迎头设护身挡板。打钻时钻孔正对方向严禁站人，以防喷孔伤人；打孔前待钻机空载试运转几分钟，无异常情况后方可开始工作；临时停钻时，要将钻头退离孔底一定距离，防止煤岩粉卡住钻杆，停钻时间较长时应将钻杆整体拉出钻孔。

（7）打钻过程中，操作人员要相互配合好；发生喷孔现象时要暂停进尺，待喷孔现象消失后方可继续进尺。

（8）使用的钻机必须保持完好，严禁带病作业，严禁使用不合格或报废钻杆。连接钻杆时要对准丝扣，避免歪斜；钻杆接、拆必须在停机状态下进行。操作人员应认真观察钻孔的出屑量、钻孔内的振动声音等情况，发现问题应查找原因，及时处理。若钻进困难可缓慢少许窜动钻具，发生卡钻或钻杆弯曲时，应立即退出检查处理。

（9）开孔时应慢速钻进，当钻头体全部进入煤体后方可加快钻进速度。钻孔施工过程中，严禁人员碰触钻机运转部件。所有施工人员操作时要将衣襟、袖口、裤脚束紧，做好个人自保、互保。

（10）施工人员要严格按照操作规程和钻孔施工参数精心操作，记录准确、翔实。严格控制钻进速度，根据煤岩软硬给定合适压力、转速。机器运转时，严禁用手、脚或其他物件直接制动机器运转部分。如果发生钻孔冒烟、着火时，要立即停止钻进，向孔内注水，并用黄泥封堵好孔口。掘进队当班负责人必须将便携式瓦斯检测仪悬挂在迎头。

（11）安排专职瓦检员经常检查施工地点及附近的瓦斯，风流中瓦斯浓度达到0.8%时必须停止钻孔施工；当风流中瓦斯浓度达1.3%时，必须切断电源，进行处理，并向调度汇报。只有在瓦斯浓度降到0.8%以下时，方可人工复电开动机器。

（12）掘进队将供水管和压风管及时接至迎头，打钻全过程中要打开孔口喷雾和巷道内净化喷雾。掘进队应在距迎头25~40m范围内设置不少于一组10个压风自救装置，并保持供风风量不小于0.1m^3/min。

复习与思考题

7-1　什么是孔深、顶角、方位角?

7-2　什么是顶角弯强、方位角弯强?

7-3　什么是钻孔弯曲度?

7-4　促使粗径钻具偏斜的因素有哪些?

7-5　说明各向异性的岩层钻孔弯曲规律。

7-6　什么是初级定向孔?

7-7　说明不同情况下初级定向孔的设计方法。

7-8　简述 JXY-2 型测斜仪的工作原理与适用条件。

7-9　简述 JJX-3 型测斜仪的工作原理与适用条件。

7-10　简述 JTL-50 型陀螺测斜仪的工作原理与适用条件。

8 坑道钻探安全技术

目标要求： 了解孔内事故的危害和预防事故的意义及孔内事故的分类，掌握处理孔内事故的基本原则；掌握处理孔内事故的基本方法；掌握埋钻、烧钻事故的原因、预防及处理方法；掌握钻具折断、脱落、跑钻事故的原因、预防与处理方法；了解钻具挤夹、卡阻及其他事故的原因、预防与处理方法。
重点： 钻孔发生事故的原因、预防及处理方法。
难点： 钻孔设计基本方法。

坑道钻探在矿井生产中广泛应用于查明矿井地质构造、水文地质条件、防水、瓦斯探测与抽放、火灾害处理等各个方面，尤其是查明和治理矿井瓦斯、水害的重要手段。但由于受井下施工现场条件及特殊施工要求影响，坑道钻探较地面钻探往往事故较多，严重影响钻探效率及安全生产。

8.1 回转式钻机操作安全规程

8.1.1 开工前的检查

（1）检查钻机各部件安装紧固情况，发现松动应及时拧紧；转动部位和传动带应有防护罩；钢丝绳应完好；离合器、制动带应功能良好。检查各运转总成的油面高度，按说明书规定对各润滑部位加注润滑油、脂。检查电气设备是否齐全，电路配置是否完好，发现问题及时处理。检查管路接头是否齐全和密封，并进行必要的紧固工作。检查各部位应无漏气、漏油、漏水现象。

（2）清除钻机作业范围内的障碍物，详细检查护井管内有无工具、配件等物，检查后立即将工作平台覆盖严密，以免作业时工具、配件掉入井孔。

（3）将各部操纵手柄置于空挡位置，用人力盘动检查各部转动是否灵活。最后合闸检查电动机旋转方向，发现反向，应改变电动机接线。确认一切正常后，方可正式开机。

（4）钻头和钻杆连接螺纹质量要良好，滑扣不得凑合使用。钻头崩刃缺角要换新。合金头焊接要牢固，不得有裂纹。钻头、钻杆连接处可加3mm厚垫圈，便于工作后拆卸钻杆。

（5）检查回转系统是否良好，并加注润滑油或润滑脂；检查变速箱、分动箱、减速箱、液压油箱等油量是否适量。

8.1.2 钻机的正确操作方法

8.1.2.1 对位

（1）孔位偏差一般不得超过0.2m，如遇特殊情况，最大不得超过0.4m。孔间和排距、方位角度尽量一致。

（2）切断行走电动机电源。

（3）接通工作系统电源。

（4）将电气操作台主令开关扳到手动位置。

（5）钻具稍稍提起，取出钎托上的卡扳子。

（6）缓慢放下钻具，至钎头距地面约30mm时停止。

（7）安装好捕尘罩。

8.1.2.2 开孔和钻进

（1）开动抽风机。

（2）开动回转机构。

（3）将冲击器操纵阀扳到半开位置。

（4）接通提升推进机构下降按钮，下放钻具。当钎头触及岩石时，冲击器便开始工作，进行开孔。如发生卡钻或偏斜，应立即提起钻具；重复上述程序，直至冲击器开始正常钻进为止。

（5）根据岩石的情况，将冲击器操纵阀全部打开或扳到合适开度的位置。

（6）停止下放钻具，将主令开关扳到自动位置，推压操纵阀手把，扳到调压位置，进行调压凿岩。

（7）如遇岩石松软或较为破碎时，应向孔内装入黄泥进行护壁。

8.1.2.3 正常钻进时的注意事项

（1）各电动机应无异响，温升正常。

（2）中齿轮啮合正常，运行时无杂音。

（3）根据孔底岩石情况和电流表读数，随时调节钻具轴压，避免回转机过载。当电流超过额定值时，应立即提出钻具，检查处理正常后，方可继续作业。

（4）滑架摆动严重时，应减少轴压。

（5）当气压低于0.4MPa时应停止钻孔。

（6）发生卡钻时，应根据具体情况进行处理，不得强行提升钻杆。如遇较厚夹层或孔内出水时，要先提钻、后停风，以免堵塞冲击器。推压气缸架的限位开关应经常保持灵活有效，以免发生过载事故。要及时排碴。遇松软或破碎岩层时，尤应增加提钻和排碴次数。

8.1.3 使用注意事项

（1）配备泥浆泵的回转钻机开车时，应先送浆后开钻；停钻时要先停钻后停浆。泥浆泵要有专人看管，并与钻机操作人员密切联系泥浆供应情况，观察泥浆质量（密度、含沙率、胶体率、黏度）和浆面高度，并随时测量和调整。浓度要合适，浆面低于孔口不得超过0.5m。特别是停钻时，发现漏浆要及时补浆，要及时清除沉淀池中的钻碴、杂物等，保持泥浆纯净，以免塌孔。

（2）回转钻机开钻时，先送风、空转，后给进，钻头略微拉起，稍离孔底，以避免卡钻。

（3）开孔阶段，钻压要轻，转速要慢。

（4）在钻进过程中，要根据地质情况和钻进深度，选择合适的钻压和转速，均匀给进。在地质不均或岩层交接处钻进时，应减小钻压和转速，减缓给进速度。当钻头进入黏土层时，应采取措施，消除糊钻现象，同时改用低速运行，以防烧坏电动机。在钻水下混凝土时，应采取应急措施，防止混凝土中存留的铁件或异物损坏钻机。

（5）变速箱换挡时，应事先停车，挂上挡之后才能开车。

（6）加接钻杆时，应预先检查密封圈是否完好无损，并做好连接处的清洁工作。连接螺栓是特制的螺栓，不能用其他螺栓代用。凡使用过的旧螺栓，应仔细检查，确认螺栓头与杆部过渡处无疲劳裂纹时，才准再次使用。连接螺栓要均匀紧固，保证其连接处的密封性。弯曲的钻杆应及时修理和更换。

（7）开钻前与钻进过程中，对破岩、回转、升降、洗孔排碴等系统要做好检查及运行观察工作。遇有问题，应及时查明原因，妥善处理。认真填写施工记录。

（8）在钻进过程中，应随时注意机器的运转情况。如发生异响、水龙头漏气、漏碴以及其他不正常情况时，要立即停车，查明原因采取措施后，方可继续开钻。

（9）提钻、下钻时，动作要谨慎均匀，轻提轻放，不要过猛。钻机下及钻孔周围2m以内，以及高压胶管下不得站人。水龙头与胶管连接处须用双夹卡住，并缠上铁丝。钻进过程中，应调整好钢丝绳，决不允许钻具在孔内时钢丝绳处于不受负荷的状态，以免扩孔过大或钻偏。钻杆在旋转时绝对不许提升，以防卡瓦带起飞出伤人。

（10）发生上卡（提钻受阻）时，不准强行提钻具，应先设法使钻具活动后再慢慢提升。发生下卡（钻进受阻）时，可用缓冲击法解除。解除后查明原因，采取措施后，方可钻进。使用空气反循环时，其喷浆口应遮拦，并固定管端。经常监视润滑情况，适时添加润滑油。

（11）钻进进尺达到要求时，要根据钻杆长度换算孔底标高。确认无误后，把钻头略微提起，转速由高变低，空转5～20min。停钻时，先停钻后停风，使孔底的钻碴被清洗干净。钻机的移位要严格按说明书规定进行。钻机在转移孔位的拆、运过程中，应避免碰撞，防止变形，以减少安装时的维护修理和避免施钻时遇到的意外困难。钻机用完后，要按说明书的规定进行清洗和保养。

（12）随时注意检查气、水管路，各部分螺栓、螺帽接头的连接情况是否牢固可靠。随时注意检查风马达的润滑情况。工作面积水时，开孔要用大直径钎头，然后插入钻杆，并使钻杆露出地面100～200mm，以防止岩碴泥浆掉入孔内。钻凿时不允许反转以免钻杆掉入孔中。

（13）加接新钻杆时，要特别注意孔内清洁，以避免沙土混入冲击器内部，损坏机件或发生停钻事故。

8.1.4 运转中的操作与维护

（1）接合离合器或使工作轮转动时，必须轻、匀、平稳。

（2）操纵各手把进行变速、变向、分动或接合横、立轴箱时，必须将离合器置于分离位置，或使工作轮停止转动后再进行。

（3）卡盘顶丝必须均匀拧紧。

（4）保持钻机清洁，机体表面不得存有泥浆、砂粒或其他杂物。投卡石及钢粒时，必须将上卡盘盖好。

（5）移动油压钻机前，应先松开锁紧机构并将滑轨擦净，涂上润滑油。移动后将锁紧机构锁紧。油压钻机不在前后极限位置时，严禁进行钻进或提升工作。

（6）钻进中应注意油压表和孔底压力指示表的反应。需要加大或减小孔底轴心压力时，应逐步调节，不得突然改变。各液压操纵手把不得同时使用。

（7）随时注意机器各部位有无异常响声，以及变速箱、回转器、横轴箱、立轴箱、轴承、轴套、油泵、油管、油箱等处有无超过烫手温度（60℃左右）。

8.2 钻探安全事故及处理方法

8.2.1 钻孔内发生事故的原因分类

在瓦斯地质钻探中，初始条件下煤（岩）地层处于原始结构状态，而瓦斯地质钻探则打破了地层中局部的瓦斯地质平衡条件，从而在高压瓦斯聚集区引发突出或喷出情况，促使孔内发生卡钻、坍塌造成的埋钻等事故。发生事故的主要原因与地质构造、地层结构、煤（岩）物理特性、地层圈闭瓦斯聚集条件等因素有关。

在瓦斯地质起拔钻探中，煤（岩）地层的原始结构状态已因钻探破坏，孔壁的不稳定性增加，孔内滞留的钻碴影响了起拔钻进工艺的实施，从而导致孔内发生不同类型的卡钻、拥堵、缩径等事故。发生事故的主要原因，是由地层压力重新分布、瓦斯地质次生构造及瓦斯释压而改变地层原有结构状况、煤系地层的物理特性、瓦斯、钻碴、泥浆等诸多因素混合参与决定的。

8.2.2 处理事故的基本原则

在钻探施工中，由于种种原因常发生孔内事故，不仅影响钻探进尺，还造成不必要的人力、物力的浪费，因此施工中要以预防为主，一旦发生事故，要尽快积极处理。

尽管钻孔内情况各异，岩层条件多样，孔内事故的种类繁杂，处理方法各不相同，但处理事故有其共同原则，可归纳为以下几条：

（1）机上余尺一定要记清楚；

（2）弄清孔内的事故原因；

（3）弄清孔内的状况；

（4）弄清事故处周围的情况；

（5）班报记录一定要记清楚。

8.2.3 常遇事故及其处理方法

（1）钻具脱落、折断事故。

处理方法：用丝锥打捞。

公锥：用于捞取事故钻杆上端是母螺纹的钻杆。

母锥：用于捞取钻杆上端是公扣或劈裂的钻杆。

孔径较大、钻具偏移较大时，在公锥接手前焊根 $\phi8$ 钢筋作为超前导向头，高出3～5cm，底部略大于钻杆，下入孔内起超前导向作用，效果较好。

预防措施：

1）经常检查钻具螺纹、垂直度等；

2）根据不同地层和钻头采用适当的工艺规程。

（2）卡钻、埋钻事故。

卡钻处理方法：加大起拔力，用钻机强力起拔，或是打吊锤。

埋钻处理方法：埋钻显著特征是“憋泵”。应设法窜动钻具，力争使冲洗液正常循环；如此法行不通，在原钻具中再下一套较大钻具，边回转钻进边增大泵量，使埋钻处岩粉尽量排出。

预防措施：

1）在钻头后部镶焊反向合金；

2）加钻杆时，水阀或风阀应逐渐关小，不要快速关阀；

3）地层特别复杂时应注意用泥浆护壁；

4）孔底应尽量保持干净。

（3）烧钻事故。

多发生在金刚石、硬质合金钻探时，由于钻压过大或泵量太小，造成水路不畅通，从而先糊钻后烧钻。

处理方法：如烧钻不严重，可强力起拔或打吊锤；先将孔内钻具返回，提出孔外，再设法处理孔内岩心管及钻头；下小一级钻具掏取岩心或岩粉；最后分段割取或用铣铁钻头磨掉钻具。

预防措施：保持冲洗液畅通，钻压不能过高，不能一味追求进尺。

8.2.4 钻探遇到断层带时的事故分析与处理方法

8.2.4.1 张性构造断层带中的事故分析

在煤矿瓦斯地质钻探过程中，经常会遇到张性构造的断层带或群，断层带中的角砾岩与充填物在原始状态时，是角砾岩和充填物混合堆积的完整体，当充填物为泥沙等时，密实性一般较差；若充填物中有钙质物，则密实性有一定程度的提高。断层带中的角砾岩砾径大小分布不均，棱角参差不齐，它们的原始结构处于相对稳定的状态。当受到钻探扰动影响时，堆积体中的充填物被高压水冲排出，角砾岩则失去充填物的支撑而形成松散的堆积体。当钻头处在角砾岩带时，失去了均匀切削岩石的切削机理，形成钻头刃部拨动角砾岩的状况，在这种情况下虽然能够短距离向前推动钻具，但是起拔钻具时就会造成角砾岩卡钻。

张性构造断层带角砾岩造成卡钻原因与瓦斯地质钻探工艺所选择的排碴介质有密切的关系。如图 8-1 所示，为张性构造断层带角砾岩造成卡钻原因示意图。

瓦斯地质条件下的断层带结构空间中，有同期同岩性的充填物，也有后期外来不同岩性的充填物，在未完全充填的断层带中，存在着疏松的孔隙、裂隙等空间，这些空间是瓦斯富集的地方。当钻进至该类构造带时，瓦斯突出会促进断层角砾岩的活动，造成卡钻的因素更加复杂。

8.2.4.2 张性构造断层带中的事故处理方法

采用清水钻进，当钻头进入断层带后，在钻头的扰动和水力切割作用下，失去充填物支撑的角砾岩，形成松散的堆积体，造成钻头的钻空状态。

在不能切削松动的角砾岩情况下，钻头刃部拨动角砾岩在钻头周围挤动，同时，高压水射流将断层带中的充填物冲离原体，随水流排出钻孔或充填在断层带下部的孔隙和裂隙

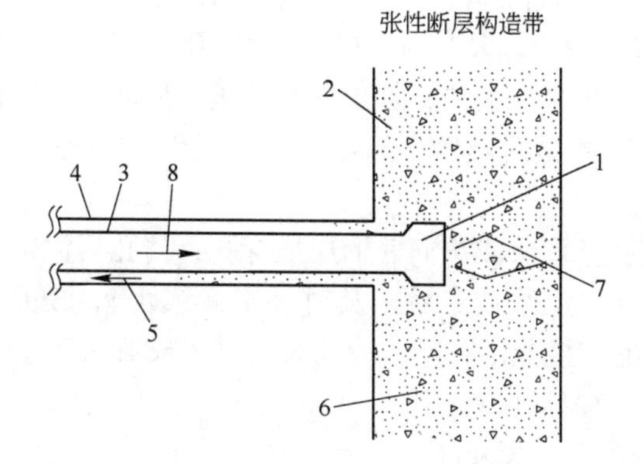

图 8-1 张性构造断层带角砾岩造成卡钻原因示意图
1—钻头；2—角砾岩；3—钻杆；4—钻孔；5—出浆方向；6—泥沙等充填物；
7—水力射流切割；8—进浆方向

中，从而在钻头周围形成松散的角砾岩堆积体，钻孔的环状间隙则被松散的角砾岩充填。随着高压水的不断冲刷，充填物被冲离断层带范围越大，形成的松散角砾岩堆积体越多。同时，随着钻头的搅动，虽然会使角砾岩之间的空间相互填充逐渐密实，造成钻具可以加压短距离给进，但很难将钻具起拔出来，钻头刚体后端被角砾岩卡住形成卡钻事故。

在处理这类卡钻事故时，目前采用的方法是将钻具做反复的给进和起拔活动，或者采用强力起拔钻具、打吊锤等方式来处理事故。其可能的不良结果是造成大的孔隙被小径砾岩充填，密实度逐渐增加，钻具活动的间隙越来越小，若造成卡钻情况严重时，钻具将很难起拔出来而最终形成事故。

若采用压力风钻进，虽然压力风对充填物形成的风力切割作用相对较小，但是对于疏松的张性断层带内的充填物来讲，同样会被压力风吹出一部分，使得钻头附近形成角砾岩松散的堆积体，造成卡钻事故。压力风的风压越大、吹风时间越长，充填物失去得就越多，角砾岩堆积体的体积就会越大，形成的卡钻因素就越多，事故处理起来也就越困难。

断层角砾岩带造成的卡钻事故与钻孔直径有关，钻孔环状间隙越大，能堆积的角砾岩数量就越多；角砾岩之间的阻力增大，事故处理就更加困难。同时，断层角砾岩带造成的卡钻事故还与断层带的宽度、断层带中角砾岩的结构和充填物、钻头的结构形式、处理事故的工艺水平以及造成的经济损失等有关。采用新的科研成果——瓦斯地质起拔钻探工艺理论来处理这类事故，成功率会大大提高。

例如，在淮南谢一矿的 -823m 石门巷道中钻进仅 5m 深，就遇到一条断层带将钻头卡住，利用传统的处理事故方法，起拔钻具困难。采用瓦斯地质起拔钻进工艺中新设计的正反向一体化钻头和合理运用起拔钻进工艺参数后，问题很快解决。

8.2.5 孔内坍塌造成的埋钻事故分析与处理方法

8.2.5.1 塌孔原因

（1）泥浆相对密度不够及其他泥浆性能指标不符合要求，使孔壁未形成坚实泥皮。

（2）由于出碴后未及时补充泥浆（或水），或河水、潮水上涨，或孔内出现承压水，或钻孔通过砂砾等强透水层使孔内水流失等而造成孔内水头高度不够。

（3）护筒埋置太浅，下端孔口漏水、坍塌或孔口附近地面受水浸湿泡软，或钻机直接接触在护筒上，由于振动使孔口坍塌，扩展成较大塌孔。

（4）在松软砂层中钻进进尺太快；提出钻锥钻进，回转速度过快，空转时间太长。

（5）冲击（抓）锥或掏碴筒倾倒，撞击孔壁，或爆破处理孔内孤石、探头石，炸药量过大，造成过大震动。

（6）水头太高，使孔壁渗浆或护筒底形成反穿孔；清孔后泥浆相对密度、黏度等指标降低，用空气吸泥机清孔，泥浆吸走后未及时补浆（或水），使孔内水位低于地下水位；清孔操作不当，供水管嘴直接冲刷孔壁、清孔时间过久或清孔后停顿时间过长。

（7）吊入钢筋骨架时碰撞孔壁。

8.2.5.2 塌孔的预防和一般处理

（1）在松散粉砂土或流砂中钻进时，应控制进尺速度，选用较大相对密度、黏度、胶体率的泥浆或高质量泥浆。冲击钻成孔时投入黏土掺片、卵石，低冲程锤击，使黏土膏、片、卵石挤入孔壁起护壁作用。

（2）发生孔口坍塌时，可立即拆除护筒并回填钻孔，重新埋设护筒再钻；如发生孔内坍塌，判明坍塌位置，回填砂和黏质土（或砂砾和黄土）混合物到塌孔处以上1～2m，如塌孔严重时应全部回填，待回填物沉积密实后再行钻进；严格控制冲程高度和炸药用量。

（3）清孔时应指定专人补浆（或水），保证孔内必要的水头高度。供浆（水）管最好不要直接插入钻孔中，应通过水槽或水池使水减速后流入钻孔中，以免冲刷孔壁。应扶正吸泥机，防止触动孔壁。不宜使用过大的风压，不宜超过1.5～1.6倍钻孔中水柱压力。

（4）吊入钢筋骨架时应对准钻孔中心竖直插入，严防触及孔壁。

8.2.6 松软煤层钻进中造成的塌孔事故分析与处理方法

8.2.6.1 松软煤层的特征与孔内常出现的问题

松软煤层的特性是结构强度低、瓦斯解吸速度快、含量高。在软煤层钻进中，含瓦斯煤体在钻头钻进扰动、清水或压力风对软煤层进行切割等多种工况共同作用下，软煤体极易发生坍塌，形成松散堆积体，同时瓦斯迅速逸出聚集，并且向孔口低压区释放，因而钻孔中常伴随瓦斯突出、喷出等事故发生。

A 孔内经常出现的问题

因瓦斯突出造成的坍塌、软煤层松散结构造成的坍塌、排碴介质射流高压切割作用引起的坍塌、钻具回转敲击震动引起的坍塌等问题的存在，导致了软煤层钻进中埋钻事故频发，并且引发坍塌的距离较长，同时在起拔处理事故中，钻碴拥挤孔壁易形成再次坍塌。

B 喷孔和卡钻原因分析

松软煤层打钻遇到的问题是喷孔、塌孔、堵孔和卡钻，严重的可诱发瓦斯突出。喷孔是一种小型的井喷，高压瓦斯气流向孔口喷出，承压瓦斯携带的煤粉直接冲向巷道对帮，造成孔口烟尘弥漫，并伴随煤炮声和气流冲击声，有的短时间几分钟停止，也有的可延续20多分钟，表现为脉冲形式，喷出的煤粉在孔口附近形成锥状堆积，喷出量可多达1t或更多，此时巷道瓦斯严重超限，必须停钻撤人，喷孔往往伴随着塌孔、堵孔和卡钻的出现，以致无法继续钻进，甚至由钻进变成事故处理。

根据观测，松软煤层打钻喷孔可分成“煤体破碎→瓦斯聚积→瓦斯释放”三个阶段，各阶段又有多种状态发生：煤体破碎（钻进→切削煤→煤体粉碎）→瓦斯聚积（瓦斯迅速解吸→孔壁破裂→孔内堵塞→瓦斯梯度猛增）→瓦斯释放（突破堵塞→喷孔和卡钻）。喷孔和卡钻原因分析：钻孔喷孔应看作是钻孔中出现的动力现象，这种现象的出现类似煤与瓦斯突出，主要是高压瓦斯、应力集中和软煤存在三个因素综合作用的结果。

当钻孔进入软煤分层时，钻头的切削旋转对软煤产生一种冲击和破碎力，这种力使煤体破裂、粉碎，破裂和粉碎了的煤体顿时产生瓦斯迅速解吸。钻孔周边煤体快速的瓦斯解吸，使流入钻孔中的瓦斯增加到正常瓦斯涌出的几倍到几十倍，此时钻孔前方与后方出现了较大的瓦斯梯度，因而出现了明显的瓦斯激流，承压的瓦斯激流对破坏的煤颗粒起着边运送边粉化的作用，同时还继续向钻孔周边扩大影响范围。由于钻孔孔径小和钻孔出现堵孔，瓦斯激流和粉化了的煤颗粒难以顺利地向孔外排出，进一步增加了钻孔内外的瓦斯压力梯度，最后致使这种瓦斯涌出变成了爆发性的孔内瓦斯向孔口外流，形成喷孔。另一种喷孔是由于煤层中含水，钻头切削时的煤粉难以顺利排出，在钻孔的浅部（10～20m 的范围内）出现堵孔。再是打钻风压和风量不够，排碴不力，出现堵孔。堵孔造成迅速解吸的瓦斯无法排出，孔内的压力梯度达到某个极限时，发生喷孔。

卡钻是与喷孔联系和同时发生的一种现象，喷孔时未能及时退出钻杆，破碎的煤体将钻杆和钻头箍紧。或是孔内出现塌孔，堵孔时，排碴不力，孔内积尘增多，此时仍然钻进，使堵孔、塌孔的范围不断扩大，造成钻杆和钻头箍紧，钻头无法进退。喷孔、塌孔、堵孔和卡钻是不同现象，但又是相互联系的，卡钻是严重的打钻事故，往往可能出现扭断钻杆、丢失钻头。在松软煤层中打深孔的基本技术实现，必须靠采取综合的办法来解决。

8.2.6.2 松软煤层钻进的要求

对于软煤层钻进，首先，应在工艺控制上实行较低转速和较大扭矩的工况，在给进压力上控制钻进速度，降低钻具对煤层的扰动和过多碴量对孔壁挤压形成的垮塌。其次，在确定排碴介质时，选择对软煤层产生切割力小的介质，目前煤矿采用的介质大多是中压风 0.65MPa 左右，受风压排碴效果限制的影响，软煤层钻进的深度受到一定的限制。再次，软煤层钻进中要选择好钻具的级配关系。采用半螺旋叶片钻具，有利于实现螺旋携碴和风力排碴的共同作用，减少煤碴对孔壁顶端形成的挤压作用而造成的垮塌。

钻具在受重力与切向力的作用下，始终保持着与钻孔底部岩层和钻碴接触，在钻孔下部沉积的钻碴和原有煤层，受到钻具的松动或者是刮削作用。不同的钻具级配，钻孔顶部形成不等的空间；在不同排碴介质的作用下，尤其是不稳定地层或软煤层顶部受到钻具冲击、钻碴挤压等多种外力作用，容易造成坍塌形成埋钻事故。

A 采用综合钻探工艺方法

在钻孔设计、打钻设备和打钻工艺等方面：目前使用的钻机已定型，液压 150 钻机已广泛使用。稳固钻机、保证风压风量、钻孔排碴好，掌握给进压力和钻进速度，搞好钻孔设计，提高钻工技术素质。稳固钻机，钻机底部要垫木垫，在实底上，要用立柱控制钻机位置，防止钻机在钻进过程中振动。钻机振动将会造成钻杆在钻进过程中摆动或闪动，形成钻孔偏离中心，孔壁不平直，增加阻力，削弱前进能力，并使孔壁受钻杆摆动影响而破坏，增加塌孔、堵孔的形成条件。这是打钻前的重要环节。

保证风压风量、钻孔排碴好。做到不堵孔、减少喷孔、降低喷孔强度都靠排碴，排碴的好坏，直接关系到钻孔的成败，排碴不好，不仅造成堵孔、卡钻，而且会摩擦发热产生高温，严重时导致钻孔内起火，带来安全隐患。

钻孔排碴好依托两个条件：打钻风压和打钻风量。根据测定，风压必须在3.4MPa，风量必须达到2～3m^3/min。当井下压风满足不了时，必须安装井下压风机来解决。在钻进过程中必须观察排碴情况，及时采取退钻措施。经实践形成“低压慢速，边进边退，掏空前进”的软煤打钻工艺思路，经工作面反复试验，证明这一工艺思路是正确的。

退多少根钻杆要根据排碴效果确定，严格禁止在排碴不顺的情况下强拔硬进，有时可以先停止进退，送风排碴，使钻杆活动后再进或再退，不看排碴盲目钻进，出事故是不可避免的。

含水煤层孔内煤粉变成煤泥糊或煤泥团，单纯送风往往难以达到孔内通畅的效果，多退钻，反复退是完全必要的。此时决不能强调钻进速度，单纯要进尺，否则会事与愿违，欲速不达。

B 掌握给进压力和钻进速度

钻机给进压力的极限是固定的，不同层段要掌握不同的给进压力。压力升高的原因有：换层；孔内出现堵孔；钻具损坏（断钻头钻杆也会致使压力突然变化）。当给进压力突然升高时必须采取果断措施：一种是停止钻进，进行压风排碴；另一种是撤钻退钻。钻进速度必须保持适当，软煤分层中钻进主要是降速，通过降速充分排碴，减少沉碴，同时也起到降低给进压力的作用。所以软煤钻进速度要比硬煤慢。钻进速度和给进压力的掌握，需要针对不同钻机、不同煤层特征和排碴条件进行测试和总结。

C 搞好钻孔设计

钻孔设计不能简单化，一次完成。应把工作面布孔设计分为方案设计、分段设计和施工设计三个阶段进行。

（1）布孔方案设计。布孔方案设计是工作面瓦斯抽放设计的重要组成部分。根据煤层和巷道状况，按不留或少留空白带的要求，对工作面全面布孔。明确布孔形式、钻孔密度、施工顺序。

（2）钻孔施工分段设计。根据工作面抽放方案设计的要求，结合不同地段的瓦斯地质和巷道条件，进行逐段设计。通过分段设计优选钻孔施工参数，实现抽放钻孔优化。分段设计前要调查该段地质构造煤层倾角、煤厚、巷道条件等。该阶段设计包括不同钻孔的方位角、倾角、孔深、孔径和开孔点距底板高度等。

（3）钻孔施工设计。主要是钻孔参数的调整，由于煤层产状和厚度不稳定，钻孔深处往往存在变化，因此必须通过施工钻孔，及时判断钻孔前方的煤层赋存状况。对设计钻孔及时调整参数，经调整参数后施工的钻孔基本能达到设计深度。

（4）提高钻工技术素质。为实现“先抽后采”，在打钻过程中，要特别重视提高打钻工人的技术素质，并从体制和机制上落实，使他们不仅会使用钻机，维修钻机，还能掌握松软煤层打钻技术，规范操作，并具备应变能力，这是当前充分发挥抽放设备资金投入的作用、提高打钻深度的关键环节。其主要效果是提高了打钻深度，提高了单机月进尺，防止了卡钻事故。例如，在工作面组织实施，皆采用液压150钻机，钻孔深度皆有显著提高，单孔深度由原来50m提高到80m，向上孔和水平孔平均深度达到500m以上。

8.2.6.3 埋钻事故处理和注意事项

(1) 钻具级配选择合理的组合，保证较大排碴量的顺利排出，防止较大的瓦斯突出造成钻场事故。

(2) 控制钻进参数在正常范围内，发现参数变化到非正常参数区间时，不可盲目钻进，将孔内发生的问题控制在可处理的状况内。

(3) 选择压力风和螺旋钻具钻进，控制钻进速度，保持顺畅的排碴速度和时间，改善钻碴在孔内造成的拥挤状态。

(4) 缩短换接钻具的时间，保持钻具有良好的回转状态。

(5) 避免孔内事故的形成，建立事故处理的应急方案。从起拔钻探工艺理论的角度来研究，系统解决软煤层中完钻的问题和其他非平衡条件下的起拔钻进问题，有利于提高瓦斯地质条件下的钻进水平。

8.3 钻探施工安全管理

根据钻孔设计时提供的瓦斯地质条件，当钻孔接近瓦斯高压积聚区时，通过钻孔内瓦斯突出产生的不同鸣爆声，判断瓦斯突出压力和携带钻碴量，提前做好防护措施。

临时的防护措施有：钻场安全角躲避、巷道拐弯处躲避、动力机组后边躲避等。若遇到有较大瓦斯突出记录的地层时，应在钻具级配上选取防突钻头或新型的钻具级配形式，作为孔内的防突措施。同时，要做好人员撤离钻场的准备，一旦发生孔内突出事故，应及时撤离现场人员。高抽巷钻孔为超前预留钻孔时，先期钻进中并无瓦斯逸出，但作为预防措施是必要的。

8.3.1 钻进中处理事故的基本要求

在瓦斯地质钻探中常发生的孔内事故有卡钻、埋钻等。事故的发生在一般情况下是有规律可循的，是一个逐渐演变的过程。当事故发生时，钻进参数值的变化是最直接的判断手段，同时钻探人员的经验也是非常重要的。根据设计的正常钻进参数值钻进时，若发生由正常钻进参数值区向非正常钻进参数值区变化时，应首先判定孔内出现了事故隐患，此时应停止钻进，或减慢钻进速度，判断孔内发生事故的原因，进行处理后再恢复正常钻进。若在不能确定孔内所发生事故的情况时，首先应保证钻机回转，并且将钻具提离孔底到安全孔段，然后再行处理。在预计有重大隐患事故发生的地层中钻进，最好的方法是改变钻探工艺方法，避免重大事故的发生。

8.3.2 对钻进班报记录的要求

班报记录是判断地层、判断构造、判断孔内情况的最直接、最真实的第一手资料，因此要求在班报记录中明确记录如下情况：地层情况、泥浆返水情况（包括泥浆颜色、钻碴形状、充填物、水量变化等）、钻进参数变化情况、孔内瓦斯情况、钻头使用情况、钻进参数情况等。

瓦斯地质钻探工艺的实施安全是一个系统，这个系统包括：钻场人员安全的要求、设备安全的要求、瓦斯地质钻探工艺安全的要求、钻场环境安全的要求等。建立健全和实施这一系统是确保矿井钻进中的安全的必要条件。《煤矿安全规程》对钻探工作的系统作了相关的规定，在实施规程的过程中，还应就具体的实施条件，做出细节的规定。例如，钻场人员的配合问题、瓦斯突出时的安全防护和躲避问题、煤层顶板的稳定性问题、设备安全问题、钻场环境的布设问题、瓦斯地质钻探工艺中的问题等。

8.3.3 钻场管理制度

（1）钻场必须建立健全各项责任制，做到事事有人管，人人有专责，坚守岗位，认真负责。具体按《地质队探矿工程管理办法》中岗位责任制的规定执行。

（2）旬班务会议：由机长召集班长、副班长、材料员参加，每旬一次，主要是总结生产、质量、安全情况，提出问题，讨论解决；布置下一旬生产任务，制定保证完成任务的主要措施，协调三个班的生产。

（3）周班务会议：每周一次，总结本班生产、生活中存在的问题，提出保证完成任务的具体措施。

（4）上班前、交班后，用15min左右的时间由班长在现场召开班前、班后会：

1）为使班与班之间互通情况，密切配合，达到均衡生产，必须按岗位分工进行对口交接。

2）交接班必须认真负责，做到交清、接清，设备运转情况、钻具、钻杆、孔深、孔内情况及原始记录交接清楚。

3）交班必须情况真实，接班必须及时认真，凡因交班不清发生问题时，均由交班者负责。接班后发生的问题应由当班负责。

（5）机长主要职责：

1）机长在分队长（或队长）直接领导下，认真贯彻上级各项指标，依靠群众，努力完成各项生产任务。负责全机的政治、生产、技术、管理等项工作。

2）对机场的所有设备、仪器、工具、材料（包括金刚石钻头、扩孔器）以及工程质量、安全生产负全部责任，并经常检查督促各岗工作。

3）根据上级下达的年、季、月生产任务，组织全机人员制定具体措施，保质、保量、节约、安全地完成生产任务。

4）做到“十到”现场：机台自行安装、开孔、终孔、封孔、岩矿心难采和质量达不到要求或补取矿心、检修设备、处理复杂事故、起下套管、试验新方法新机具以及发生人身事故或排除不安全因素时，都必须亲临现场指挥。

（6）材料员主要职责：

1）在机长领导下，依靠群众，搞好机场经济核算，做到用料有计划，消耗有定额，领料有记录，月月有核算，并定期公布成本情况。

2）负责机场各种油料、材料、工具、管材、钻头、磨料等的计划编制、领退和送修。

3）贯彻勤俭节约的精神，精打细算，修旧利废，改制代用，努力降低成本。

4）会同各班有关岗位，搞好现场各种材料、工具、管材的存放与保管。

（7）钻场岗位责任制：岗位分工应根据机台所用钻机、动力机的类型而定。一般实行四岗制：班长岗、记录岗、动力机岗、水泵泥浆岗。除班长岗外，其余各岗可视情况定期轮换。1000m以上（包括1000m）的钻机分设泥浆岗，采用五岗制。

（8）班长岗职责：

1）负责本班生产技术和思想政治工作，负责组织技术、政治学习和考勤。副班长负责当班安全、协助班长工作；在班长和钻工轮休时顶岗。

2）主持班前、班后会，组织按岗位交接班。

3）督促本班遵守各项规章制度，及时制止违章作业，指导钻工安全操作。

4）掌握孔内情况，组织好本班生产。负责本班质量，发现问题及时解决，并报告机长。

5）在复杂地层钻进、采取矿心、孔内不正常及处理孔内事故或下套管时都应亲自操作，特殊情况下可指定熟练钻工代替。

6）及时（或通知有关人员）测量钻孔弯曲度、校正孔深、审核班报表等。

7）负责钻机、拧管机的使用与维护保养。

（9）记录岗职责：

1）及时、准确、真实、清晰地填写本班各种原始报表，并保管好。

2）负责岩矿心的整理，防止混乱、丢失。

3）配备钻具，丈量和计算机上余尺。负责简易水文观测和校正孔深。

4）保管金刚石钻头、扩孔器，填写金刚石钻头（扩孔器）钻进记录表。

5）管理机场工具（包括打捞工具）、管材、钻头、磨料、量具等。

6）负责钻塔、活动工作台、天车、水龙头的维护保养。

（10）水泵、泥浆岗职责：

1）负责水泵、泥浆搅拌机、泥浆净化设备的使用和维护保养，更换易损零件，保证其正常运转。参加现场检修，保管水泵专用工具及配件。

2）负责冲洗液的配制、维护及性能调整，经常测定冲洗液的性能，及时清理循环槽、沉淀箱，保持环境卫生，防止泥浆污染。

3）负责泥浆仪器、黏土粉、润滑剂及化学处理剂、堵漏材料的保管与使用。

4）在寒冷季节施工，较长时间停工时，负责放净泵体和管路中的冲洗液。

5）负责机场前部的环境卫生和冬季生火取暖。

（11）动力岗职责：

1）负责柴油机或电动机及照明发电机的使用和维护保养。

2）正确使用柴油机或电动机，严禁超负荷和带病运转。检查和排除一般故障，参加现场小修。

3）按地质部颁发《地质工程勘探机械维护操作规程》和有关规定进行班保养，并协助机修人员做好周、月的设备保养。

4）负责柴油机或电动机的配件、电气材料、所用油料、专用工具及防火用具的保管与使用。

5）保证照明发电机的正常运转，负责机场内照明及照明线路的安全。

6）负责机场后部的环境卫生。

8.3.4 钻孔施工埋钻、断钻事故分类

8.3.4.1 根据埋钻、断钻长度及钻杆直径分类

（1）C级事故：ϕ63.5mm及以下的光钻杆或ϕ63.5mm及以下芯杆麻花钻杆，埋钻、

断钻长度在50m以内的；ϕ73mm及以上的光钻杆或ϕ73mm及以上芯杆麻花钻杆等，埋钻、断钻长度在30m以内的。

（2）B级事故：ϕ63.5mm及以下的光钻杆或ϕ63.5mm及以下芯杆麻花钻杆，埋钻、断钻长度在50~100m的；ϕ73mm及以上的光钻杆或ϕ73mm及以上芯杆麻花钻杆等，埋钻、断钻长度在30~50m的。

（3）A级事故：ϕ63.5mm及以下的光钻杆或ϕ63.5mm及以下芯杆麻花钻杆，埋钻、断钻长度在100m及以上的；ϕ73mm及以上的光钻杆或ϕ73mm及以上芯杆麻花钻杆等，埋钻、断钻长度在50m及以上的。

8.3.4.2 根据事故责任分类

（1）非责任事故：

1）因矿方未提前通知而突然停风、停水、停电等原因造成的长期停钻，在采取必要措施后仍埋钻的钻孔。

2）因施工试验孔（施工工艺未成熟）而造成的埋钻、断钻事故。

3）其他非施工不当等原因造成的事故。

4）因钻杆质量而造成的断钻事故，另行处理。

（2）责任事故：

1）设备带病运转或职工操作不当，施工中因设备不能正常工作而造成的孔内事故。

2）钻具使用不当或在施工中钻具检查不到位导致断钻、脱扣从而造成的埋钻事故。

3）盲目施工或其他原因造成排碴不畅引起的埋钻事故。

4）因施工中对设备误操作而造成的钻孔事故。

5）其他人为原因造成的埋钻、断钻事故。

8.3.5 事故的处理方法

（1）事故发生后，首先由分管安全副区长负责对事故原因进行分析，确定是责任事故还是非责任事故，并在24h内向调度所汇报。

（2）确定为非责任事故1）、2）、3）条的免予处罚；确定为非责任事故第4）条的由物管科向供销公司反映，追究供应商责任。

（3）对责任事故的处理：

1）C级事故与B级事故，根据制度进行处罚，处理结果报埋钻、断钻事故处理办公室备案。

2）A级事故，由埋钻、断钻事故处理领导小组组织人员进行调查处理。

（4）事故原因查清楚后，应在班前会上向职工进行讲解，使职工受到教育，并采取相应的防范措施。

8.3.6 施工要求

（1）各单位必须高度重视此项工作，按照“四不放过”的原则处理每一起钻孔事故，即事故原因没有查清不放过，造成钻孔事故的责任人没有受到处罚不放过，相关人员没有受到教育不放过，防范措施没有落实不放过。

（2）对事故的追查必须实事求是，严禁弄虚作假。否则，一经发现，加倍追究单位主要领导及相关人员的责任。

(3) 各单位必须建立埋钻、断钻事故分析追查制度，事故追查处理由区长或值班副职主持，并建立埋钻、断钻台账。

8.4 坑道防突钻孔安全设计

超前钻孔防突措施必须有正规的措施设计。防突措施设计应包括超前钻孔布置平面图、剖面图、开孔位置图等，并应在图上标明钻孔编号和有关尺寸：钻孔编号、开孔位置、偏角或方位角、倾角、设计深度、孔径等；设计的依据（排放半径、控制范围等）、技术要求、注意事项、施工安全措施和其他需要说明的问题。设计依据还应根据《煤矿安全规程》、《防突细则》及各种相关文件规定执行之。

钻孔设计类别包括穿层钻孔设计与施工工艺、煤巷掘进钻孔设计与施工工艺、石门揭煤钻孔设计与施工工艺等。

8.4.1 钻孔设计基础参数

巷道的基础参数包括：巷道的方位、断面、掘进及支护方式；煤层产状、厚度；巷道平、剖面图（1∶1000）。钻孔的控制范围即两帮控制到巷道轮廓线外5m的煤层；煤巷掘进工作面，上、下控制到巷道顶底板；石门揭煤工作面，上、下控制到距煤层顶（底）板法向距离3m以外。

钻孔的基础参数包括：钻孔的开孔位置、钻孔的行距（岩孔大于300mm，煤孔大于400mm）、钻孔的列距（岩孔大于300mm，煤孔大于400mm）。钻孔的孔底间距不大于$2r$（r为实际考察的钻孔有效的抽采（排放）半径，有效抽采半径暂按2～3m布置）。

8.4.1.1 钻孔直径的确定

钻孔直径大，钻孔暴露煤的面积亦大，则钻孔瓦斯涌出量也较大。根据测定结果表明，钻孔直径由73mm提高到300mm，钻孔的暴露面积增至4倍，而钻孔抽采量增加到2.7倍。钻孔直径应根据钻机性能、施工速度与技术水平、抽采瓦斯量、抽采半径等因素确定，目前一般采用抽采瓦斯钻孔直径为60～110mm。

8.4.1.2 钻孔深度的确定

根据实测结果表明，单一钻孔的瓦斯抽采量与其孔长基本成正比例关系，因此在钻机性能与施工技术水平允许的条件下，应尽可能采用长钻孔以增加抽采量和效益。目前高突掘进工作面一般使用SGZ-Ⅰ型钻机，掘进迎头的钻孔深度可施工16～20m，巷道两帮钻场内的钻孔深度可施工50m；高瓦斯回采工作面一般使用MK系列钻机，钻孔深度可施工150m。

8.4.1.3 钻孔有效排放半径的确定

钻孔的有效排放半径是指在规定的排放时间内，在该半径范围内的瓦斯压力或瓦斯含量降到安全容许值。钻孔排放瓦斯有效半径取决于钻孔排放瓦斯的目的，如果为了防突，应使钻孔有效范围内的煤体丧失瓦斯突出能力；如果为了防瓦斯浓度超限，应使钻孔有效范围内的煤体瓦斯含量或瓦斯涌出量降到通风可以安全排放的程度。因此，钻孔排放瓦斯半径可根据瓦斯压力或瓦斯流量的变化来确定，根据测定，钻孔有效排放半径一般为0.5～1.0m，钻孔的有效抽采半径一般为1.0～2.0m。

8.4.1.4 钻孔间距的确定

钻孔孔底间距应小于或等于钻孔有效排放半径的2倍，表8-1为钻孔间距参考值表，抽采时间短而煤层透气性系数低时取小值，否则取大值。

表8-1 钻孔间距选用参考值

煤层透气性系数/$m^2\cdot(MPa^2\cdot d)^{-1}$	钻孔间距/m	煤层透气性系数/$m^2\cdot(MPa^2\cdot d)^{-1}$	钻孔间距/m
$<10^{-3}$	—	$10^{-1}\sim10$	8~12
$10^{-3}\sim10^{-2}$	2~5	>10	>10
$10^{-2}\sim10^{-1}$	5~8		

8.4.2 穿层钻孔的设计

8.4.2.1 设计要求

强突出煤层和严重突出危险区煤巷掘进，必须在底（顶）板巷道穿层钻孔超前掩护下施工，穿层钻孔控制范围为巷道及轮廓线外20m，钻孔穿透煤层，进入煤层顶底板不少于0.5m，间距（煤层中厚面处）不大于5m。

8.4.2.2 设计过程

（1）钻孔的定位。设计时钻孔的开孔位在巷道中线，根据钻机高度，开孔高度按1m设计，这样就能确定开孔位置。

（2）孔数的确定。假设穿层孔所保护巷道宽度为B，根据穿层钻孔设计要求，穿层需控制到巷道两帮20m范围，及穿层钻孔需控制$20\times2+B$的范围，钻孔与煤层中厚面交点的距离按4m设计，扣除两帮最外侧两个钻孔的有效抽采范围，即$2r$（有效抽采半径$r=2m$）。

得出所需钻孔数a为：

$$a=(20\times2+B-2r)/4+1 \tag{8-1}$$

例：淮南某矿东三13-1煤层回风上山宽3.6m，自其西方11东三13-1煤层底板轨道下山向东三13-1煤层回风上山施工穿层钻孔。根据上述公式，计算得出所需钻孔数为11个。13-1煤层回风上山施工穿层钻孔布置如图8-2所示。

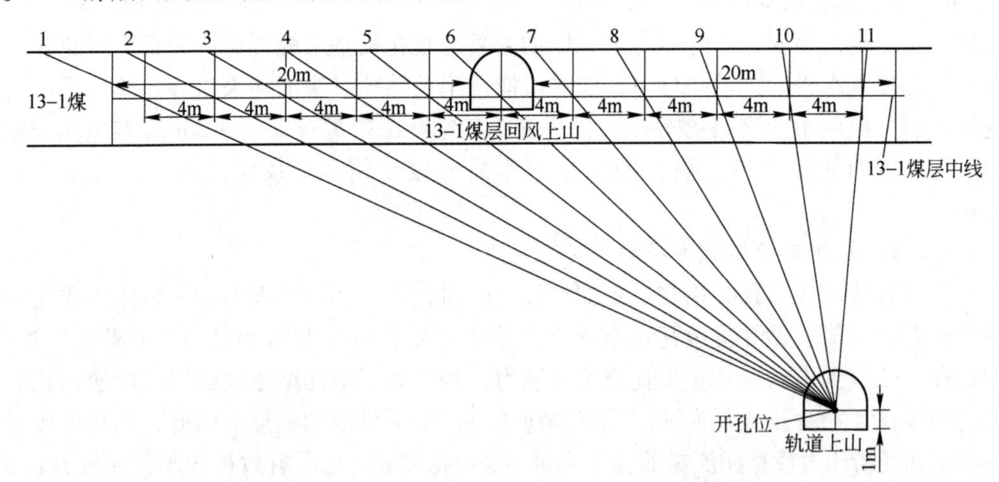

图8-2 13-1煤层回风上山施工穿层钻孔布置图

（3）从图上量出孔深、倾角以及钻孔施工时的方位角——与轨道上山中线夹角 90°（中线右侧的为右偏，相反为左偏）。

（4）整理得出钻孔参数表。钻孔施工参数如表 8-2 所示。

表 8-2 钻孔施工参数

孔 号	孔深/m	孔径/mm	倾角/(°)	与巷道中线夹角/(°)	备 注
1	47	75～91	24	左偏 90	穿过 13-1 煤顶 0.5m 后终孔
2	42.5	75～91	26	左偏 90	穿过 13-1 煤顶 0.5m 后终孔
3	38.5	75～91	29	左偏 90	穿过 13-1 煤顶 0.5m 后终孔
4	34.5	75～91	32	左偏 90	穿过 13-1 煤顶 0.5m 后终孔
5	31	75～91	37	左偏 90	穿过 13-1 煤顶 0.5m 后终孔
6	27	75～91	43	左偏 90	穿过 13-1 煤顶 0.5m 后终孔
7	24	75～91	50	左偏 90	穿过 13-1 煤顶 0.5m 后终孔
8	21.5	75～91	58	左偏 90	穿过 13-1 煤顶 0.5m 后终孔
9	19.5	75～91	69	左偏 90	穿过 13-1 煤顶 0.5m 后终孔
10	18	75～91	81.5	左偏 90	穿过 13-1 煤顶 0.5m 后终孔
11	18	75～91	85	右偏 90	穿过 13-1 煤顶 0.5m 后终孔

8.4.3 石门揭煤钻孔设计

8.4.3.1 揭煤程序及要求

在工作面距煤层顶（底）板法距 30m 外编报揭煤设计，在工作面距煤层顶（底）板法距 10m（地质构造复杂、岩石破碎的区域为 20m）之外，至少打 2 个全取心前探钻孔，前探钻孔控制到法距 5m 以内；在工作面距煤层顶（底）板法距 5m 以外，至少打 2 个穿透煤层全厚或见煤深度不少于 10m 的钻孔，测定煤层瓦斯压力或预测煤层突出危险性（钻孔控制到法距 3m 以内，并取煤样送化验室化验综合指标，即 D、Δp 和 K 值）。在工作面距煤层顶（底）板法距 3m 外施工措施钻孔，根据矿井地质及打钻实际情况，一般钻孔设计深度不超过 60m，依据实际地质剖面图分茬设计揭煤钻孔参数，但每茬钻孔之间要确保有不少于 10m 的钻孔压茬距。

对于缓倾斜厚煤层，当钻孔不能一次打穿煤层全厚时，可采取分段打钻，但第一次打钻钻孔穿煤长度不得小于 15m，进入煤层掘进时，必须留有 5m 最小超前距离（掘进到煤层顶（底）板时不在此限）。下一次的排放钻孔参数（直径、间距、孔数）应与第一次相同。

揭煤钻孔的设计原则：揭煤抽采钻孔一般为巷帮钻场加迎头钻孔抽采，迎头进尺期间巷帮钻孔保持不间断抽采。巷帮钻场钻孔控制范围为巷道轮廓线外 2～10m，并保证两帮有效卸压范围不小于 5m，钻孔距巷帮不小于 1m。钻孔数量暂按抽采半径 $r=1\sim1.5$m 布置，迎头钻孔控制到巷道轮廓线 3m 以外。

8.4.3.2 平巷揭煤钻孔设计

（1）钻孔的定位。根据钻机高度 1m 及钻杆长度（1500mm、1000mm、750mm、

500mm）确定开孔位，即迎头退后 1.5m，开孔高度为 1m，确定开孔位置；钻场钻孔开孔位，即从钻场里帮退后 1.5m，开孔高度为 1m，确定开孔位置。

（2）孔数的确定。以巷道剖面图及钻孔孔底间距不大于 2m（抽采钻孔有效抽采半径 r 为 2～3m）为依据，以孔深不大于 60m 为准则布置钻孔排数。

每排钻孔的数量为 a，巷道宽度为 B，钻孔控制范围两帮 5m 以外，每排钻孔需控制范围为$(B+2\times5)$m，钻孔之间间距按 r 布置。则每排所需钻孔数量：

$$a = (B + 2 \times 5 - 2r)/2 + 1 \tag{8-2}$$

例：淮南某矿西二 −540m 胶带机大巷钻孔，因揭煤段较长，揭煤钻孔实行了分段设计。首先确定最深孔，以 60m 以内穿透所揭煤层 0.5m 为准。然后把钻孔平移 2m，把开孔位和平移线与 13-1 煤层底板的交点连线，即为下一排钻孔，删掉平移线。同理，可依次得出后面几排钻孔，最后一排钻孔控制到上一茬钻孔控制的边沿处。

两帮钻场的钻孔孔深一般以不小于 30m 为宜，一般从迎头钻孔最深排钻孔抽出，如图 8-3 所示。

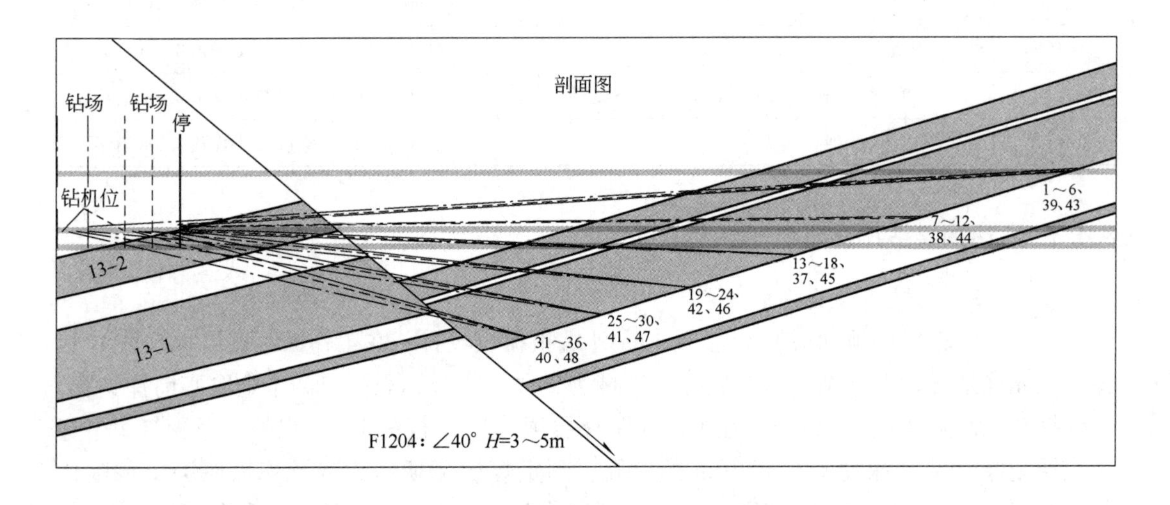

图 8-3 揭煤钻孔分段设计图

根据绘图及现场实际操作需要，每个钻场内一般按 6 个孔，分两排布置，因此可根据钻孔倾角适当调整开孔高度。瓦斯残余压力钻孔在两帮钻场内施工，瓦斯残余压力钻孔布置在措施钻孔之间，距措施孔孔底间距不小于 0.5m，瓦斯残余压力钻孔控制到巷道轮廓线外 3～4m 的范围，如图 8-4 所示。

（3）倾角的确定。剖面图画好后，从图上量出三排孔与水平基准线的夹角，即每排钻孔的倾角，如图 8-4 所示。这样就得出上排孔 1～3 号孔倾角为 +13°，中排孔 4～7 号孔倾角为 +6°，下排孔 8～12 号孔倾角为 0°。

（4）方位角的确定。

1）首先在剖面图正下方画出巷道平面图，平面图上的停头位与剖面图上的停头位投影线重合（平面图上巷道倾斜的一定要旋转为水平），然后从各排钻孔终孔点画投影线。方位角的具体确定方法如图 8-5 所示。

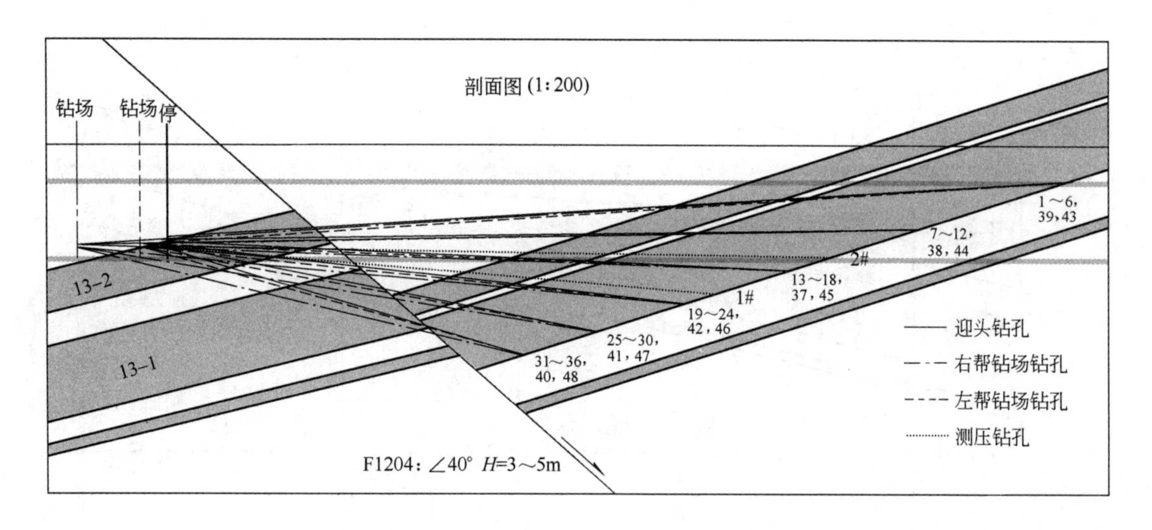

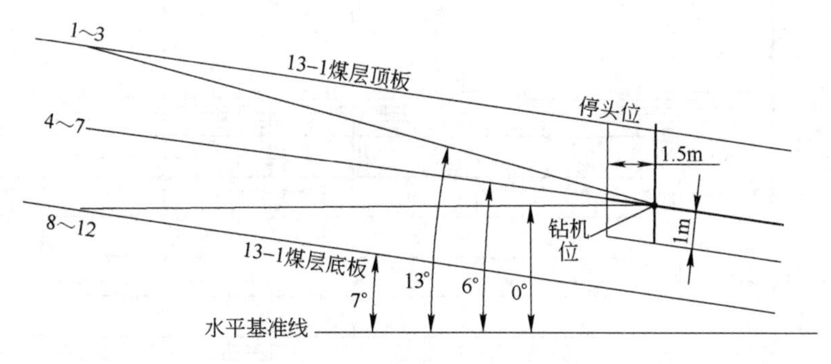

图 8-4 瓦斯残余压力钻孔控制范围

2）在平面图上确定钻孔在迎头及钻场内的开孔位置。一般每排总孔数为奇数的自巷道中线向两帮均匀分布，每排总孔数为偶数的自巷道两帮向中间均匀分布。布孔原则：岩层面开孔的开孔间距不小于300mm，煤层面开孔的开孔间距不小于400mm。

例：西二－540m 西翼胶带机大巷巷道宽 5.0m，按 6 个孔算，也就是 5 个空档，每个档按 800mm 算，两帮能预留 500mm；两帮钻场深 4m，布置 6 个孔，也就是 5 个空档，每个档按 600mm 算，两帮预留 1000mm 以上，符合要求（间距的留设为便于操作，一般都取整数）。确定钻孔的孔底位置如图 8-6 所示。

3）在平面图上确定钻孔的孔底位置。以“孔底间距不大于 3m，迎头钻孔控制范围为巷道轮廓线外 3m，巷帮钻场钻孔控制范围为巷道轮廓线外 4～6m”为准则。

例：西二－540m 西翼胶带机大巷，迎头钻孔孔底间距按 2m 设计。钻场钻孔倾角不同，每个钻场内按 6 个孔布置，也就是 5 个空档，需均匀控制巷道轮廓线 3～5m 的范围，因此可按 2m 的范围均匀分设，得出孔底间距为 400mm。孔底间距确定如图 8-7 所示。

4）把投影线与钻孔终孔位置线的交点和平面钻孔开孔位置由外及里或由里及外依次连线画孔。

例：西二－540m 西翼胶带机大巷迎头和钻场钻孔，最好按顺序连线，避免漏画。钻孔平面位置图如图 8-8 所示。

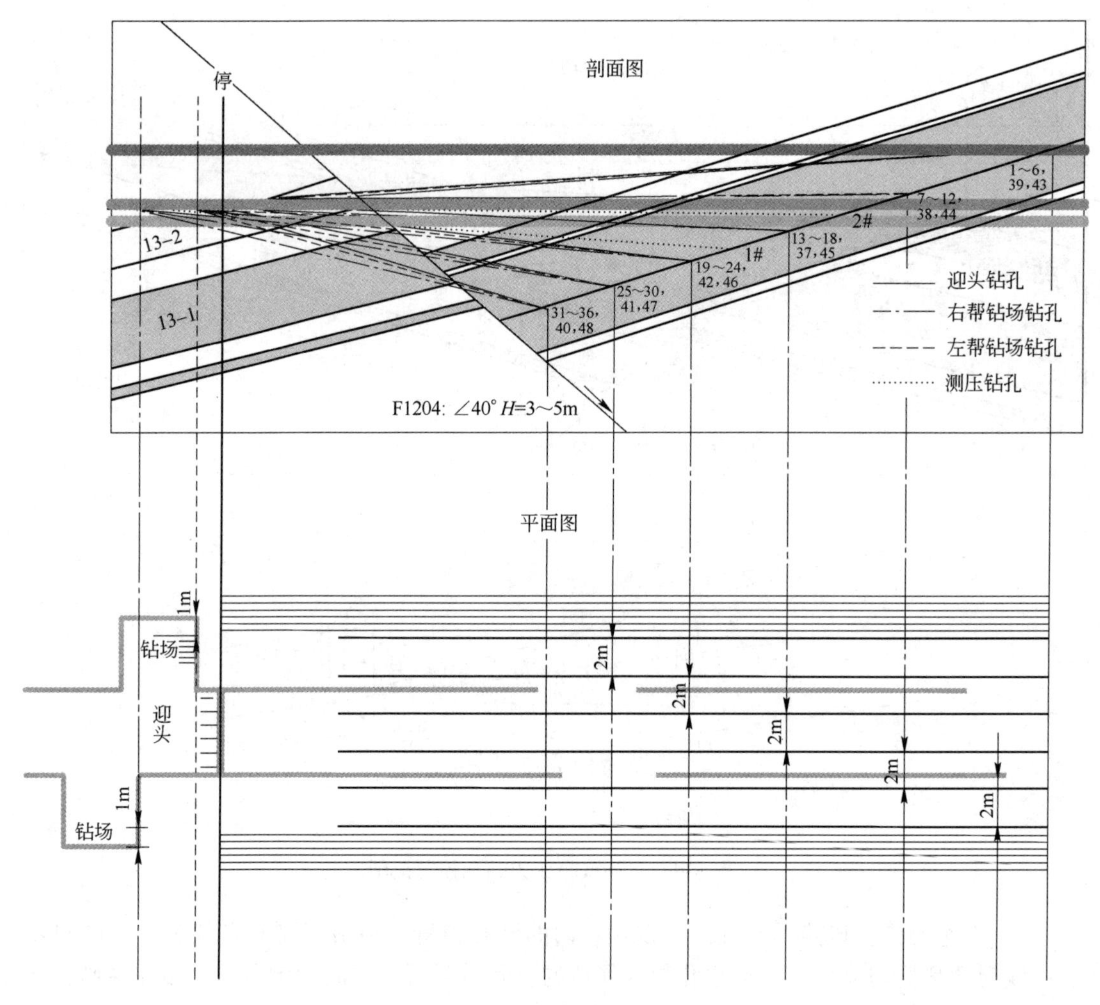

图 8-5 方位角的确定

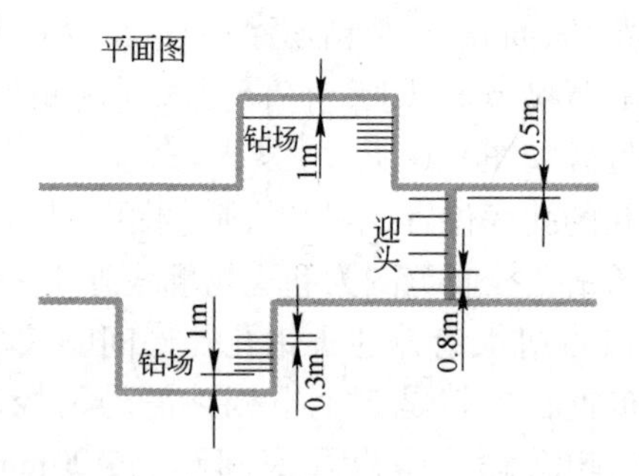

图 8-6 确定钻孔的孔底位置

5）测量方位角。从平面图直接量出钻孔与巷道中线的夹角，即为该钻孔的方位角。面对迎头方向，右手侧的为向右偏，左手侧的为向左偏（也可根据巷道方位，按顺时针减、逆时针加设计钻孔方位）。

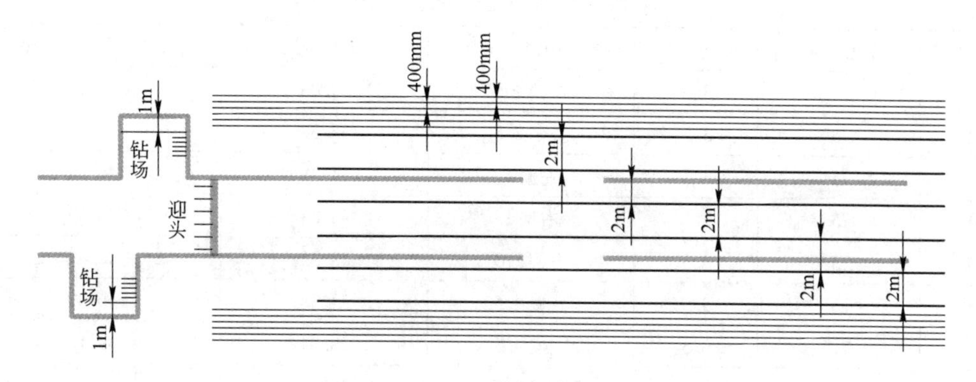

图 8-7 孔底间距确定

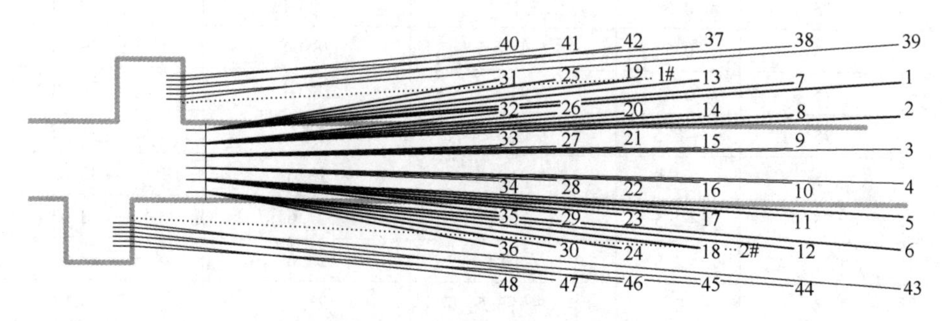

图 8-8 钻孔平面位置图

（5）断面图的绘制。从剖面图上量出每排钻孔的开孔高度，从平面图上量出每排孔的孔间距。开孔高度有时可根据现场情况适当调整，但必须以“岩层面开孔的开孔间距不小于 300mm，煤层面开孔的开孔间距不小于 400mm”的规定为准则。钻孔的开孔高度如图 8-9 所示。

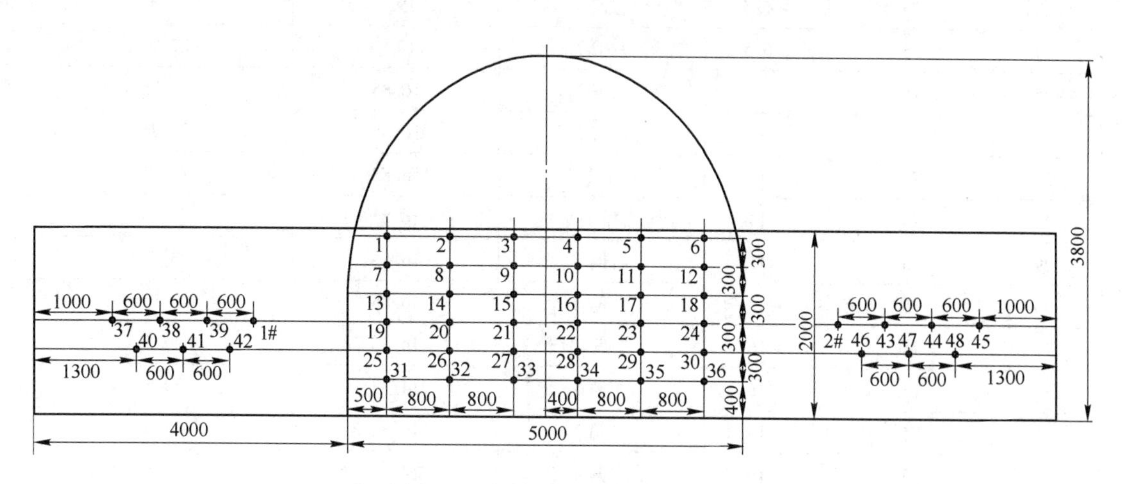

图 8-9 钻孔的开孔高度（1∶50）

（6）整理出钻孔参数。抽采钻孔施工参数如表 8-3 所示。

表 8-3 抽采钻孔施工参数

孔 号	孔径/mm	倾角/(°)	与巷道中线夹角/(°)	见 13-1 煤深/m	见 13-1 煤深(终孔深)/m
1	75	3.5	左偏 4.5	28.03	39.16
2	75	3.5	左偏 2.5	33.38	46.49
3	75	3.5	左偏 1	33.38	46.49
4	75	3.5	右偏 1	33.38	46.49
5	75	3.5	右偏 2.5	33.38	46.49
6	75	3.5	右偏 4.5	33.38	46.49
7	75	0.5	左偏 4.5	28.04	39.14
8	75	0.5	左偏 2.5	28.04	39.14
9	75	0.5	左偏 1	28.04	39.14
10	75	0.5	右偏 1	28.04	39.14
11	75	0.5	右偏 2.5	28.04	39.14
12	75	0.5	右偏 4.5	28.04	39.14
13	75	-2.5	左偏 5.5	23.6	33.03
14	75	-2.5	左偏 3.5	23.6	33.03
15	75	-2.5	左偏 1	23.6	33.03
16	75	-2.5	右偏 1	23.6	33.03
17	75	-2.5	右偏 3.5	23.6	33.03
18	75	-2.5	右偏 5.5	23.6	33.03
19	75	-6.5	左偏 7	19.9	27.95
20	75	-6.5	左偏 4	19.9	27.95
21	75	-6.5	左偏 1	19.9	27.95
22	75	-6.5	右偏 1	19.9	27.95
23	75	-6.5	右偏 4	19.9	27.95
24	75	-6.5	右偏 7	19.9	27.95
25	75	-11	左偏 8	16.85	23.75
26	75	-11	左偏 5	16.85	23.75
27	75	-11	左偏 1.5	16.85	23.75
28	75	-11	右偏 1.5	16.85	23.75
29	75	-11	右偏 5	16.85	23.75
30	75	-11	右偏 8	16.85	23.75
31	75	-16	左偏 10	14.33	20.5
32	75	-16	左偏 6	14.33	20.5
33	75	-16	左偏 2	14.33	20.5
34	75	-16	右偏 2	14.33	20.5
35	75	-16	右偏 6	14.33	20.5
36	75	-16	右偏 10	14.33	20.5

续表 8-3

孔 号	孔径/mm	倾角/(°)	与巷道中线夹角/(°)	见 13-1 煤深/m	见 13-1 煤深(终孔深)/m
37	75	2.5	左偏 3.5	24.87	34.51
38	75	-1	左偏 4	29.3	40.65
39	75	-3.5	左偏 4	34.6	48.01
40	75	15	左偏 6	15.6	21.74
41	75	-10	左偏 6.5	18.08	25.2
42	75	-5.5	左偏 6.5	21.1	29.41
43	75	3.5	右偏 4	38.32	51.51
44	75	-1	右偏 3.5	32.85	44.15
45	75	-2	右偏 3.5	28.28	38.01
46	75	-5	右偏 6.5	24.39	32.89
47	75	-9	右偏 6.5	21.24	28.65
48	75	-13	右偏 5	18.64	25.14
1#	75	-5	左偏 10	21.36	29.91
2#	75	-1	右偏 9	25.47	35.55

8.4.4 上下山揭煤钻孔设计

（1）钻孔的定位。根据钻机高度 1m 及钻杆长度（1000mm、750mm、500mm）确定开孔位，即迎头退后 1.5m，开孔高度为 1m，确定开孔位置。淮南某矿东三 13-1 煤层回风上山钻孔设计如图 8-10 所示。

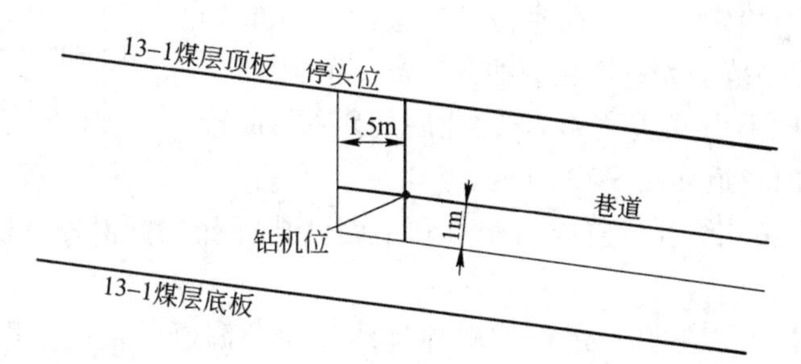

图 8-10 淮南某矿东三 13-1 煤层回风上山钻孔设计剖面图（1：200）

（2）孔数的确定。以巷道剖面图及钻孔孔底间距不大于 2m 为依据，以孔深不大于 60m 为准则布置钻孔排数，每排钻孔一般按 8 个布置。

例：东三皮带机上山揭煤钻孔，因揭煤段比较长，分两段设计钻孔。首先确定最深孔，以 60m 以内穿透所揭煤层 0.5m 为准。然后把钻孔平移 2m，把开孔位和平移线与 11-2 煤层底板的交点连线，即为下一排钻孔，删掉平移线。同理，可依次得出后面几排钻孔，最后一排钻孔控制到上一茬钻孔的边沿位（首排钻孔一般控制到停头位下方 3m 位置）。东三皮带机上山揭煤钻孔设计如图 8-11 所示。

（3）倾角的确定。剖面图画好后，从图上量出三排孔与水平基准线的夹角，即每排钻孔的倾角，如图 8-11 所示。这样就得出上排孔 1～3 号孔倾角为 +13°，中排孔 4～7 号孔

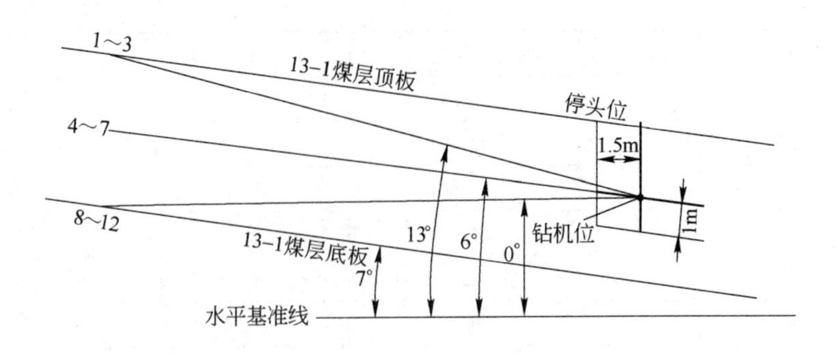

图 8-11　东三皮带机上山揭煤钻孔设计剖面图（1：200）

倾角为 +6°，下排孔 8 ~ 12 号孔倾角为 0°。

（4）方位角的确定。

1）首先在剖面图正下方画出巷道平面图，平面图上的停头位与剖面图上的停头位投影线重合（平面图上巷道倾斜的一定要旋转为水平），然后从各排钻孔终孔点画投影线。

2）在平面图上确定钻孔在迎头的开孔位置。一般每排总孔数为奇数的自巷道中线向两帮均匀分布，每排总孔数为偶数的自巷道两帮向中间均匀分布。布孔原则：岩层面开孔的开孔间距不小于 300mm，煤层面开孔的开孔间距不小于 400mm。

例：东三皮带机下山巷道宽 4. 2m，按 8 个孔算，也就是 7 个空档，每个档按 500mm 计算，两帮能够预留 350mm 左右，完全符合要求。其中间距的留设为便于操作，一般都取整数。东三皮带机下山巷道平面图如图 8-12 所示。

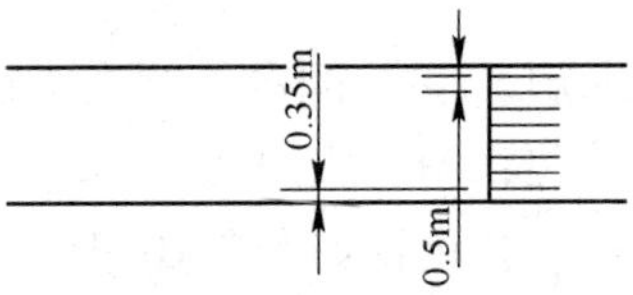

图 8-12　东三皮带机下山巷道平面图（1：200）

3）在平面图上确定钻孔的孔底位置。以“孔底间距不大于 3m，钻孔控制范围为巷道轮廓线外 5m”为准则。

例：东三皮带机下山巷道宽 4. 2m，孔底间距按 2m 设计。东三皮带机下山巷道如图 8-13 所示。

4）把投影线与钻孔终孔位置线的交点和平面钻孔开孔位置由外及里或由里及外依次连线画孔。

例：东三皮带机下山钻孔，最好按顺序连线，避免漏画。钻孔平面位置图如图 8-14 所示。

图 8-13　东三皮带机下山巷道孔底间距设计平面图（1：200）

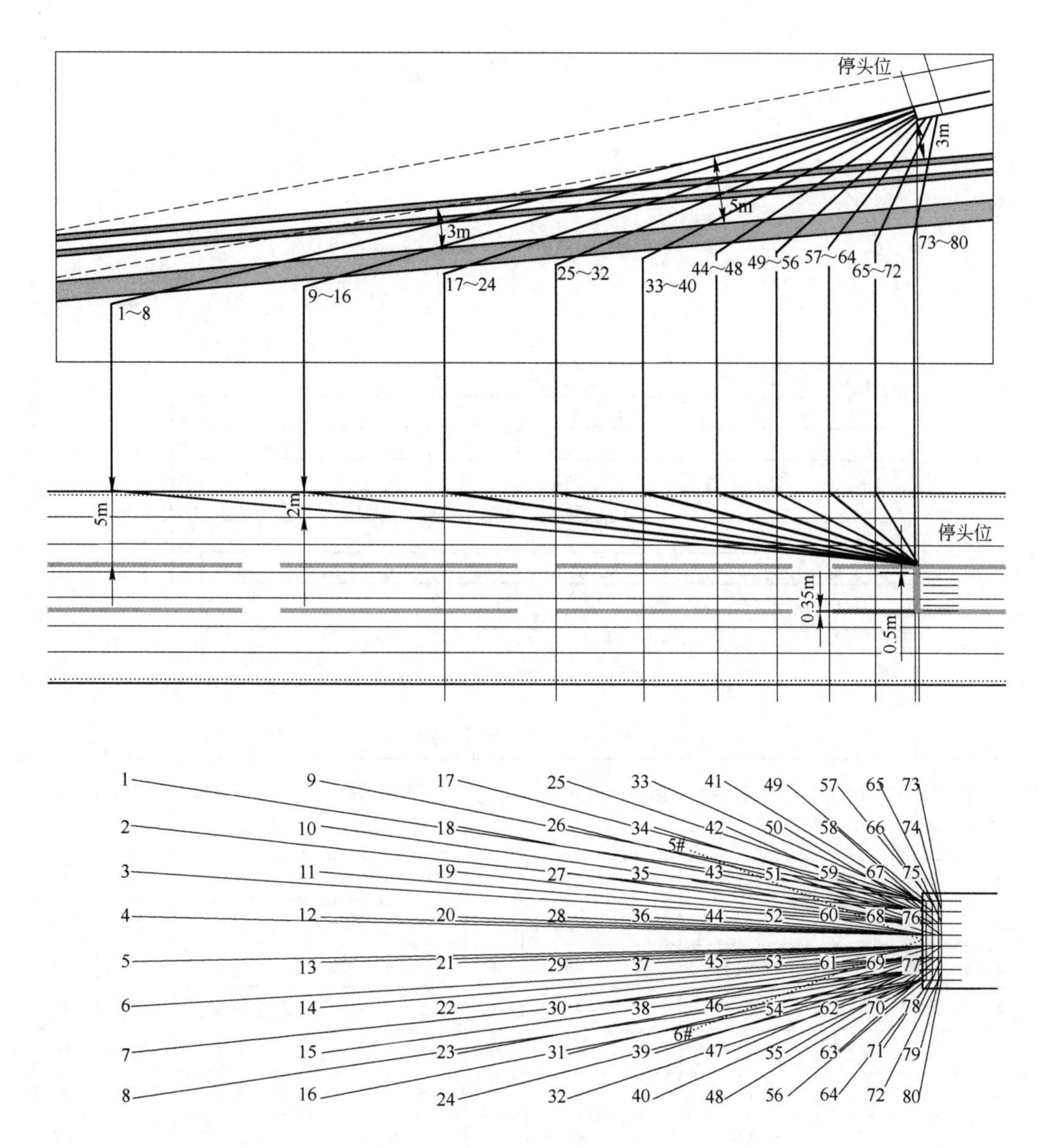

图 8-14 钻孔平面位置布置图（1∶200）

5）测量方位角。从平面图直接量出钻孔与巷道中线的夹角，即为该钻孔的方位角。面对迎头方向，右手侧的为向右偏，左手侧的为向左偏。也可根据巷道方位，按顺时针减、逆时针加设计钻孔方位。

（5）断面图的绘制。从剖面图上量出每排钻孔的开孔高度，从平面图上量出每排孔的孔间距。开孔高度有时可根据现场情况适当调整，但必须以“岩层面开孔的开孔间距不小于300mm，煤层面开孔的开孔间距不小于400mm”的规定为准则。钻孔断面图如图 8-15 所示。

（6）整理出钻孔参数。钻孔施工参数如表 8-4 所示。

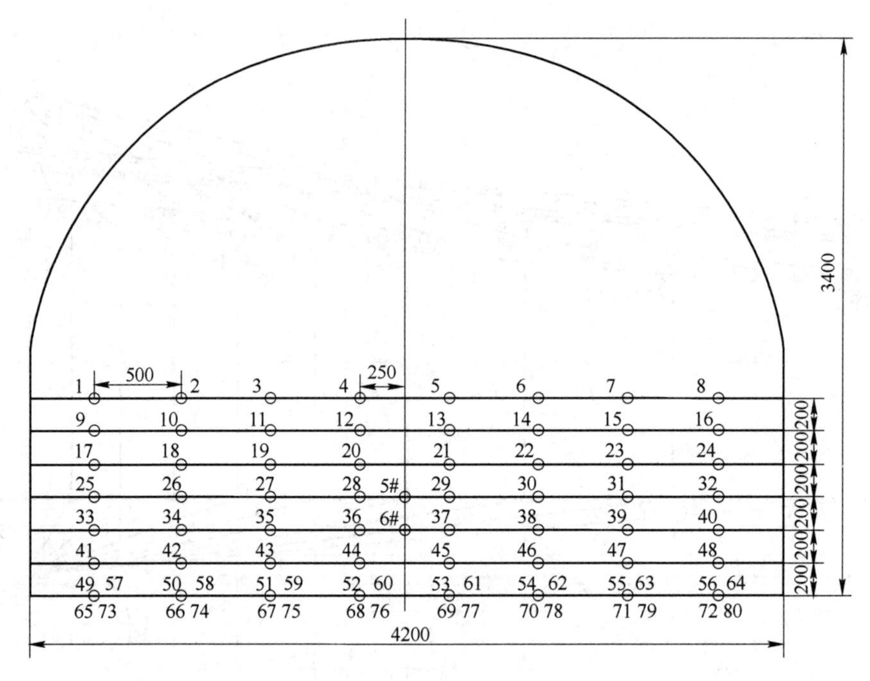

图 8-15 钻孔断面图（1∶50）

表 8-4 钻孔施工参数

孔号	孔径/mm	倾角/(°)	与巷道中线夹角/(°)	见煤深/m	孔深/m	孔号	孔径/mm	倾角/(°)	与巷道中线夹角/(°)	见煤深/m	孔深/m
1	75	-19	右偏 7	37	45.5	17	75	-26	右偏 11	23	29
2	75	-19	右偏 5	37	45.5	18	75	-26	右偏 7	23	29
3	75	-19	右偏 3	37	45.5	19	75	-26	右偏 5	23	29
4	75	-19	右偏 1	37	45.5	20	75	-26	右偏 2	23	29
5	75	-19	左偏 1	37	45.5	21	75	-26	左偏 2	23	29
6	75	-19	左偏 3	37	45.5	22	75	-26	左偏 5	23	29
7	75	-19	左偏 5	37	45.5	23	75	-26	左偏 7	23	29
8	75	-19	左偏 7	37	45.5	24	75	-26	左偏 11	23	29
9	75	-22	右偏 9	29	36	25	75	-30	右偏 14.5	19	23
10	75	-22	右偏 6	29	36	26	75	-30	右偏 10.5	19	23
11	75	-22	右偏 4	29	36	27	75	-30	右偏 6.5	19	23
12	75	-22	右偏 1	29	36	28	75	-30	右偏 2	19	23
13	75	-22	左偏 1	29	36	29	75	-30	左偏 2	19	23
14	75	-22	左偏 4	29	36	30	75	-30	左偏 6.5	19	23
15	75	-22	左偏 6	29	36	31	75	-30	左偏 10.5	19	23
16	75	-22	左偏 9	29	36	32	75	-30	左偏 14.5	19	23

续表 8-4

孔号	孔径 /mm	倾角 /(°)	与巷道中线夹角/(°)	见煤深 /m	孔深 /m	孔号	孔径 /mm	倾角 /(°)	与巷道中线夹角/(°)	见煤深 /m	孔深 /m
33	75	-36	右偏 19	15	19	58	75	-60	右偏 35	9	11
34	75	-36	右偏 14	15	19	59	75	-60	右偏 23	9	11
35	75	-36	右偏 9	15	19	60	75	-60	右偏 8	9	11
36	75	-36	右偏 3	15	19	61	75	-60	左偏 8	9	11
37	75	-36	左偏 3	15	19	62	75	-60	左偏 23	9	11
38	75	-36	左偏 9	15	19	63	75	-60	左偏 35	9	11
39	75	-36	左偏 14	15	19	64	75	-60	左偏 44	9	11
40	75	-36	左偏 19	15	19	65	75	-71	右偏 58	8	10
41	75	-43	右偏 26	12	15	66	75	-71	右偏 49	8	10
42	75	-43	右偏 19	12	15	67	75	-71	右偏 35	8	10
43	75	-43	右偏 12	12	15	68	75	-71	右偏 13	8	10
44	75	-43	右偏 4	12	15	69	75	-71	左偏 13	8	10
45	75	-43	左偏 4	12	15	70	75	-71	左偏 35	8	10
46	75	-43	左偏 12	12	15	71	75	-71	左偏 49	8	10
47	75	-43	左偏 19	12	15	72	75	-71	左偏 58	8	10
48	75	-43	左偏 26	12	15	73	75	-82	右偏 76	7.5	9.5
49	75	-51	右偏 34	10	13	74	75	-82	右偏 71	7.5	9.5
50	75	-51	右偏 26	10	13	75	75	-82	右偏 60	7.5	9.5
51	75	-51	右偏 16	10	13	76	75	-82	右偏 30	7.5	9.5
52	75	-51	右偏 5	10	13	77	75	-82	左偏 30	7.5	9.5
53	75	-51	左偏 5	10	13	78	75	-82	左偏 60	7.5	9.5
54	75	-51	左偏 16	10	13	79	75	-82	左偏 71	7.5	9.5
55	75	-51	左偏 26	10	13	80	75	-82	左偏 76	7.5	9.5
56	75	-51	左偏 34	10	13	5#	75	-33	右偏 17	13.3	17
57	75	-60	右偏 44	9	11	6#	75	-40	左偏 17	13.3	17

8.4.5 煤巷防突钻孔设计

8.4.5.1 钻孔设计要求

对突出危险掘进工作面和炮后瓦斯经常超限、有瓦斯异常涌出现象的掘进工作面，必须实施边抽边掘措施，必须执行巷帮钻场深孔连续抽采措施。采取巷帮钻场深孔连续抽采措施掘进时，巷帮钻场间距设计原则上不大于50m；巷帮钻场钻孔必须超前掘进工作面不小于10m；巷帮钻场间两茬钻孔最小压茬距不小于10m。施工巷帮钻场必须进行突出危险性预测预报。

掘进工作面在进行预测（效检）时，至少施工三个孔，其中一个位于掘进巷道中部，并平行于掘进方向；上下各一个帮孔，帮孔终孔点位于巷道轮廓线外2～4m处。预测

(效检)钻孔有效深度以钻孔沿巷道掘进方向投影距为准。允许进尺标志点必须用漆喷(涂)在巷道显著位置。

突出危险掘进工作面在施工巷帮钻场钻孔前，必须先施工防突专门钻孔。防突专门钻孔位于巷道上帮，终孔距巷帮不小于10m，并超前措施孔不少于10m（急倾斜煤层除外）。

巷帮钻场钻孔控制范围为巷道轮廓线外2～10m，并保证两帮有效卸压范围不小于5m。钻孔距巷帮不小于1m。巷帮钻场钻孔布置数量按钻孔抽采半径实际考察数据确定，无实际考察数据的，钻孔数量暂按抽采半径1～1.5m布置。

8.4.5.2 平巷钻孔设计

(1) 钻孔的定位。根据钻机高度1m及钻杆长度（1500mm、1000mm、750mm、500mm）确定开孔位，即迎头退后1.5m，开孔高度为1m，确定开孔位置。淮南某矿东三1521(3)下顺槽钻孔设计如图8-16所示。

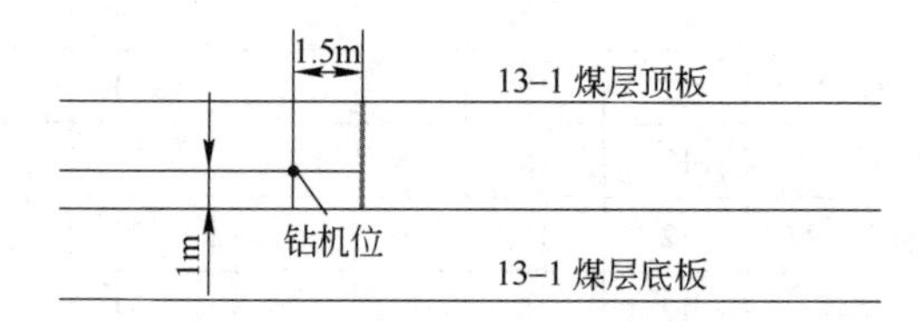

图8-16 淮南某矿东三1521(3)下顺槽钻孔设计

(2) 孔数的确定。根据煤厚、巷道断面及钻孔有效抽采、排放半径确定钻孔个数，淮南某矿主采煤层11-2、13-1煤层平均厚度为1.7m、4.8m，迎头钻孔控制到巷道轮廓线外5m，钻孔一般上排见顶，下排见底，孔底间距按不大于$2r$分布，即孔底间距为2～3m。

例：东三1521(3)下顺槽巷道高2.8m，宽4.8m，13-1煤层平均厚度5.1m，巷道跟13-1煤层顶板掘进。在迎头布置3排钻孔，上排见顶板，下排见底板，煤层中间一排，每排布置5个钻孔，其中中间一排有一个防突专用孔——防突专用孔控制到巷道上帮轮廓线10m以外，防突专用孔压茬距不小于10m。东三1521（3）下顺槽钻孔剖面图如图8-17所示。

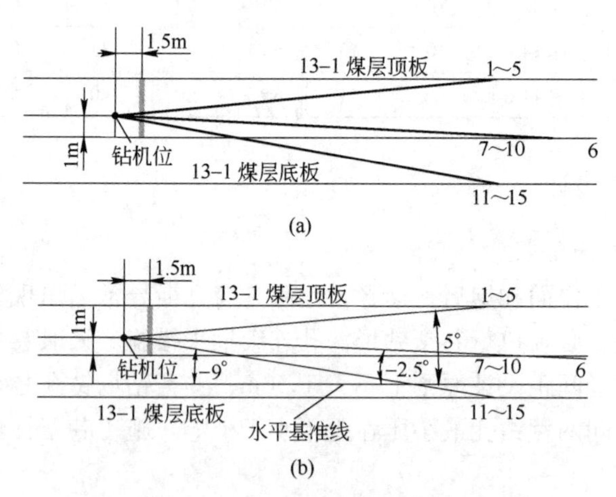

图8-17 东三1521(3)下顺槽钻孔剖面图

(a) 钻孔布置；(b) 钻孔倾角

（3）孔深的确定。巷道进尺按每茬8 +5m设计，措施孔预留不小于5m的超前距，措施孔深一般按20m设计，防突专用孔深25m。

（4）倾角的确定。剖面图画好后，从图上量出三排孔与水平基准线的夹角，即每排钻孔的倾角。这样就得出上排孔1 ~5号孔倾角为+5°，中排孔6 ~10号孔倾角为 -2.5°，下排孔11 ~15号孔倾角为 -9°。

（5）方位角的确定。

1）首先在平面图上确定钻孔在迎头的开孔位置。一般每排钻孔总数为奇数的自巷道中线向两帮均匀分布，每排钻孔总数为偶数的自巷道两帮向中间均匀分布。布孔原则：岩层面开孔的开孔间距不小于300mm，煤层面开孔的开孔间距不小于400mm。

例：东三1521(3)下顺槽巷道宽4.8m，每排5个钻孔，自巷道中线布孔。开孔间距的计算：5个孔，也就是4个空档，巷道宽4.8m，每个档按1000mm算，两帮能预留400mm，符合要求（间距的留设为便于操作，一般都取整数）。东三1521(3)下顺槽钻孔方位角确定如图8-18所示。

2）在平面图上确定钻孔的孔底位置。以“孔底间距不大于3m，钻孔控制范围为巷道轮廓线外5m，防突专用孔控制到巷道轮廓线10m以外”为准则。

例：东三1521(3)下顺槽巷道宽4.8m，每排钻孔5个，孔底间距按3m设计，如图8-19所示。

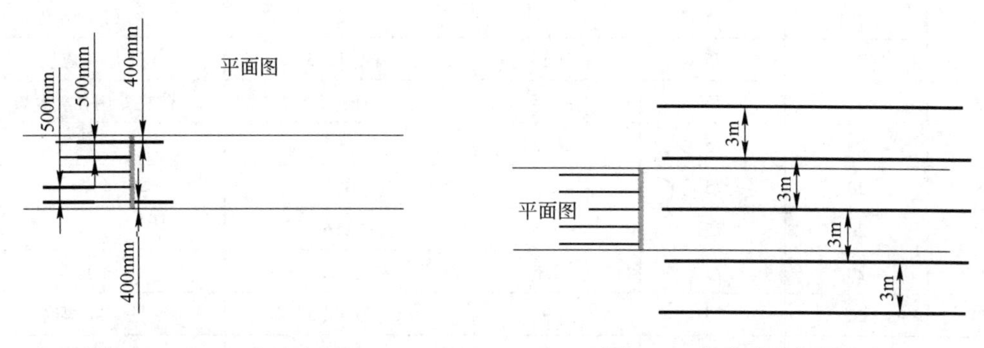

图8-18 东三1521(3)下顺槽钻孔方位角确定

图8-19 钻孔孔底间距设计

3）根据孔深、开孔位及终孔位由外及里或由里及外依次连线画孔（孔深按20m设计）。

例：东三1521（3）下顺槽钻孔，以各排孔开孔位为圆心画圆，从开孔位到圆和对应的终孔线的交点连线，即为设计钻孔平面位置图，如图8-20所示。

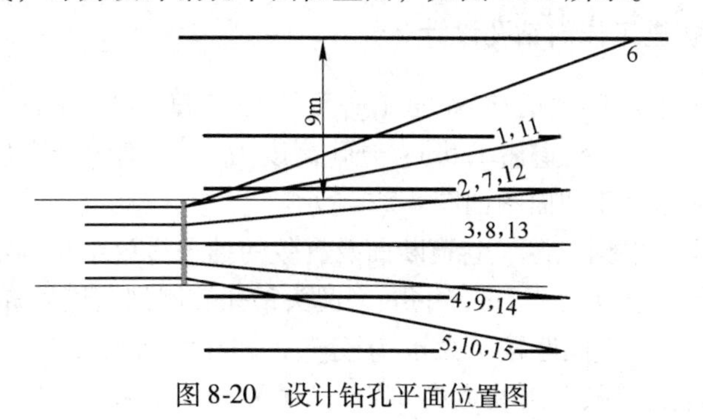

图8-20 设计钻孔平面位置图

4）测量方位角。从平面图直接量出钻孔与巷道中线的夹角，即为该钻孔的方位角。面对迎头方向，右手侧的为向右偏，左手侧的为向左偏。

（6）断面图的绘制。从剖面图上量出每排钻孔的开孔高度，从平面图上量出每排孔的孔间距。开孔高度有时可根据现场情况适当调整，但必须以“岩层面开孔的开孔间距不小于300mm，煤层面开孔的开孔间距不小于400mm”的规定为准则。设计钻孔断面位置图如图8-21所示。

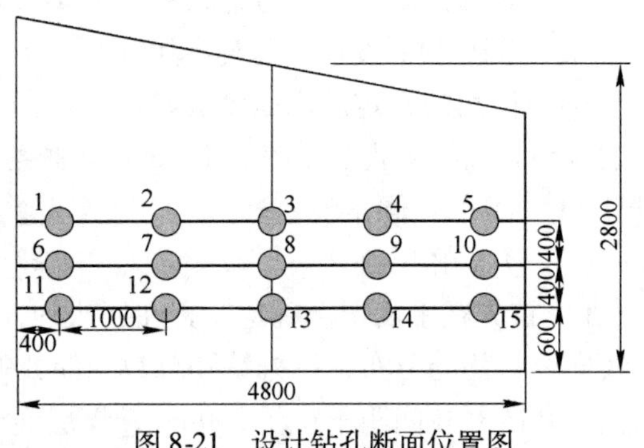

图8-21 设计钻孔断面位置图

（7）整理出钻孔参数。钻孔施工参数如表8-5所示。

表8-5 钻孔施工参数

孔 号	孔深/m	孔径/mm	倾角/(°)	与巷道中线夹角/(°)	备 注
1	20	75	+5	左偏11.5	见13-1煤顶
2	20	75	+5	左偏6	见13-1煤顶
3	20	75	+5	0	见13-1煤顶
4	20	75	+5	右偏6	见13-1煤顶
5	20	75	+5	右偏11.5	见13-1煤顶
6	20	75	-2.5	左偏22	防突专用孔、全煤
7	20	75	-2.5	左偏6	全煤
8	20	75	-2.5	0	全煤
9	20	75	-2.5	右偏6	全煤
10	20	75	-2.5	右偏11.5	全煤
11	20	75	-9	左偏11.5	见13-1煤底
12	20	75	-9	左偏6	见13-1煤底
13	20	75	-9	0	见13-1煤底
14	20	75	-9	右偏6	见13-1煤底
15	20	75	-9	右偏11.5	见13-1煤底

8.4.6 上下山煤巷掘进工作面钻孔设计

（1）钻孔的定位。根据钻机高度1m及钻杆长度（1500mm、1000mm、750mm、500mm）确定开孔位，即迎头退后1.5m，开孔高度为1m，确定开孔位置。淮南某矿东三13-1煤层回风上山钻孔设计剖面图如图8-22所示。

（2）孔数的确定。根据煤厚、巷道断面及有效的抽采排放半径确定钻孔个数，主采煤层11-2、13-1煤层平均厚度为1.7m、4.8m，迎头钻孔控制到巷道轮廓线外5m，钻孔一般上排见顶，下排见底，孔底间距按不大于2r分布，即孔底间距为2～3m。

例：东三13-1煤层回风上山巷道高3.2m，宽5.3m，13-1煤层平均厚度4.8m，煤层

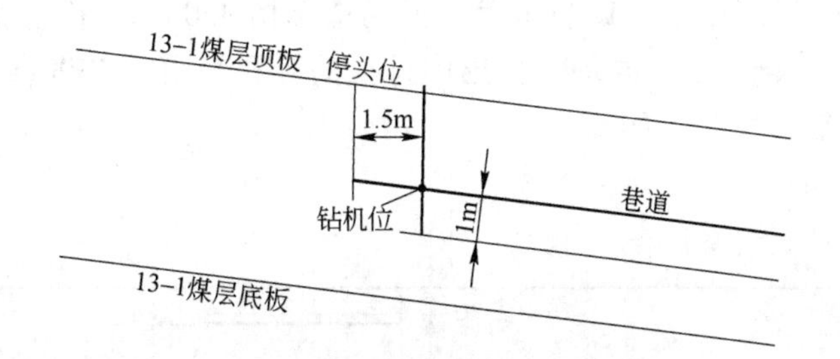

图 8-22 东三 13-1 煤层回风上山钻孔设计剖面图（1∶200）

平均倾角 7°，巷道跟 13-1 煤层顶板掘进。在迎头布置 3 排钻孔，上排见顶板，下排见底板，煤层中间一排，上排布置 3 个钻孔，下排布置 5 个钻孔，中排布置 4 个钻孔。东三 13-1 煤层回风上山钻孔数设计剖面图如图 8-23 所示。

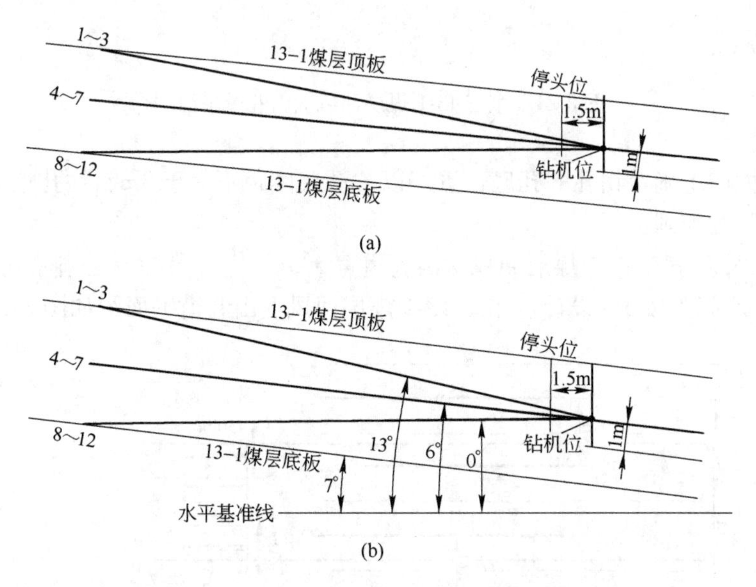

图 8-23 东三 13-1 煤层回风上山钻孔数设计剖面图（1∶200）
（a）钻孔布置；（b）钻孔倾角

（3）孔深的确定。巷道进尺按每茬 8m 设计，措施孔预留不小于 5m 的超前距，措施孔深一般按 16m 设计。

（4）倾角的确定。剖面图画好后，从图上量出三排孔与水平基准线的夹角，即每排钻孔的倾角。这样就得出上排孔 1 ~ 3 号孔倾角为 +13°，中排孔 4 ~ 7 号孔倾角为 +6°，下排孔 8 ~ 12 号孔倾角为 0°。

（5）方位角的确定。

1）首先在平面图上确定钻孔在迎头的开孔位置。一般每排总孔数为奇数的自巷道中线向两帮均匀分布，每排总孔数为偶数的自巷道两帮向中间均匀分布。布孔原则：岩层面开孔的开孔间距不小于 300mm，煤层面开孔的开孔间距不小于 400mm。

例：淮南某矿东三 13-1 煤层回风上山巷道宽 5.3m，上、中、下三排孔分别为 3 个、4 个和 5 个，上排孔和下排孔自巷道中线布孔。开孔间距的计算：按 5 个孔算，也就是 4 个空档，巷道宽5.3m，每个档按1100mm算，两帮能预留450mm，符合要求（间距的留设为便于操作，一般都取整数）。同理，得出中排孔的开孔间距为1300mm。东三13-1煤层回风上山巷道平面图如图8-24所示。

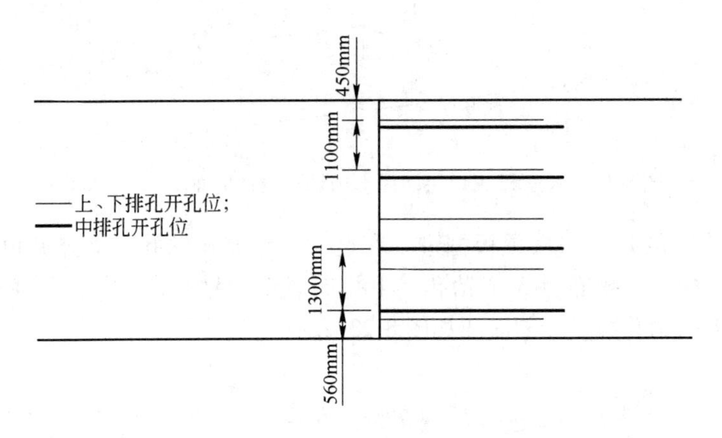

图8-24 东三13-1煤层回风上山巷道平面图

2）在平面图上确定钻孔的孔底位置。以“孔底间距不大于3m，钻孔控制范围为巷道轮廓线外5m”为准则。

例：淮南某矿东三13-1煤层回风上山巷道宽5.3m，上、中、下三排孔分别为3个、4个和5个，孔底间距按3m设计。东三13-1煤层回风上山巷道平面图如图8-25所示。

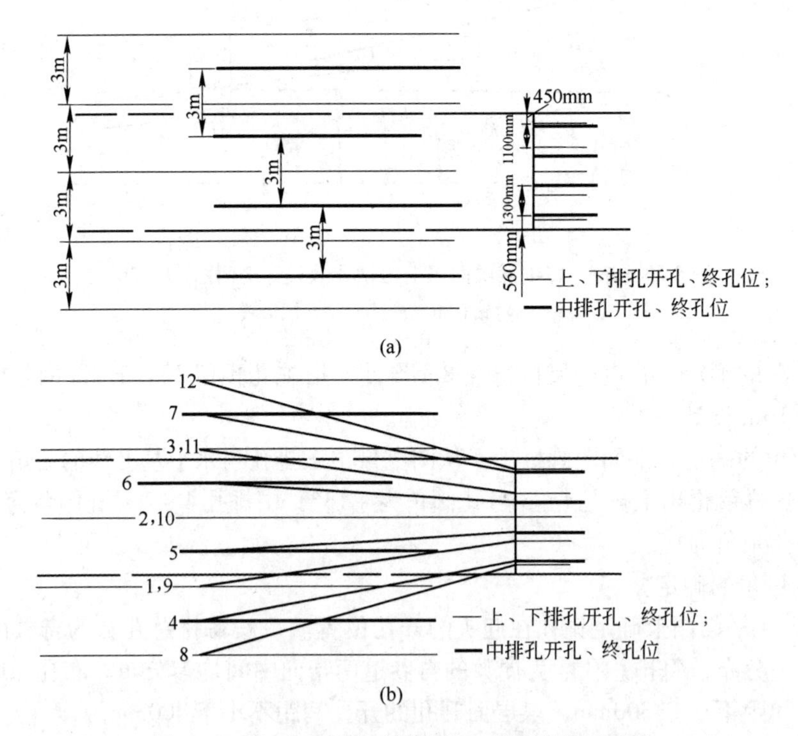

图8-25 东三13-1煤层回风上山巷道钻孔平面图

（a）孔底间距；（b）钻孔平面位置

3）根据孔深、开孔位及终孔位由外及里或由里及外依次连线画孔（孔深按16m设计）。

例：以各排孔开孔位为圆心画圆，从开孔位到圆和对应的终孔线的交点连线，即为钻孔平面位置图。

4）测量方位角。从平面图直接量出钻孔与巷道中线的夹角，即为该钻孔的方位角。面对迎头方向，右手侧的为向右偏，左手侧的为向左偏。

（6）断面图的绘制。从剖面图上量出每排钻孔的开孔高度，从平面图上量出每排孔的孔间距。开孔高度有时可根据现场情况适当调整，但必须以“岩层面开孔的开孔间距不小于300mm，煤层面开孔的开孔间距不小于400mm”的规定为准则。东三13-1煤层回风上山巷道钻孔断面图如图8-26所示。

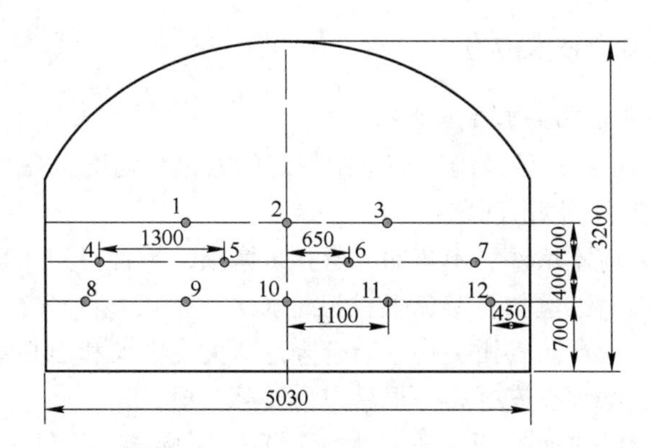

图8-26 东三13-1煤层回风上山巷道钻孔断面图

（7）整理出钻孔参数。钻孔施工参数如表8-6所示。东三13-1煤层回风上山巷道钻孔剖面图（1∶200）如图8-27所示。

表8-6 钻孔施工参数

孔 号	孔深/m	孔径/mm	倾角/(°)	与巷道中线夹角/(°)	备 注
1	16	75	+11	左偏7.1	见13-1煤顶
2	16	75	+11	0	见13-1煤顶
3	16	75	+11	右偏7.1	见13-1煤顶
4	16	75	+6	左偏9.3	全煤
5	16	75	+6	左偏3.1	全煤
6	16	75	+6	右偏3.1	全煤
7	16	75	+6	右偏9.3	全煤
8	16	75	+1	左偏14	见13-1煤底
9	16	75	+1	左偏7.1	见13-1煤底
10	16	75	+1	0	见13-1煤底
11	16	75	+1	右偏7.1	见13-1煤底
12	16	75	+1	右偏14	见13-1煤底

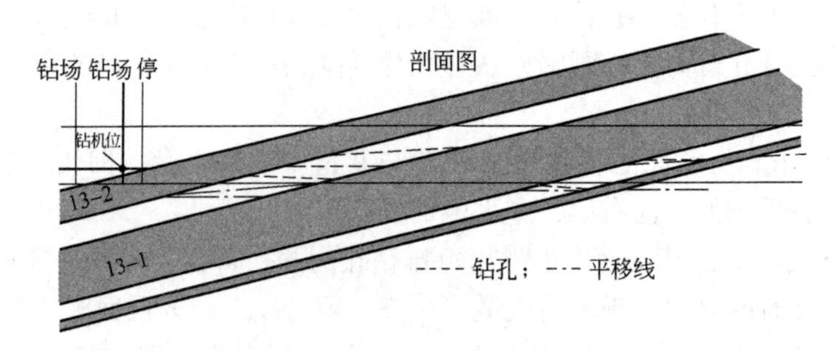

图 8-27 东三 13-1 煤层回风上山巷道钻孔剖面图（1：200）

8.4.7 抽采钻孔施工安全技术措施

8.4.7.1 瓦斯抽采钻孔施工注意事项

钻孔要严格按照标定的孔位及施工措施中规定的方位、角度、孔深进行施工，严禁擅自改动。安装钻杆时应注意以下问题：

（1）先检查钻杆，应不堵塞、不弯曲、丝扣未磨损，不合格的严禁使用；

（2）连接钻杆时要对准丝扣，避免歪斜和漏水；

（3）装卸钻头时，应严防管钳夹伤硬质合金片、夹扁钻头和岩心管；

（4）安装钻杆时，必须在安好第一根后，再安第二根。

钻头送入孔内开始钻进时，压力不宜太大，要轻压慢转，待钻头下到孔底工作平稳后，压力再逐渐增大。采用清水钻进时，开钻前必须供水，水返回后才能给压钻进，不准钻干孔；孔内岩粉多时，应加大水量，切实冲好孔后方可停钻。钻进过程中要准确测量距离，一般每钻进 10m 或换钻具时必须量一次钻杆，以核实孔深。钻进过程中的注意事项如下：

（1）发现煤壁松动、片帮、来压、见水或孔内水量和水压突然加大或减小以及顶钻时，必须立即停止钻进，但不得拔出钻杆；钻孔穿透采空区发现有害气体喷出时，要停钻加强通风并及时封孔；钻孔钻进时出现瓦斯急剧增大、顶钻等现象时，要及时采取措施进行处理。

（2）临时停钻时，要将钻头退离孔底一定距离，防止煤岩粉卡住钻杆；停钻 8h 以上时应将钻杆拉出来。提出钻具时注意要丈量机上余尺；必须用清水冲孔，排净煤、岩粉。

8.4.7.2 钻孔施工中常见安全事故

钻孔施工过程中常见的安全事故有：在钻孔施工过程中发生夹钻、埋钻事故；在钻孔施工过程中发生煤和瓦斯突出事故；在钻孔施工过程中由于电气设备失爆失保而造成电气伤人事故；钻孔施工作业场所由于片帮冒顶而造成伤人事故；钻孔施工作业人员由于操作钻机不熟练而造成钻杆搅人及牙钳伤人事故；在钻孔施工过程中由于排屑不及时，孔内出现冒烟、着火等。

8.4.7.3 钻孔施工安全措施

为了防止在钻孔施工过程中发生瓦斯超限事故，钻孔施工作业场所必须要有良好的通风，并安设瓦斯自动报警断电仪。对于瓦斯涌出量大的作业场所，钻孔必须装有防止瓦斯大量泄出的防喷装置，实行“边钻边抽”。在钻孔施工过程中，必须安设专职瓦斯检查员加强对钻孔施工处的瓦斯等气体的检查，严禁瓦斯超限作业，施工作业人员在钻孔施工过程中还必须佩带便携式瓦斯自动报警仪。为了防止在钻孔内发生瓦斯燃烧、爆炸和熏人事故，采用风力排屑时，必须保证钻孔排屑畅通，且施工地点必须配备足够数量的灭火器材。

采用水力排屑时，钻孔直径应比钻杆直径大50%以上，并且在钻孔施工过程中，严禁用铁器敲砸钻具。为了防止在钻孔施工过程中发生煤和瓦斯突出事故，在突出煤层中钻孔施工时，必须用厚度不小于50mm的木板一次性背严背实迎头，并在背板外侧用直径不小于180mm的圆木（不少于2根）紧贴背板打牢，圆木向上插入顶板不得少于200mm，向下插入底板不得少于300mm。

在钻孔施工过程中，若发现有突出预兆及异常现象时，测气员和施工负责人要迅速将所有人员撤至安全地带，同时切断该巷道内所有电气设备的电源，并及时向矿总工程师、矿调度所及有关单位汇报，待经过处理且瓦斯等有害气体的浓度恢复正常后，方可继续施工；为了防止钻孔施工作业场所发生片帮冒顶事故，必须加强钻孔施工作业场所及周围巷道的支护，严禁空帮空顶；为了防止在钻孔施工过程中发生电气伤人事故，施工钻孔的所有电气设备的防爆质量必须符合《煤矿安全规程》中的有关规定，并加强电气设备的检查与维护，严禁电气设备失爆失保，确保设备完好。

8.5 矿井瓦斯抽采钻孔施工实例

8.5.1 工程实例一

本节以淮南某矿11223底板巷西段放水石门 $C_3^{3下}$ 灰岩顺层钻孔施工安全技术为例进行说明。

8.5.1.1 概述

根据《11223底板放水巷西段放水石门 $C_3^{3下}$ 灰岩顺层长钻孔施工设计方案》要求，需在11223底板巷西段放水石门施工5个 $C_3^{3下}$ 灰岩顺层钻孔。为确保施工安全及疏放效果，特编制安全施工技术措施，经相关单位会审后，贯彻执行。

11223底板放水巷西段放水石门共施工125m，从 C_3^1 灰岩底板拨门，停头位置位于 $C_3^{3下}$ 灰岩，在石门 $C_3^{3下}$ 灰岩层内施工放水钻场，在放水钻场内施工沿 $C_3^{3下}$ 灰岩顺层长钻孔。钻窝规格4m×5m×3.6m，采用锚喷支护；通风方式为：单路局扇通风，2×18.5kW局扇两台（一台使用，一台备用），风筒直径为600mm。该处岩层倾角为8°~12°，$C_3^{3上}$ 厚度为4.5~7m，$C_3^{3下}$ 厚度为4.5~10m，$C_3^{3上}$ 与 $C_3^{3下}$ 层间距约为5.5~10m。

8.5.1.2 钻孔情况

A 施工目的及任务

通过 $C_3^{3下}$ 灰岩顺层长钻孔的施工，增大C3-Ⅰ组灰岩水的疏放量，快速降低11223工作面底板的灰岩水水头高度，确保11223工作面安全顺利开采。进一步探明11223工作面底板C3-Ⅰ组灰岩的富水性以及溶洞、陷落柱发育情况。通过长钻孔的施工，对前期物探探明的低阻异常区进行验证。

B 钻孔位置及钻孔参数

根据钻孔施工情况可适当修改参数或增减钻孔。钻孔位置及钻孔参数如表8-7所示。

表 8-7 钻孔位置及钻孔参数

孔　号	方位角/(°)	倾角/(°)	设计孔深/m	预计终孔标高/m
1	209	8	500.0	-468.4
2	144	4.5	500.0	-498.8
3	114	0	500.0	-538.8
4	274	7	500.0	-477.1
5	304	3	500.0	-511.8

8.5.1.3 钻孔施工

A 施工设备

钻机：ZDY-10000S 型钻机。

钻杆：ϕ89mm 肋骨钻杆。

钻头：ϕ153mm 取心钻头、ϕ127mm 取心钻头及配套岩心管，ϕ94mm 三翼钻头和复合片钻头。

泥浆泵：BW-320 型泥浆泵。

排碴：正常钻进采用水力排碴，如遇塌孔等特殊情况可采用压风钻进。

B 施工准备

（1）施工钻场帮顶支护到位，并将虚矸等杂物清理干净，钻场规格符合设计要求，否则严禁施工。按要求位置施工水槽，规格为 2m(长)×1.0m(宽)×1.0m(深)，钻孔施工前由勘探处和地测科对钻场进行验收。

（2）将风、水管路 3.3cm（1 寸）拔头接至距钻机施工地点不大于 10m 处。系统水压不小于 2MPa，水量不小于 200L/min。采用空压机进行供风排碴时，确保空压机额定风压不小于 1MPa，额定风量不小于 15m^3/min。

（3）钻机进点前，开拓队要在巷道内铺设轨道至钻场位置。同时在标定位置施工起吊锚杆，锚固力不小于 5t，锚杆数量为钻场 4 根、巷道 5 根。

（4）钻场采用局扇通风。矿方负责安设局扇司机，确保局扇的正常开启。

（5）钻孔施工前矿方负责在 11223 底抽巷内将排水泵及排水管路安设齐全，在放水石门内施工正规排水沟，保证排水通畅，排水泵功率不低于预计排水量，否则严禁施工。

（6）钻孔施工前地测科按施工要求给出钻孔施工方位线。

（7）在钻孔施工地点安设一部调度电话，并确保通信畅通。

（8）瓦斯传感器安设地点为施工钻孔回风侧 5～10m 范围内。报警点不小于 0.6% CH_4，断电点不小于 0.8% CH_4，复电点小于 0.8% CH_4，断电范围为施工钻场及其回风流中全部非本质安全型电气设备。钻孔施工前勘探处向监控办提交探头安装申请单。

（9）抽排队按照施工要求安设抽采管路接头，现场备有抽采软管，钻孔施工前保证安装到位，同时负责抽采系统的维护工作，确保系统正常。

C 施工顺序及过程

（1）采用 ϕ153mm 钻具开孔钻进至 21m。

（2）经清水冲孔后，下入 ϕ127mm 套管（地质管），套管长度 20m。套管孔口处用棉纱或麻片缠绕后加适量聚氨酯下入孔内，并预留返浆管。护孔套管选用无缝耐压地管，护孔管管口预留法兰盘，装设变头连接注浆管。使用泥浆泵对钻孔进行注浆封孔。

（3）用水泥浆加速凝剂进行封孔，并将套管封牢固实。水泥浆配比为：质量比1∶1。可加入适量三乙醇胺、食盐作为速凝剂。

（4）待水泥浆凝固48h后，采用ϕ94mm钻具启封水泥，并钻进到管底0.5m，用高压泥浆泵作封堵承压止水质量检查，以水压表达6MPa稳定20min，底板周围无跑水为合格。如有跑水处，重新封堵直至合格。

（5）套管止水检查合格后，及时将放水高压控制闸阀及防喷装置安装好，在阀体内用ϕ94mm钻具继续钻进，钻进至设计孔深，终孔孔径不得小于ϕ91mm。如遇塌孔等情况可适当调整终孔孔径。

D 下套管及封孔步骤

（1）下地质承压管时，采用配套螺丝头和管箍连接套管，利用钻机将套管依次下入孔内，要精心操作，防止套管脱扣。

（2）注浆时先将孔内清水压出，压出后间歇10~20min进行第二次注浆，直至返出水泥浆为止。

（3）每次注浆及做注水耐压试验前，先检查注浆管路接头是否连接可靠，管子和承压管是否固定牢固，确认安全后方可施工。

E 其他要求

（1）地质承压管外壁需焊接10mm厚的钢筋作为肋骨片，螺距为200mm，保证管壁之间充满密实水泥以增大阻力。地质承压管外端要焊接法兰盘。每根地质承压管丝扣要完好无损，通过管卡进行连接。

（2）地质管上焊ϕ19mm（6分）圆钢加工而成的变头，安装压力表。

（3）钻孔施工过程中，要进行水文观测，认真记录出水深度、水量变化情况等，并及时向调度所及地测科汇报。

（4）每次注水耐压试验及钻孔竣工后，施工单位通知有关单位进行现场鉴定耐压情况以及钻孔验收，并在两周内提供钻孔资料。

（5）打压试验时，开泵人员必须集中精力，缓慢加压。观测压力时，观测人员不得正对孔口。

8.5.1.4 钻孔施工安全技术措施

（1）施工时，每小班人数不得少于3人，开工前，带班班长负责对施工地点进行全面的安全检查，严格执行敲帮问顶制度，并进行手指口述确认，并将施工地点安全隐患处理好后方可作业。

（2）严格按钻孔设计参数要求调整钻机，安装要符合要求，钻机底座下垫三层道木为最上限，单体不得少于4根，必须打在实帮实顶上，且根根打牢、打上劲，防倒绳固牢，保证钻孔施工过程中钻机能平稳运转，钻进中若有松动立即加压顶紧，防止施工时晃动倒下砸人。

（3）钻机施工要严格按钻机操作规程执行，钻机工必须持证上岗，穿戴整齐，衣袖、衣襟、裤脚捆扎紧，严禁戴手套操作钻机。操作人员不得离开操作台，确需离开操作台时，必须停机。

（4）钻孔施工要严格按设计要求参数施工，并实行挂牌管理，当班施工人员要做好钻孔原始记录，对孔内状况进行描述，详细记录钻孔设计参数、实际施工参数、承压管深度、注浆量、耐压值、见水深度、水量大小、水温、水色、终孔孔深、开孔人、终孔人及验收人等内容。配齐量、器具，数据要准确可靠，包括异常情况的描述。

（5）开孔使用坡度规确定钻孔倾角。在标定位置施工，钻孔倾角、方位、孔深要符合设计参数要求。方位角允许误差为 ±1°，倾角允许误差范围为 ±0.5°，且每小班要求测量两次，若有特殊情况也必须测量，发现变化时应立即调整。

（6）启动钻机时，要使主、副油泵空载运转 3～5min，当油温低于 20℃时，应适当延长运转时间；钻机连续工作时，其油温不得超过 60℃。

（7）钻孔施工过程中，任何人员严禁从钻杆上、下方经过，需要通过时，必须由施工人员同意，停止钻进后，方可经过。钻杆尾部严禁站人，与钻孔施工无关人员不得进入施工现场，严禁人员正对孔口，防止高压喷孔伤人。

（8）在钻孔施工过程中，施工人员要做到先开水，待孔口返水后再钻进；先停机后停水。开始钻进时，要轻压慢进，待钻头下到孔底工作平稳后，压力再逐渐增大。

（9）钻机操作人员精力要集中，与加、卸钻杆人员配合一致加、卸钻杆时，必须确保在断电状态下进行，口令号清。加钻时必须人工上满丝扣，方可正常钻进。严禁使用管钳背钻杆开动钻机拆卸钻杆。

（10）钻进加尺时，要认真检查钻杆质量，弯曲、坏扣或磨损严重的钻杆严禁使用。连接钻杆时，钻杆应不堵塞，接头间缠绕油线或盘根线，对准丝口，不歪斜、不漏水（风）。

（11）钻孔施工卸钻时，需要敲砸时必须使用铜锤敲砸，不准用牙钳等铁器敲砸钻杆，以防产生火花；敲砸钻杆时，手握锤柄部位要正确，稳敲稳打，防止失手造成挤伤事故，敲砸钻杆时，锤头前方严禁站人。同时，砸铜锤的施工人员必须佩戴防目镜，以防铜屑进入眼中。

（12）严格现场交接班制度，上一班要将钻孔施工情况、存在问题、注意事项向下一班交代清楚，并签字认可。施工至后期阶段，每小班派机修工跟班，保证设备的正常运转。

（13）钻孔施工过程中严禁无计划停电、停风、停水影响施工，否则必须提前一小班通知勘探处做好准备，并经调度同意，钻机施工人员把钻孔内的钻杆往后起至安全孔段，以防塌孔搁钻。

（14）钻机工要规范操作，出现垮塌、堵塞、排碴不畅、进尺缓慢、不进尺、搁钻等情况应立即停止钻进，查明原因，采取措施后方可钻进，加尺前必须保证孔内排碴正常，排碴量较小时，不得加尺，并查找原因进行处理，严禁野蛮操作，以免出现钻孔事故。

（15）钻孔施工期间，钻具、风水管路和电缆严格按质量标准化要求摆放或吊挂，确保退路畅通和行人的安全。使用手拉葫芦、铜锤、管钳等工具时，必须认真检查，确保安全可靠后，方可使用。钻孔施工过程中，操作人员必须密切注意压力表的变化，并根据孔深和孔内情况及时调整钻机运行参数，钻机的系统压力控制在 8～12MPa，不得超过 16MPa，钻进压力控制在 2～5MPa，转速控制在 80～100r/min 左右；施工过程中当孔内漏水较大时，应立即将钻具提至安全段，防止埋钻。

采用导向杆施工时，导向杆直径应与钻头直径相匹配，一般导向杆直径不得小于钻头直径 5mm，当导向杆磨损严重时应及时更换。导向杆安装要求导向杆所加位置大致如下：钻头 +1 根钻杆 +1 节导向杆 +3 根钻杆 +1 节导向杆 +2 根钻杆 +1 节导向杆 +2 根钻杆 +1 节导向杆 + 钻杆。

8.5.1.5 机电设备管理

(1) 钻机的电动机、远控按钮和开关等电气设备必须经矿电管部门检查合格后，贴上防爆合格证方可入井。

(2) 所有机械电气设备在使用期间，由各小班进行维护，发现问题要及时汇报，并进行处理。严禁带病作业，电气设备严禁失爆失保。

(3) 钻机电缆及负荷线确保完好，施工时必须吊挂整齐，严禁缠绕。

(4) 机电开关必须上架，施工中严禁带电挪移钻机。

(5) 甩、接电源严格按照停送电管理制度执行。

(6) 施工钻机电动机罩必须完好，螺丝紧固。

(7) 电气设备必须同瓦斯传感器实现瓦斯电闭锁，同局扇实现风电闭锁。

(8) 处理钻机故障及检修时，要先卸压，停机闭锁后方可进行故障处理。

(9) 电气设备要定期进行防潮处理。

8.5.1.6 打运及挪移钻机注意事项

(1) 打运过程中必须有机长以上干部跟班，现场协调，统一指挥。

(2) 打运作业时各工种必须持证上岗。

(3) 在起吊和打钻施工过程中，每班都必须认真检查顶板、压车柱、起吊工具等。起吊时选用顶板完整且牢固完好的起吊锚杆进行起吊，严禁选择顶板破碎、下沉、锚杆松动等处为起吊点。手拉吊车、小链必须完好，齿轮运转必须正常，否则严禁作业。

(4) 起吊拴接点应与重心处于同一直线上，起吊点必须是专用起吊锚杆；同时要有一人监护安全，所有作业人员距起吊重物的距离必须大于链条的长度且站位要合理，确保安全。

(5) 起吊钻机、油箱等设备要用不小于 ϕ12.5mm(4 分)钢丝绳扣，且不得使用单股，严禁用铁丝代替。起吊钻机、油箱用不少于 5t 的手拉葫芦，捆绑点选择要合理，人员的身体各部位不得在设备的下方，以防钻机落下或歪倒伤人。

(6) 搬运钻杆及钻机零部件，摆放工器具时严禁碰砸电缆，以免砸坏损伤电缆造成事故。搬运钻机等大件时，一定要齐心协力，口令号清，以免伤人，否则严禁动作。

(7) 人力推车时，必须遵守下列规定：

1) 一次只准推一辆车，严禁在矿车两侧推车。同向推车的间距：在轨道坡度小于或等于 0.5% 时，不得小于 10m；坡度大于 0.5% 时，不得小于 30m；巷道坡度大于 0.7% 时，严禁人力推车。

2) 推车时必须时刻注意前方，在开始推车、停车、掉道、发现前方有人或有障碍物，从坡度较大的地方向下推车以及接近道岔、弯道、巷道口、风门、硐室出口时，推车人必须及时发出警告，严禁放飞车。

8.5.1.7 通风及瓦斯管理

(1) 钻机施工期间，随时检查瓦斯等有害气体情况，钻孔当班负责人必须携带便携式瓦斯报警仪，悬挂在钻孔回风侧 2m 以内并正常使用，当瓦斯浓度达到 0.6% 时要立即停止工作，采取措施进行处理。

(2) 钻机或开关附近 20m 以内风流中瓦斯浓度达到 0.6% 时，必须停止钻机运转，切断电源，汇报矿调度，联系矿通风人员查明原因，进行处理。

（3）瓦斯浓度不小于0.8%时，切断钻场及回风巷内所有设备电源，只有在瓦斯浓度降到0.6%以下时，方可人工复电开动电气设备。

（4）钻孔施工中可能通过下伏灰岩中煤线，下钻加尺或起钻取心时必须检测孔内气体变化情况，发现有瓦斯涌出异常时，必须及时使用瓦斯防喷装置，加强现场瓦斯及有害气体管理，防止瓦斯超限事故。

（5）如发生喷孔，施工人员须立即停止施工，切断电源，将防喷装置控制闸阀开至最大，人员撤至安全地点。

（6）当采用压风排碴时，必须使用孔口喷雾和净化喷雾等有效降尘措施，净化喷雾安设地点为钻孔下风侧20m范围内。

8.5.1.8 水文管理

（1）钻孔施工过程中岩壁松散、片帮、水量增大冲击钻具时，必须立即停止钻进，切断电源，但不得拔出钻杆，将孔口控制闸阀关至最小，控制钻孔出水量。若巷道底板出现渗水、底鼓、变形、巷帮位移量变大等突水预兆时，必须立即停头、撤人，同时钻场内的施工人员也要撤至安全地点，并向调度所汇报，如情况危急，必须立即撤出所有受水威胁地区的人员，然后采取措施，进行处理。

（2）在钻进过程中钻机正常运转时，如果钻机突然无压，可判断为岩溶溶洞，要准确记录起止深度。

（3）瓦斯涌出异常或出水量出现异常时，施工人员必须迅速撤离施工地点，并汇报矿调度和工区值班室。

8.5.1.9 其他方面

（1）进入该工作面的钻孔施工人员要经过培训，必须佩带并能熟练使用自救器，必须熟记突水预兆和避灾路线，确保在发生危险时，能够迅速撤离到达安全地点。

（2）在钻机施工时，闲杂人员应全部撤离出施工现场，除钻孔施工人员及与工程有关人员外，其他人员严禁在施工现场停留。

（3）各种风管、水管、注浆管管接头必须用专用U形卡卡牢以防脱落伤人。

（4）禁止用手、脚或其他物件直接制动机器运转部分，禁止将工具或其他物品放在钻机、水泵电动机防护罩上。

（5）钻机未停稳，严禁用手摸或管钳夹卡钻杆。钻进时，动力头正后方严禁站人，防止顶钻伤人。需要上钻机进行作业的，必须将钻机动力头落到最下端，防止动力头下窜伤人。

（6）在正常钻进过程中，如果承压管发生松动，要及时进行补注浆，套管牢固后方可继续施工。

8.5.2 工程实例二

本节以潘北矿1131(3)下顺槽底抽巷钻孔施工安全技术措施进行说明。

8.5.2.1 概述

根据潘北矿安排，为掩护1131(3)下顺槽掘进以及1131(3)工作面回采，需在1131(3)下顺槽底抽巷施工穿层钻孔。

A 施工目的及任务

(1) 掩护1131(3)下顺槽掘进。

(2) 根据钻孔实际见煤岩情况，查明13-1煤实际层位，为1131(3)下顺槽的布置及1131(3)工作面回采提供依据。

B 钻孔施工巷道基本情况

1131(3)下顺槽底抽巷一侧布置皮带机，另一侧布置轨道；巷道设计净高4.2m，净宽5.2m；支护方式为锚喷支护；通风方式为局扇通风。

该巷道所在区域13-1煤层倾角18°~25°，13-1煤平均厚度4.8m，本段为单斜构造，地层倾角为18°~25°，本区域基本查明发育DF29、F69、F66等大型逆断层，区域构造比较复杂。

主要充水因素为13-1煤层底板砂岩裂隙水。预计正常涌水量为0~5m³/h，在局部砂岩裂隙发育处及构造附近可能发生滴水、淋水甚至涌水现象，预计最大涌水量为8m³/h。

地质报告查明13-1煤在－650m水平的瓦斯含量平均在5.34m³/t。－650m东翼轨道石门揭13-1煤期间，实测瓦斯压力为0.55 MPa，瓦斯含量为8.12m³/t。

8.5.2.2 钻孔设计情况

1131(3)工作面平面及钻孔设计布置如图8-28和图8-29所示。1131(3)底抽巷穿层钻孔第74~76组钻孔施工参数如表8-8所示。

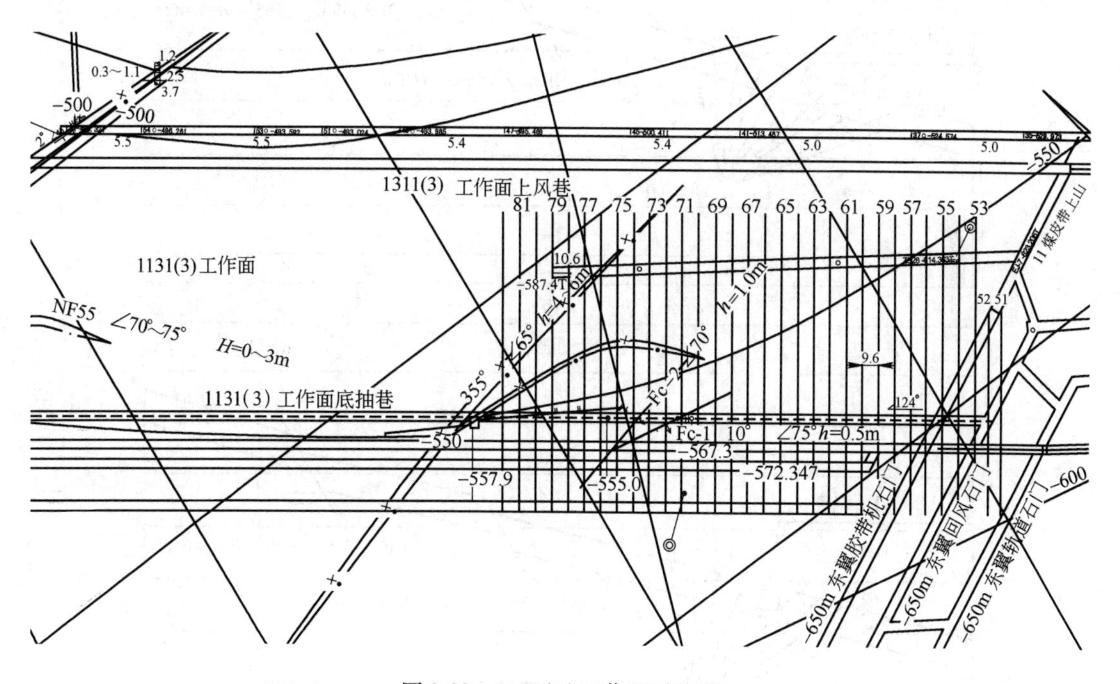

图8-28 1131(3)工作面平面图

8.5.2.3 钻孔施工

A 施工设备

钻机：ZDY-3200S型钻机或ZYW-3200S型钻机。

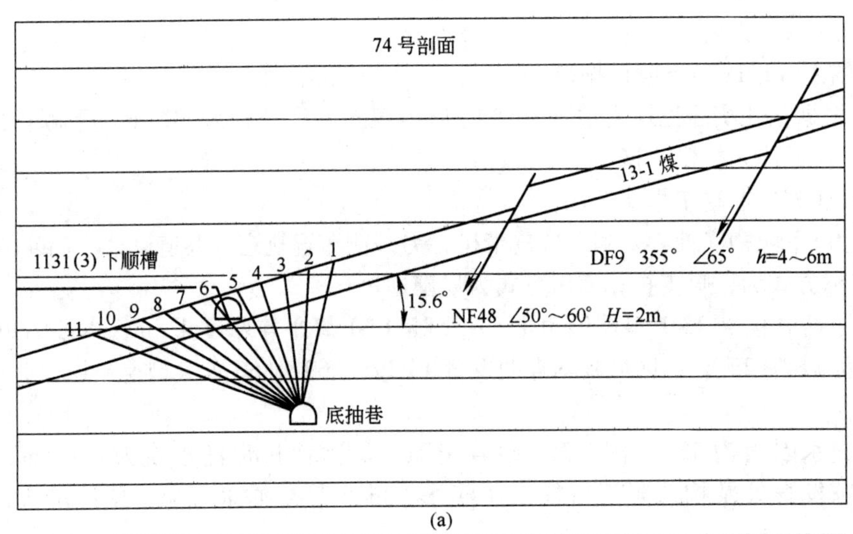

(a)

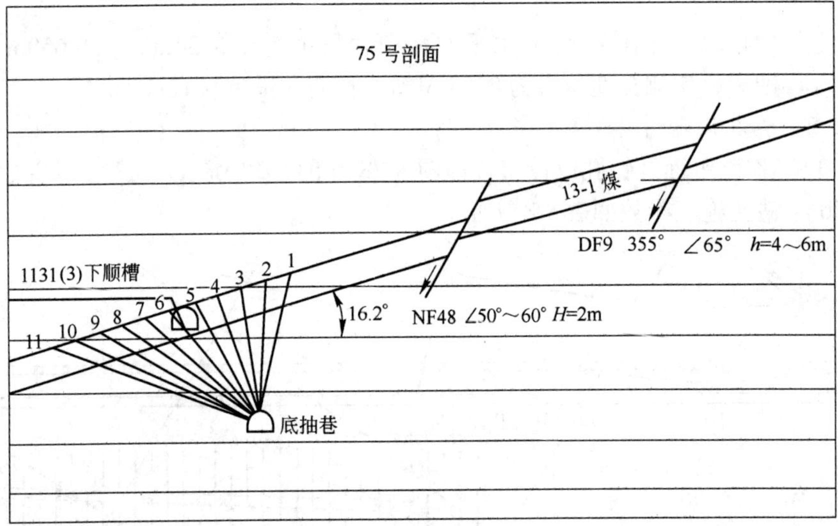

(b)

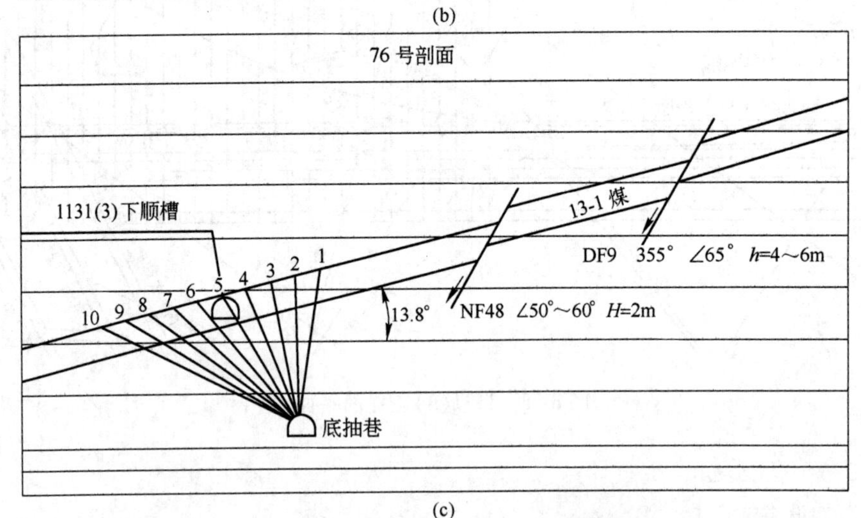

(c)

图 8-29 1131(3)工作面钻孔设计布置图
(a) 第 74 组钻孔；(b) 第 75 组钻孔；(c) 第 76 组钻孔

表 8-8 1131(3)底抽巷穿层钻孔施工参数

组别	孔号	孔径/mm	倾角/(°)	方位角/(°)	见 13-1 煤孔深/m	止 13-1 煤孔深/m	终孔深度/m
第 74 组钻孔	1	113	巷右 77	214	20.9	27.5	28.0
	2	113	巷右 86.9	214	19.4	25.5	26.0
	3	113	83.3	34	18.5	24.4	24.9
	4	113	71.5	34	18.3	24.1	24.6
	5	113	61.3	34	18.9	24.8	25.3
	6	113	50.6	34	20.1	26.4	26.9
	7	113	42.7	34	21.9	28.7	29.2
	8	113	34.9	34	24.1	31.6	32.1
	9	113	29.6	34	26.7	34.9	35.4
	10	113	24.3	34	29.6	38.6	39.1
	11	113	20.8	34	32.7	42.5	43.0
第 75 组钻孔	1	113	巷右 77	214	20.6	27.2	27.7
	2	113	巷右 87	214	19.1	25.2	25.7
	3	113	83.1	34	18.2	24.0	24.5
	4	113	71.1	34	18.0	23.7	24.2
	5	113	60.7	34	18.5	24.4	24.9
	6	113	49.9	34	19.7	26.0	26.5
	7	113	41.9	34	21.5	28.3	28.8
	8	113	34.1	34	23.7	31.2	31.7
	9	113	28.7	34	26.4	34.6	35.1
	10	113	23.4	34	29.2	38.3	38.8
	11	113	19.9	34	32.4	42.2	42.7
第 76 组钻孔	1	113	巷右 81.8	214	21.8	28.1	28.6
	2	113	88.2	34	20.7	26.6	27.1
	3	113	78.7	34	20.2	26.0	26.5
	4	113	67.7	34	20.4	26.3	26.8
	5	113	58.6	34	21.3	27.4	27.9
	6	113	49.2	34	22.8	29.3	29.8
	7	113	42.3	34	24.8	31.8	32.3
	8	113	35.4	34	27.1	34.8	35.3
	9	113	30.6	34	29.9	38.2	38.7
	10	113	25.8	34	32.8	41.9	42.4

钻杆：ϕ73mm 平光钻杆、ϕ73mm 肋骨钻杆、ϕ63.5mm 平光钻杆。

钻头：ϕ113mm 复合片钻头、ϕ133mm 复合片钻头。

冲洗液：岩石段使用压力水排碴钻进，进入煤层或破碎带内，使用压风排碴钻进。

B 施工前准备

（1）钻孔施工前，通防科负责给定每组钻孔施工位置，勘探处负责按照设计要求标定每个钻孔开孔位置，修护一队负责在每组施工处顶板施工4个起吊锚杆，锚固力不小于3t。

（2）施工前要将施工处杂物和浮岩清理干净，确保见实底，确保钻机施工周围巷道支护可靠。

（3）保运队将钻机施工处的供水、供风和排水管路安设齐全，每50m位置安设接头，健全排水系统，并保证排水通畅，排水能力满足施工要求，否则严禁施工。水管接头必须用专用U形卡连接，并捆绑牢靠。

（4）严格按相关电气设备管理办法搞好供电工作。钻机使用前全面检修一遍，确保钻机完好，运转灵敏可靠。对电气部分要严格进行防爆性能检查，严禁失保、失爆；机电设备下井前需经矿机电科电管组检查合格，贴上防爆合格证后方可入井。

（5）现场备齐钻具、管钳等工具。

（6）监控队在钻机施工地点安设瓦斯报警探头，并保证灵敏、可靠、准确。探头报警点不小于0.8% CH_4，断电点不小于0.8% CH_4，复电点小于0.8% CH_4，断电范围：钻机附近20m范围内及其回风流中所有非本质安全型电气设备，探头悬挂在钻机回风侧5～10m范围内，且距顶板不大于300mm，距巷帮不小于200mm。

（7）钻孔施工期间，通风队确保风量充足，供风量不小于600m^3/min，满足打钻要求。安设专职测气员检查钻机施工地点瓦斯及其他有害气体情况。打钻过程中有瓦斯异常现象，立即汇报矿、队调度并采取措施处理。

（8）采用压风施工时，孔口安设孔口喷雾，且施工地点下风侧20m范围内要安设一道能覆盖全断面的净化喷雾。钻孔施工前，修护一队负责每10m挖水槽1个，规格为1.5m(长)×1.0m(宽)×1.0m(深)。

C 钻孔施工程序

（1）1131(3)底抽巷斜巷段安装钻机前，安装自制斜巷钻机架设平台及油箱、电动机架设平台，平台四只支撑腿必须用夹板与轨道连接牢固，并且用ϕ19mm(6分)钢丝掐紧拴牢，在平台上安设道木架设钻机及油箱。

（2）严格按照钻孔设计参数稳固钻机，确保钻孔方位角、倾角、开孔位置符合设计要求，实际施工参数不能超出允许误差范围，方位角、倾角误差范围为±1°，孔间距误差范围为±50mm。

（3）根据现场情况，若开孔处钻头与岩壁贴合良好，钻头摆动较小，可直接开孔，开孔时轻压慢钻，确保成孔质量；若开孔处岩石较硬，钻头摆动幅度大，需采用手镐在开孔处开挖至少200mm深孔洞或采用专用开孔钻头开孔。

（4）根据钻孔排碴情况及煤岩层状况，合理调整钻进速度及压力，避免钻孔内煤岩粉淤积，造成孔内事故。

（5）加尺时，认真填写钻孔施工小班原始记录，数据记录详实。在钻进过程中注意返碴变化情况，准确记录煤岩变化情况。钻孔施工至设计孔深仍未见13-1煤，并且钻孔深度超过设计孔深10m时，及时联系现场钻孔验收人员予以验收，并详细填写钻孔验收单，验收单不得有缺项。

（6）钻孔验收后，必须及时封孔，实行打一封一。上向孔封孔管长度不低于20m，下向钻孔及平孔要全程下套管，并联系现场封孔验收人员对封孔质量进行验收，并履行验收手续。

（7）每施工完一组钻孔，对已封钻孔统一注浆。

（8）每组钻孔施工完毕，在移钻机之前，必须断掉钻机开关上一级电源，钻机开关手把打至断电位置，拆卸油管，绑扎牢固，使用手拉葫芦将钻机三大件拉至下一施工位置。

（9）斜巷移动钻机前，用ϕ19mm(6分)钢丝绳把钻机及油箱与安设平台捆扎牢固，与上口绞车钢丝绳可靠连接。施工人员站在钻机设备上方用两台以上5t手拉葫芦依次牵引至下一钻孔施工位置。斜巷移动钻机前执行全封闭打运制度，斜巷上下口10m外专人安设警戒，禁止其他人员进入打运作业区域。

8.5.2.4 钻孔封孔

A 封孔材料

聚氨酯、水泥、13.2cm(4寸)注浆（返浆）管、ϕ6.6cm(2寸)双抗管、ϕ6.6cm(2寸)双抗管（花管）、ϕ6.6cm(2寸)铁管、彩条布或编织袋。

B 封孔工艺及方法

（1）倾角小于30°钻孔。采用聚氨酯两头封堵，中间注水泥浆封堵，下6.6cm（2寸）封孔管20m，注浆长度14m，返浆管16m，注浆管2m。

具体方法：终孔起钻用压风排尽孔内煤岩粉，最前面下花管2根（4m）、中间双抗管7根（14m）、孔口铁管1根（2m）。第一步，首先将封孔管及聚氨酯准备好，套管用管箍连接紧密。下花管后向第1根双抗管绑扎的彩条布倒入配置好的聚氨酯黑白各10袋，迅速塞进孔内。第二步，将塞进孔内双抗管依次连接6根双抗管并绑扎连接好的7根（14m）返浆管，再次塞进孔内。第三步，把绑扎彩条布的铁管与孔内双抗管用管箍连接紧密，同时将孔内7根（14m）返浆管再连接1根（2m）返浆管，下1根（2m）注浆管，倒入配置好的聚氨酯黑白各10袋，迅速塞进孔内，返浆管、注浆管孔口预留200mm，封孔铁管孔口预留200mm，返浆管管口安设三通并安装压力表及闸阀。然后待聚氨酯充分发酵后用ZBL3/4-7.5煤矿用漏斗下料注浆泵与注浆管连接，水灰比（质量比）控制在0.7∶1，保持注浆压力4MPa，注满后关闭返浆管，持续保压10min。

（2）倾角大于或等于30°的钻孔。采用聚氨酯封堵孔口，预留1根（2m）注浆管压注水泥浆封堵，下封孔管20m，注浆长度16m。

具体方法：终孔起钻用压风排尽孔内煤岩粉，向孔底下花管2根（4m），向孔内下双抗管7根（14m）、孔口铁管1根（2m）。首先将封孔管及聚氨酯准备好，依次下入9根（18m）双抗管，用管箍连接紧密，孔口铁管与双抗管连接紧密，在铁管靠近孔口200mm处向孔内方向绑扎彩条布或编织袋1m，倒入黑白聚氨酯各10袋，并充分搅拌，下1根（2m）注浆管，迅速塞入孔内，返浆管孔口预留200mm，封孔铁管孔口预留200mm。待聚氨酯充分发酵后使用ZBL3/4-7.5煤矿用漏斗下料注浆泵与注浆管连接，水灰比（质量比）控制在0.7∶1，压注配比好的水泥浆，待浆液从套管返浆后关闭注浆管闸阀，注浆结束。

C 封孔补充说明

对于设计见煤深度低于20m并且施工中实际见煤深度低于20m的钻孔，采取以下方式封孔：实管下到13-1见煤深度，花管下到13-1煤止，封孔深度不低于12m，其他工艺不变。

D 封孔设备

使用ZBL3/4-7.5煤矿用漏斗下料注浆泵对钻孔进行注浆封孔，现场配备搅拌桶，每25L标注1个刻度，搅拌桶容积大于150L。

E 封孔要求

（1）封孔前、封孔后联系验收人员检测记录孔内瓦斯浓度。

（2）封孔时套管外端裹药长度不少于0.5m，确保注浆时不漏液。

（3）返浆管弄弯位于套管上方，注浆管位于套管下方，以示区别。

（4）套管丝扣要完好，根据封孔深度要求预先配好，按要求将套管上满丝扣连接牢靠后，依次下入孔内，封孔管统一外露200mm。

（5）注浆时水泥浆要搅拌均匀呈糊状，注浆前，先检查注浆管路接头是否连接可靠，管路是否固定牢固，各高压管接头必须使用正规U形卡连接并确保连接紧密可靠，确认安全后方可施工。

（6）水灰比（质量比）控制在0.7∶1之间，返浆后及时将连接注浆管的闸阀关闭或扎牢胶管。

（7）注浆完成后及时冲洗干净注浆泵，将现场环境清理干净，将洒在抽采管上的水泥浆液冲洗干净。

F 封孔注意事项

（1）封孔时人员应站立在孔口两侧，严禁人员对着孔口站立。

（2）聚氨酯倒入编织袋或彩条布后，施工人员要迅速将套管塞入孔内，防止搁置时间久，聚氨酯膨胀，不能塞入孔内或只能塞入部分，造成钻孔报废。

8.5.2.5 钻孔施工安全技术措施

（1）打钻前，应先检查钻机的各紧固件和油管接头是否有异常，然后稳定钻机试运转，正常后方可进行钻孔的正常施工。钻机的操作严格按《钻机工操作规程》进行。机电工应经常对钻机及其配套设备进行日常检查和检修，杜绝失爆、失保现象，保证施钻进程中设备零故障运转。

（2）准备好钻机开孔前使用的度尺、卷尺等量具，开钻前校核好钻孔开孔方位、倾角，确保无误后再钻进。

（3）安装钻机时，要平整好场地，钻机下方所垫道木，必须与底板接实并保持平稳，四根压车柱必须打稳打牢，并系好防倒绳，将其捆绑在锚杆或棚梁上，防止因打钻振动使压车柱倒下伤人，钻机需要垛高三层道木及以上时，层层道木两端必须用钯钉固定牢固。

（4）施钻期间，必须保护好各种管线及各种安全设施，确保风水软管及接头连接紧密，严禁跑风漏水现象发生，风水软管连接必须使用U形卡子，严禁用铁丝代替。

（5）施钻人员必须持证上岗，穿戴整齐，衣袖、衣襟、裤脚捆扎紧，严禁戴手套操作钻机，作业人员精力要集中，严禁在作业地点嬉戏打闹。

（6）钻机的操作要平稳，钻进速度及压力调节必须缓慢，钻进压力应逐渐增大至正常，变速时待停止转动后再变速，严禁猛拉猛合，以免损坏齿轮。钻进时，要等到孔口返水、风正常后方可进行正常钻进，以防发生孔内堵塞事故。

（7）钻进过程中若进尺缓慢或不进尺，应立即起钻查明原因，采取措施后方可钻进，如果孔内不返水、风，应立即把钻具起出至安全位置，查明原因并进行处理。处理钻机故障及检修时，要先卸压，停机闭锁后方可处理故障。

(8) 人工拆、卸钻杆时，必须先停机，待钻机旋转部位停止转动后再操作，严禁用牙钳卡钻杆而开动钻机拆卸钻杆。

(9) 加大尺寸时，要认真检查钻杆质量，弯曲、丝扣不合格或磨损严重的钻杆严禁使用；连接钻杆时，钻杆应不堵塞杂物，接头间缠绕油线或棉纱，对准丝扣，不歪斜、不漏风，丝扣必须人工拧紧，防止钻杆脱扣造成孔内事故；钻孔达设计孔深时，起钻前要充分排尽孔内钻屑，以防钻屑堵孔。

(10) 加、卸钻杆时，必须使用铜锤轻敲慢转，不准用牙钳等铁器敲砸钻杆，以防产生火花；敲砸钻杆时，手握锤柄部位要正确，稳敲稳打，防止失手造成挤伤事故，敲砸钻杆时，锤头前方严禁站人，工具使用前要严格检查，发现不合格或磨损严重时严禁使用。

(11) 施钻时，若出现顶钻、夹钻、喷孔等异常现象时，应立即停钻，切断电源，但不得拔出钻杆，并及时向矿调度汇报。待充分卸压后并经测气员检查钻机及其配套电气设备附近的瓦斯情况，在瓦斯浓度降到0.8%以下时，方可恢复钻进。

(12) 钻机施工期间，设置风水阀组，摆放在钻机操作台上方，具备风水联动，并确保切换自如。钻机的操作开关由钻机长专人操控，所有人员要听从钻机长指挥，当钻机前方有人工作时，必须由前方人员发出信号才能开动钻机，听不清信号严禁启动按钮。

(13) 钻孔施工期间，钻孔正后方及钻杆摆动范围内严禁站人；钻具旋转时人员应与旋转部位保持300mm以上的距离，严禁用手扶着钻具进尺。

(14) 长时间停钻时，要将孔内钻杆起出至安全段以防发生抱钻、埋钻事故，并关闭风、水，长时间停钻后，在继续钻进或者起钻时，要控制风、水量，采用间歇供风、水，让孔内积聚瓦斯慢慢排除，严禁一风排，以防孔内积聚瓦斯短时间内排出而造成瓦斯超限。正常情况下使用压力水排碴钻进，过煤时要及时改用压风排碴钻进。

(15) 在施工过程中根据施工见煤情况确定使用防喷装置，当遇到提前见煤情况发生喷孔时，施工人员应避开孔口，电话汇报矿调度，及时切断下风流中非本质安全型电气设备。钻孔施工整个过程中，钻机操作台必须摆放在回风侧的上方2m以外。施钻期间孔内发生冒烟或着火时，应立即停止钻进，切断电源，停止向孔内供风，并用黄泥封堵孔口，向孔内注水灭火，及时向矿、队调度及处调度汇报。钻孔施工期间要及时开启巷道净化喷雾及孔口喷雾，确保除尘有效。

8.5.2.6 打运安全技术措施

(1) 严格执行矿制定的打运制度，绞车司机必须持证上岗。

(2) 绞车司机在开车前检查绞车及安全设施。

(3) 绞车每次打运一车，绳头与车辆之间必须用专用的三环链与插销，插销的插接必须牢固可靠。车辆必须挂好保险绳。

(4) 打运期间，阻车器及“三档”要齐全可靠且正常使用。

(5) 打运期间必须实行封闭式管理。钻机长要安排专人在所有能进入打运范围的安全处设置“人、牌、网”三警戒。并严格执行“行人不行车，行车不行人”的管理规定。

(6) 绞车摘挂钩时，必须待绞车停止运行且用木楔掩牢车辆，安设“十”字形道木后方可摘挂钩头。钻机设备及材料打运时，装车必须绑扎结实、固定牢固可靠后方可打运。设备及材料卸车时，必须打“十”字形道木将车辆前后掩牢并锁车后方可进行卸车。

（7）车辆掉道及时拉警戒，选择生根牢固的吊挂点用手拉葫芦起吊，进行拿道，在斜巷，人员必须站在车辆的上方并且抵死车辆后方可处理掉道。在车辆运输过程中如发现掉道，严禁使用绞车动力复道，复道时人员要站在矿车两侧的安全地点进行，复道前要用道木打“十”字将车掩牢。

（8）人力推车时，必须遵守下列规定：

1）一次只允许推一辆车；严禁在矿车两侧推车。同向推车的间距，在轨道坡度小于或等于0.5%时，不得小于10m；巷道坡度大于0.5%时，间距不得小于30m；巷道坡度大于0.7%时，严禁人力推车。

2）推车时必须时刻注意前方。在开始推车、停车、掉道、发现前方有人或障碍物，从坡度大的地方向下推车以及接近道岔、弯道、巷道口、风门、硐室出口时，推车人必须及时发出警告，通知前方人员闪开；严禁放飞车。

8.5.2.7 其他安全技术措施

（1）认真管理好各种机电设备，做到检修制度化、维护正常化。严禁带电检修电气设备；检修电气设备前，必须切断上一级电源，检查本级开关20m范围内的瓦斯浓度，在其施工地点瓦斯浓度低于0.8%时，再用与电源电压等级相适应的验电笔对本级开关检验，检验无电后，进行放电，合上开关盖手把闭锁，悬挂“有人作业，严禁送电”的警示牌并设专人看护后方可检修，只有执行这项工作的人员才有权取下此牌送电。

（2）井下供电应做到“三无”、“四有”、“两齐”、“三全”、“三坚持”（即无“鸡爪子”，无“羊尾巴”，无明接头；有接地装置，有过流和漏电保护装置，有螺钉和弹簧垫，有密封圈和挡板；电缆悬挂整齐，设备清洁整齐；防护装置齐全，绝缘用具齐全，图纸资料齐全；坚持使用检漏电器，坚持使用煤电钻、照明和信号综合保护，坚持使用瓦斯和风电闭锁）。电气设备上架。

（3）严禁非专职电工打开各种电气开关，严禁任何人在井下拆卸矿灯。井下电缆必须吊挂整齐，严禁出现使用铁丝吊挂、埋压等现象，杜绝电缆冷包头。钻机供电实行“风电闭锁”、“瓦斯电闭锁”。

（4）钻机运到安装地点前，必须检查安装地点的支护、顶板和通风情况，发现问题及时处理。

（5）斜巷安装钻机、挪移起吊钻机，上下口必须安设专人警戒，设置警戒线，严禁人员上下。

（6）起吊钻机时，要用专用起吊点起吊，起吊前要先检验起吊点生根是否牢固，严禁用支护锚索、锚杆做起吊点，起吊时用ϕ12.5mm以上钢丝绳作软连接，绳头卡子不少于3个。起吊钻机时要使用合格的葫芦并保证起吊能力不小于3t，人机保持300mm以上的安全间距，并由专人观察顶板情况，发现异常及时停止起吊，退路要保证畅通。风、水管接头必须使用专用U形接头，卡牢固，接严密，并固定悬挂。

（7）严禁用手、脚或其他物件直接制动机器转动部位，禁止将工具或其他物件放在钻机电动机护罩上。

（8）施工孔口上方回风侧300～500mm之内悬挂瓦斯便携仪，随时观察瓦斯浓度变化；钻机回风侧5～10m范围内装设瓦斯监控探头，其断电点、报警点均按0.8%管理，断电范围为打钻地点及回风巷道内所有非本质安全型电气设备；施工期间要保护好监控探头及便携仪，以防被水淋或碰撞；作业地点及电动机和其他开关安设地点附近20m内，回风流中瓦斯浓度达到0.8%、CO_2浓度超过1.5%时，必须停止工作，采取措施进行处理。因瓦斯浓度超限而被切断电源的电气设备，必须在瓦斯浓度降至0.8%以下时，方可人工复电开动机器。施工地点发生瓦斯超限时，必须立即停止工作，切断电源，听从测气员的安排将工作点所有人员撤至安全地带，及时向矿调度及处调度汇报。

（9）所有施钻人员必须佩带化学氧隔离式自救器、佩戴防尘口罩。

（10）钻孔施工完成后，要将钻机及配套钻具放到安全地点，钻具码放整齐。各种打钻材料必须堆放整齐，归口管理，必须将周围杂物清理干净，平整好场地。施钻用各种电缆、风水管路必须编排吊挂整齐。施钻时保持现场的环境，打钻钻出的钻屑及时运走，未能及时清理的必须装袋码放整齐。

（11）施工现场悬挂钻孔施工图牌板，及时填写各类施工数据，钻孔施工结束后，及时悬挂孔口牌，注明钻孔的深度、方位、倾角等。特种作业人员必须持证上岗，井下电钳工、钻机班长随身携带瓦斯便携仪。打运打钻严禁平行作业，打运时需提前联系，钻机移机让道靠帮停放，钻具码放整齐，钻机最凸出部位距轨道应符合打运安全距离。

（12）施工现场钻机施工处必须配备2只灭火器，并确保能在发生火灾时使用。作业人员要熟悉灭火器材的使用方法和存放地点。施工中人员过往钻机要听从司钻人员命令，待钻机停止运转后才能过往钻机。

（13）施工钻机要安设远距离操作按钮，人员站立在钻机上风侧。入井人员严禁穿化纤衣服和佩戴电子表，严禁携带烟火及易燃物品。钻机开关距离钻机10m位置摆放，并上开关架，钻机操作台距离钻机2m以外摆放；钻机正常运转期间，严禁擅自调整系统压力，防止造成孔内事故。

（14）必须严格执行现场交接班制度，交接好孔深、钻机运转情况以及安全注意事项。所有作业人员必须认真学习本措施并签名。钻孔施工结束前及时通知安监员、测气员进行验尺，并及时填写验收单。

8.5.2.8 钻机工“手指口述”安全确认重点环节

A 钻机工

（1）检查作业地点顶板支护及甲烷、氧气浓度。

确认内容：作业地点顶板支护及甲烷、氧气浓度。

手指口述：“顶帮支护可靠，确认完毕。”

手指口述：“甲烷、氧气浓度符合《规程》规定，确认完毕。”

（2）停送电执行潘北矿停送电相关规定。

（3）检查钻机完好情况并试运转。

确认内容：钻机完好和试运转状况。

手指口述：“钻架固定牢固，确认完毕。”

手指口述：“管路接头连接可靠，管路完好，确认完毕。”

手指口述：“试运转正常，确认完毕。”

手指口述：“钻机完好，确认完毕。”

（4）检查钻杆连接过程中夹持器的卡牢（松开）及钻杆拆除（连接）情况。

确认内容：夹持器卡牢（松开）及钻杆拆除（连接）状况。

手指口述："夹持器已卡牢，确认完毕。"

手指口述："钻杆已拆除，确认完毕。"

手指口述："夹持器已松开，确认完毕。"

手指口述："钻杆已连好，确认完毕。"

(5) 钻机拆除。

确认内容：管路卸压、滑道拆除、钻架拆除。

手指口述："管路已卸压，确认完毕。"

手指口述："滑道已拆除，确认完毕。"

手指口述："钻架已拆除，确认完毕。"

(6) 钻机装封车。

确认内容：装封车状况。

手指口述："封车牢固可靠，确认完毕。"

(7) 钻机试运转。

确认内容：对维修工具完好予以确认。

手指口述："截止阀已打开，确认完毕。"

手指口述："设备运转正常、完好，确认完毕。"

(8) 更换连接管路。

确认内容：截止阀、卸载。

手指口述（更换前）："截止阀已关闭，管路已完全卸压，确认完毕。"

手指口述（更换后）："管路连接正确可靠，截止阀已打开，确认完毕。"

B 钻修工

确认内容：钻机、注浆泵（注胶泵）、注水泵运行状况。

手指口述："钻机运行正常，确认完毕。"

手指口述："注浆泵（注胶泵）运行正常，确认完毕。"

手指口述："注水泵运行正常，确认完毕。"

复习与思考题

8-1 简述孔内事故有哪些种类。

8-2 简述孔内事故发生的基本原因有哪些。

8-3 简述如何预防孔内事故。

8-4 简述处理孔内事故有哪些基本原则。

8-5 简述卡钻、夹钻事故的原因主要有哪些，有哪些预兆和特征。

8-6 分析埋钻事故的主要原因及特征是什么。

8-7 分析提钻时为什么要往孔内回灌冲洗液。

8-8 试述烧钻事故的预兆有哪些。

8-9 试述预防烧钻事故的主要措施有哪些。

8-10 简述如何预防套管事故。

8-11 简述钻机工"手指口述"安全确认重点环节内容。

9　钻探工技能与考核

9.1　鉴定基本要求

9.1.1　鉴定对象

在普采、综采和掘进工作面从事各类钻探机电设备操作及钻探设备定检、维护、检修的工作人员。

9.1.2　申报条件

（1）学徒期满的学徒工，各类职业培训实体的毕（结）业生，或通过自学后具备相当于初级技术水平的劳动者，均可申报初级技术等级的职业技能鉴定。

（2）取得初级《技术等级证书》后连续从事本工种工作5年以上，或通过中级工技术培训的劳动者，以及经评估合格的技工学校、中等专业学校的毕业生，均可申报中级技术等级的职业技能鉴定。

（3）取得中级《技术等级证书》后连续从事本工种工作5年以上，或通过高级工技术培训的劳动者，以及高等技工学校、高级职业技术培训班的毕（结）业人员，均可申报高级技术等级的职业鉴定。

（4）参加国家、部（省）、地（市）级技术比赛获得前三名者，视比赛项目与技术等级标准的水平，经煤炭工业部、各省煤管局（厅）、直管矿务局（公司）、部直属公司劳动工资部门批准，可申报相应技术等级的职业技能鉴定。

（5）有特殊贡献的工人申报上一技术等级的职业技能鉴定，经主管部门同意，可不受时间间隔限制。

9.1.3　考评员的条件及构成

考评员应具有本专业中级以上的技术职称或技师、高级技师职称，并经培训考核取得考评员资格证书。

考评员分考评员和高级考评员两级。考评员可承担初、中、高级技术等级鉴定；高级考评员可承担初、中、高级技术等级鉴定，各技师、高级技师资格的考评。

知识鉴定原则上每20名考生配1名考评员（20∶1）；技能鉴定原则上每5名考生配1名考评员（5∶1），也可根据具体情况做适当的调整。

9.1.4　鉴定方式及鉴定时间

知识鉴定采用闭卷笔答方式，时间为120min；技能鉴定以现场实际操作为主，也可采用口答，时间为50～100min。

知识鉴定和技能鉴定均可采用百分制，两项考核均达到60分以上者即为鉴定成绩合格。

9.2 鉴定内容

9.2.1 初级钻探工鉴定内容

初级钻探工知识鉴定和技能鉴定内容如表9-1和表9-2所示，满分均为100分。

表9-1 初级钻探工知识鉴定内容（100分）

项　目	鉴定范围	鉴 定 内 容	鉴定比重（分数）
基本知识（20分）	岩石的性质与可钻性	（1）岩石的物理性质、力学属性； （2）岩石的可钻性及其分级； （3）岩石在外载作用下的破碎机理	4
	硬质合金钻进	（1）硬质合金钻进的原理； （2）钻探用硬质合金和钻头； （3）硬质合金钻进规程； （4）硬质合金钻进的操作及注意事项	4
	机械传动	（1）钻机机械传动系统； （2）行星轮变速系统； （3）定轴轮系齿轮传动原理与速比的计算	4
	液压传动	（1）液压传动职能符号的识别； （2）液压泵、液压马达、液压缸及各种阀的用途、结构、工作原理	4
	润滑油脂	（1）采掘机械润滑油脂； （2）液压油的牌号、性能和用途	2
	常用工具、仪表	（1）钻探机械常用维修工具的名称、规格、用途； （2）压力表、电流表、电压表、钳形电流表、验电笔的用途	2
专业知识（50分）	金刚石钻进	（1）钻探用金刚石及钻进原理； （2）金刚石钻头及扩孔器； （3）金刚石钻进规程； （4）金刚石钻进的操作及注意事项	15
	金刚石钻头的选择、钻进参数的确定	（1）钻探用金刚石的分类； （2）金刚石破碎岩石过程； （3）钻探时孔底破碎岩石过程； （4）金刚石钻头和扩孔器的选择和使用	10
	钻探机械设备液压传动及原理与安装、技术特征	（1）钻探机械设备的种类、名称、型号、技术特征与使用方法； （2）钻探机械设备搬运、安装、拆除的一般方法； （3）液压缸推移工作原理； （4）径向马达、内曲线马达工作原理； （5）采掘机械液压传动与液压保护原理	15
	（1）规程与标准； （2）钻探与钻机事故分析	（1）钻探机电设备操作规程、完好标准与验收标准的有关规定； （2）钻探机械设备维修、井下维修操作规程； （3）钻探机电设备一般事故的分析与预防	10

续表 9-1

项　目	鉴定范围	鉴 定 内 容	鉴定比重（分数）
钻探安全知识（20分）	（1）钻孔内发生事故的原因； （2）钻孔内发生事故的分类； （3）处理孔内事故的基本方法	（1）孔内事故的危害分类； （2）预防孔内事故的意义； （3）处理孔内事故的基本原则； （4）矿井瓦斯与煤尘的爆炸条件； （5）采掘工作面瓦斯浓度的规定； （6）钻探遇到断层带时的事故分析； （7）钻探遇到断层带时的事故处理方法	20
相关知识（10分）	（1）起重钻机； （2）采掘工作面生产工艺、通风与安全规程	（1）起重工具、材料的种类与规格； （2）采煤与掘进一般工艺	10

表 9-2　初级钻探工技能鉴定内容（100分）

项　目	鉴定范围	鉴 定 内 容	鉴定比重（分数）
操作技能（70分）	钻探机械和液压系统识图与制图	（1）看懂钻机系统图； （2）绘制采掘机电设备液压系统图； （3）绘制一般机械零件图； （4）绘制钻探机械传动与液压系统图	15
	钻机与泵维护	（1）MK系列钻机； （2）MK系列全液压钻机的组成结构和液压系统原理； （3）钻机的维护和保养	15
	ZDY钻机操作方法	（1）钻机的机械传动系统、回转器与卡盘； （2）钻机的液压系统； （3）钻机驱动设备的选择	15
	动力头式钻机操作方法	（1）动力头式钻机的组成； （2）动力头式钻机主要部件的结构和液压系统	10
	典型钻探用泵的使用方法	（1）往复泵的结构； （2）螺杆泵的结构和离心泵的结构； （3）钻探用泵基本性能参数的确定； （4）冲洗参数的确定	15
工具使用（20分）	常用工具的使用方法	（1）起重设备与吊具、绳索的使用； （2）钻头的刃磨	20
其他（10分）	钻机常见故障处理与维护方法	判断和处理钻探设备的一般故障	10

9.2.2　高级钻探工鉴定内容

高级钻探工知识鉴定和技能鉴定内容如表 9-3 和表 9-4 所示，满分均为 100 分。

表 9-3 高级钻探工知识鉴定内容（100 分）

项　目	鉴定范围	鉴 定 内 容	鉴定比重（分数）
基本知识（20 分）	岩石物理与力学基础（岩石的性质与可钻性）	（1）块体密度和孔隙率，岩石的含水性、透水性、裂隙性、松散性、流散性、稳定性等物理性质； （2）强度、硬度、研磨性、弹性、塑性、脆性等岩石力学性质； （3）测定强度、硬度、研磨性的方法； （4）原岩应力分布状态及测试手段； （5）岩体结构构造特征，岩体力学效应和岩体工程稳定性，结构面的力学效应，岩体结构分类和岩体工程分类，地下工程围岩应力分布规律； （6）矿井、采场地压和位移的计算以及稳定性分析方法，岩石的破坏机理和强度理论，岩石的强度性质及测定方法，岩石的可钻性指标、岩石坚固性系数	5
	钻机电动机电气防爆	隔爆电气设备的防爆原理	2
	硬质合金钻进	（1）硬质合金钻进的原理； （2）钻探用硬质合金和钻头； （3）硬质合金钻进规程； （4）硬质合金钻进的操作及注意事项	3
	（1）常用仪表； （2）工程机械制图	（1）基本视图、配置与应用； （2）一般机械零件的规定画法； （3）压力表、电流表、电压表、欧姆表的构造和工作原理； （4）公差配合与尺寸标注方法，表面粗糙度的符号意义； （5）行星齿轮传动原理和速比计算，机械零件设计常识	5
	机械、液压传动	（1）机械与液压传动及其控制的一般知识； （2）液压泵、液压马达、液压缸、控制阀的结构与工作原理	5
专业知识（50 分）	复杂岩层钻孔成孔工艺	（1）瓦斯抽采钻孔稳定性三维数值模拟分析； （2）抽采钻孔破坏失稳理论分析； （3）钻孔成孔控制方法	15
	电气设备综合保护，钻机供电，继电保护与仪表	（1）照明及信号综合保护装置和煤电钻综合保护器的工作原理和调试方法； （2）井下继电保护实验方法，常用电气仪表的构造与校正、调试方法，采掘工作面钻探设备基本构造与工作原理，钻探设备检修周期、内容与工艺	5
	真空开关	移动变电站、高低压真空开关的工作原理	10
	MK 系列钻机、ZYW-3200 煤矿用全液压钻机、动力头式钻机原理	（1）基本液压控制回路； （2）钻机的组成结构、系统原理； （3）钻机的维护和保养、钻孔操作； （4）钻机的维护、维修，常见故障分析与处理方法	20
安全知识（20 分）	（1）钻机设备与人身安全； （2）工作环境	（1）钻机设备运搬、安装、操作与拆装中，设备与人身安全知识； （2）采掘工作面作业环境安全知识	20
相关知识（10 分）	（1）采掘工作面采煤知识； （2）采煤工作面通风知识	（1）采掘工作面顶、底板岩石性质； （2）钻探工作对采掘设备的影响； （3）工作面爆破知识	10

表 9-4 高级钻探工技能鉴定内容（100 分）

项 目	鉴定范围	鉴 定 内 容	鉴定比重（分数）
操作技能（70 分）	MK 系列全液压钻机的组成结构和液压系统原理	立轴式钻机的特点及工作原理	15
	动力头式、立轴式钻机规格和性能	动力头式钻机主要部件的结构和液压系统操作	20
	设备安装与维护	（1）按规定对采掘机电设备进行安装、拆卸和搬运； （2）对采掘机电设备进行日常维护，更换易损零件	20
	注油润滑	根据各钻探机电设备的规定加注润滑油，更换液压油，配置乳化液	15
工具使用（20 分）	常用工具、仪表与起重机的使用	（1）维修工具：各种扳手、砂轮、台钻的正确使用； （2）测量工具：直尺、游标卡尺、塞尺等的使用和读数； （3）起重搬运工具：链式起重机与小绞车的正确使用； （4）仪表：压力表、万用电表、兆欧表等的使用和读数	20
其他（10 分）	操作安全与故障处理	（1）烧钻事故的预防与处理； （2）钻具事故的预防与处理； （3）其他孔内事故的预防与处理； （4）埋钻、烧钻事故的原因、预防及处理方法； （5）钻具折断、脱落、跑钻事故的原因、预防与处理方法； （6）钻具挤夹、卡阻及其他事故的原因、预防与处理方法	10

9.3 考核与评分

为了充分体现教与学的效果，对学生的学习情况和教师（师傅）的教学质量进行综合考核与评价，突出对学生职业素养与职业能力和教师（师傅）教学与实践能力的全面考核与综合评价，采用过程考核与结果考核相结合，学校考核与企业考核相结合的形式。

9.3.1 “双结合”

（1）过程考核与结果考核相结合。在学习过程中，注重学生的态度、行为、努力程度和能力的考核，培养学生的自我批判能力，增强学生的竞争意识和团队协作意识。在课程结束后，考核学生分析与解决问题的综合运用能力和技能水平。

（2）学校考核与企业考核相结合。在“工学交替三阶段式”教学中，针对每个学习任务，学生要在校内实训室和校外实习基地，分阶段地完成相应学习任务，因此需要将学校考核与企业考核相结合。

9.3.2 “两考评”考核

课程考核应具备评定、激励和导向功能。由教师、师傅对学生共同参与“两评”，激励和引导学生注重专业技能、方法能力职业素养的形成，将诊断和反馈课程教学过程存在的问题纳入闭式课程考核体系之中，以进一步优化课程建设指导方向。即：

课程总成绩 = 理论考核(30%) + 知识能力(20%) + 操作技能(50%)

其中：

（1）理论考核。在每个学习工作任务中，老师（师傅）都要按照教学目标制定知识、能力、情态方面的考核标准，在每个任务前以学习工作任务书的形式告知学生，起到培养良好职业素养的导向作用。每个任务完成后，由学生根据任务完成的过程和完成情况，进行自评、团队互评，最后由老师（师傅）综评。要求学生客观评价自己，团队互评应公平、合理，老师（师傅）综评应根据学生自评和互评的可信度考察确定，再以各自的权重系数（自评20%、互评30%、综评50%）确定每一个学生的学习过程成绩，最终将各个学习任务的成绩累加。即：

学习过程考核成绩 =每一个学习任务的成绩(学生自评成绩 × 20% +

团队互评成绩 × 30% + 老师(师傅) 综评成绩 × 50%)

（2）专业知识考核。课程结束后，由老师根据课程的知识目标出题，采用答辩与笔试相结合的考核方法。半开卷的方式具有以下导向功能：

1）为了备考学生必须将所学知识进行归纳总结，从而引导学生将精力放在归纳总结能力的培养上。

2）由于概念、公式可以写在备考纸上，学生不需死记硬背，从而引导学生将精力放在分析问题和解决问题上。

（3）综合职业能力的考核。实训成绩体现对学生专业能力的考核，实习成绩体现对学生综合职业能力的考核。每一项实训完成后，按照实训项目考核标准进行打分，最后进行累计，并以40%的比例计入实训实习考核成绩；实习成绩参照学习过程考核方法按照自评、互评、鉴定教师定评确定，并以60%的比例计入实训实习考核成绩。即：

操作成绩 =每个操作成绩 × 40% + 训练成绩(自评成绩 × 20% +

互评成绩 × 30% + 鉴定教师定评成绩 × 50%) × 60%

表9-5 ~ 表9-7为综合考核评分标准表、学生（团队）自（互）评表和鉴定教师评价表。

表 9-5 综合考核评分标准表

评分标准（100 分）		互评（40 分）	教师评价（60 分）
第一阶段	A（1.0） 工作目标明确。工作态度端正，学习主动、勤奋。积极与他人合作，工作计划具体，结合实际，操作步骤合理	明确合理	明确
	B（0.8） 工作目标明确。工作态度较端正，学习较主动、勤奋	较好	较好
	C（0.6） 工作目标明确。工作态度基本端正，工作计划基本合理，操作步骤不全	一般	一般
	D（0.5） 工作目标不明确，工作态度不端正，学习不主动，工作计划基本不合理，操作步骤有错误	较差	较差
第二阶段	A（1.0） 能遵守安全操作规程，正确使用工具和仪器表，操作方法正确熟练，工作任务完成很好	规范、熟练	规范、熟练
	B（0.8） 能遵守安全操作规程，较正确使用工具和仪器表，操作方法正确，工作任务完成较好	规范、较熟练	规范、较熟练
	C（0.6） 能遵守安全操作规程，使用工具和仪器表基本正确，操作方法基本正确，工作任务完成一般	基本正确	基本正确
	D（0.5） 违反安全操作规程，使用工具和仪器表不正确，操作方法不正确，工作任务完成较差	较差	较差
第三阶段	A（1.0） 资料齐全，团队分工合理，汇报条理清晰，能够正确回答问题	优秀	优秀
	B（0.8） 资料较齐，团队分工合理，能够较准确回答问题	良好	良好
	C（0.6） 有资料，幻灯片内容一般，条理基本清晰，回答问题基本正确	一般	一般
	D（0.5） 资料不多，内容质量不高，条理不清，答辩题目回答错误较多	较差	较差

表9-6 学生（团队）自（互）评表

任务1：钻机的安装与维修		日期		
专 业：		班 级：		
姓 名：		组 号：		
序 号	自评内容	分 值	得 分	比 重
1	在准备工作中的积极性、主动性及发挥的作用	5		
2	对工作任务的理解程度	10		
3	对矿用钻机的作用、结构、原理的认识程度	10		
4	在整个工作过程中对知识认知观点正确，能起主导作用	10		
5	能正确安装和维修矿用钻机	15		
6	能正确判断和处理钻机故障	15		
7	会正确使用仪器仪表	15		
8	会填写相应设备维修记录，并存档	4		
9	与成员组协作能力	6		
10	遵守安全生产规程和文明生产条例	5		
11	遵守劳动保护和环境保护有关规定	5		
合 计		100		20%
工作过程花费时间		提前完成		
		准时完成		
		滞后完成		
及时完成的能力				
认为完成不满意的地方				
认为整个工作过程需要改进的地方				
自我满意度调查		很满意		
		较满意		
		满 意		
		不满意		
学习记录				

表 9-7 鉴定教师评价表

<table>
<tr><td colspan="2">学习任务 4：钻机的接线与调试</td><td colspan="2">日期</td><td></td></tr>
<tr><td colspan="2">专　业：</td><td colspan="3">班级：</td></tr>
<tr><td colspan="2">学生姓名：</td><td colspan="3">组别：</td></tr>
<tr><td>评价内容</td><td>评分标准</td><td>分值</td><td>得分</td><td>比重</td></tr>
<tr><td>任务认知程度</td><td>工作目标明确，积极收集相关资料，准确回答问题</td><td>10</td><td></td><td rowspan="3"></td></tr>
<tr><td>情感态度</td><td>态度端正，注意力集中，工作积极、主动</td><td>6</td><td></td></tr>
<tr><td>协作能力</td><td>具有一定的组织、协调能力，具有合作精神，能着眼大局，协作完成工作任务</td><td>8</td><td></td></tr>
<tr><td rowspan="8">任务实施情况</td><td>有意识清除钻机的外部灰尘和油污并记录铭牌参数</td><td>6</td><td></td><td rowspan="8"></td></tr>
<tr><td>能正确地拆除和安装钻机</td><td>8</td><td></td></tr>
<tr><td>能独立绘制钻机的机械与液压系统示意图</td><td>6</td><td></td></tr>
<tr><td>正确接线并测量通断情况</td><td>16</td><td></td></tr>
<tr><td>正确判断 U 端、r 端和 D 端的极性</td><td>16</td><td></td></tr>
<tr><td>主动并正确做连接后一般性试验</td><td>6</td><td></td></tr>
<tr><td>正确使用电工工具和仪器仪表</td><td>6</td><td></td></tr>
<tr><td>具有一定的质量意识、安全意识和环保意识</td><td>3</td><td></td></tr>
<tr><td rowspan="3">结果综述情况</td><td>主动，大方</td><td>3</td><td></td><td rowspan="3"></td></tr>
<tr><td>语言流畅，表达准确到位</td><td>4</td><td></td></tr>
<tr><td>思路清晰，任务清楚</td><td>2</td><td></td></tr>
<tr><td colspan="2">总　分</td><td>100</td><td></td><td>30%</td></tr>
<tr><td colspan="2">教师签字</td><td colspan="3"></td></tr>
<tr><td colspan="5">备　注：</td></tr>
</table>

附　　录

附表 1　丁集矿 –910m 水平 11-2 西大巷、1412 切眼岩石物理力学试验结果

委托单位			丁集煤矿			
孔号位置			丁集煤矿 –910m 水平 11-2 西大巷		丁集煤矿 –910m 水平 1412 切眼	
岩石编号			底板-1	底板-2	顶板-1	顶板-2
岩石名称			泥　岩	砂　岩	白砂岩	煤、泥岩
取样地点或深度/m			27.5~28.5	28.5~38.5	10.7~11.6	14.5~15.5
岩石物理试验	密度/kg·m^{-3}	单值 1	2671	3078	2867	2606
		单值 2	2641	3076	2816	2597
		平均值	2656	3077	2842	2602
	堆密度/kg·m^{-3}	单值 1	2511	3044	2786	2564
		单值 2	2543	2976	2751	2549
		单值 3	2538	3031	2780	2549
		平均值	2531	3017	2772	2554
	孔隙率/%		4.72	1.95	2.43	1.83
岩石力学试验	单向抗压试验/MPa	单值 1	15.8	107.6	119.2	11.74~25.5
		单值 2	44.2	121.6	105.3	18.89~20.3
		单值 3	42.89	110.04	59.4	5.84~33.0
		平均值	30.0	114.6	94.6	12.16~26.3
	弹性模量/GPa	单值 1	7.347	62.703	31.014	10.348
		单值 2	20.294	37.778	21.394	10.280
		单值 3	19.78	35.42	24.368	17.490
		平均值	13.821	50.241	38.388	12.706
	变形模量/GPa	单值 1	3.032	41.788	35.195	7.152
		单值 2	12.467	18.992	9.321	6.266
		单值 3	11.98	17.68	17.427	9.249
		平均值	7.750	30.390	30.972	7.556
	泊松比	单值 1	0.314	0.129	0.251	0.159
		单值 2	0.168	0.280	0.120	0.129
		单值 3				0.141

续附表1

委 托 单 位			丁集煤矿			
孔 号 位 置			丁集煤矿 -910m 水平 11-2 西大巷		丁集煤矿 -910m 水平 1412 切眼	
岩 石 编 号			底板-1	底板-2	顶板-1	顶板-2
岩 石 名 称			泥 岩	砂 岩	白砂岩	煤、泥岩
取样地点或深度/m			27.5 ~ 28.5	28.5 ~ 38.5	10.7 ~ 11.6	14.5 ~ 15.5
岩石力学试验	三轴抗压试验 围压 = 5MPa	抗压强度/MPa	57.96	137.3	97.5	39.468
		弹性模量/GPa	10.603	22.232	17.121	5.094
		变形模量/GPa	9.882	17.79	11.37	6.065
	三轴抗压试验 围压 = 10MPa	抗压强度/MPa	80.196	146.9	158.898	135.5
		弹性模量/GPa	6.648	16.6	18.158	28.334
		变形模量/GPa	8.403	13.058	13.679	25.193
	三轴抗压试验 围压 = 15MPa	抗压强度/MPa	78.1	178.8	111	131.3
		弹性模量/GPa	6.67	27.996	8.678	21.4
		变形模量/GPa	7.93	25.016	7.99	16.296
	抗剪试验	黏聚力/MPa	6.781	28.475	20.27	4.334
		内摩擦角/(°)	42.1	37.0	43.3	48.2
	抗拉试验 /MPa	单值1	1.57	9.08	8.60	2.04
		单值2	1.41	9.73	11.49	1.01
		单值3	1.62	10.30	5.31	1.61
		平均值	1.533	9.703	8.467	1.553

附表2 ZDY（MK）系列钻机参数对照表

参数 \ 机型	ZDY540（MK-2）	ZDY650（MK-3）	ZDY600SG（MKG-4）	ZDY1200S（MK-4）	ZDY1500T（MK-5）	ZDY750G（MKG-5）	ZDY1900S（MKD-5S）	ZDY6000S（MK-6）	ZDY8000/1000S（MK-7）
钻孔深度/m	75	100/150	300	200	250/350	250/300	100/350	600/800	800/1000
开孔直径/mm	94	110	108	150	150	130	150/250	200/300	300
终孔直径/mm	75		75	75/94	75/94	60/75	94/200	150/94	150/200
钻孔倾角/(°)	0 ~ ±90							0 ~ ±10	0 ~ ±10
钻杆直径/mm	42	42/50	71/55.5	50/63.5	50/63.5	55.5/71	63.5/73	73/89	89
回转速度 $/r \cdot min^{-1}$	70 ~ 150	110 ~ 230	160 ~ 540	80 ~ 280	85 ~ 300	185 ~ 650	80 ~ 300	60 ~ 210	45 ~ 160 35 ~ 130
回转最大扭矩 /N·m	540 ~ 260	650 ~ 320	600 ~ 160	1200 ~ 320	1500 ~ 400	750 ~ 200	1900 ~ 500	1600 ~ 600	8000 ~ 2100，10000 ~ 2600
给进能力/kN	12	25	36	36	38	38	102	190	190
起拔能力/kN	18	36	52	52	38	38	70	230	250
最大给进速度 $/m \cdot s^{-1}$	0.4	0.45	0.45	0.45	0.5	0.5	0.22，0.036	0.25，0.02	0.25，0.05
最大起拔速度 $/m \cdot s^{-1}$	0.28	0.31	0.31	0.31	0.5	0.5	0.32	0.25	0.25
系统额定压力 /MPa	12	15	20，12	21，12	18	18	21，21	25，21	28，21
电动机功率/kW	7.5	15	22	22	30	30	37	75	90
主机外形尺寸（长×宽×高）/m×m×m	1.35×0.61×0.85	1.85×0.62×1.4	1.85×0.71×1.4	1.85×0.71×1.4	2.5×0.8×1.62	2.5×0.8×1.62	2.3×1.1×1.65	2.78×1.43×1.9	2.78×1.43×1.9
钻机质量/kg	650	900	1300	1360	2000	2050	2100	5390	5540

参 考 文 献

[1] 钱鸣高. 矿山压力与岩层控制[M]. 北京：煤炭工业出版社，2003：40 ~ 58.
[2] 俞启香. 矿井瓦斯防治[M]. 徐州：中国矿业大学出版社，1992：45 ~ 89.
[3] 何满潮，彭涛. 高应力软岩的工程地质特征及变形力学机制[J]. 矿山压力与顶板管理，1995(2)：6 ~ 12.
[4] 袁亮. 松软低透煤层群瓦斯抽采理论与技术[M]. 北京：煤炭工业出版社，2004：74 ~ 110.
[5] 袁亮. 深井巷道围岩控制理论及淮南矿区工程实践[M]. 北京：煤炭工业出版社，2006：50 ~ 149.
[6] 何满潮. 中国煤矿软岩工程地质力学研究进展[J]. 工程地质学报，2000，8(1)：36 ~ 84.
[7] 孙广忠. 岩体结构力学[M]. 北京：科学出版社，1988：74 ~ 215.
[8] 赵奎. 矿山岩石力学若干测试技术及其分析方法[M]. 北京：冶金工业出版社，2009：135 ~ 172.
[9] 肖树芳，杨淑碧. 岩体力学[M]. 北京：地质出版社，1987.
[10] 周思孟. 复杂岩体若干岩石力学问题[M]. 北京：中国水利水电出版社，1998.
[11] 郭志. 实用岩体力学[M]. 北京：地震出版社，1996.
[12] 张农. 巷道滞后注浆围岩控制理论与实践[M]. 徐州：中国矿业大学出版社，2004：14 ~ 38，64 ~ 72.
[13] 郑雨天. 岩石力学的弹塑性黏性理论基础[M]. 北京：煤炭工业出版社，1988.
[14] 郑颖人，刘怀恒，等. 地下工程围岩稳定分析[M]. 北京：煤炭工业出版社，1983.
[15] 高延法，张庆松. 矿山岩石力学[M]. 徐州：中国矿业大学出版社，2000：13 ~ 20，87 ~ 99.
[16] 李世忠. 钻探工艺学[M]. 北京：地质出版社，1992.
[17] 黄汉仁，等. 泥浆工艺原理[M]. 北京：石油工业出版社，1981.
[18] 刘广志. 中国钻探科学技术史[M]. 北京：地质出版社，1998.
[19] 刘广志. 金刚石钻探手册[M]. 北京：地质出版社，1991.
[20] 杨惠民. 钻探设备[M]. 北京：地质出版社，1988.
[21] 屠厚泽. 钻探工程学[M]. 武汉：中国地质大学出版社，1988.
[22] 李通林. 矿山岩石力学[M]. 重庆：重庆大学出版社，1991.
[23] 郑永学. 矿山岩体力学[M]. 北京：冶金工业出版社，1988.
[24] 王文星. 岩体力学[M]. 长沙：中南大学出版社，2004.
[25] 蔡美峰，等. 岩石力学与工程[M]. 北京：科学出版社，2004.
[26] 沈明荣. 岩体力学[M]. 上海：同济大学出版社，1999.
[27] 高磊. 矿山岩体力学[M]. 北京：冶金工业出版社，1979.

冶金工业出版社部分图书推荐

书　名	作　者	定价(元)
矿石学	谢玉玲	39.00
金属矿床工艺矿物学	王恩德	60.00
工程水文地质学基础	王　宇	42.00
煤矿机械故障诊断与维修	张伟杰	45.00
现代采矿理论与机械化开采技术	李俊平	43.00
特殊采矿技术	尹升华	41.00
采矿系统工程	顾清华	45.00
采矿专业英语	毛市龙	39.00
采矿 CAD 技术教程	聂兴信	39.00
采矿 CAD 二次开发技术教程	李角群	39.00
采矿虚拟仿真教程	侯运炳	69.00
矿物加工过程电气与控制	王卫东	49.00
矿物化学处理（第 2 版）	李正要	49.00
选矿厂环境保护及安全工程	章晓林	50.00
岩矿鉴定技术	张惠芬	39.00
矿石学基础（第 2 版）	王铁富	40.00
矿山设计	夏建波	29.00
矿山固定机械使用与维护（第 2 版）	陈　虎	51.00
金属矿地下开采（第 3 版）	陈国山	59.00
重选技术	彭芬兰	38.00
矿山地质技术（第 2 版）	刘洪学	59.00